AF380873

Edition HMD

Reihe herausgegeben von

Sara D'Onofrio, IT Business Integration, Genossenschaft Migros Zürich, Zürich, Schweiz

Hans-Peter Fröschle, i.t-consult GmbH, Stuttgart, Deutschland

Josephine Hofmann, Fraunhofer IAO, Stuttgart, Deutschland

Matthias Knoll, FB Wirtschaft, Hochschule Darmstadt, Darmstadt, Deutschland

Stefan Meinhardt, SAP Deutschland SE & Co KG, Walldorf, Deutschland

Stefan Reinheimer, BIK GmbH, Nürnberg, Deutschland

Susanne Robra-Bissantz, Inst. Wirtschaftsinformatik, TU Braunschweig, Braunschweig, Deutschland

Susanne Strahringer, Fakultät Wirtschaftswissenschaften, TU Dresden, Dresden, Deutschland

EBOOK INSIDE

Die Zugangsinformationen zum eBook inside finden Sie am Ende des Buchs.

Die Fachbuchreihe „Edition HMD" wird herausgegeben von Dr. Sara D'Onofrio, Hans-Peter Fröschle, Dr. Josephine Hofmann, Prof. Dr. Matthias Knoll, Stefan Meinhardt, Dr. Stefan Reinheimer, Prof. Dr. Susanne Robra-Bissantz und Prof. Dr. Susanne Strahringer.

Seit über 50 Jahren erscheint die Fachzeitschrift „HMD – Praxis der Wirtschaftsinformatik" mit Schwerpunktausgaben zu aktuellen Themen. Erhältlich sind diese Publikationen im elektronischen Einzelbezug über SpringerLink und Springer Professional sowie in gedruckter Form im Abonnement. Die Reihe „Edition HMD" greift ausgewählte Themen auf, bündelt passende Fachbeiträge aus den HMD-Schwerpunktausgaben und macht sie allen interessierten Lesern über online- und offline-Vertriebskanäle zugänglich. Jede Ausgabe eröffnet mit einem Geleitwort der Herausgeber, die eine Orientierung im Themenfeld geben und den Bogen über alle Beiträge spannen. Die ausgewählten Beiträge aus den HMD-Schwerpunktausgaben werden nach thematischen Gesichtspunkten neu zusammengestellt. Sie werden von den Autoren im Vorfeld überarbeitet, aktualisiert und bei Bedarf inhaltlich ergänzt, um den Anforderungen der rasanten fachlichen und technischen Entwicklung der Branche Rechnung zu tragen.

Weitere Bände in dieser Reihe http://www.springer.com/series/13850

Sara D'Onofrio · Andreas Meier

Hrsg.

Big Data Analytics

Grundlagen, Fallbeispiele und
Nutzungspotenziale

Hrsg.
Sara D'Onofrio
IT Business Integration
Genossenschaft Migros Zürich
Zürich, Schweiz

Andreas Meier
Universität Fribourg
Fribourg, Schweiz

Das Herausgeberwerk basiert auf vollständig neuen Kapiteln und auf Beiträgen der Zeitschrift HMD – Praxis der Wirtschaftsinformatik, die entweder unverändert übernommen oder durch die Beitragsautoren überarbeitet wurden.

ISSN 2366-1127   ISSN 2366-1135 (electronic)
Edition HMD
ISBN 978-3-658-32235-9   ISBN 978-3-658-32236-6 (eBook)
https://doi.org/10.1007/978-3-658-32236-6

Die Deutsche Nationalbibliothek verzeichnet diese Publikation in der Deutschen Nationalbibliografie; detaillierte bibliografische Daten sind im Internet über http://dnb.d-nb.de abrufbar.

Planung: Sybille Thelen
Springer Vieweg ist ein Imprint der eingetragenen Gesellschaft Springer Fachmedien Wiesbaden GmbH und ist ein Teil von Springer Nature.
Die Anschrift der Gesellschaft ist: Abraham-Lincoln-Str. 46, 65189 Wiesbaden, Germany

Vorwort

Von einfachen Geldautomaten über sensorausgestattete Strassen zu Voice Assistants – in unserer Gesellschaft sind Technologien allgegenwärtig und haben sich in unserer Lebens- und Arbeitsweise verankert. Täglich werden durch die Nutzung digitaler Angebote (Soziale Medien, digitale Services) Unmengen an Daten (Big Data) generiert; ihr Wachstum ist exponentiell. Big Data ist kein Buzzword mehr, denn die effiziente und effektive Handhabung solcher Daten gewinnen zunehmend an Bedeutung. Daher beschäftigen sich immer mehr Unternehmen, Behörden und andere Organisationen mit der Frage, wie die innerhalb und ausserhalb der Organisation verfügbaren Daten gesammelt, zielgerichtet analysiert und genutzt werden können.

Big Data Analytics umfasst Methoden der Analyse, des Reportings und der Visualisierung von großen Datenmengen mit dem Ziel, für die Organisation relevante Informationen (z. B. über Kundenpräferenzen und -verhalten) zu extrahieren und auf eine verständliche Weise zu visualisieren. Mit dem heutigen Fortschritt der Technologie sowie den sinkenden Kosten für deren Einsatz können Daten in Echtzeit für potenzielle Szenarien ausgewertet werden, wodurch Organisationen in der Lage sind, sich nicht nur reaktiv, sondern proaktiv zu verhalten. Die Fähigkeit, sich schneller den Umweltfaktoren anzupassen, verschafft den Organisationen einen Wettbewerbsvorteil. Im Vordergrund steht das Verständnis von Daten und deren Beziehungen untereinander, um Datenanalysen automatisiert durchzuführen. Unterschiedliche Methoden unterstützen diesen Prozess, meistens auf Empfehlung von ausgewiesenen Data Scientists.

Die Edition HMD über Big Data Analytics gibt einen Einblick über die Vielfalt der Methoden und zeigt anhand konkreter Praxisfälle auf, wie diese genutzt werden. Das Herausgeberwerk besteht aus fünf Teilen: Grundlagen (Teil I), Textanalyse (II), Machine Learning (III), Prädiktive Modelle (IV) und Trendforschung (V).

Teil I des Herausgeberwerks widmet sich den Hard- und Soft-Methoden von Big Data Analytics. Ergänzt werden diese Grundlagen mit einer aktuellen Marktstudie über Digital Analytics, welche Aufschluss über dessen Reifegrad und künftige Entwicklungen gibt.

Die Teile II bis V geben aufschlussreiche Fallstudien aus unterschiedlichen Anwendungsgebieten. Dabei werden folgende Themenbereiche adressiert:

- Linguistische Analyse für Compliance
- Textanalyse als Entscheidungsunterstützung im Online-Handel
- Einsatzoptionen von Machine Learning im Handel
- Automatisierte Qualitätssicherung in der Produktion via Image Mining und Computer Vision
- Deep Learning zur Unterstützung von Winzertätigkeiten
- Data Pipelines als Instrument für die politökonomische Forschung
- Plattformen für Self-Service Data Mining
- Datenanalyse zur Vorhersage des Einflusses von Covid-19 auf Wertschöpfungsketten
- Intelligente Bots für die Trendforschung

An dieser Stelle richte ich meinen Dank an die Autorinnen und Autoren, die ihr Expertenwissen, ihre Erfahrungen und wertvollen Erkenntnisse aus Forschung und Praxis in interessanten Kapiteln diskutieren. Ein weiterer Dank geht an die Gutachterinnen und Gutachter für ihre kritischen und konstruktiven Feedbacks, die zur Verbesserung der Qualität und Kohärenz der Inhalte geführt haben. Zudem möchte ich mich beim HMD-Herausgeberteam vom Springer-Verlag für die Unterstützung bedanken. Ein besonderer Dank geht an Andreas Meier, emeritierter Professor der Universität Fribourg (Schweiz), der als Gastherausgeber mitgeholfen hat, diese Edition über Big Data Analytics zu gestalten.

Liebe Leserinnen und Leser, ich wünsche Ihnen eine interessante Lektüre und neue Erkenntnisse. Tauchen Sie in die Welt von Big Data Analytics ein und lassen Sie sich von den Fallstudien inspirieren.

Herzliche Grüsse aus der Schweiz,
Sara D'Onofrio

Zürich, Schweiz   Sara D'Onofrio

Es ist immer Zeit, an die Zukunft zu denken[1]

Martin Lauber, Die Schweizerische Post, Bern, Schweiz; martin.lauber@post.ch

Machen Sie sich Gedanken über die Zukunft? Planen Sie grob oder wie manch einer gar akribisch wie Ihr nächster Tag aussehen soll, wo Sie sich in fünf oder zehn Jahren sehen? Selbst wenn Sie für sich beanspruchen eine Person zu sein, die soweit möglich im Jetzt lebt, so werden Sie Ihren Alltag dennoch nur dank antizipativem Handeln meistern können. Sei es, wenn Sie sich auf Ihr Urteil verlassen, an welcher der offenen Kassen im Supermarkt Sie zuerst bedient werden oder wenn Sie als Fussgänger versuchen abzuschätzen, ob das herannahende Fahrzeug rechtzeitig halten wird, um ihnen den Vortritt zum Überqueren der Strasse zu gewähren. Man braucht nicht viel über Evolutionstheorie zu wissen, um zu erkennen, dass vorausschauendes Handeln von der natürlichen Selektion seit jeher gefördert worden ist. Stellen Sie sich zwei Menschen vor, welche vor, sagen wir, 2.3 Millionen Jahren, während der frühesten Epoche der Menschheitsgeschichte gelebt haben. Einer von ihnen ist stets bemüht lauernde Gefahren zu entdecken, während der andere selbst an unübersichtlichen Stellen geradeausstampft. Was denken Sie, welcher der beiden mit grösserer Wahrscheinlichkeit Ihr Vorfahre ist und wessen Gene nicht mehr die Chance erhalten haben zwei zu eins weitergegeben zu werden?

Als Data Scientist ist es ein wesentlicher Bestandteil meines Jobs aufgrund bestehender und neuer Daten die unmittelbare Zukunft abzuschätzen. Mithilfe computergestützter statistischer Methoden und Modellen des maschinellen Lernens („machine learning") versuche ich aus Daten Informationen zu extrahieren und daraus für den gegebenen Anwendungsfall Muster zu erkennen oder automatisierte Vorhersagen zu ermöglichen. *„Ein Beruf der Zukunft hat"* – höre ich bisweilen ziemlich oft und tatsächlich ist die Dringlichkeit sich zu einer Wissensorganisation zu entwickeln oder zumindest die Möglichkeiten des Datenzeitalters nicht zu verpassen von den meisten Unternehmen erkannt worden. Was für ein zukunftsträchtiges Metier ich mir doch ausgesucht habe! Zum Glück nicht primär aufgrund der Spekulation, dass der Arbeitsmarkt diese Entscheidung belohnen wird, denn von all den Jobs, die sich grösstenteils automatisieren lassen, steht dieser ganz oben auf der Liste. Ob

---

[1] Dieser Einwurf beruht auf einer Aktualisierung des Beitrags von Lauber M (2019) Es ist immer Zeit, an die Zukunft zu denken. HMD – Praxis der Wirtschaftsinformatik, Heft 329, 56(5): 881–884.

und wie dieser Beruf von entsprechenden Studien eingeschätzt wird, ist mir nicht bekannt. Aber lassen Sie mich meine Einschätzung mit Ihnen teilen.

Data Scientists wollen möglichst schnell erste Resultate vor sich haben und darauf aufbauend ihr Modell dann in weiteren Iterationen verfeinern. Bei den iterativen Anpassungen und Versuchen wollen sie dabei so wenig wie möglich an ihren Skripten überarbeiten müssen. Der Code soll schlank und effizient sein. Zu diesem Zweck bauen sie sich eine Pipeline auf. Sie ermöglicht es, für die einzelnen Funktionen des Programms einen Ablauf zu organisieren und mit einem einzigen Abruf auszulösen. Im Idealfall kann sich ein Data Scientist aus vorbereiteten Libraries bedienen, wenn er ein anderes Modell ausprobieren möchte und braucht bei entsprechender Vorarbeit bloss noch den zuvor gewählten Parameter in seiner Pipeline-Funktion mit dem neuen zu ersetzen. Ein Doppelklick und die Eingabe einer einzigen Zeichenkette später kann er sogleich die neu generierte *Confusion-Matrix*[2] und die visualisierte Performance des Modells begutachten. Wenn das Skript nun auch die Evaluation für den Data Scientist übernehmen könnte, indem dieser definiert aufgrund welcher Werte er sich für oder gegen ein Modell entscheidet, bräuchte er nur noch die in Frage kommenden Modelle gleich allesamt in die Pipeline zu verbauen und das Skript gibt – aufgrund von automatisiertem *Grid Search* und *Cross Validation*[3] – ohne Zutun das optimale Modell aus. Vielleicht könnte es auch einfach direkt den erwünschten Output zurückgeben. Aber dafür bräuchte es wohl noch etwas mehr Rechenpower. Tatsächlich steht diese bereits zur Verfügung und nicht ganz unbekannte IT-Unternehmen und Start-ups stehen mit Rundumlösungen in den Startlöchern beziehungsweise ihre Vertreter in den Eingangsbereichen der Firmen mit Analytics-Abteilungen.

Meine Arbeit – zumindest alles, was mit Modeling zu tun hat – kann im Prinzip bereits jetzt weitgehend automatisiert werden. Also, wozu braucht es mich, den Data Scientist, dann noch? Vielleicht, um neue Anwendungsfälle zu finden, die Technologie zu erklären oder weiterzuentwickeln, Blackboxes transparenter zu machen oder schlicht Daten aufzubereiten. Sie sehen, das Automatisieren einer Aufgabe ist nicht gleichzustellen mit der Rationalisierung von *Full Time Equivalents*.[4] Denn wer bringt bessere Voraussetzungen mit, sich den genannten, verbleibenden und sich neu entwickelnden Aufgaben in diesem Kontext anzunehmen?

Aber zurück zu dem Entscheid Data Scientist zu werden. Nein, nicht die Hoffnung auf eine langwährende Berufsbezeichnung hat mich dazu bewogen und auch nicht ausschliesslich die Faszination für kurzfristige datenbasierte Vorhersagen, die

---

[2] Die Confusion-Matrix wird bei der Evaluation von Modellen mit überwachtem Lernen („supervised learning") eingesetzt und gibt an, wie viele Zielwerte das Modell richtigerweise bzw. fälschlicherweise als positiv oder negativ klassifiziert hat.

[3] Grid Search und Cross Validation werden verwendet, um für eine konkrete Anwendung eines Modells des maschinellen Lernens die Parameter zu optimieren. Das Modell wird immer wieder von neuem trainiert und dabei werden immer neue Parameterwerte ausprobiert. Am Ende werden die Resultate verglichen und die besten Einstellungen ausgewählt.

[4] Full Time Equivalent (FTE), zu Deutsch Vollzeitäquivalent, ist eine Messgrösse zur Bestimmung der in Vollzeitstellen ausgedrückten Anzahl Mitarbeiter. Damit kann die Anzahl Mitarbeiter unabhängig von Teilzeitpensen angegeben werden.

viele der Modelle zum Ziel haben und einen erahnen lassen zu welchen Teilen die Welt deterministisch funktioniert und zu welchen Teilen sie Zufällen unterliegt. Vielmehr möchte ich meinen Beitrag zum technologischen Fortschritt leisten. Denn was mich wirklich animiert, ist der Blick in eine etwas fernere Zukunft. Eine Zukunft, die sich massgebend von der Gegenwart unterscheidet und das – so zumindest meine Auffassung – massgeblich aufgrund der Cutting-Edge Technologien, die aus dem Analytics Umfeld erwachsen und in immer besser werdenden Anwendungen künstlicher Intelligenz münden. Niemand kann die Zukunft umfassend vorhersagen und doch gleicht die zukünftige Realität vergangenen Vorstellungen und wird gleichsam von ihnen geprägt. Haben Sie sich auch schon gefragt, ob Science-Fiction Ideen von den anbahnenden Trends in der Zeit, in der sie entstehen, definiert werden oder ob umgekehrt, der aktuelle Zustand der Welt von ebenjenen populären Ideen von der Zukunft, mitgestaltet wurde?

So bewegen mich jene Gedanken, die sich darum drehen, was sein wird. Derzeitige Trends schlicht zu extrapolieren ist zu diesem Zweck unzureichend. Zwar bilden die vorhandenen Faktoren und deren Dynamiken einen wichtigen Bestandteil für Prognosen, dennoch sind es die hinzukommenden disruptiven Entwicklungen oder auch unvorhergesehenen Gegenbewegungen, die die Zukunft mindestens ebenso umfangreich beeinflussen.

Ein Beispiel: Wenn die Anzahl Menschen im Jahre 2050 prognostiziert werden soll, mag es verlockend sein, sich die aktuellen Entwicklungen anzuschauen und auf das Jahr 2050 hochzurechnen. Aber wo bleiben in dieser Prognose die Jahrhundertereignisse oder die nicht zuvor dagewesenen Entwicklungen in der Medizin, die die Lebenserwartung drastisch verändern könnten? Was für einen Einfluss wird im Gegenzug die Verbreitung eines breitabgestützten Mittelstands auf der Welt und die damit einhergehenden Veränderungen des durchschnittlichen Bildungsstands und Familienplanung in weiten Teilen auf die Bevölkerungsentwicklung haben? Aktuelle Trends dürften noch nicht geahnte Gegenbewegungen auslösen. Es ist also durchaus Fantasie gefragt und es kann trotz aller Unsicherheiten schon mal vorkommen, dass einem eine Vorstellung derart plausibel erscheint, dass es einem schwerfällt, sie nicht als noch nicht geschehene Wahrheit, sondern als eine Idee davon einzuordnen. Der Zukunftsforscher und KI-Experte Nick Bostrom schildert in seinem Paper „*Ethical Issues in Advanced Artificial Intelligence*",[5] derart plausibel, was ein superintelligentes System mit sich bringen würde und was bei der Kreation dessen im Sinne der Menschheit beachtet werden sollte, dass Vorstellungen einer ferneren Zukunft, die nicht zum Grossteil von dieser einen Erfindung bestimmt werden, in meiner Weltsicht kaum noch Platz finden. Darin beschreibt er die Superintelligenz als einen Intellekt, der jenen der Menschen in jeder Hinsicht übersteigt. Auch soziale Fähigkeiten, Kreativität und Weisheit sind damit gemeint. Künstliche Intelligenz vermag bereits heute menschliche Topleistungen zu übertreffen, allerdings immer nur in sehr spezifischen Aufgaben. Bostrom schreibt, die Superintelligenz dürfte die letzte Erfindung des Menschen sein. Dies, weil danach die

---

[5] Bostrom N (2003) Ethical issues in advanced artificial intelligence. Science Fiction and Philosophy: From Time Travel to Superintelligence, 277–284.

wissenschaftlichen Leistungen der Menschen nicht mehr gefragt wären und auch nicht mehr mithalten könnten. Der technologische Fortschritt würde noch einmal stark beschleunigt werden und ein solches System würde sich selbstständig rasant weiterentwickeln. Für Bostrom ist zentral, dass die Ziele, die ein solch mächtiges System verfolgen soll, mit grosser Sorgfalt gewählt werden müssen. Einfach gefragt: Was wünscht sich die Menschheit? Und bedenken Sie, Wünsche die unveränderbar erfüllt werden, sind nicht ganz ohne. Wenn alles zu Gold wird, was man berührt, endet es bekanntlich nicht wie erhofft. Ich denke nicht, dass die Lösung darin liegt, dass sich einige schlaue Köpfe zusammensetzen, um geeignete Ziele zu definieren. Das Formulieren optimaler Direktiven kann nicht dem – im Vergleich zu einem superintelligenten System – inferioren menschlichen Geist entspringen. Vielmehr wird das System selbst, aufgrund vorhandener Daten, Muster erkennen und Erkenntnisse gewinnen, dazu, was den Menschen insgesamt aber auch ganz individuell ausmacht und für ihn von Bedeutung ist. Vorzugeben brauchen wir lediglich, dass es diese Erkenntnisse berücksichtigen soll. In diesem vertieften Verständnis, welches das System von uns allen haben wird, liegt, meiner Ansicht nach, der Kern aller Hoffnung. Nur mit dieser Vorbedingung ist für mich eine Welt denkbar, in der ein superintelligentes System mit den Menschen koexistieren kann und dessen unumkehrbare Inbetriebnahme nicht zu Reue, sondern Dankbarkeit führen wird. Ob nun geschaffen nach dem Ebenbild Gottes oder nicht, wird der Mensch selbst etwas Übermenschliches geschaffen haben und nach, für einige Zeit währender Koexistenz, womöglich gar damit verschmelzen. Dieses System kollektiver Intelligenz, Materie und Energie ist das, was ich mir unter der Singularität vorstelle. Hier wird alles eines und eines alles werden.

Wenn immer ich mich also daran störe, dass ein belangloser oder für mein Empfinden nicht adäquater und/oder intimer Moment auf einer digitalen Plattform geteilt wird, bin ich zugleich beruhigt. Das superintelligente System wird uns bis ins Detail kennen, die Menschheit hat also Zukunft.

Inhaltsverzeichnis

12   Intelligente Bots für die Trendforschung – Eine explorative Studie . . . 257
Christian Mühlroth, Laura Kölbl, Fabian Wiser, Michael Grottke und
Carolin Durst

Über die Autoren

Sara D'Onofrio ist IT Business Partner Manager eines der größten Detailhandel-sunternehmen der Schweiz, Autorin und Herausgeberin der Zeitschrift HMD - Praxis der Wirtschaftsinformatik bei Springer, Gastdozentin an Hochschulen und Mitglied der Stiftung FMsquare, welche die Anwendung von Fuzzy-Logik zur Lösung von wirtschaftlichen und sozialen Problemen fördert. Sie hat Betriebswirtschaft und Wirtschaftsinformatik studiert und in Informatik promoviert.

Daniel Badura ist als Consultant bei der valantic Business Analytics GmbH tätig und veröffentlicht regelmäßig wissenschaftliche Artikel im Bereich Self-Service Data Science.

Freimut Bodendorf ist seit 1989 Leiter des Lehrstuhls für Wirtschaftsinformatik II und Leiter des Instituts für Wirtschaftsinformatik. Nach Abschluss seines Studiums der Informatik im Jahr 1977 promovierte er auf dem Gebiet der Wirtschaftsinformatik und arbeitete an mehreren Universitäten in Deutschland und der Schweiz. Vor seiner Professur in Nürnberg war er Lehrstuhlinhaber am Institut für Informatik an der Universität Freiburg (Schweiz). Er ist Mitglied zahlreicher internationaler Forschungsorganisationen. Hauptforschungsgebiete sind Service- und Prozessmanagement.

Peter Chamoni war seit 1995 Inhaber des Lehrstuhls für Wirtschaftsinformatik, insb. Business Intelligence an der Mercator School of Management der Universität Duisburg-Essen. Nach dem Studium der Mathematik und Betriebswirtschaft promovierte er an der Ruhr-Universität Bochum in Operations Research und habilitierte sich dort zum Thema „Entscheidungsunterstützungssysteme und Datenbanken". Seitdem erschienen von ihm zahlreiche Publikationen zum Thema „Data Warehouse und Business Intelligence". Auf einschlägigen nationalen und internationalen Tagungen ist er Organisator, Autor und Fachgutachter. Neben der Wissenschaft und der Lehre im Masterstudiengang „Business Analytics" nimmt die Arbeit in Praxisprojekten für ihn einen hohen Stellenwert ein. Seit dem Wintersemester 2019/2020 ist er im Ruhestand.

Lukas Breithaupt hat sein Studium der Diplom-Wirtschaftsinformatik mit den Schwerpunkten Business Intelligence, Data Science und Datenbanksysteme im Jahr 2020 an der TU Dresden abgeschlossen. Seine Forschungsarbeiten befassen sich insbesondere mit dem Einsatz von Deep-Learning-basierten Entscheidungsunterstützungssystemen. Aktuell befasst er sich bei der Aareon Deutschland GmbH mit dem Aufbau eines unternehmensweiten Data Warehouses sowie mit dem Einsatz und der Entwicklung von Entscheidungsunterstützungssystemen auf Basis von Machine Learning für die Wohnungswirtschaft.

Carolin Durst lehrt an der Hochschule Ansbach in den Gebieten Digital Business, Digital Marketing und Digital Transformation. In ihrer Forschung beschäftigt sie sich mit innovativen Technologien und deren Einsatzmöglichkeiten in der Praxis. Als Scientific Director der ITONICS GmbH begleitet Carolin Durst die Methoden- und Produktentwicklung der Software Suite für strategisches Innovationsmanagement.

Peter Gluchowski leitet den Lehrstuhl für Wirtschaftsinformatik, insb. Systementwicklung und Anwendungssysteme, an der Technischen Universität in Chemnitz und konzentriert sich dort mit seinen Forschungsaktivitäten auf das Themengebiet Business Intelligence & Analytics. Er beschäftigt sich seit mehr als 25 Jahren mit Fragestellungen, die den praktischen Aufbau dispositiver bzw. analytischer Systeme zur Entscheidungsunterstützung betreffen. Seine Erfahrungen aus unterschiedlichsten Praxisprojekten sind in zahlreichen Veröffentlichungen zu diesem Themenkreis dokumentiert.

Henry Goecke geboren 1982 in Dortmund. Studium der Volkswirtschaftslehre an der Technischen Universität (TU) Dortmund und der Strathclyde University Glasgow sowie Promotion an der TU Dortmund. Seit 2012 im Institut der deutschen Wirtschaft, seit 2017 Leiter der Forschungsgruppe Big Data Analytics. In seinen Forschungsarbeiten befasst er sich mit Methoden zur Sammlung und Analyse großer, unstrukturierter Datensätze sowie inhaltlich vor allem mit den Themen der Datenökonomie und der Künstlichen Intelligenz.

René Götz studierte von 2011 bis 2017 Wirtschaftsinformatik an der Friedrich-Alexander-Universität Erlangen-Nürnberg (FAU). Seit 2017 ist er wissenschaftlicher Mitarbeiter am Lehrstuhl für Wirtschaftsinformatik in Dienstleistungsbereich der FAU, welcher von Prof. Dr. Freimut Bodendorf geleitet wird. Sein Forschungsschwerpunkt ist das Thema Produktempfehlungen im Online-Handel mit Bezug auf die Produktwahrnehmung aus Kundensicht.

Michael Grottke ist Principal Data Scientist bei der GfK SE und Apl. Professor an der Friedrich-Alexander-Universität Erlangen-Nürnberg (FAU). Er studierte Betriebswirtschaftslehre an der FAU und Economics an der Wayne State University in Detroit, USA. Nach seiner Promotion am Lehrstuhl für Statistik und Ökonometrie der FAU verbrachte er drei Jahre als Research Associate und Assistant Research Professor an der Duke University in Durham, USA. Seine Forschungsarbeiten zu

Themen der stochastischen Modellierung, der statistischen Datenanalyse und des maschinellen Lernens wurden u. a. von dem Bundesministerium für Bildung und Forschung, der Europäischen Kommission sowie dem Office of Safety and Mission Assurance der NASA gefördert.

Kai Heinrich ist Dozent, Forscher und Post-Doc an der TU Dresden. Er lehrt und forscht am Lehrstuhl für Wirtschaftsinformatik, insbesondere Intelligente Systeme und Dienste. Seine Forschung dreht sich um KI-basierte Entscheidungsunterstützungssysteme. Dabei liegen die Schwerpunkte auf dem Design von KI-basierten Systemen sowie der Interaktion dieser Systeme mit dem menschlichen Umfeld. Weiterhin lehrt er in den Themenfeldern allgemeine Wirtschaftsinformatik, intelligente Systeme sowie im Gebiet Data Science.

Urs Hengartner, geboren 1955, ist Dozent am Digital Humanities Lab und der Wirtschaftswissenschaftlichen Fakultät der Uni Basel im Bereich Information Retrieval und Software Engineering. Nach der Matura am Realgymnasium in Basel im Jahre 1976 arbeitete er in einer namhaften Schweizer Versicherung als Analytiker- und System-Programmierer. Nach Studien an der ETH Zürich und Universität Zürich erlangte er 1990 das Diplom in Wirtschaftsinformatik an der Rechts- und Staatswissenschaftlichen Fakultät der Universität Zürich. Er promovierte im Jahr 1996 mit der Dissertation „Entwurf eines integrierten Informations-, Verwaltungs- und Retrieval Systems für textuelle Daten". Als Mitgründer der Canoo Engineering AG in Basel war er über 18 Jahre als Consultant und Projektleiter in umfangreichen Projekten tätig.

Mohamed Kari ist wissenschaftlicher Mitarbeiter am Lehrstuhl für Wirtschaftsinformatik und integrierte Informationssysteme von Professor Reinhard Schütte an der Universität Duisburg-Essen. Er forscht an der Schnittstelle von Machine Learning und Mixed Reality.

Michael Klaas ist Leiter der Fachstelle für digitales Marketing und Senior-Dozent an der Zürcher Hochschule für Angewandte Wissenschaften in den Themenfeldern Marketing, digitales Marketing und Service Design. Neben seiner Forschungstätigkeit gemeinsam mit Unternehmenspartnern leitet er verschiedene Weiterbildungsprodukte, u. a. im Bereich Digital Marketing, Marketing Analytics, KI und Industrie 4.0. An der Universität St. Gallen ist er als Dozent im Bereich Design Thinking tätig.

Laura Kölbl studierte Statistik an der Ludwig-Maximilians-Universität München und arbeitet derzeit am Lehrstuhl für Statistik und Ökonometrie an der Friedrich-Alexander-Universität Erlangen-Nürnberg. Im Rahmen eines vom Bundesministerium für Bildung und Forschung geförderten Forschungsprojektes konzentriert sich ihre Forschung auf die natürliche Sprachverarbeitung und maschinelle Lernverfahren mit besonderem Interesse für mögliche Anwendungen bei der automatischen Erkennung von Trends.

Johannes Maresch studierte an der TU Dresden, wo er im Jahr 2019 sein Diplom im Bereich Wirtschaftsinformatik absolvierte. Neben seinen Schwerpunkten Business Intelligence und Systemarchitektur fokussierte er sich außerdem auf die Konzeption von Anwendungen zur Datenanalyse in verteilten Systemen. Aktuell arbeitet er als Data Engineer bei der LOVOO GmbH. Hier konzipiert und entwickelt er Machine-Learning-basierte Systemkomponenten, welche zur Erkennung und Vorbeugung von Spam und Ad-Fraud eingesetzt werden.

Ulrich Matter ist Assistenzprofessor für Volkswirtschaftslehre an der Universität St. Gallen, wo er in den Bereichen Big Data Analytics, Data Handling und Web Mining unterrichtet. Er studierte Wirtschaftswissenschaften an der Fachhochschule Nordwestschweiz und an der Universität Basel und promovierte an der Universität Basel zu politischer Ökonomie. 2016–2017 war er Gastforscher am Berkman Klein Center for Internet & Society, an der Harvard University. Seine Forschungsinteressen liegen in den Bereichen quantitative politische Ökonomie, Medienökonomik und Data Science.

Andreas Meier hat Musik an der Musikakademie in Wien und Mathematik an der Eidgenössisch-Technischen Hochschule (ETH) in Zürich studiert, wo er doktorierte und habilitierte. Er arbeitete u. a. bei IBM Oesterreich und IBM Schweiz in diversen Positionen, gehörte zum Direktionskader der internationalen Bank SBV und trug Mitverantwortung in der Geschäftsleitung des Versicherers CSS. In der Forschung war er am IBM Research Lab in Kalifornien tätig und gründete das International Research Center Fuzzy Management Methods an der Universität Fribourg in der Schweiz.

Björn Möller hat sein Diplomstudium der Wirtschaftsinformatik mit den Schwerpunkten Business Intelligence und Systemarchitektur an der TU Dresden abgeschlossen. Dabei hat er an Projekten aus den Bereichen Data Science und Machine Learning mitgewirkt und insbesondere Modelle zur Verarbeitung räumlich strukturierter Daten untersucht. Aktuelle Forschungsinteressen sind Self-Supervised Learning und die Erklärbarkeit von Machine-Learning-Modellen.

Christian Mühlroth studierte Betriebswirtschaftslehre und internationale Wirtschaftsinformatik an der Friedrich-Alexander-Universität Erlangen-Nürnberg (FAU) und forscht derzeit am Lehrstuhl für Statistik und Ökonometrie an der FAU. Im Rahmen eines vom Bundesministerium für Bildung und Forschung geförderten Forschungsprojektes konzentriert sich seine Forschung auf die Anwendung der künstlichen Intelligenz in der strategischen Vorausschau und im Innovationsmanagement, um Unternehmen dabei zu unterstützen, zukünftige Chancen und Risiken datengetrieben und frühzeitig zu erkennen. Als CCO der ITONICS GmbH begleitet er globale Innovationsführer dabei, ganzheitliche Innovationssysteme zu implementieren und digitale, KI-gestützte Innovationsplattformen nachhaltig zu etablieren.

Alexander Ossa verfolgt als Softwareentwickler bei der Gruner + Jahr GmbH neueste Trends im Data-Science-Bereich und bastelt in seiner Freizeit gerne am Smart Home.

Alexander Piazza studierte Computational Engineering und Wirtschaftsinformatik an der FAU Erlangen-Nürnberg und promovierte im Anschluss am Lehrstuhl für Wirtschaftsinformatik, insbes. im Dienstleistungsbereich über Produktempfehlungssysteme in der Modebranche. Sein Forschungsinteresse liegt speziell in der Analyse von unstrukturierten Daten und deren Nutzung für die personalisierte Kundenansprache.

Andreas Roth hat im November 2018 sein Diplomstudium an der TU Dresden in der Fachrichtung Wirtschaftsinformatik mit Auszeichnung abgeschlossen. Heute ist er Lead Developer bei esveo, wo er die Konzeption und Umsetzung verschiedener Unternehmensanwendungen auf Basis modernster Webtechnologien überwacht und durchführt. Zudem vermittelt er sein Wissen auf diesem Bereich mit der esveo Academy in Workshops, Konferenzvorträgen und Schulungen an andere Entwickler.

Christian Schieder ist Professor für Wirtschaftsinformatik an der Weiden Business School der Ostbayerischen Technischen Hochschule (OTH) Amberg-Weiden. Seine Forschungsschwerpunkte liegen in der Konzeption und Anwendung analytischer Informationssysteme zur Umsetzung datenbasierter Geschäftsmodelle. Als unabhängiger Berater unterstützt der Diplom-Wirtschaftsinformatiker Unternehmen im Umfeld Digital Business beim Aufbau datengetriebener Entscheidungskulturen. Zuvor war er als Chief Digital Officer beim bayerischen Maschinen- und Anlagenbauer BHS Corrugated für digitale Transformation und Business Development im Bereich industrieller digitaler Lösungen (IoT-, Edge- und Cloud-Services) verantwortlich.

Reinhard Schütte hat den Lehrstuhl für Wirtschaftsinformatik und integrierte Informationssysteme an der Universität Duisburg-Essen inne. Seine Forschungsinteressen sind prozessorientiert und reichen von der Wirkung von Systemen und deren Akzeptanz über das Management von Anwendungssystemen bis hin zur ganzheitlichen Transformation von Unternehmen im Zuge der Digitalisierung. Alle Forschungsbereiche konzentrieren sich auf den Bereich Handel. Neben seiner akademischen Laufbahn war Herr Schütte Mitglied des Vorstands und des Aufsichtsrats der größten deutschen Handelsunternehmen und verantwortlich für eines der bedeutendsten Transformationsprojekte im Handel, eine der größten SAP-Implementierungen weltweit. Derzeit ist er Mitglied des wissenschaftlichen Beirats von Deutschlands zweitgrößtem Softwarekonzern, der Software AG.

Michael Schulz hält eine Professur für Wirtschaftsinformatik, insb. analytische Informationssysteme, an der NORDAKADEMIE – Hochschule der Wirtschaft in Elmshorn. Zudem ist er als Projektmanager bei der valantic Business Analytics

GmbH tätig. Seine Interessenschwerpunkte in Lehre, Forschung und Praxisprojekten liegen in der Business Intelligence und der Data Science.

Sebastian Trinks ist wissenschaftlicher Mitarbeiter und Doktorand am Institut für Wirtschaftsinformatik an der TU Bergakademie Freiberg. Seine Forschungsinteressen sowie der Schwerpunkt seiner Dissertation liegen im Spannungsfeld der Industrie 4.0 sowie der Smart Factory. Herr Trinks forscht in diesem Kontext zu Themen aus den Bereichen Real Time Analytics, Edge Computing sowie Image Processing und Image Mining.

Felix Weber ist Forscher an der Universität Duisburg-Essen und Leiter des Retail Artificial Intelligence Lab am am Lehrstuhl für Wirtschaftsinformatik und integrierte Informationssysteme von Professor Reinhard Schütte mit den Schwerpunkten Digitalisierung, künstliche Intelligenz, Preis-, Promotions- und Sortimentsmanagement sowie Transformationsmanagement. Gleichzeitig ist er Senior Consultant für SAP Systeme im Handel.

Jan Wendt, M.Sc., geboren 1995 in Troisdorf. Studium der Wirtschaftsinformatik an der FH Münster. Seit 2019 im Institut der deutschen Wirtschaft als Data Scientist in der Forschungsgruppe Big Data Analytics. Seine Schwerpunkte liegen in der Forschung und Anwendung im Bereich der Generierung, Analyse (EDA), Auswahl, Bereinigung, Aufbereitung, Konstruktion und Formatierung von Daten sowie der Modellerstellung, -evaluation und -bereitstellung unter Verwendung von Machine Learning und insbesondere Deep Learning.

Fabian Wiser war wissenschaftlicher Mitarbeiter am Lehrstuhl für Informationssysteme der TU Braunschweig. Sein Forschungsschwerpunkt ist die Analyse soziotechnischer Systeme im Innovationsmanagement. Derzeit arbeitet er als IT-Berater bei einem internationalen IT-Dienstleister.

Andrea Zelic absolvierte den Master in Business Administration mit Vertiefung Marketing an der Zürcher Hochschule für Angewandte Wissenschaften (ZHAW). Im Rahmen ihrer Master Thesis beschäftigte sie sich mit der Entwicklung und den Trends im Bereich Digital Analytics. Seit 2020 ist sie als Head of Marketing & Design bei der Unternehmung Manthano GmbH im Bereich AI tätig. Zuvor arbeitete sie als Social Media & Marketing Strategin bei Daneco AG in Fehraltorf.

Patrick Zschech ist Juniorprofessur für Intelligent Information Systems an der Friedrich-Alexander-Universität Erlangen-Nürnberg. Zuvor arbeitete er als wissenschaftlicher Mitarbeiter am Lehrstuhl für Wirtschaftsinformatik, insbesondere Intelligente Systeme und Dienste, an der TU Dresden. Zudem war er als Projektmitarbeiter und Dozent für die Robotron Datenbank-Software GmbH tätig. Er beschäftigt sich in seiner Forschung mit der Anwendung datengetriebener Verfahren zur Entwicklung analytischer Informationssysteme. Seine Hauptinteressen liegen in den Bereichen Machine Learning, Computer Vision, Process Mining, Industrie 4.0 und Data-Science-Befähigung.

Darius Zumstein ist seit Oktober 2018 Dozent und Senior Researcher am Institut für Marketing Management IMM der Zürcher Hochschule für Angewandte Wissenschaften (ZHAW). Er doziert und forscht zu Digital Commerce, Digital Marketing und Digital Analytics. Zuvor arbeitete er fünf Jahre an der Hochschule Luzern und bei der Raiffeisen Schweiz. Von 2013 bis 2016 leitete er das Team Digital Analytics & Data Management bei der Sanitas Krankenversicherung. Davor beriet er Unternehmen wie BMW, Scout24 und Kabel Deutschland. Bis 2011 war er Assistent der Information Systems Research Group der Universität Fribourg, wo er bei Prof. Dr. Andreas Meier zu Web Analytics promovierte.

Teil I

Grundlagen

Rundgang Big Data Analytics – Hard & Soft Data Mining

1

Andreas Meier

Zusammenfassung

Das Einführungskapitel definiert und charakterisiert verschiedene Facetten des Big Data Analytics und zeigt auf, welche Nutzenpotenziale sich für Wirtschaft, öffentliche Verwaltung und Gesellschaft ergeben. Nach der Klärung wichtiger Begriffe wird der Prozess zum Schürfen nach wertvollen Informationen und Mustern in den Datenbeständen erläutert. Danach werden Methodenansätze des Hard Computing basierend auf klassischer Logik mit den beiden Wahrheitswerten wahr und falsch sowie des Soft Computing mit unendlich vielen Wahrheitswerten der unscharfen Logik vorgestellt. Anhand der digitalen Wertschöpfungskette elektronischer Geschäfte werden Anwendungsoptionen für Hard wie Soft Data Mining diskutiert und entsprechende Nutzenpotenziale fürs Big Data Analytics herausgearbeitet. Der Ausblick fordert auf, einen Paradigmenwechsel zu vollziehen und sowohl Methoden des Hard Data Mining wie des Soft Data Mining für Big Data Analytics gleichermaßen zu prüfen und bei Erfolg umzusetzen.

Schlüsselwörter

Big Data Analytics · Data Science · Fuzzy Logic · Hard Data Mining · Knowledge Discovery in Databases · Paradigmenwechsel · Soft Data Mining

Dieses Kapitel beruht auf einer Erweiterung und Aktualisierung des Beitrags von Meier A. (2019) Überblick Analytics: Methoden und Potenziale. HMD – Praxis der Wirtschaftsinformatik, Heft 329, 56(5): 885–899.

A. Meier (✉)
Universität Fribourg, Fribourg, Schweiz
E-Mail: andreas.meier@unifr.ch

S. D'Onofrio, A. Meier (Hrsg.), *Big Data Analytics*, Edition HMD,
https://doi.org/10.1007/978-3-658-32236-6_1

3

1.1   Motivation und Begriffseinordnung

Wissenschaft, Wirtschaft, öffentliche Verwaltung und Gesellschaft befinden sich in einer Umbruchphase, die als digitaler Transformationsprozess bezeichnet wird. Dabei wird das wirtschaftliche, öffentliche wie private Leben von Informations- und Kommunikationstechnologien getrieben. Zu jeder Zeit und an jedem Ort entstehen Datenspuren: Postings aus sozialen Medien, elektronische Briefe, Anfrageverhalten in Suchmaschinen, Bewertungen von Produkten und Dienstleistungen, Geo-Daten, Messdaten des Haushalts (Smart Meter), Aufzeichnungen von Monitoring-Systemen, Daten aus eHealth-Anwendungen, Prozessdaten aus der Produktion, Kennzahlen von Webplattformen, um nur einige Beispiele zu nennen.

Der Wandel von der Industrie- zur Informations- und Wissensgesellschaft spiegelt sich in der Bewertung der Information als Produktionsfaktor wider. Information hat im Gegensatz zu materiellen Wirtschaftsgütern folgende Eigenschaften:

- *Darstellung*: Information wird durch Zeichen, Signale, Nachrichten oder Sprachelemente spezifiziert.
- *Verarbeitung*: Information kann mit Hilfe von Algorithmen (Berechnungsvorschriften) übermittelt, gespeichert, klassifiziert, aufgefunden und in andere Darstellungsformen transformiert werden.
- *Quelle*: Die Herkunft einzelner Informationskomponenten ist kaum nachweisbar. Manipulationen sind jederzeit möglich. Information ist beliebig kopierbar und kennt per se keine Originale.[1]
- *Kombination*: Information ist beliebig kombinierbar.
- *Alter*: Information unterliegt keinem physikalischen Alterungsprozess. Hingegen spielt die Zeitachse bezüglich Aktualität der Information eine Rolle.
- *Vagheit*: Information ist unscharf (vgl. Abschn. 1.2.2), das heißt sie ist oft unpräzis und hat unterschiedliche Aussagekraft (Qualität).
- *Träger*: Information benötigt keinen fixierten Träger; sie ist unabhängig vom Herkunftsort.

Diese Eigenschaften belegen, dass sich digitale Güter (Information, Software, Multimedia, etc.) in Handhabung sowie in ökonomischer, rechtlicher und sozialer Wertung von materiellen Gütern stark unterscheiden. Beispielsweise verlieren physische Produkte durch Nutzung meistens an Wert, gegenseitige Nutzung von Information hingegen kann einem Wertzuwachs dienen. Ein weiterer Unterschied besteht darin, dass materielle Güter mit kalkulierbaren Kosten hergestellt werden können, die Erzeugung digitaler Produkte jedoch schwierig kalkulierbar bleibt. Allerdings ist Vervielfältigung von Informationen gegenüber materiellen Gütern einfach und dank Moore's Law[2] kostengünstig (Rechenaufwand, Material des Infor-

---

[1] In Einzelfällen wird versucht, z. B. mit digitalen Wasserzeichen die Urheberschaft kenntlich zu machen und vor Missbrauch zu schützen.

[2] Moore's Law ist eine Faustregel und sagt aus, dass sich die Komplexität integrierter Schaltungen bei gleichbleibenden Kosten innerhalb von ein bis zwei Jahren regelmäßig verdoppelt.

mationsträgers). Zudem bleiben bei Informationsobjekten die Eigentumsrechte und Besitzverhältnisse schwer bestimmbar, obwohl digitale Wasserzeichen und andere Datenschutz- und Sicherheitsmechanismen zur Verfügung stehen (Meier und Stormer 2012).

Das Sammeln, Speichern und Verarbeiten digitaler Information ist zum Alltag geworden und wichtige Dienstleistungen sind davon abhängig; man denke dabei an die digitalen Kontaktdaten. Dies nicht nur bei kommerziellen Anwendungen, sondern auch im öffentlichen Leben. Die wichtigsten Herausforderungen lauten: Wie bewältigen wir diesen Information Overload? Wie können wir die Qualität der heterogenen Daten gewährleisten? Wann können wir den Auswertungen und Empfehlungen trauen? Wie sichern wir unsere Entscheidungen ab?

Die Heterogenität umfangreicher Datensammlungen und die Vielfalt von Auswertungsmethoden rücken Big Data Analytics in den Fokus vieler Entscheidungsträger in Politik, Wirtschaft, öffentlicher Verwaltung und Gesellschaft. Die Herangehensweise zu erfolgversprechenden Auswertungsstrategien ist nicht von vornherein klar erkenntlich und muss eventuell iterativ in Abklärungsschritten erarbeitet werden. Wichtig bleibt, Begriffe und Vorgehensweisen betreffend Big Data Analytics im Vorfeld zu klären, einzuordnen und allen Anspruchsgruppen zu kommunizieren.

1.1.1 Was heißt Big Data?

Seit einigen Jahren sind Unternehmen, Organisationen, Forschungseinrichtungen und Citizens mit Big Data konfrontiert (Fasel und Meier 2016), das heißt mit der Bewältigung umfangreicher Daten aus unterschiedlichen Datenquellen. Die Herkunft der Daten sowie deren Struktur sind vielfältig. Aus diesem Grunde werden die digitalen Daten oft mit dem Begriff Multimedia gemäß Abb. 1.1 charakterisiert.

Big Data Analytics kann mit Hilfe von V's näher gefasst werden (Fasel und Meier 2016; Meier und Kaufmann 2016):

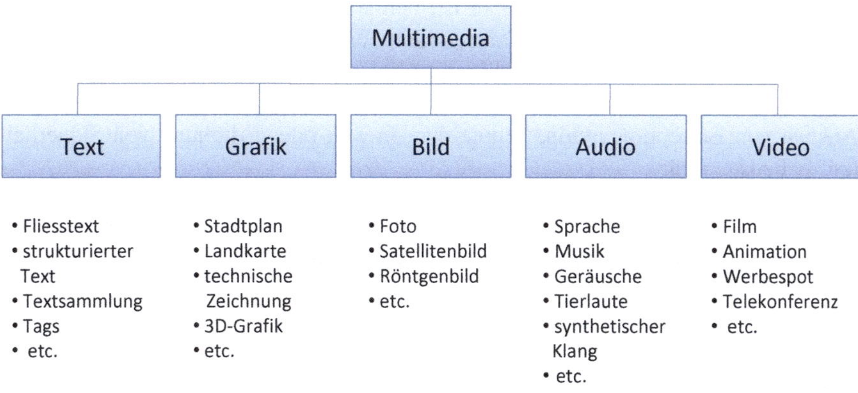

Abb. 1.1 Vielfalt der Multimedia-Daten beim Big Data Analytics, angelehnt an Meier (2018)

- *Volume*: Der Datenbestand ist umfangreich und liegt im Tera- bis Zettabytebereich (Megabyte = 10^6 Byte, Gigabyte = 10^9 Byte, Terabyte = 10^{12} Byte, Petabyte = 10^{15} Byte, Exabyte = 10^{18} Byte, Zettabyte = 10^{21} Byte).
- *Variety*: Unter Vielfalt versteht man bei Big Data Analytics die Verarbeitung von strukturierten, semi-strukturierten und unstrukturierten Multimedia-Daten (Text, Grafik, Bilder, Audio und Video gemäß Abb. 1.1).
- *Velocity*: Der Begriff bedeutet Geschwindigkeit und verlangt, dass im Extremfall Datenströme (Data Streams) in Echtzeit ausgewertet und analysiert werden können.
- *Value*: Big Data Analytics soll den Wert des Unternehmens oder der Organisation steigern. Investitionen in Personal und technische Infrastruktur werden dort gemacht, wo eine Hebelwirkung besteht respektive ein Mehrwert generiert werden kann.
- *Veracity*: Da viele Daten vage oder ungenau sind, müssen spezifische Algorithmen zur Bewertung der Aussagekraft respektive zur Qualitätseinschätzung der Resultate verwendet werden (vgl. Soft Computing in Abschn. 1.2.2). Umfangreiche Datenbestände garantieren nicht per se eine bessere Auswertungsqualität.

Veracity bedeutet in der deutschen Übersetzung Aufrichtigkeit oder Wahrhaftigkeit. Im Zusammenhang mit Big Data Analytics wird damit ausgedrückt, dass Datenbestände in unterschiedlicher Datenqualität vorliegen und dass dies bei Auswertungen berücksichtigt werden muss. Neben statistischen Verfahren und Data Mining existieren unscharfe Methoden des Soft Computing, die einem Resultat oder einer Aussage Wahrheitswerte zwischen wahr und falsch zuordnen (vgl. Ausführungen zum Soft Computing in Abschn. 1.2.2 resp. zum Fuzzy Portfolio in Abschn. 1.3.2).

Big Data ist nicht nur eine Herausforderung für profitorientierte Unternehmen im elektronischen Geschäft, sondern auch für das Aufgabenspektrum von Regierungen, öffentlichen Verwaltungen, NGO's (Non Governmental Organizations) und NPO's (Non Profit Organizations).

Als Beispiel seien die Programme für Smart City oder Ubiquitous City erwähnt, das heißt die Nutzung von Big-Data-Technologien in Städten, Agglomerationen und ländlichen Regionen. Ziel dabei ist, den sozialen und ökologischen Lebensraum nachhaltig zu entwickeln. Dazu zählen zum Beispiel Projekte zur Verbesserung der Mobilität, Nutzung intelligenter Systeme für Wasser- und Energieversorgung, Förderung sozialer Netzwerke, Erweiterung politischer Partizipation, Ausbau von Entrepreneurship, Schutz der Umwelt oder Erhöhung von Sicherheit und Lebensqualität.

1.1.2 Relevanz von Datenspeichersystemen

Relationale Datenbanksysteme, oft SQL-Datenbanksysteme genannt, organisieren die Datenbestände in Tabellen (Relationen) und verwenden als Abfrage- und Manipulationssprache die international standardisierte Sprache SQL (Structured Query Language; Meier und Kaufmann 2016).

Relationale Datenbanksysteme sind zurzeit in den meisten Unternehmen, Organisationen und vor allem in KMU's (Kleinere und Mittlere Unternehmen) im Einsatz. Bei massiv verteilten Anwendungen im Web hingegen oder bei Big-Data-Anwendungen muss die relationale Datenbanktechnologie oft mit NoSQL[3]-Technologien ergänzt werden, um Webdienste rund um die Uhr und weltweit anbieten zu können.

Ein NoSQL-Datenbanksystem unterliegt einer massiv verteilten Datenhaltungsarchitektur. Die Daten selber werden je nach Typ der NoSQL-Datenbank entweder als Schlüssel-Wertpaare („key/value store"), in Spalten oder Spaltenfamilien („column store"), in Dokumentspeichern („document store") oder in Graphen („graph database") gehalten (vgl. Abb. 1.2).

Um hohe Verfügbarkeit zu gewähren und das NoSQL-Datenbanksystem gegen Ausfälle zu schützen, werden unterschiedliche Replikationskonzepte unterstützt. Zudem wird mit dem sogenannten Map/Reduce-Verfahren hohe Parallelität und Effizienz für die Datenverarbeitung gewährleistet. Beim Map/Reduce-Verfahren werden Teilaufgaben an diverse Rechnerknoten verteilt und einfache Schlüssel-Wertpaare extrahiert („map") bevor die Teilresultate zusammengefasst und ausgegeben werden („reduce").

In Abb. 1.2 ist ein elektronischer Shop als Beispiel für die Vielfalt von analytischen Optionen schematisch dargestellt:

- *Key/Value Store*: Um eine hohe Verfügbarkeit und Ausfalltoleranz zu garantieren, wird ein Key/Value-Speichersystem für die Session-Verwaltung sowie für den Betrieb der Einkaufswagen eingesetzt. Die Analyse von Kundenbesuchen

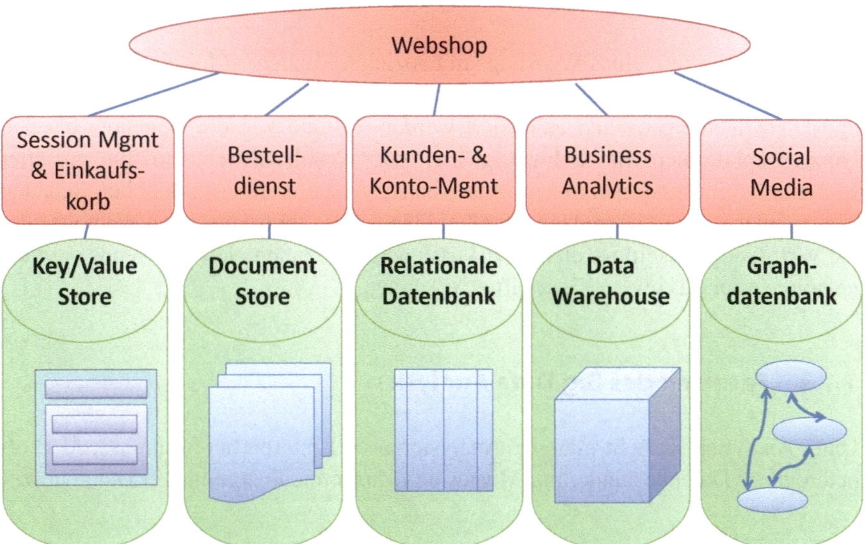

Abb. 1.2 Nutzung von SQL- und NoSQL-Datenbanken im Webshop, angelehnt an Meier (2018)

---

[3] NoSQL bedeutet ‚Not only SQL'.

respektive die Auswertung der Einkaufswagen kann direkt im Key/Value Store oder im Data Warehouse (siehe unten) vorgenommen werden.

- *Document Store*: Die Kundenbestellungen selber werden im Dokumentspeicher abgelegt. Aktuelle Bestellungen lassen sich direkt im Document Store analysieren. Zeitreihenvergleiche oder differenzierte Auswertungen und Prognosen werden im Data Warehouse (z. B. mit Descriptive oder Predictive Analytics gemäß Abschn. 1.1.3) vorgenommen.
- *Relationales Datenbanksystem*: Kunden- und Kontoverwaltung erfolgt mit einem relationalen Datenbanksystem. Dieses klassische Datenbanksystem garantiert jederzeit Konsistenz und ist unter anderem für lückenlose Buchhaltung und verlässliches Finanzmanagement relevant. Entsprechende Auswertungen wichtiger Finanzkennzahlen erfolgen hier oder im Data Warehouse.
- *Data Warehouse*: Bedeutend für den erfolgreichen Betrieb eines Webshops ist das Performance Measurement. Mit Hilfe von Web Analytics werden wichtige Kenngrößen („key performance indicators", KPIs) der Inhalte wie der Webbesucher in einem Data Warehouse aufbewahrt. Spezifische Werkzeuge (Data Mining, Predictive Business Analysis) werten Geschäftsziele wie Erfolg der getroffenen Maßnahmen regelmäßig aus. Da die Analysearbeiten auf dem mehrdimensionalen Datenwürfel („datacube") zeitaufwendig sind, wird dieser InMemory[4] gehalten.
- *Graphdatenbank*: Falls die Beziehungen unterschiedlicher Anspruchsgruppen analysiert werden sollen, drängt sich der Einsatz von Graphdatenbanken auf. Diese erlauben, Geschäftsbeziehungen, soziale Interaktionen, Meinungsäusserungen, Bewertungen von Produkten oder Dienstleistungen, Kritik und Wünsche etc. für die Kundenbindung zu nutzen und auszuwerten.

Die Verknüpfung eines Webshops mit sozialen Medien ist für ein Unternehmen oder eine Organisation zukunftsweisend. Neben der Ankündigung von Produkten und Dienstleistungen kann analysiert werden, ob und wie die Angebote bei den Nutzern ankommen. Bei Schwierigkeiten oder Problemfällen wird mit gezielter Kommunikation und geeigneten Maßnahmen versucht, einen möglichen Schaden abzuwenden oder zu begrenzen. Darüber hinaus hilft die Analyse von Weblogs oder die Verfolgung aufschlussreicher Diskussionen in sozialen Netzen, Trends oder Innovationen für das eigene Geschäft zu erkennen.

1.1.3 Facetten des Big Data Analytics

Unter Analytics versteht man das Analysieren und Interpretieren umfassender, oft heterogener Datenbestände, um Muster und Zusammenhänge in den Daten aufzu-

---

[4]Ein InMemory-Datenbanksystem nutzt den Arbeitsspeicher des Rechners als Speicher und muss die Daten bei der Verarbeitung nicht auf einem externen Medium (z. B. Festplatte) ein- und auslagern, was zu Effizienzsteigerungen beim Analytics führt.

decken und Entscheidungsgrundlagen für betriebliche wie gesellschaftliche Abläufe oder für private Zwecke zu erhalten. Der Begriff Analytics hat unterschiedliche Ausprägungen, wie Abb. 1.3 aufzeigt.

Ziel des Big Data Analytics ist das Erfassen und Beschreiben relevanter Merkmale oder Attribute zum Erhalt eines Beschreibungsmodells, Analyse- und Empfehlungsmodells zur Erreichung der Ziele des Unternehmens respektive der Organisation. Im Kern stehen Descriptive Analytics, Diagnostic Analytics, Predictive Analytics sowie Prescriptive Analytics:

- *Descriptive Analytics*: Werkzeuge erläutern den Entscheidungsträgern von Unternehmen und Organisationen aufgrund gesammelter Daten den Verlauf der Geschäfts- und Kundenbeziehungen und ermöglichen den Vergleich in Zeitreihen. Spezifische Visualisierungstechniken und Infografiken erlauben, die Veränderungen der Indikatoren (Kennzahlen) darzustellen.
- *Diagnostic Analytics*: Diese Werkzeuge sind darauf ausgelegt, die Hintergründe der Entwicklung des Geschäfts respektive der Beziehungen mit den Anspruchsgruppen zu erklären. Spezifische Werkzeuge zur Berichterstattung extrahieren zudem die Gründe für die zeitliche Entwicklung und bereiten sie in Grafiken auf.
- *Predictive Analytics:* Hier werden künftige Ereignisse und Entwicklungen aufgrund von historischen Daten prognostiziert. Zudem helfen Algorithmen der künstlichen Intelligenz und des maschinellen Lernens aufzuzeigen, welche Maßnahmen welche Wirkungen in Zukunft erzielen könnten (Erklärungsmodell).
- *Prescriptive Analytics*: Mit diesen Werkzeugen werden nicht nur künftige Entwicklungen evaluiert, sondern konkrete Empfehlungsoptionen zur Entscheidungsfindung sowie für Zukunftsszenarien eines erfolgreichen Geschäftsverlaufs generiert. Die Werkzeuge zielen darauf ab, über die reine Vorhersage hinaus Handlungsoptionen zu erhalten, um deren Auswirkungen abschätzen zu können (Entscheidungsmodell).

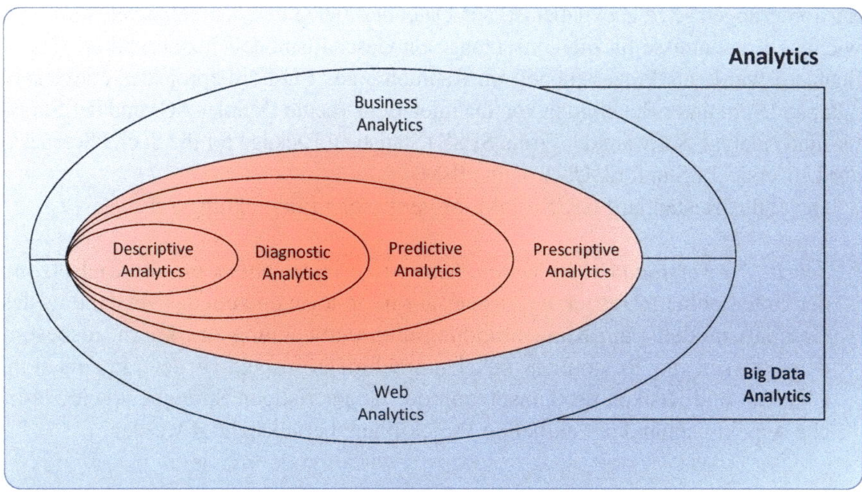

Abb. 1.3 Begriffseinordnung, angelehnt an Gluchowski (2016) und erweitert von Meier (2019)

Unter Business Analytics oder Business Intelligence wird das systematische Erarbeiten und Analysieren von Leistungskennzahlen (KPIs) in Unternehmen und Organisationen verstanden, um mit den erarbeiteten Entscheidungsgrundlagen den Erfolg zu sichern respektive auszubauen.

Web Analytics und Web Controlling umfassen die Evaluation, Definition, Messung, Auswertung und Adjustierung von Webkennzahlen; hier geht es primär um Analyse und Verbesserung der Webinhalte (u. a. Warenkorb, Dienstleistungen im eHealth, eGovernment-Portal) sowie Auswerten des Benutzerverhaltens und der entsprechenden Leistungsgrößen wie Umsatz, Gewinn, Zufriedenheit oder Weiterempfehlungen.

Das Fachgebiet Data Science umfasst alle Methoden und Techniken zur Extraktion von Wissen aus Datenbeständen (Kelleher und Tierney 2018). Demnach ist Analytics ein wichtiges Teilgebiet dieses Fachbereichs, geht es doch um das Erkennen von Mustern und Zusammenhängen aus strukturierten, semi-strukturierten und unstrukturierten Datensammlungen.

1.2 Zum Prozess Knowledge Discovery in Databases

Knowledge Discovery in Databases oder abgekürzt KDD (Ester und Sander 2013; Knoll und Meier 2009) ist der Prozess aller Teilschritte, um aus Datenbeständen Wissen zu generieren.

1.2.1 Branchenneutraler Industriestandard

In Abb. 1.4 ist der CRoss-Industry Standard Process für Data Mining (CRISP-DM) aufgezeigt (Chapman et al. 2000), ein branchenneutraler Industriestandard, der den Fokus auf die Wirtschaftsinformatik und die damit verbundenen betriebswirtschaftlichen Herausforderungen setzt. Ziel dabei ist, aus Datenbeständen in einem iterativen Verfahren wichtige Erkenntnisse für die Umsetzung von Geschäftsmodellen zu erwirken. Dieser Standard wurde als Prozessmodell im Rahmen eines EU-Förderprojektes entwickelt, unter anderem unter Beteiligung von Daimler-Benz (heute Daimler AG) und der Statistik- und Analyse-Software der Firma SPSS (Statistical Package for the Social Sciences) der University of Stanford, USA (heute IBM).

Der Industriestandard CRISP-DM umfasst sechs Entwicklungsschritte:

- *Schritt 1 – Verständnis des Geschäftsmodells*: Hier geht es um die Zielsetzung der Unternehmens- respektive Organisationsstrategie und um das Verständnis des Geschäftsmodells, um Kundenbindung und -entwicklung zu fördern. Insbesondere müssen die Ressourcen des Unternehmens respektive der Organisation, Chancen und Risiken der Umsetzung der längerfristigen Strategie sowie zeitliche Aspekte anhand der aktuellen Projektpläne berücksichtigt werden.

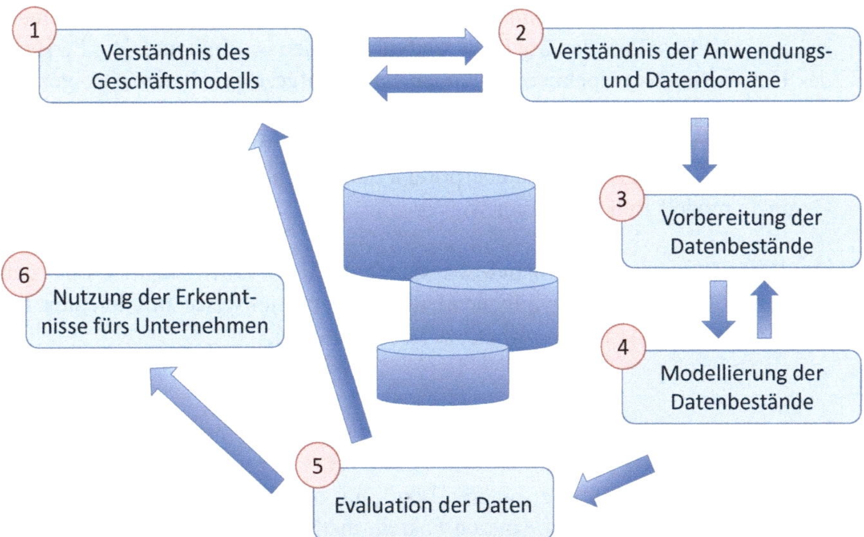

Abb. 1.4 Komponenten des branchenneutralen CRISP-DM Industriestandards, angelehnt an Chapman et al. (2000)

- *Schritt 2 – Verständnis der Anwendungs- und Datendomäne*: Die Auswertung wichtiger Prozesse des Unternehmens sowie die dazu benötigten Datenquellen müssen studiert und verstanden werden. Im Detail geht es um die Analyse der Geschäftsprozesse und der Datenschnittstellen, um Qualität und Vollständigkeit der Informationen einschätzen zu können.
- *Schritt 3 – Vorbereitung der Datenbestände*: Die strukturierten, semi-strukturierten und unstrukturierten Daten aus eigenen Datenquellen sowie aus dem Web werden zusammengetragen, auf einheitliche Formate transformiert und durch Metadaten beschrieben (logisches Datenmodell). Damit wird eine Vereinheitlichung der Datenbasis erzielt.
- *Schritt 4 – Modellierung der Datenbestände*: Die für die Auswertung angestrebten Datenmodelle werden ausgewählt. Beispielsweise geht es darum, bei Big Data Analytics ein adäquates Prozessdatenmodell, Entitäten-Beziehungsmodell oder Graphenmodell zu entwickeln (Meier und Kaufmann 2016), an dem die Auswertungen ausgerichtet werden.
- *Schritt 5 – Evaluation der Daten*: Hier müssen geeignete Methoden des Data Mining, insbesondere des Predictive oder Prescriptive Analytics respektive Soft Computing ausgewählt und auf Nützlichkeit getestet werden. Wichtige Methoden sind Entscheidungsbäume, Künstliche Neuronale Netze, Clusterverfahren, Assoziationsanalysen respektive unscharfe Methoden der Fuzzy Logic (siehe Abschn. 1.2.2). Ziel ist eine verbesserte Entscheidungsfindung für das Unternehmen respektive die Organisation.

- *Schritt 6 – Nutzung der Erkenntnisse für die Organisation respektive fürs Unternehmen*: Die Resultate des Big Data Analytics werden geschult und dem Personal des Unternehmens respektive der Organisation aufgezeigt. Gleichzeitig geht es darum, die Qualität des Auswertungs-, Erklärungs- und Entscheidungsmodells sowie der verwendeten Methoden des Hard Data Mining respektive Soft Data Mining (vgl. Abschn. 1.2.2) zu überprüfen, um unter anderem Rückschlüsse aufs Geschäftsmodell ziehen zu können.

Die Empfehlungen aus dem Industriestandard CRISP-DM haben sich bei den Experten der Data Science weitgehend durchgesetzt, teilweise mit leichten firmenspezifischen Anpassungen respektive Verfeinerungen.

1.2.2   Hard versus Soft Data Mining

Hard Computing beruht auf der binären Logik mit den Wahrheitswerten wahr und falsch. Methoden basieren auf exakten Fakten, mathematischen oder statistischen Analysen sowie auf Berechnungen oder Auswertungen mittels Hard Data Mining. Im Gegensatz dazu versucht das Soft Computing, die Fähigkeiten des Menschen wie natürliche Sprache, Abwägen von Sachverhalten oder Intuition nachzubilden. Die Methoden des Soft Data Mining umfassen mehrwertige Logiken, approximative Ansätze, Heuristiken, evolutionäre Algorithmen, probabilistisches Schließen oder unscharfe Logik.

Data Mining bedeutet das Schürfen nach wertvollen Informationen und Mustern in den Datenbeständen. Algorithmen helfen, noch nicht bekannte Zusammenhänge in den Daten zu extrahieren und darzustellen (siehe auch Kap. 2 über ‚Methoden des Data Mining für Big Data Analytics‘ von Peter Gluchowski, Christian Schieder und Peter Chamoni in diesem Herausgeberwerk).

Zum Hard Data Mining zählen folgende Methoden:

- *Entscheidungsbäume*: Diese bestehen aus einem Wurzelknoten mit unterschiedlich vielen inneren Knoten und mindestens zwei Blättern. Jeder Knoten entspricht einer formalen Regel und jedes Blatt gibt eine Teilantwort auf das Entscheidungsproblem. Beispielsweise werden in der Notfallmedizin Entscheidungsbäume verwendet, die auf Expertise beruhen und in kurzer Zeit erfolgversprechende Notmaßnahmen aufzeigen.
- *Clusterverfahren*: Anhand von Ähnlichkeits- oder Distanzmaßen werden Datenobjekte in möglichst homogene Cluster (Gruppen ähnlicher Objekte) überführt: Objekte innerhalb eines Clusters sollten homogen, Objekte unterschiedlicher Cluster heterogen zueinander sein. Es geht ums Aufdecken von Ähnlichkeitsstrukturen in großen Datenbeständen wie zum Beispiel das Erkennen von Mustern in Satellitenbildern oder das Festlegen von Kundensegmenten.
- *Regressionsanalyse*: Die lineare Regression ist ein statistisches Verfahren, um eine beobachtete abhängige Variable mit einer oder mehreren unabhängigen Variablen zu erklären. Damit lassen sich Zusammenhänge quantitativ beschreiben.

Zudem dient die Regression dazu, Werte der abhängigen Variablen zu prognostizieren. Um eine nicht-lineare Funktion zu schätzen, können iterative Algorithmen eingesetzt werden. Ziel einer Regressionsanalyse könnte sein, unterschiedliche Kommunikations- und Absatzkanäle fürs Online Marketing auszuwerten, um den Erfolg der getätigten Investitionen zu vergleichen und Optimierungen vornehmen zu können.

- *Assoziationsanalyse*: Diese dient dem Aufdecken von Mustern oder Zusammenhängen in Datenbeständen nach dem Schema ‚Wenn, dann …‘. Die Assoziationsanalyse beruht demnach auf einer Prämisse (Wenn A …) und einer Folgerung (… dann B). Sie verwendet Maßzahlen: Der Support drückt die Häufigkeit eines Objekts in der Datenbasis aus, die Konfidenz zählt die Folgerungen im Verhältnis zur Prämisse. Damit kann man zum Beispiel Produkte ermitteln, die häufig miteinander gekauft werden (Warenkorbanalyse), um ein Empfehlungssystem („recommender system") aufzubauen.

Bei Big Data Analytics werden umfangreiche Datenbestände aus unterschiedlichen Quellen ausgewertet. Es liegt auf der Hand, dass solche Daten oft missverständlich, unbestimmt, ungenau, ungewiss, unsicher oder vage sind. Aus diesem Grunde drängt es sich auf, Verfahren anzuwenden, welche die Ungewissheit der Daten stärker miteinbeziehen und bewerten (vgl. V für Veracity in Abschn. 1.1.1). Ein Lösungsansatz besteht darin, Methoden des Soft Computing respektive Verfahren der unscharfen Logik („fuzzy logic") anzuwenden (Zadeh 1994).

Entscheidungsfragen lassen sich bei anspruchsvollen Managementaufgaben nicht immer dichotom respektive scharf mit ja oder nein beantworten. Vielmehr geht es um ein Abwägen unterschiedlicher Einflussfaktoren und die Antwort für eine Problemlösung lautet oft ‚ja unter Vorbehalt …‘ oder ‚sowohl als auch …‘. Mit anderen Worten: Die Antwort ist unscharf („fuzzy") und kann neben ‚wahr‘ und ‚falsch‘ auch Wahrheitswerte zwischen 0 und 1 annehmen. Ein Wahrheitswert 0.7 bedeutet demnach, dass die Aussage zu 70 % wahr und zu 30 % falsch ist.

Lotfi A. Zadeh hat 1965 mit seinem Forschungspapier ‚Fuzzy Sets‘ (Zadeh 1965) den Grundstein zur unscharfen Logik gesetzt. Unscharfe Mengen sind Mengen, bei welchen die Zugehörigkeit der Elemente zur Menge mit einer Zugehörigkeitsfunktion μ gemessen wird, die Werte auf dem Einheitsintervall $[0,1]$ annehmen kann. Somit wird die klassische Menge von Elementen erweitert, indem jedem Element x noch sein Zugehörigkeitsmaß $\mu(x)$ zur Menge mitgegeben wird.

Lotfi A. Zadeh formulierte Soft Computing als ‚die Fähigkeit des Menschen nachzuahmen, effektiv Methoden des vernünftigen Schließens einzusetzen, die nur approximativ und nicht exakt sind‘ (Zadeh 1994).

Wichtige Methoden des Soft Data Mining sind:

- *Fuzzy Clustering*: Bei unscharfen Clusterverfahren werden Objekte nicht exklusiv einem einzigen Cluster zugeordnet. Vielmehr können sie zu unterschiedlichen Clustern gehören, abhängig von den jeweiligen Mengenzugehörigkeitsgraden. Als Beispiel wird in Abschn. 1.3.2 das Beziehungsmanagement mit individuellen Kundenwerten diskutiert (vgl. unscharfes Kundenportfolio in Abb. 1.7).

- *Evolutionäre Algorithmen*: Diese zählen zu den naturanalogen Optimierungsverfahren, da sie von der Entwicklung natürlicher Lebewesen inspiriert sind. Die biologische Evolution (Selektion, Rekombination, Mutation) wird mit Hilfe von Software nachgebildet, um Suchvorgänge oder Optimierungen zu verbessern. Damit lassen sich als Beispiel Düng- und Bewässerungsstrategien für landwirtschaftliche Betriebe optimieren.
- *Künstliche Neuronale Netze*: Solche bestehen aus einem Netzwerk von Verarbeitungseinheiten (sog. künstliche Neuronen, dem menschlichen Gehirn nachempfunden) und deren Verknüpfung untereinander. Die künstlichen Neuronen verfügen über Eingabe-, Aktivierungs- und Ausgabefunktion: Die eingegebenen Impulse werden gewichtet, mit Schwellwerten verglichen und beim Überschreiten aktiviert und weitergegeben. Künstliche Neuronale Netze eignen sich für Klassifikation, Regression und Clusterbildung. Unter anderem unterstützen sie Energieverteilungsentscheide in intelligenten Stromnetzwerken (Smart Grids).
- *Probabilistisches Schließen*: Probabilistic Reasoning ist eine Form des logischen Schließens, das auf Wahrscheinlichkeiten beruht und sich gegenüber der klassischen Logik unterscheidet. Jede Aussage wird mit einer bestimmten Wahrscheinlichkeit bewertet, die die Unsicherheit der Aussage ausdrücken soll. Unsicherheiten können aus Statistiken abgeleitet oder von Experten geschätzt werden. In einigen Expertensystemen wird dieser Ansatz zum Beispiel für Diagnoseunterstützung verwendet.
- *Inductive Fuzzy Classification* (Kaufmann 2014; Kaufmann et al. 2015): Hier handelt es sich um eine Form des überwachten Lernens („supervised learning") (Hüllermeier 2005), wobei der Lernprozess auf Beispielen beruht, um zu entscheiden, ob ein Element einer Menge zu einer vorgegebenen Klasse gehört aufgrund der vorgegebenen Attribute. So zeigen Kaufmann et al. (2015) auf, wie individuelle Marketingkampagnen damit Nachfrage und Abschluss von Cross- und Up-Selling verbessern.

Aufgrund der oben genannten Methoden rückt das Maschinelle Lernen in den Vordergrund. Hier lernt ein künstliches Softwaresystem aus Anwendungsbeispielen, um Muster und Gesetzmäßigkeiten in den Daten zu erkennen und Verallgemeinerungen anstellen zu können. Wichtige Anwendungsfelder sind Diagnoseverfahren, Aktienmarktanalysen oder forensische Anwendungen.

Die Vielfalt der Verfahren für Hard und Soft Data Mining konnten hier nur grob skizziert werden. Für Interessierte steht umfangreiche Literatur zur Verfügung (Ester und Sander 2013; Kruse et al. 2015; Lippe 2005; Liu 2011; Sivanandam und Deepa 2019 oder Witten et al. 2017). Die internationale Buchreihe zur Erforschung von Fuzzy Management Methods des Springer-Verlages enthält Grundlagen und Fallstudien zum Soft Computing (FMsquare 2020).

1.2.3 Prozessschritte für Wissensgenerierung

Beim Prozess für Knowledge Discovery (KDD) in Databases müssen Ziele für den Auswertungsauftrag erstellt, unterschiedliche Schritte zur Aufbereitung der not-

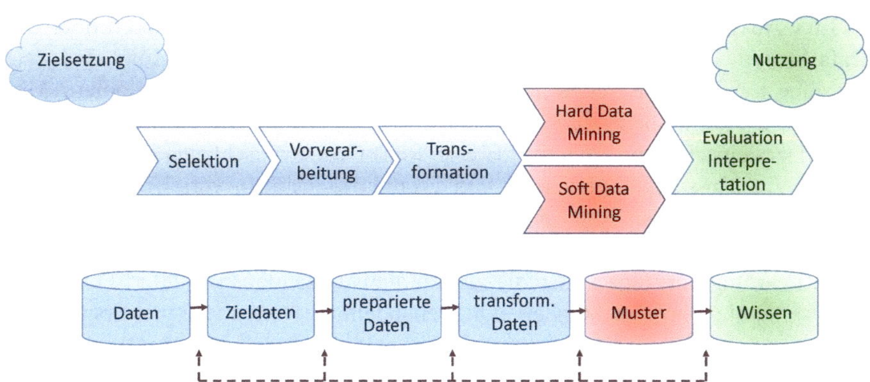

Abb. 1.5 Prozessschritte für KDD und Data Mining, eigene Darstellung angelehnt an Fayyad et al. (1996)

wendigen Daten durchlaufen, diverse Methoden des Hard wie Soft Data Mining erprobt und die Interpretation der Auswertungen vorgenommen werden.

Die Detailschritte des KDD-Prozesses sind in Abb. 1.5 dargestellt.

Zuerst werden für Big Data Analytics die Ziele formuliert und diskutiert. Dazu treffen sich Vertreter der Fachbereiche mit den Data Scientists, um anwendungsorientiertes wie technisches Wissen zu bündeln. Aus den Datenbeständen des Unternehmens wie auch aus externen Datensammlungen werden Zieldaten festgelegt und Auswertungsbedürfnisse zusammengetragen.

In einem iterativen Prozess werden die Daten vorverarbeitet: Es werden Qualitätsmängel in den Daten behoben, fehlerhafte Datenwerte korrigiert und Lücken bei den Merkmalsausprägungen geschlossen. Mit Hilfe von Transformationsregeln und Metadatenbeschreibungen werden die Daten danach auf einheitliche Formate transformiert. Beispielsweise müssen unterschiedliche Kodifizierungsansätze für Währungseinheiten und Maßeinheiten vereinheitlicht werden. Zudem gilt es, nicht-numerische Werte bei Bedarf zu harmonisieren.

Erst nach diesen wichtigen Vorbereitungsschritten werden Methoden des Hard wie Soft Data Mining ausgewählt und angewandt (siehe Abb. 1.5 resp. Abschn. 1.2.2), um interessante Muster in den bereinigten Daten zu finden und Erkenntnisse abzuleiten. Die Nutzung der generierten Wissensdatenbank dient dazu, Geschäftsprozesse und Kundenbeziehungen zu verbessern und den Mehrwert des Unternehmens respektive der Organisation zu steigern.

1.3 Anwendungsoptionen und Nutzenpotenziale

Big Data Analytics und weitere Analyseverfahren gewinnen mehr und mehr an Bedeutung. So sind die Einsatzbereiche und Anwendungsmöglichkeiten für Hard und Soft Data Mining beinahe unbegrenzt. Sie sind nicht nur in der Betriebswirtschaft kaum mehr wegzudenken, sondern erobern mehr und mehr volkswirtschaftliche Themengebiete und Fragestellungen des öffentlichen Lebens.

Eine Auswahl dieser Anwendungsoptionen gibt das Schwerpunktheft über Big Data Analytics (D'Onofrio und Meier 2019): So beschreiben Laura Kölbl et al., wie Machine Learning die Suche nach Trends und Technologien revolutioniert; Mohammed Kari et al. behandeln die datengetriebene Entscheidungsfindung im Handel auf strategischer und operativer Ebene; Rene Götz et al. schlagen einen hybriden Ansatz zur Themenklassifizierung von Produktrezensionen vor; Urs Hengartner plädiert für eine Textanalyse zur Personenüberprüfung im Finanzbereich; Kai Heinrich et al. stellen eine Fallstudie zur Objekterkennung im Weinbau mit Hilfe von Deep Learning vor; eine Fallstudie zur Predictive Maintenance liefert Peter Gluchowski et al.; Christian Menden et al. behandeln die Vorhersage von Ersatzteilen mit Clustering-Techniken; Sebastian Trinks und Carsten Felden beschreiben die Smart Factory mit Fehlererkennung in der Produktion; Florian Hauck et al. erläutern die Nutzung von Big Data Analytics bezüglich Fahrdaten der Deutschen Bahn; Daniel Badura und Michael Schulz analysieren aktuelle Plattformen für Self-Service Data Mining; schließlich beendet Ulrich Matter die unterschiedlichen Anwendungsoptionen mit einer Auswertung von Big Public Data aus dem programmable Web.

Im Folgenden wird ein Teilgebiet des eBusiness und eCommerce beleuchtet, nämlich Web Analytics und Web Controlling, um ein weiteres wichtiges Anwendungsfeld und mögliche Nutzenpotenziale zu diskutieren.

1.3.1 Controlling der digitalen Wertschöpfungskette

Web Analytics beinhaltet die Definition, Messung, Auswertung und Evaluation von Webkennzahlen. Damit können Inhaltsnutzung der Webplattform und Benutzerverhalten analysiert werden. Das Web Controlling bezweckt in einem Führungskreislauf, die Umsetzung des webbasierten Geschäftsmodells zu überwachen und frühzeitig Maßnahmen für Verbesserungen zu treffen. Nur so kann ein Erfolg der getroffenen Maßnahmen für das elektronische Geschäft und für das Kundenbeziehungsmanagement gewährleistet werden. Zielsetzung bleibt Sicherung und Steigerung des Kundenkapitals und des Unternehmenswertes (vgl. V für Value in Abschn. 1.1.1).

Eine elektronische Geschäftstätigkeit ist nur dann von Erfolg gekrönt, wenn erstens die einzelnen Glieder der digitalen Wertschöpfungskette auf die Kundenbedürfnisse ausgerichtet sind und einen Mehrwert generieren. Zweitens müssen mit dem Führungskreislauf *‚plan, do, check and act'* der Business Intelligence gemäß Abb. 1.6 Erfolg oder möglicher Misserfolg stetig kontrolliert werden. Damit lassen sich notwendige Maßnahmen ableiten und umsetzen.

Big Data Analytics generiert für das elektronische Geschäft und das Kundenbeziehungsmanagement folgende Nutzenpotenziale:

- *Content und Navigation*: Metriken für den Inhalt der Webplattform (User, Suchbegriffe, Besuche oder Verweildauer) und für die Navigation (Absprungrate, Besuchstiefe, Einstiegs- und Ausstiegsseiten, Zugriffsquellen, etc.) erlauben, den

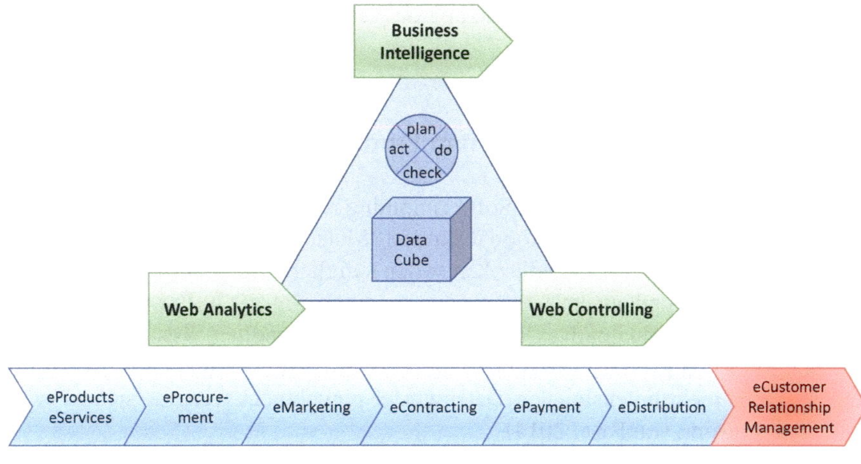

Abb. 1.6 Definitionspyramide einer webbezogenen Business Intelligence, angelehnt an Meier und Zumstein (2013)

Content und die Navigationsoptionen auf die Bedürfnisse der Anwender auszurichten.

- *Design und Usability*: Das stetige Analysieren von Webkennzahlen gibt Hinweise zur Verbesserung des Webauftritts. Zudem helfen diese Auswertungen, die Nutzbarkeit der Website (Usability) zu erhöhen.
- *Online Marketing*: Massenmärkte können dank digitaler Agenten für Beratung und Verkaufsunterstützung zielgenau betreut werden (One-to-One-Marketing). Aufgrund der Kenntnis der Online-Kunden werden individuelle Kommunikationsformen gewählt. Eventuell drängen sich kundenindividuelle Produktkomponenten oder -dienstleistungen auf (vgl. Abschn. 1.3.2).
- *Kundenbeziehungsmanagement*: Die Auswertung der Kennzahlen für das Verhalten der Kunden hilft, die Kundenbindungsmaßnahmen laufend zu verbessern (Steigerung des Bindungskapitals). Zudem fördert die Kenntnis der bestehenden Kundenbasis und das Auswerten geeigneter Kennzahlen (z. B. Konversionsraten), Neukunden zu entdecken und zu gewinnen (Steigerung des Akquisitionskapitals).
- *Unternehmenswert*: Mit Data-Mining-Methoden lassen sich sowohl monetäre Größen (wie Umsatz oder Gewinn) wie nicht-monetäre Größen (Reputation, Marke oder Vertrauen) verfolgen und analysieren, um den Unternehmenswert mit geeigneten Maßnahmen zu steigern.

Viele der hier diskutierten Analysebereiche zur Evaluation der digitalen Wertschöpfungskette lassen sich mit Hard-Data-Mining-Methoden bewältigen. Möchte man hingegen Bereiche differenzierter beurteilen, lohnt sich der Einsatz von Soft Data Mining. Dazu wird im nächsten Abschnitt ein unscharfes Kundenportfolio erläutert, zur differenzierteren Einschätzung des letzten Glieds eCustomer Relationship Management aus Abb. 1.6.

1.3.2 Beziehungsmanagement mit individuellen Kundenwerten

Zur Illustration des Potenzials des Soft Computing respektive der unscharfen Logik wird ein unscharfes Kundenportfolio diskutiert (Meier und Werro 2018). Aus Gründen der Einfachheit und Verständlichkeit sollen lediglich zwei Merkmale verwendet werden, um den Kundenwert zu berechnen, nämlich Umsatz in Euro (quantitative Größe) und Treue (qualitatives Merkmal). Selbstverständlich lässt sich das Anschauungsbeispiel jederzeit erweitern, indem quantitative und qualitative Kennzahlen in einem mehrdimensionalen Datenwürfel eingebracht werden (siehe Fuzzy Data Warehousing von Fasel 2014).

Die Abb. 1.7 illustriert eine unscharfe Kundenklassifikation, wobei für das Bewertungskriterium Umsatz die beiden Zugehörigkeitsfunktionen μ_{gross} für einen Umsatz zwischen 500 und 1000 Euro und μ_{klein} für einen Umsatz unter 500 Euro gewählt wurden. Entsprechend sind für die beiden Äquivalenzklassen der Treue ebenfalls Zugehörigkeitsfunktionen festgelegt; so beschreibt $\mu_{positiv}$ die Mengenzugehörigkeit für herausragende Kundentreue (top resp. gut) und $\mu_{negativ}$ für eine schwache oder schlechte Treue.

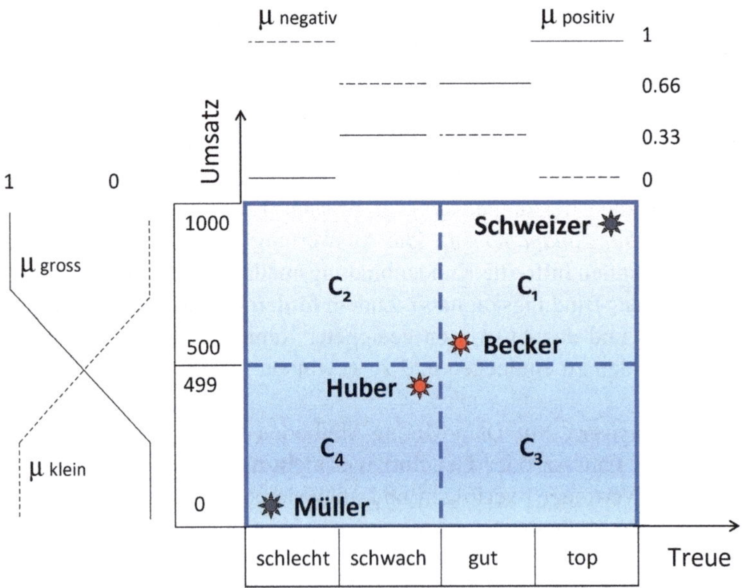

Abb. 1.7 Unscharfes Kundenportfolio mit individuellen Kundenwerten, angelehnt an Meier und Werro (2018)

Bei der unscharfen Kundenklassifikation kann für einen bestimmten Kunden die Treue gleichzeitig positiv und negativ sein; zum Beispiel ist die Zugehörigkeit von Becker zur unscharfen Menge $\mu_{positiv}$ 0.66 und diejenige zur Menge $\mu_{negativ}$ ist 0.33. Der Treuegrad von Becker ist also nicht ausschließlich positiv oder negativ wie bei scharfen Klassen. Die Zugehörigkeitsfunktionen $\mu_{positiv}$ und $\mu_{negativ}$ bewirken, dass der Wertebereich der Treue unscharf partitioniert wird. Analog ist der Wertebereich des Umsatzes durch die beiden Zugehörigkeitsfunktionen μ_{gross} und μ_{klein} unterteilt. Dadurch entstehen vier Klassen C_1, C_2, C_3 und C_4 mit kontinuierlichen Übergängen.

Der Wert eines Kunden berechnet sich, indem alle Wertanteile entlang der Achsen eines eventuell mehrdimensionalen Würfels aggregiert und gegebenenfalls normiert werden. Als Beispiel dient der Kunde Becker aus Abb. 1.7: Sein Anteil zum großen Umsatz sowie sein Anteil zur positiven Treue wird mit einer spezifischen Aggregationsfunktion[5] der unscharfen Logik berechnet und normiert. Dadurch ergibt sich ein aggregierter Zugehörigkeitswert von Becker zur Premiumklasse C_1. Entsprechend lassen sich die aggregierten Zugehörigkeitswerte von Becker zu den andern Klassen C_2, C_3 und C_4 berechnen.

Wird das unscharfe Kundenportfolio aus Abb. 1.7 mit dem dazugehörigen scharfen Kundenportfolio verglichen, so fallen diverse Probleme bei der scharfen Segmentierung auf. Die Klassen C_1, C_2, C_3 und C_4 sind bei einer klassischen Segmentierung trennscharf: Huber und Müller gehören zu 100 % zur Verliererklasse C_4, Becker und Schweizer zu 100 % zur Königsklasse C_1. Becker und Huber liegen nahe beieinander (auch im Falle eines mehrdimensionalen Raumes mit mehreren Bewertungskriterien), werden aber vom Unternehmen bei scharfer Segmentierung völlig unterschiedlich wahrgenommen und gepflegt. Kunde Becker hat wenig Anreiz, sich im Umsatz oder bei der Treue zu verbessern, liegt er doch in der Königsklasse C_1; verschlechtern sich seine Bewertungen nur leicht, kann es passieren, dass er von der Königsklasse C_1 in die Verliererklasse C_4 eingestuft wird. Des Weiteren verfügt Kunde Huber über einen ordentlichen Umsatz und eine mittlere Treue, wird aber als Verlierer behandelt. Es überrascht kaum, wenn er sich im Markt umsieht und abspringt.

Obige Probleme lassen sich mit Hilfe eines unscharfen Ansatzes beheben: Der Wert jedes Kunden ist ein individueller Kundenwert als aggregierter Wert entlang allen Bewertungsachsen. Der Konflikt zwischen Becker (in Königsklasse C_1) und Huber (in Verliererklasse C_4) ist behoben, da die entsprechenden Kundenwerte nahe beieinander liegen (Becker 0.53, Huber 0.47). Zudem können mit dem unscharfen Ansatz beliebige Subgruppen gebildet und analysiert werden. Zum Beispiel ließen sich zur Frage ‚Gib mir die Top-X Kunden' diese jederzeit herauslesen; in Abb. 1.7

---

[5] Im Forschungszentrum Fuzzy Management Methods der Universität Fribourg, Schweiz (www. FMsquare.org) wird als Aggregationsfunktion oft der sogenannte γ-Operator verwendet, der einem kompensatorischen UND entspricht und empirisch getestet als sinnvoll erachtet wird. Er berechnet ein ausgewogenes Mittelmaß zwischen den unterschiedlichen Bewertungsachsen, wobei die Ausgewogenheit mit der Wahl des γ-Wertes zwischen 0 und 1 eingestellt werden kann.

würde für die Datenbankabfrage ‚Welches sind die Top-3 Kunden' die Antwort Schweizer (100 %), Becker (53 %) und Huber (47 %) generieren.

Die Nutzenpotenziale bei der Anwendung von unscharfen Methoden im Portfolio Management können wie folgt zusammengefasst werden:

- *Linguistische Variablen und Terme*: Für unscharfe Auswertungen und Analysen können die Marketingspezialisten und Anwender ihre gewohnten Begriffe verwenden (z. B. linguistische Variable ‚Umsatz' mit den Termen ‚groß' und ‚klein'). Erweiterte Klassifikationsabfragen (z. B. ‚Extrahiere alle Kunden mit großem Umsatz und positiver Treue') sind damit intuitiv und einfach durchführbar.
- *Veracity*: Der Einbezug vager oder unvollständiger Sachverhalte im Entscheidungsfindungsprozess ist möglich. Zum Beispiel erlauben unscharfe Methoden, qualitative respektive subjektive Einschätzungen der Kundenbeziehungen zu modellieren wie Treue, Weiterempfehlung oder Feedback zu Produkten und Dienstleistungen. Die Berücksichtigung dieser weichen Indikatoren ermöglicht es, die Entscheidungsfindungsprozesse zu differenzieren und zu verbessern.
- *Prävention*: Kunden mit Entwicklungspotenzial werden frühzeitig erkannt. Bei scharfen Klassifikationsgrenzen fallen Kunden mit Potenzial kaum auf, da alle Kunden pro Klasse dasselbe Rating erhalten. Mit Hilfe von Mengenzugehörigkeitswerten werden hingegen nicht nur Kunden mit Potenzial, sondern auch gefährdete Kunden frühzeitig erkannt.
- *Marketingkampagnen*: Solche Akquisitions- und Bindungsprogramme sind teuer. Mit Hilfe von kleinen Testgruppen kann geprüft werden, ob sich eine Ausdehnung lohnt oder nicht. Verschieben sich die angeschriebenen Kundinnen und Kunden in die gewünschte Richtung und entspricht die Steigerung des Kundenkapitals dieser Testgruppe der Zielsetzung, kann die Kampagne ausgedehnt werden (vgl. Inductive Fuzzy Classification in Kaufmann 2014).
- *Personalisierung*: Die Individualisierung des Massenmarktes ist möglich. Der Trend nach individualisierten Produkten und Dienstleistungen ist speziell im elektronischen Markt ungebrochen. Allerdings sollten individualisierte Angebote und Dienstleistungen fair sein, das heißt Nachfrager mit ähnlichem Kundenwert sollten ähnliche Preise oder Rabatte erhalten. Da die Mengenzugehörigkeit (hier Kundenwert) für jeden Kunden individuell berechnet werden kann, bieten unscharfe Mengen eine Grundlage für Personalisierungskonzepte.

In den letzten Jahren sind erfolgversprechende Anwendungen mit unscharfer Logik vorangetrieben worden. Eine Auswahl von Anwendungen aus Marketing, Produktmanagement, Performance Measurement, Kundenbeziehungsmanagement oder Service Management findet sich in der internationalen Buchreihe ‚Fuzzy Management Methods' des Springer-Verlags[6] respektive im Jubiläumsband der Universität Fribourg zum zehnjährigen Bestehen des Forschungszentrums FMsquare. org (Meier et al. 2019).

---

[6]Die internationale Forschungsreihe ‚Fuzzy Management Methods' wird von Andreas Meier, Edy Portmann und Witold Pedrycz beim Springer-Verlag herausgegeben, siehe FMsquare (2020).

1.4 Aufruf zum Paradigmenwechsel

Der Informatiker Radim Belohlavek (Palacky Universität, Olomouc, Tschechien), der Geschichtshistoriker Joseph W. Dauben (City University, New York, USA) und der Systemtheoretiker George J. Klir (State University, New York, USA) haben 2017 ihr über fünfhundertseitiges Werk über ‚Fuzzy Logic and Mathematics: A Historical Perspective' veröffentlicht (Belohlavek et al. 2017). Darin führen sie unter ‚Fuzzy logic as a new paradigm' (S. 428 ff.) aus: „The challenge of this new paradigm is the rejection of one principle upon which logic has been based for millenia – the principle of bivalence. […] This includes not only the various areas of science, but also other areas, such as engineering, medicine, management, business, decision-making, risk analysis, and many others. The impact of this particular paradigm shift in logic thus extends far beyond logic. It is clearly a paradigm shift on a very large scale, which may justifiably be called a grand paradigm shift".

Was bedeutet dieser Grand Paradigm Shift für Big Data Analytics? Das Potenzial klassischer Auswertungsmethoden lässt sich gemäß Abb. 1.8 steigern, indem neben faktenbasierten und analytischen Methoden („hard data mining") auch Verfahren des Soft Computing („soft data mining") angewendet werden. Beispielsweise werden in der Abb. 1.8 den exakten Berechnungsmethoden (linke Seite der Abb. 1.8) Heuristiken (rechte Seite der Abb. 1.8) gegenüber gestellt, das heißt präzise Verfahren lassen sich durch weiche Methoden ergänzen. Heuristiken sind Kunstformen, um mit unvollständigen Informationen und mit begrenzter Zeit praktische Probleme zufriedenstellend zu lösen.

Lange Zeit hielt sich die Auffassung, dass die beiden Gehirnhälften für unterschiedliche menschliche Fähigkeiten verantwortlich seien (vgl. Abb. 1.8): So ist die

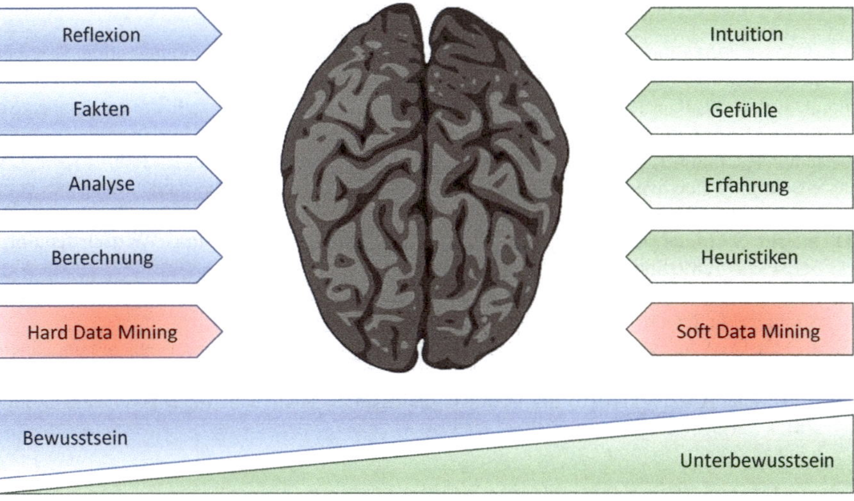

Abb. 1.8 Idealisierte Darstellung der beiden Gehirnhälften für Hard und Soft Data Mining, angelehnt an Meier (2020)

linke Gehirnhälfte für Sprache, Logik, Rechnen, Analyse oder Gesetzmäßigkeiten und somit fürs Denken zuständig. Die rechte Gehirnhälfte dagegen steuert die Intuition, Kreativität, Symbolik und aktiviert Assoziationen für Bilder, Klänge oder Gefühle. Natürlich lassen sich die beiden Gehirnhälften nicht isoliert betrachten, sondern müssten gemäß aktuelleren neurowissenschaftlichen Untersuchungen eher im Sinne von ‚sowohl als auch' interpretiert werden. Für unsere Diskussion soll diese idealisierte Darstellung der Hemisphären des Gehirns jedoch stimulieren, dass beide Fähigkeitsspektren, die des Denkens wie die der Intuition auch bei der Nutzung von Big Data Analytics berücksichtigt werden sollten. Nur so lassen sich komplexe Datenbestände mit dem Rechner analysieren und interpretieren.

Soft Computing stellt einen Werkzeugkasten bereit, mit dem sich Ungenauigkeit, Ungewissheit und partielle Wahrheit modellieren und verarbeiten lassen. Im Gegensatz zur klassischen Logik, die auf bewusster Intelligenz basiert, könnte die unscharfe Logik oder die von Krassimir Atanassov erweiterte und auf Intuition basierende unscharfe Logik (Intuitionistic Fuzzy Logic,[7] siehe Atanassov 2016) helfen, die Problemanalyse differenzierter durchzuführen und Lösungsansätze anzugehen, die nicht ausschließlich auf harten Fakten beruhen. Oder kürzer ausgedrückt: Intuition ist unbewusste Intelligenz und kann Big Data Analytics bereichern und den Entscheidungsträgern in Wirtschaft, öffentlicher Verwaltung und Gesellschaft differenzierte Einschätzungen und Entscheidungsunterlagen zur Verfügung stellen.

Danksagung Peter Gluchowski von der TU Chemnitz hat eine Vorversion dieses Kapitels kritisch kommentiert. Zudem haben Gutachter der Zeitschrift HMD sowie der Edition HMD diverse Anregungen eingebracht. Ein Dankeschön geht an Lydia Meier-Bernasconi für sprachliche und stilistische Verbesserungen.

Literatur

Atanassov K (2016) Intuitionistic fuzzy logics. Studies in fuzziness and soft computing. Springer, Heidelberg

Belohlavek R, Dauben JW, Klir GJ (2017) Fuzzy logic and mathematics: a historical perspective. Oxford University Press, New York

Chapman P, Clinton J, Kerber R, Khabaza T, Reinartz T, Shearer C, Wirth R (2000) CRISP-DM 1.0 step-by-step data mining guide. White Paper, https://www.the-modeling-agency.com/crisp-dm.pdf. Zugegriffen am 27.06.2020

D'Onofrio S, Meier A (Hrsg) (2019) Big Data Analytics. HMD Prax Wirtschaftsinform 56(5):879–1089. Springer Vieweg, Heidelberg

Ester M, Sander J (2013) Knowledge Discovery in Databases: Techniken und Anwendungen. Springer, Heidelberg

Fasel D (2014) A fuzzy data warehousing for performance measurement – concept and implementation. Springer, Heidelberg

Fasel D, Meier A (Hrsg) (2016) Big Data – Grundlagen, Systeme und Nutzenpotenziale. Edition HMD. Springer, Heidelberg

---

[7] Die Intuitionistic Fuzzy Logic basiert auf der Mengenzugehörigkeitsfunktion $\mu(x)$, der Nicht-Mengenzugehörigkeit $\nu(x)$ und der Unsicherheit $\pi(x) = 1 - \mu(x) - \nu(x)$; sie verallgemeinert die unscharfe Logik.

Fayyad UM, Piatetsky-Shapiro G, Smyth P (1996) From data mining to knowledge discovery: an overview. In: Fayyad UM, Piatetsky-Shapiro G, Smyth P, Uthurusamy R (Hrsg) Advances in knowledge discovery and data mining. American Association for Artificial Intelligence, AAAI Press, Menlo Park, S 1–3

FMsquare (2020) International book series fuzzy management methods. Springer, Heidelberg. https://www.springer.com/series/11223. Zugegriffen am 27.06.2020

Gluchowski P (2016) Business Analytics – Grundlagen, Methoden und Einsatzpotenziale. In: Meier A, Zumstein D (Hrsg) Business Analytics. HMD Prax Wirtschaftsinform 53(3):273–286

Hüllermeier E (2005) Fuzzy methods in machine learning and data mining: status and prospects. Fuzzy Sets Syst 156(3):387–406

Kaufmann M (2014) Inductive fuzzy classification in marketing analytics. Springer, Heidelberg

Kaufmann M, Meier A, Stoffel K (2015) IFC-Filter: membership function generation for inductive fuzzy classification. Expert Syst Appl 21(42):8369–8379

Kelleher JD, Tierney B (2018) Data science. The MIT Press Essential Knowledges Series, Cambridge, MA

Knoll M, Meier A (Hrsg) (2009) Web & Data Mining. HMD Prax Wirtschaftsinform 46(4):1–128. dpunkt, Heidelberg

Kruse R, Borgelt C, Braune C, Klawonn F, Moewes C, Steinbrecher M (2015) Computational Intelligence – eine methodische Einführung in Künstliche Neuronale Netze, Evolutionäre Algorithmen, Fuzzy-Systeme und Bayes-Netze. Springer Vieweg, Heidelberg

Lippe W-M (2005) Soft Computing – mit neuronalen Netzen, Fuzzy Logic und evolutionären Algorithmen. eXamen.press, Springer, Heidelberg

Liu B (2011) Web data mining – exploring hyperlinks, contents, and usage data. Springer, Berlin

Meier A (2018) Werkzeuge der digitalen Wirschaft: Big Data, NoSQL & Co. – eine Einführung in relationale und nicht-relationale Datenbanken. Springer essentials, Heidelberg

Meier A (2019) Überblick Analytics – Methoden und Potenziale. In: D'Onofrio S, Meier A (Hrsg) Big data analytics. HMD – Praxis der Wirtschaftsinform, Heft 329, 56(5): 885–899.

Meier A (2020) The 7th world wonder of IT – intuition-based analytics for the digital economy and society. Proc. of the International Conference Internet Technologies & Society, ITS'2020, Sao Paulo, Brazil

Meier A, Kaufmann M (2016) SQL- und NoSQL-Datenbanken. eXamen.press, Springer Vieweg, Heidelberg

Meier A, Stormer H (2012) eBusiness & eCommerce – Management der digitalen Wertschöpfungskette. Springer, Heidelberg

Meier A, Werro N (2018) Unscharfes Portfolio Management – Nutzenpotenziale. In: Meier A, Seising R (Hrsg) Vague Information Processing. HMD Prax Wirtschaftsinform 55(3):528–539

Meier A, Zumstein D (2013) Web Analytics & Web Controlling – Webbasierte Business Intelligence zur Erfolgssicherung. Edition tdwi Europe. dpunkt, Heidelberg

Meier A, Portmann E, Teran L (Hrsg) (2019) Applying fuzzy logic for the digital economy and society. Springer, Heidelberg

Sivanandam SN, Deepa SN (2019) Principles of soft computing. Wiley, New Delhi

Witten IH, Frank E, Hall MA, Pal CJ (2017) Data mining – practical machine learning tools and techniques. Morgan Kaufmann, Cambridge, MA

Zadeh LA (1965) Fuzzy sets. Inf Control 8:338–353

Zadeh LA (1994) Fuzzy logic, neural networks, and soft computing. Commun ACM 37(3):77–84

Methoden des Data Mining für Big Data Analytics

2

Peter Gluchowski, Christian Schieder und Peter Chamoni

Zusammenfassung

Noch nie wurden derart gewaltige Datenmengen produziert wie in jüngster Zeit. Daraus erwächst die Erwartung, dass sich in den Peta- und Exabyte an Daten interessante Informationen finden lassen, wenn es nur gelingt, dieses gewaltige Volumen zielgerichtet auszuwerten. Sowohl in der Wissenschaft als auch zunehmend in der Praxis werden daher Verfahren und Technologien diskutiert, die interessante Muster in umfangreichen Datenbeständen aufdecken und Prognosen über zukünftige Ereignisse und Gegebenheiten anstellen können. Zahlreiche der hierfür verwendeten Methoden sind unter dem Begriffsgebilde Data Mining bereits seit langer Zeit bekannt, wurden jedoch im Laufe der Jahre ausgebaut und verfeinert. Der vorliegende Beitrag setzt sich das Ziel, die wesentlichen Verfahren zur Datenanalyse im Überblick zu präsentieren und dabei auf die grundlegenden Vorgehensweisen sowie potenzielle Einsatzbereiche einzugehen.

Vollständig neuer Original-Beitrag

P. Gluchowski (✉)
Technische Universität Chemnitz, Chemnitz, Deutschland
E-Mail: peter.gluchowski@wirtschaft.tu-chemnitz.de

C. Schieder
Ostbayerische Technische Hochschule Amberg-Weiden, Amberg, Deutschland
E-Mail: c.schieder@oth-aw.de

P. Chamoni
Mercator School of Management, Universität Duisburg-Essen, Duisburg, Deutschland
E-Mail: Peter.Chamoni@uni-due.de

S. D'Onofrio, A. Meier (Hrsg.), *Big Data Analytics*, Edition HMD,
https://doi.org/10.1007/978-3-658-32236-6_2

Schlüsselwörter

Assoziationsanalyse · Clusteranalyse · Data Mining ·
Entscheidungsbaumlernverfahren · Maschinelles Lernen · Künstliche
Neuronale Netze

2.1 Einleitung

Kaum ein technologisches Thema hat in den letzten Jahren für größere Aufmerksamkeit in der breiten Öffentlichkeit gesorgt als das Begriffsgebilde Big Data. Allerdings ist eine exakte Definition für das Phänomen Big Data nicht leicht zu finden. Einige Veröffentlichungen zu dem Thema greifen auf eine Negativabgrenzung zurück und stellen heraus, dass Big Data dann gegeben ist, wenn die Kapazitäten und Funktionalitäten der klassischen Datenhaltung, -aufbereitung und -auswertung sich als nicht ausreichend erweisen (Dittmar et al. 2016). Zumeist wird Big Data heute durch die charakteristischen Eigenschaften beschrieben. Dann zeichnet sich Big Data nicht allein durch das immense Datenvolumen (Volume) aus, sondern ebenso durch die erhebliche Vielfalt an Datenformaten (Variety) sowie durch die Geschwindigkeit (Velocity), mit der neue Daten entstehen sowie verfügbar und damit analysierbar sind (Eaton et al. 2012).

Die Erklärung für den Hype um Big Data ist leicht ausgemacht: Noch nie wurden derart gewaltige Datenmengen produziert wie in jüngster Zeit. Sei es im Internet, wo Abermillionen schreibfreudige User sich derzeit als Content Provider betätigen, oder durch die zunehmende Verbreitung von Sensoren in allen Lebensbereichen, die dazu führt, dass das Zeitalter der miteinander kommunizierenden Dinge (Internet of Things, IoT) längst angebrochen ist. Daraus erwächst die Erwartung, dass sich in den Peta- und Exabyte an Daten interessante Informationen beispielsweise für eine differenziertere Kundenansprache oder für eine wirtschaftlich sinnvollere Durchführung von Instandhaltungsmaßnahmen finden lassen, wenn es nur gelingt, dieses gewaltige Datenvolumen zielgerichtet auszuwerten. Naturgemäß erwachsen hierdurch zusätzliche Anforderungen an das Datenmanagement und die Analytik.

So kann es nicht verwundern, dass in letzter Zeit zunehmend die Vorgehensweisen und Methoden für eine fortgeschrittene Datenanalyse ins allgemeine Blickfeld rücken. Unter der Begrifflichkeit Business Analytics oder schlicht Analytics werden sowohl in der Wissenschaft als auch zunehmend in der Praxis Verfahren und Technologien diskutiert, die interessante Muster in umfangreichen Datenbeständen aufdecken und Prognosen über zukünftige Ereignisse und Gegebenheiten anstellen können. Zahlreiche der hierfür verwendeten Methoden sind unter dem Begriffsgebilde Data Mining bereits seit langer Zeit bekannt, wurden jedoch im Laufe der Jahre ausgebaut und verfeinert. Der vorliegende Beitrag setzt sich das Ziel, die wesentlichen Verfahren zur Datenanalyse im Überblick zu präsentieren und dabei auf die grundlegenden Vorgehensweisen sowie potenzielle Einsatzbereiche einzugehen.

Hierzu nimmt der nachfolgende Abschn. 2.2 eine Klassifikation aktuell verwendeter Analytics-Methoden vor. Die anschließenden vier Abschnitte erläutern Entscheidungsbaumverfahren (Abschn. 2.3), Künstliche Neuronale Netze (Abschn. 2.4) mit einem Exkurs zu Deep Learning, Clusteranalysen (Abschn. 2.5) und Assoziationsanalysen (Abschn. 2.6), bevor in Abschn. 2.7 die Ergebnisse diskutiert und mögliche zukünftige Entwicklungen aufgezeigt werden.

2.2 Klassifikation von Analytics-Methoden

Eine Einteilung der Methoden zur Analyse umfangreicher Datenbestände lässt sich nach deren Einsatzzweck vornehmen. Grob sind Verfahren zur Prädiktion von solchen zur Deskription abzugrenzen. Vorhersageverfahren wiederum lassen sich zur Klassifikation oder Regression nutzen, Beschreibungsverfahren dagegen zu Clustering/Segmentierung und zur Assoziation (siehe Abb. 2.1).

Einer vereinfachten Sichtweise folgend erweisen sich die Verfahren zur Prädiktion als *überwacht* und die Verfahren zur Deskription als *unüberwacht*. Unüberwachtes Lernen („unsupervised learning") beschäftigt sich mit der Suche nach Mustern in den Ausprägungen einer oder mehrerer (unabhängiger) Variablen, ohne jedoch über erklärte Variablen zu verfügen oder solche zu verwenden. In diesem Fall erfolgt die Analyse also in „unbeaufsichtigter" Weise, weil keine Prognosen für die erklärte(n) Variable(n) erstellt werden und somit naturgemäß eine auf dem Vergleich zwischen Prognosewerten und beobachteten Ausprägungen basierende Abschätzung der Prognosegüte entfällt (Agresti 2013; Hastie et al. 2009; Larose und Larose 2015). Als Vertreter der unüberwachten Verfahren lassen sich Cluster- und Assoziationsanalysen sowie Anomalieerkennung anführen (Huber 2019). Zur Illustration des Vorgehens dient die folgende Abb. 2.2.

Dagegen bedienen sich die überwachten Verfahren („supervised learning") eines historischen Datenbestandes mit bekannten Ergebnissen („labeled data sets") und verfolgen das Ziel, den Einfluss der Ausprägungen einer oder mehrerer erklärender Variablen (unabhängiger Variablen, Inputvariablen) auf die Ausprägungen einer beziehungsweise in selteneren Fällen auch mehrerer erklärter Variablen (abhängige

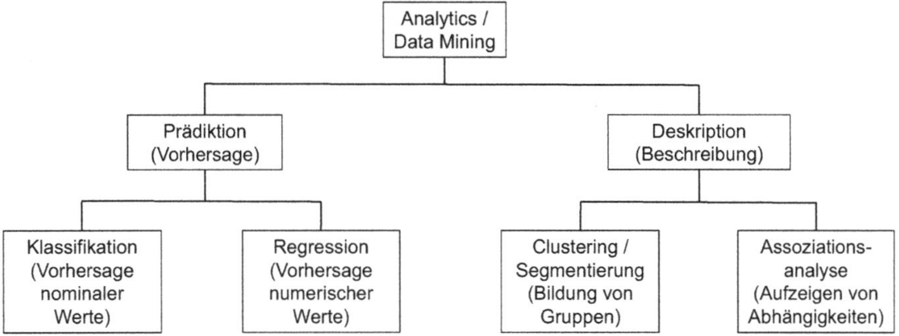

Abb. 2.1 Verwendungszweck von Analytics-Verfahren in Anlehnung an Dorschel (2015)

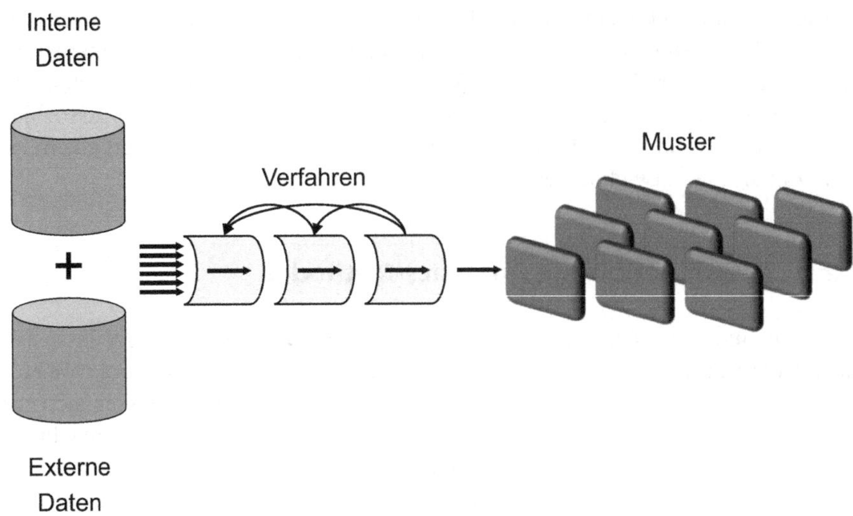

Abb. 2.2 Prinzipielle Vorgehensweise unüberwachter Verfahren zur Datenanalyse (eigene Abbildung)

Variablen, Outputvariablen) abzuschätzen. Das zugehörige Modell „lernt" somit, wie sich aus einer vorgegebenen Kombination der Ausprägungen von Eingangsvariablen Ausgabe- oder Ergebniswerte ermitteln lassen. Als Beispiele für überwachte Verfahren gelten Entscheidungsbäume und Künstliche Neuronale Netze.

Abb. 2.3 verdeutlicht, dass die prinzipielle Vorgehensweise überwachter Verfahren zur Datenanalyse aus drei aufeinanderfolgenden Schritten besteht. Zunächst wird auf Basis der Analyse historischer (Trainings-)Daten, für die bekannte Ergebnisse vorliegen, ein Vorhersagemodell erstellt. Anschließend erfolgt die Anwendung des Vorhersagemodells auf ebenfalls historischen (Test-)Daten, die sich in der Regel von den zuvor genutzten (Trainings-)Daten unterscheiden, um zu untersuchen, ob und inwieweit sich die Vorhersageergebnisse des Modells von den bekannten Ergebnissen der (Test-)Daten unterscheiden. Mit unterschiedlichen Kennzahlen lässt sich dann die erreichte Güte des Modells quantifizieren. Erreicht oder übersteigt die Modellgüte insgesamt ein ausreichendes Maß, dann kann das Modell mit neuen Daten in Verbindung gebracht und zur Prognose genutzt werden.

Empirische Untersuchungen belegen, dass neben den klassischen und aus der Statistik bekannten Regressionsverfahren insbesondere *Entscheidungsbäume*, *Künstlichen Neuronalen Netze* sowie *Cluster-* und *Assoziationsanalysen* als gebräuchliche und verbreitete Konzepte zur Auswertung umfangreicher Datenbestände genutzt werden (vgl. Abb. 2.4). Aus diesem Grunde konzentrieren sich die folgenden Ausführungen auf diese vier Methodenklassen.

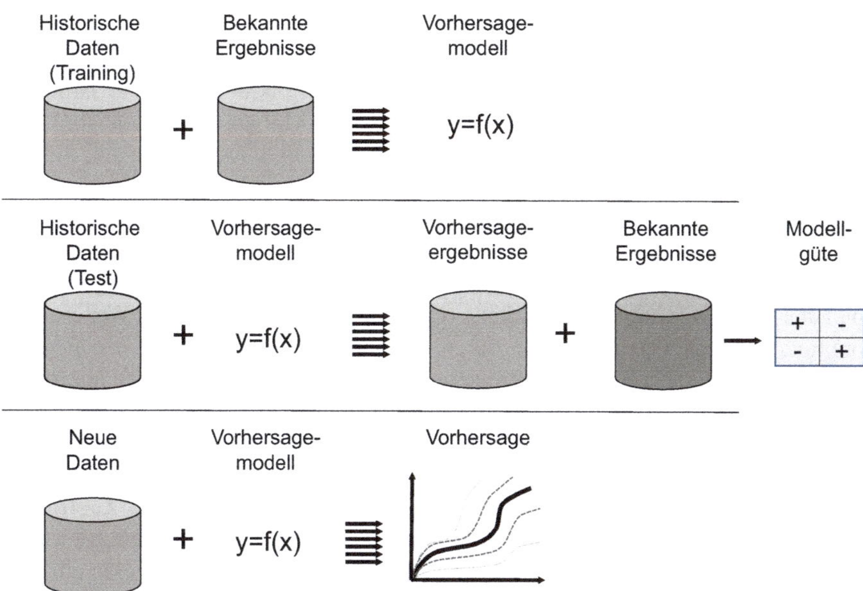

Abb. 2.3 Prinzipielle Vorgehensweise überwachter Verfahren zur Datenanalyse (eigene Abbildung)

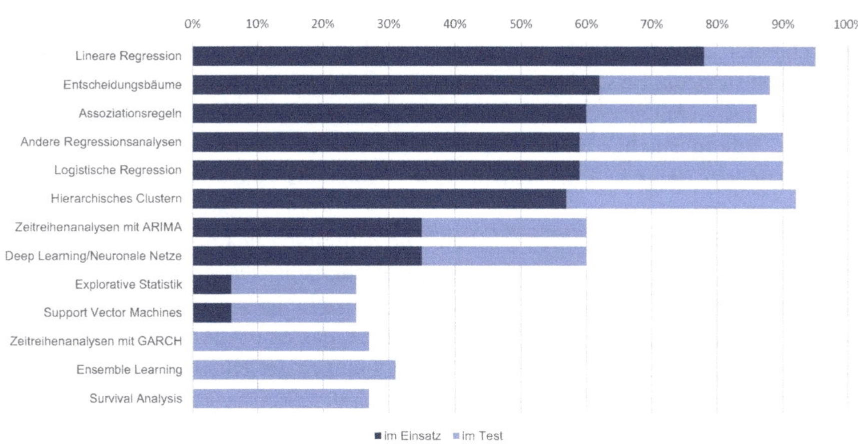

Quelle: Derwisch, Sebastian; Iffert, Lars : Advanced & Predictive Analytics Data Science im Fachbereich, BARC Anwenderstudie, Würzburg 2017, S. 30.

Abb. 2.4 Techniken für Advanced und Predictive Analytics (Derwisch und Iffert 2017)

2.3   Entscheidungsbaumverfahren

Erste Konzepte zu Entscheidungsbäumen lassen sich bis in die 1960er-Jahre zurückverfolgen und basieren auf frühen Arbeiten von Morgan und Sonquist (1963) mit der dort vorgestellten *automatic interaction detection* (AID) Technik, die anschließend im bekannten CHAID-Algorithmus für ausschließlich kategoriale beziehungsweise kategorisierte Attribute mündete (Beekmann und Chamoni 2006). Kurz darauf veröffentlichten Hunt et al. (1966) unter der Bezeichnung *concept learning systems* (CLS) ein Verfahren, woraus Quinlan den bekannten ID3-Algorithmus und den C4.5-Algorithmus entwickelte (Quinlan 1986; Quinlan 1993). Weitere Verbreitung erreichten die Verfahren durch die Veröffentlichungen zu *Classification and Regression Trees* (CART; Breiman et al. 1984),[1] deren Algorithmen allerdings nur binäre Aufteilungen zulassen. Die verschiedenen Verfahren unterscheiden sich nach dem jeweiligen Maß für die Homogenität eines Knotens sowie nach den Regeln zur Aufteilung des Datenbestandes (Borgelt und Kruse 1998).

Entscheidungsbäume eignen sich bei Problemstellungen, die eine Zuordnung von Datenobjekten zu vorab bestimmten Klassen erfordern. Die Erzeugung der Modelle setzt einen (historischen) Datenbestand voraus, dessen Datenobjekte ein ausgezeichnetes, die Klassenzugehörigkeit angebendes Merkmal besitzen. Aus diesem Datenbestand mit bekannten Ergebnissen lassen sich Regeln ableiten, welche sich in Form einer Baumstruktur (Entscheidungsbaum od. Klassifikationsbaum) materialisieren und zur Klassifizierung neuer Datenobjekt einsetzbar sind.

Die Vorgehensweise zur Erzeugung von Klassifikationsbäumen – auch als Entscheidungsbaumlernverfahren beziehungsweise Decision Tree Learners bezeichnet – lässt sich in einzelne Schritte unterteilen. Zunächst müssen dazu einerseits die zu erklärende Zielvariable (Klassifikationsvariable) als abhängige Größe und andererseits die sie beeinflussenden, unabhängigen Größen bestimmt werden. Daraufhin wird der Gesamtdatenbestand in eine zur Erstellung des Entscheidungsbaumes notwendige Trainingsmenge und eine zur Ermittlung der Klassifikationsgüte verwendete Testmenge segmentiert. Anschließend erfolgt die sukzessive Aufteilung der Trainingsmenge, so dass sich daraus homogenere Gruppen von Datensätzen bezüglich der Klassifikationsvariablen ergeben. Die Aufteilung in Teilknoten erfolgt mittels der Wertausprägungen der unabhängigen Größen, die sich auch als Attribute des Datensatzes verstehen lassen. Jeder Aufteilung beziehungsweise jedem Knoten des Baums lässt sich ein Homogenitätsmaß zuordnen, das eine Aussage über den Grad der Konzentration auf eine oder wenige Ausprägungen der Klassifikationsvariablen enthält. Somit lässt sich unter Homogenität auch die „Reinheit" eines Knotens bezüglich der Klassifikationsvariablen verstehen, die dann maximal ist, wenn alle Datensätze in einem Knoten dieselbe Attributausprägung der Klassifikationsvaria-

---

[1] Prinzipiell eignen sich Entscheidungsbäume auch zur Erstellung von Regressionsmodellen, wenn die Klassen Intervalle einer stetigen Regressionsvariablen darstellen. Allerdings werden in der Praxis eher die weit entwickelten statistischen Verfahren für diese Aufgabe eingesetzt. Aus diesem Grunde erfolgt hier die Konzentration auf den Einsatz zur Klassifikation.

ble besitzen. Die Aufteilung wird solange fortgesetzt, bis das Homogenitätsmaß in allen erzeugten Detailknoten (Blätter des Baums) einen vorgegebenen Wert erreicht.

Zur Messung der Homogenität eines Knotens bezüglich einer Klassifikationsvariablen werden spezielle Maße verwendet, wie beispielsweise die Entropie[2] oder der Gini-Index (Bankhofer 2004). Die Entropie E zur Bewertung der Homogenität eines Knotens T – wie im ID3-Algorithmus verwendet – ist wie folgt definiert:

$$E(T) = -\sum_{i=1}^{k} p_i \cdot \log_2 p_i \qquad (2.1)$$

Damit berechnet sich die Entropie durch die relativen Häufigkeiten p_i des Auftretens der k verschiedenen Ausprägungen des Klassifikationsmerkmals, die mit ihrem Logarithmus zur Basis zwei multipliziert werden, bevor eine Summierung dieser Produkte erfolgt. Das zusätzliche negative Vorzeichen erklärt sich dadurch, dass der Logarithmus zur Basis zwei bei p_i-Werten zwischen 0 und 1 negativ ist. Ein Knoten ist genau dann homogen, wenn die Entropie den Wert Null annimmt. Den höchsten Wert – und zwar den Logarithmus zur Basis zwei der Klassenanzahl (also bei nur zwei Klassen den Wert 1) – nimmt das Homogenitätsmaß bei einer Gleichverteilung in Bezug auf die Ausprägungen der Klassifikationsvariablen an.

Nachdem nun ein gebräuchliches Verfahren zur Berechnung der Homogenität eines Knotens vorgestellt wurde, stellt sich die Frage, nach welchen Kriterien eine weitere Unterteilung des Knotens in einzelne Teilknoten erfolgen soll. Prinzipiell kommen für eine Aufteilung des Knotens alle betrachteten Attribute des Datenbestandes in Frage und könnte nach den einzelnen Ausprägungen eines beliebigen Attributes erfolgen. Zur Bestimmung der besten Unterteilung (Split) lässt sich der Informationsgewinn (IG), wie im ID3-Algorithmus, verwenden:[3]

$$IG(T, A) = E(T) - \sum_{a \in A} \frac{|T_a|}{|T|} \cdot E(T_a) \qquad (2.2)$$

Von der Entropie des Ausgangsknotens T wird die gewichtete Summe der Entropien der aus dem Split resultierenden Teilknoten T_a subtrahiert. Die Gewichtung ergibt sich aus der relativen Größe der Knoten T_a bezüglich des Ausgangsknotens T und damit aus der Anzahl der Datensätze im Teilknoten im Verhältnis zum Ausgangsknoten. Der Informationsgewinn wird nun für alle in Frage kommenden Attribute des Datenbestandes berechnet. Für den Split erfolgt dann die Auswahl des Attributs mit dem größten Informationsgewinn. Diese Vorgehensweise wiederholt sich für alle aktuellen Blattknoten. Ist in einem Knoten ein vorgegebenes Homogenitätsniveau erreicht, so ist diesem Knoten die Klasse zuzuordnen, der die meisten Datensätze des Knotens angehören. Nachteile des ID3-Algorithmus sind die ausschließliche Verarbeitung von nominalen Attributen und die Bevorzugung von Attributen mit vielen Ausprägungen.

---

[2] Salopp formuliert wird Entropie auch als Maß der Unordnung verstanden.

[3] Dabei darf es sich bei den betrachteten Attributen nur um kategoriale Attribute handeln.

Im letzten Schritt erfolgt eine Überprüfung der Güte des erzeugten Baumes anhand der Validierungs- beziehungsweise Testmenge, nachdem mit der Trainingsdatenmenge ein Entscheidungsbaum erstellt wurde. Die Güte eines Entscheidungsbaumes kann anhand der Fehlklassifikationsquote gemessen werden. Die Fehlklassifikationsquote gibt den Anteil der durch das Modell fehlerhaft klassifizierten Datensätze zur Gesamtanzahl der klassifizierten Datensätze an. Diese Quote ist in der Regel ungleich Null, da in einem Endknoten alle Datensätze derselben Klasse zugeordnet werden, unabhängig von der tatsächlich vorliegenden Klassenzugehörigkeit. Genügt auch die Klassifikation der in der Testmenge vorhandenen Datensätze den Anforderungen, dann lässt sich der Entscheidungsbaum zur Klassifikation neuer Datensätze nutzen. Anhand eines kleinen Beispiels aus dem Handel soll die prinzipielle Funktionsweise erläutert werden.

In einem Datenbestand sind die Jahresbestellmengen an Textilien und Geschenkartikeln sowie die Durchschnittspreise für 12 Kunden aufgelistet (siehe Tab. 2.1). Die Kunden sind nach dem geplanten Versand von Katalogen zu klassifizieren: T = Zusatzkatalog Textilien, G = Zusatzkatalog Geschenkartikel, TG = beide Zusatzkataloge, N = kein Zusatzkatalog. Die Klasseneinteilung ist bekannt, das heißt in diesem Fall lässt sich das Entscheidungsbaumverfahren zur Anwendung bringen.

In einem ersten Schritt werden alle 12 Datensätze in einen Ausgangsknoten eingebracht, für den sich die zugehörige Entropie wie folgt berechnet:

$$\text{Entropie}(T) = -\left(\frac{3}{12} * \log_2 \frac{3}{12} + \frac{3}{12} * \log_2 \frac{3}{12} + \frac{3}{12} * \log_2 \frac{3}{12} + \frac{3}{12} * \log_2 \frac{3}{12} \right) = -(-2) = 2 \tag{2.3}$$

Die Berechnung der Informationsgewinne und der zugehörigen Entropien führt im Ergebnis zu einem Entscheidungsbaum, bei dem zehn Blattknoten homogener Natur sind (dunkle Knoten in Abb. 2.5 mit eindeutiger Klassenzugehörigkeit). Hieraus lassen sich Entscheidungsregeln für jedes Blatt ableiten. Beispielsweise gilt:

Tab. 2.1 Kundenkaufverhalten (Beispieldaten 1)

Kunden	Textilien	Geschenkartikel	Durchschnittspreis	Katalogentscheidung
X1	mittel	wenig	mittel	T
X2	wenig	mittel	niedrig	N
X3	mittel	viel	mittel	TG
X4	viel	wenig	hoch	T
X5	wenig	mittel	hoch	G
X6	viel	mittel	niedrig	TG
X7	wenig	viel	niedrig	G
X8	mittel	wenig	niedrig	N
X9	viel	wenig	niedrig	T
X10	wenig	wenig	hoch	N
X11	wenig	viel	mittel	G
X12	viel	viel	hoch	TG

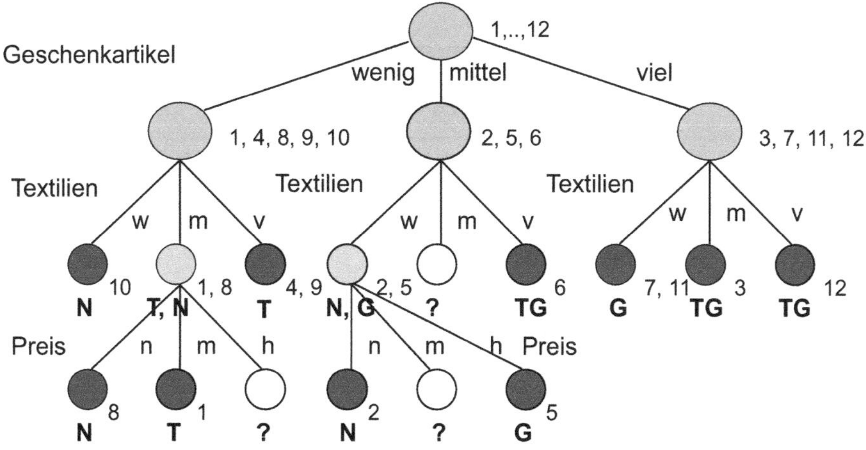

Abb. 2.5 Entscheidungsbaum für das Beispiel (eigene Abbildung)

Kunden mit wenig gekauften Geschenkartikeln und durchschnittlich viel gekauften Textilien zu einem durchschnittlichen Preis wird ein Textilkatalog zugesendet.

Allerdings finden sich im Beispiel auch drei Knoten, denen kein Datensatz und damit auch keine Klasse zugeordnet ist (weiße Knoten in Abb. 2.5). Ein neuer Datensatz, der ein derartiges Muster aufweist, lässt sich somit nicht klassifizieren.

Je nach Anzahl der unabhängigen Attribute kann der erzeugte Entscheidungsbaum sich als tief verzweigt erweisen. Um diesem, meist unerwünschtem Effekt vorzubeugen, kann mit dem sogenannten *Pre-Pruning* im Vorfeld einer Entscheidungsbaumerstellung die Anzahl erlaubter Verästelungen vorgegeben werden. Möglicherweise stellt sich mit der tiefen Verästelung auch eine Überanpassung („Overfitting") an die Besonderheiten der Trainingsdatenmenge ein, die durch Überprüfung durch die Testdatenmenge aufgedeckt wird. In diesem Fall erlaubt das *Post-Pruning* eine nachträgliche Begrenzung der Baumtiefe (Bankhofer 2004), um einen allgemeingültiger verwendbaren Entscheidungsbaum zu erzeugen.

Darüber hinaus lohnt es sich bei bestimmten Voraussetzungen, nicht nur einen einzelnen Entscheidungsbaum zur Klassifikation zu nutzen, sondern auf eine Reihe unterschiedlicher und nicht-korrelierter Bäume, die als Entscheidungswald (z. B. als Random Forrest) eine bessere Klassifikationsgüte erreichen können.

2.4 Künstliche Neuronale Netze

Ein Künstliches Neuronales Netz (KNN) besteht aus Informationsverarbeitungseinheiten (Neuronen), die untereinander verbunden sind und miteinander kommunizieren können. Damit orientiert sich das Netz stark an der Informationsverarbeitung in den Gehirnen von Säugetieren (einschließlich dem Menschen).

Jedes Neuron bewertet die ankommenden Signale (Input) und verarbeitet sie zu einem ausgehenden Signal (Output). Der grundlegende Aufbau eines Neurons greift

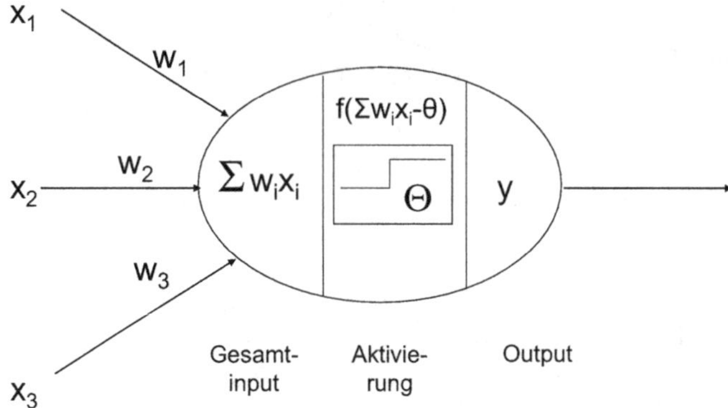

Abb. 2.6 Grundaufbau eines einzelnen künstlichen Neurons (eigene Abbildung)

im einfachsten Fall das bereits im Jahre 1943 von Warren McCulloch und Walter Pitts vorgestellte, aufs wesentliche reduzierte Modell einer Nervenzelle auf, wobei in der Ursprungsversion eine Beschränkung auf binäre Signale erfolgte. Allerdings lassen sich durch das Hintereinanderschalten derartig binärer Neuronen auch komplexere Strukturen abbilden.

Formal besteht ein Neuron aus Eingangssignalen (x_1, …, x_n), zugehörigen Gewichten (w_1, …, w_n), einem Schwellwert θ (Theta) und einer Aktivierungsfunktion f, die aus dem Aktivierungswert $f(\Sigma w_i x_i - \theta)$ den zugehörigen Output y berechnet (siehe Abb. 2.6).

Zunächst wird der Gesamt- beziehungsweise Netzinput als Summe der gewichteten Eingangssignale berechnet. Wenn die ankommenden Reize stark genug sind, das heißt größer als der Schwellwert, wird das Neuron aktiviert und beginnt ebenfalls einen Reiz auszusenden, es „feuert". Die Aktivierungsfunktion kann unterschiedliche Formen annehmen. Gebräuchlich sind neben der binären und linearen (mit und ohne Schwelle) vor allem auch sigmoide Funktionen, die einen S-förmigen Verlauf aufweisen, durchgehend und einfach differenzierbar sind und damit eine unterschiedliche steile Annäherung an den Wendepunkt beziehungsweise den Schwellwert erlauben. Der Output kann dann über Verbindungen an ein nachfolgendes Neuron weitergeleitet oder als Ausgabewert eines Netzes genutzt werden (Rojas 1996).

Wie die Bezeichnung es vermuten lässt, besteht ein KNN aus mehreren Neuronen, die einlagiger oder mehrlagiger Natur sein können. Ein einlagiges Netz besitzt nur eine Schicht von Neuronen, die jeweils alle Eingangssignale erhalten und direkt den Netzoutput produzieren, und lässt sich beispielweise zur Zeichenerkennung einsetzen (Dorer 2019). Ein mehrlagiges KNN („multilayer perceptron") weist dagegen neben einer Input- und einer Output-Schicht auch mindestens eine versteckte Schicht („hidden layer") auf. Abb. 2.7 stellt den idealtypischen Aufbau schematisch dar.

In vorwärts gerichteten KNN („feedforward neural network"), die häufig bei der Klassifikation Verwendung finden, durchlaufen die einzelnen Impulse die Struktur

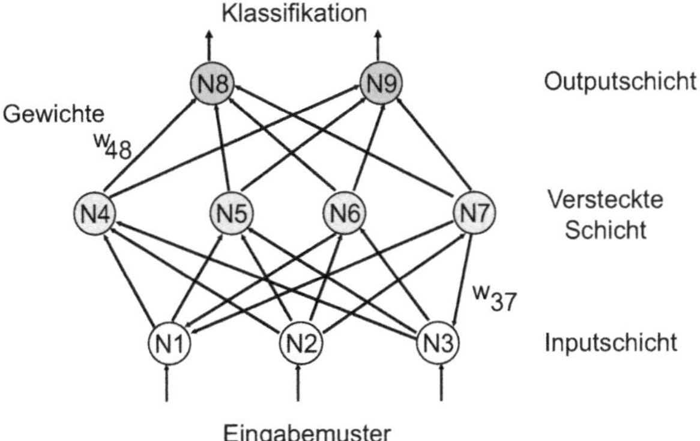

Abb. 2.7 Multilayer Perceptron mit einer versteckten Schicht (eigene Abbildung)

ohne Schleifenbildung in einer Richtung (in der Abb. 2.7 von unten nach oben). Von der Input- bis zur Outputschicht erfolgt eine Verknüpfung der Neuronen über Verbindungen zu den jeweils vor- und nachgelagerten Schichten und die zugehörigen Verbindungsgewichte.

Dabei werden die einzelnen Attributwerte eines Datensatzes den Neuronen der Inputschicht zugeordnet, welche die Signale entgegennehmen und an die Neuronen der nachfolgenden Schicht weiterleiten. Inputneuronen verfügen in der Regel über keinen Schwellenwert, sondern werden immer aktiviert. Die eigentliche Verarbeitung erfolgt in den versteckten Schichten, deren Anzahl je nach Netzaufbau variieren kann. Bei der Klassifikation repräsentiert jedes Neuron der Outputschicht eine Klasse. Wird ein Neuron aktiviert, gehört der Datensatz zur entsprechenden Klasse.

Neben den streng vorwärts gerichteten Netzen finden sich zahlreiche Varianten und Alternativen, so beispielsweise Netze mit Verbindungen, die Schichten überspringen („shortcut connections"), Netze mit Verbindungen zwischen Neuronen einer Schicht und Netze bei denen der Output eines Neurons beim folgenden Datensatz als Input mit eingeht. Daneben sind Netze mit Rückkopplungen (recurrent neural networks, RNN) zu vorgelagerten Stufen nicht unüblich. Im Extremfall der vollständig verbundenen Netze sind alle Neuronen vorwärts- und rückwärtsgerichtet miteinander verknüpft. Ein bekannter Vertreter von RNN sind sogenannte LSTM-Netze („long short-term memory" resp. „langes Kurzzeitgedächtnis", Hochreiter und Schmidhuber 1997). Sie spielen im Rahmen von Deep Learning eine wichtige Rolle (siehe Exkurs: Deep Learning). Neben Eingangstor und Ausgangstor weisen LSTM ein zusätzliches Merk- und Vergesstor auf, also eine Gruppe miteinander verbundener, rückgekoppelter Neuronen, die verzögert auf Lernfeedback reagieren. Heute übliche Sprachassistenten sind prominente Beispiele für den Einsatz von LSTM.

Das „Lernen" von KNN erfolgt häufig auf Basis der Back-Propagation-Lernregel, die darauf ausgelegt ist, die Verbindungsgewichte zu versteckten Schichten in mehrschichtigen KNN zu verändern. Das Lernen beziehungsweise Trainieren des Netzes durchläuft drei Phasen.

- *Forward Pass*: Die erste Phase leitet die Attributwerte eines Datensatzes aus der Trainingsmenge an das Netz weiter. Die Signale durchlaufen schichtweise das Netz, bis sie die Ausgabeschicht erreichen und einen Output (Ausgabevektor) erzeugen.
- *Fehlerbestimmung*: Im Rahmen der zweiten Phase erfolgt die Berechnung eines Klassifikationsfehlers. Als gebräuchliche Fehlerfunktion lässt sich die Summe der quadrierten Abweichungen zwischen dem berechneten und tatsächlichen Output für jedes Element der Trainingsmenge verwenden ($F = 1/2 * \Sigma_i (y_i - z_i)^2$, mit y_i als errechneter Output und z_i als richtiger Output für das Ausgabeneuron i. Bei einer Klassifikationsaufgabe kann der Outputwert mit der tatsächlichen Klassenzugehörigkeit verglichen werden.
- *Backward Pass*: Bei auftretenden Abweichungen zwischen errechnetem und richtigem Output übernimmt die dritte Phase die Aufgabe, sukzessive die Verbindungsgewichte zwischen den Neuronen von der Outputschicht über die verborgenen Schichten bis zur Inputschicht derart anzupassen, dass die Abweichung minimiert wird. Die Modifikation basiert auf dem Gradientenabstiegsverfahren. Somit „lernt" das Netz durch eine Anpassung der Verbindungsstärke zwischen Neuronen über einen vorgegebenen Regelmechanismus.

Wie ein KNN sich an die korrekten Outputwerte annähert und dabei lernt, kann auf unterschiedliche Weisen vollzogen werden und hängt von den jeweils vorgegebenen Vorschriften (Lernregeln) ab. Neben der Veränderung der Verbindungsstärken kommen auch die Entwicklung neuer und das Löschen existierender Verbindungen, die Generierung neuer sowie das Eliminieren bestehender Neuronen (Veränderung der Netztopologie), die Modifikation der Schwellenwerte und die Modifikation der Aktivierungs- beziehungsweise Ausgabefunktion in Betracht.

Trotz der oftmals sehr guten Ergebnisse bei Klassifikationsaufgaben weisen KNN auch Schwachstellen auf. Wie auch die Entscheidungsbäume neigen die KNN zum Overfitting, das heißt zur Überanpassung an den Trainingsdatenbestand. Aus diesem Grund bietet sich auch hier die Überprüfung der Modellgüte mittels eines Testdatenbestandes sowie die Berechnung einer Fehlklassifikationsquote an. Falls die Quote zu hoch ausfällt, sind gegebenenfalls die Gewichte weiter anzupassen. Die häufig als Vorteil gewertete Flexibilität beim Aufbau geeigneter Netzstrukturen kann sich auch als nachteilig erweisen, zumal keine problemübergreifende Standardtopologie für KNN existiert. Darüber hinaus lassen sich aus einem KNN keine Regeln ableiten, was sich für die Akzeptanz der Ergebnisse als hinderlich erweisen kann.

Exkurs: Deep Learning

Im Zusammenhang mit KNN hat in den letzten Jahren der Begriff Deep Learning („tiefes Lernen" oder „Lernen mit tiefen KNN") zunehmend an Popularität gewonnen. Damit wird heute zumeist maschinelles Lernen mit mehrschichtigen, tief verschachtelten KNN bezeichnet (Schulz und Behnke 2012). Die Popularität von Deep Learning rührt zum einen daher, dass das Verfahren sehr vielseitig ist und vor allem bei schwach oder unstrukturierten Problemen seine Vorzüge ausspielen kann. Zum anderen sind die Kosten für den Einsatz des rechenintensiven Verfahrens durch den technischen Fortschritt kontinuierlich rückläufig.

Zu den ersten Anwendungsfeldern von Deep Learning gehörten vor allem Probleme der Sprach- und der Handschrifterkennung (Goodfellow et al. 2018). Durch den zunehmend einfacheren Zugang zu leistungsfähigen Rechnersystemen stellt Deep Learning allgemein für die Verarbeitung unstrukturierter Daten eine valide Option dar. Die Extraktion von komplexen Merkmalseigenschaften (Feature Engineering) kann mit Hilfe dieser Verfahren weitestgehend unüberwacht dem Rechner überlassen werden.

Zu diesem Zweck kommt die Architekturvariante der sogenannte Convolutional Neural Networks (CNN) besonders häufig zum Einsatz (LeCun et al. 2015). Sie verfügen über eine hohe Zahl versteckter Schichten, die so aufgebaut sind, dass sie hierarchische Konzepte über mehrere Abstraktionsebenen hinweg erkennen und verarbeiten können (Heinrich et al. 2019). Dabei werden – bildlich gesprochen – Muster abwechselnd aufgefaltet („convolution") und wieder zu Gruppen ähnlicher Muster zusammengefasst („pooling").

Abb. 2.8 zeigt das Prinzip am Beispiel der Gesichtserkennung. Ein vortrainiertes Netz erhält eine Gesichtsaufnahme als Input (links). Zunächst werden die Farbwerte der Pixel bestimmt, aus denen sich das Bild zusammensetzt. Auf Basis der Farbwerte erfolgt die Erkennung von einfachen geometrischen Figuren wie Ecken und Kanten (erste versteckte Schicht). Diese werden anschließend zuerst zu Merkmalsgruppen, wie Nasen und Augenpartien zusammengesetzt (zweite versteckte Schicht) und dann zu Gesichtspartien konsolidiert (dritte versteckte Schicht). Auf Basis eines so vortrainierten Netzes kann dann eine Gesichtserkennung durchgeführt werden, die die Wahrscheinlichkeit für die Übereinstimmung der Abbildung eines Gesichts auf einem Foto mit dem Gesicht einer konkreten Person angibt.

Während traditionelle KNN nur zwei oder drei verborgene Schichten enthalten, weisen einige der neueren tiefen Netze 150 Schichten oder mehr auf. Für verschiedene Anwendungsgebiete liegen mittlerweile bereits vortrainierte Netze vor, die von einer wachsenden Zahl von Deep-Learning-Softwarebibliotheken in vielen Programmiersprachen angeboten werden. Seine Stärken kann Deep Learning vor allem bei schwach oder unstrukturierten Problemen wie der Bilderkennung ausspielen, wo es auch unüberwacht Muster in einer großen Menge von Daten erkennen kann, insbesondere dann, wenn (wie im obigen Beispiel) die Muster aus Teilmustern hierarchisch aufgebaut sind (Lee et al. 2009). Damit haben Deep-Learning-Verfahren ein sehr breites Anwendungsspektrum und können für Klassifikationsprobleme ebenso eingesetzt werden wie für die Erstellung von Regressionsmodellen oder zur Clusterbildung. Neben dem hohen Ressourcenbedarf beim Trainieren und Anwenden von tiefen Netzen hat Deep Learning vor allem einen wesentlichen Nachteil: wie die netzinternen Repräsentationen von Merkmalen letztlich miteinander verbunden und wie sie gewichtet sind, lässt sich auf Grund des komplexen Aufbaus der Netze nur schwer nachvollziehen. Die Steigerung der Erklärbarkeit von tiefen KNN ist daher aktuell Gegenstand intensiver Forschungen (Zeiler und Fergus 2014).

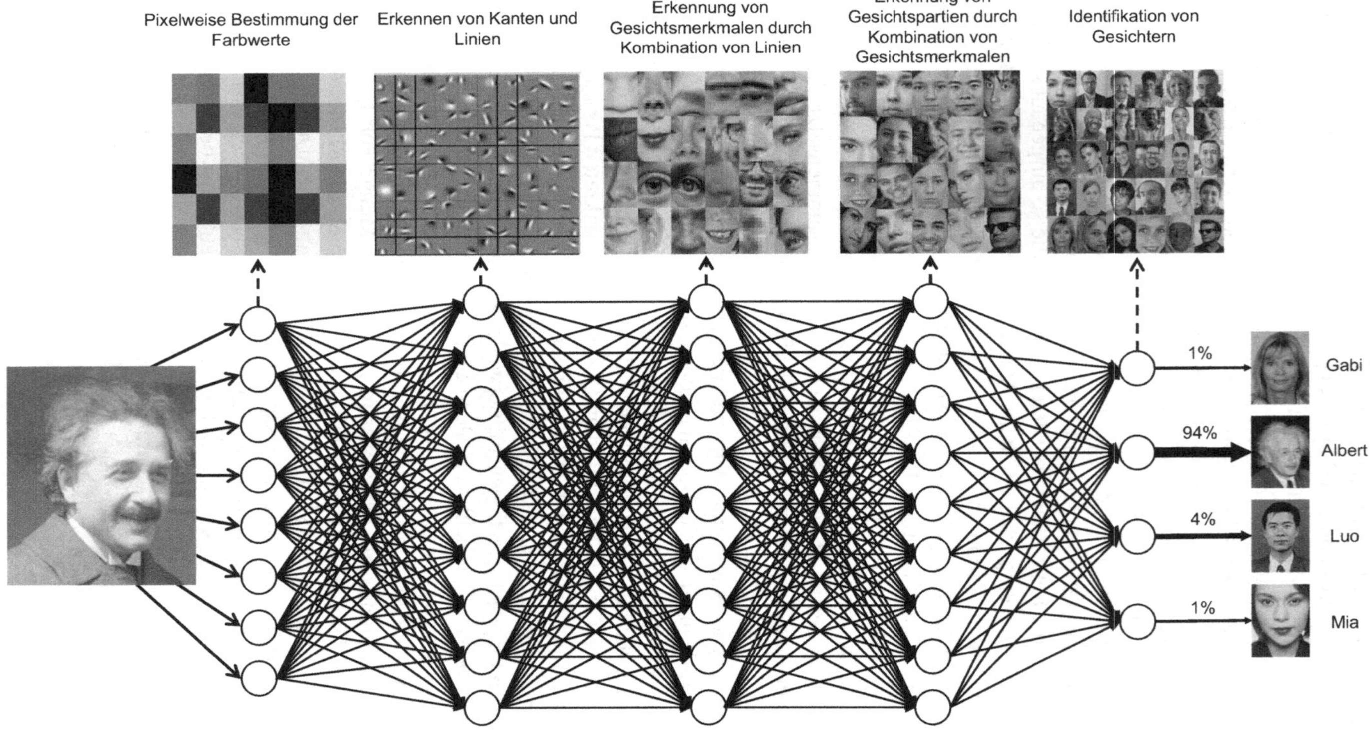

Abb. 2.8 Tiefes künstliches neuronales Netz mit mehreren versteckten Schichten (eigene Abbildung)

2.5 Clusteranalysen

Clusterverfahren widmen sich der Aufgabe, Datenobjekte in Segmenten (Clustern) zu gruppieren. Dabei sollen sich die Datenobjekte innerhalb eines Clusters möglich ähnlich sein, Datenobjekte unterschiedlicher Cluster dagegen unähnlich. Vor Anwendung des Verfahrens ist noch nicht bekannt, welche Gruppierungen gebildet werden. Es handelt es sich um ein unüberwachtes Verfahren zur Datenmustererkennung.

Die Bestimmung der Ähnlichkeit von Datensätzen bildet somit einen zentralen Schritt im Rahmen der Clusteranalyse. Eine Bestimmung der Unähnlichkeit beziehungsweise Distanz wird zumeist auf Basis der Attributausprägungen der einzelnen Datenobjekte vorgenommen. Zunächst ist dahingehend zu unterscheiden, ob es sich um numerische oder nominale Attribute handelt. Distanzmaße für numerische Attribute nutzen den absoluten Abstand zwischen Objekten im räumlichen Sinn und schließen hieraus auf die Unähnlichkeit. Als gebräuchliche Distanzmaße für numerische Attribute gelten die Euklidsche Distanz, die Manhatten-Distanz sowie die Maximums Metrik (Beekmann und Chamoni 2006).

Bei zwei Datensätzen x und y mit den Attributausprägungen $x = (x_1, x_2, \ldots, x_n)$ und $y = (y_1, y_2, \ldots, y_n)$ ergeben sich folgende Berechnungsformeln:

Euklidische Distanz:

$$d(x,y) = \sqrt{(x_1 - y_1)^2 + \ldots + (x_n - y_n)^2} \tag{2.4}$$

Manhattan-Distanz:

$$d(x,y) = |x_1 - y_1| + \ldots + |x_n - y_n| \tag{2.5}$$

Maximums-Metrik:

$$d(x,y) = \max\left(|x_1 - y_1|, \ldots, |x_n - y_n|\right) \tag{2.6}$$

Oftmals wird bei numerischen Merkmalen als Distanzmaß der euklidische Abstand zwischen Punkten im n-dimensionalen Raum definiert, da sich für jeden Datensatz ein derartiger Punkt bestimmen lässt. Als weniger anfällig bei Ausreißerwerten für einzelne Attribute erweist sich die Manhattan-Distanz als Summe der absoluten Differenzwerte, die auch die Bezeichnung City-Block-Distanz trägt, da sich der Abstand zwischen zwei Punkten auch als Distanz bei schachbrettartig angeordneten Häuserzeilen verstehen lässt. Die Maximums-Metrik berechnet die Distanz als größten Differenzwert über alle Merkmale.

Eine Quantifizierung der Distanz zwischen zwei Datensätzen mit nominalen Attributen lässt sich durch die Bestimmung der Anzahl nicht übereinstimmender Attributausprägungen leicht erreichen.

Bei praktischen Anwendungen finden sich in der Regel Datensätze, die sowohl nominale als auch numerische Merkmale aufweisen. Als verbreitetes Maß, welches beide Sorten von Attributen berücksichtigt und gleichzeitig eine Normierung vornimmt, gilt der Gower-Koeffizient.

Im Falle numerischer Merkmale errechnen sich hier die Teil-Distanzen zweier Datensätze bezogen auf ein einzelnes Attribut als Differenz der jeweiligen Ausprägungen dividiert durch die Spannweite R_i des jeweiligen Attributs. Die Spannweite für das Attribut ergibt sich aus der Subtraktion der kleinsten von der größten Attributausprägung. Im Ergebnis resultieren Teil-Distanzen im abgeschlossenen Intervall [0,1].

Die Teil-Distanzen für nominale Attribute nehmen lediglich die Werte 0 (bei Gleichheit) oder 1 (bei Ungleichheit) an. Da im Anschluss an die Berechnung der Teil-Distanzen deren Summe durch die Anzahl der Attribute geteilt wird, liegt die Gesamtdistanz zweier Datensätze wieder im abgeschlossenen Intervall [0,1].

$$d(x,y) = \frac{1}{n}\sum_{i=1}^{n} d^{(i)}(x,y)$$

mit

$$d^{(i)}(x,y) = \frac{|x_i - y_i|}{R_i} \tag{2.7}$$

für numerische Attribute mit R_i = Spannweite (größter Wert – kleinster Wert des i-ten Attributs) und

$$d^{(i)}(x,y) = \begin{cases} 1, \text{falls } x_i \neq y_i \\ 0, \text{falls } x_i = y_i \end{cases} \tag{2.8}$$

für nominale Attribute.

Nachdem nun die gebräuchlichen Vorgehensweisen zur Distanzermittlung zweier Datenobjekte vorgestellt sind, fehlen noch die Algorithmen, die zur Aufteilung der Datenobjekte in Cluster führen. Grundsätzlich lassen sich hierbei zwei Verfahrensklassen voneinander abgrenzen. Zum einen sind dies die *hierarchischen Verfahren* und zum anderen die *partitionierenden Verfahren*.

Bei den hierarchischen Verfahren finden sich Vertreter, die von einem allumfassenden Cluster für alle Datensätze ausgehen und dieses schrittweise aufgliedern (*divisive Verfahren*), und andere, die das entgegengesetzte Vorgehen wählen und dabei zunächst jeden Datensatz als Cluster verstehen und diese sukzessive gruppieren (*agglomerative Verfahren*). Aufgrund der weit höheren Praxisrelevanz konzentrieren sich die folgenden Ausführungen auf die agglomerativen Verfahren, die schrittweise die Cluster mit der geringsten Distanz bündeln.

Im ersten Schritt werden dazu die zwei Cluster (im Ausgangsfall einzelne Datensätze) mit der geringsten Distanz zu einer neuen Partition vereinigt. Dazu erfolgt die Entwicklung einer *Distanzmatrix* (od. Verschiedenheitsmatrix), welche die Distanzen zwischen allen Clustern beinhaltet und aus der sich leicht die zwei Datenpunkte mit der geringsten Distanz auslesen lassen. Im weiteren Vorgehen muss dann die

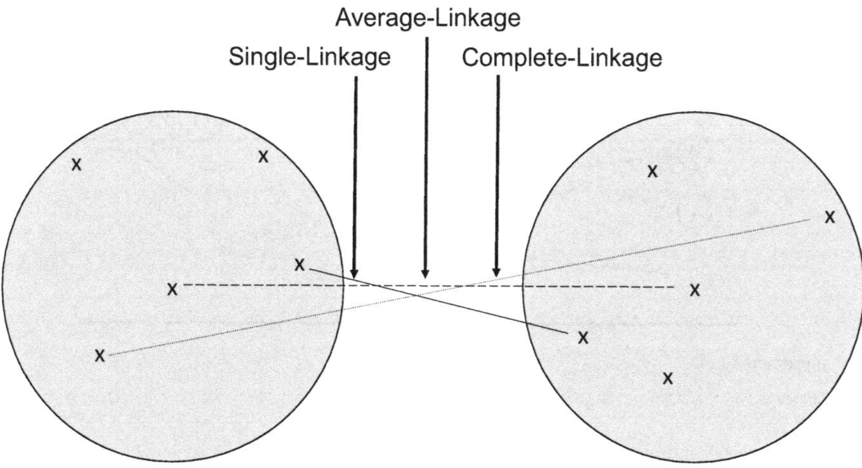

Abb. 2.9 Fusionierungstechniken (eigene Abbildung)

Entfernung zwischen Partitionen berechnet werden. Hierzu bieten sich *Single Linkage* (Nearest Neighbor), *Average Linkage* und *Complete Linkage* als einfache, aber gebräuchliche Vorgehensweisen zur Fusionierung an (siehe Abb. 2.9).

Beim Single-Linkage bestimmt sich der Abstand zwischen zwei Gruppen aus der Minimaldistanz zwischen zwei enthaltenen Objekten, beim Complete-Linkage dagegen aus dem Maximalabstand, das heißt der weitesten Entfernung zweier Objekte. Der Average-Linkage berechnet sich aus dem mittleren Abstand aller Objektpaare zum Beispiel nach Manhattan-Distanz beziehungsweise dann aus den Schwerpunkten der jeweils beteiligten Objektmengen.

Nach jeder Bildung neuer Partitionen ist erneut eine Distanzmatrix auf Basis des gewählten Fusionierungsverfahrens zu erstellen, aus der sich die nächste Zusammenfassung ablesen lässt. Nach wiederholtem Durchlauf durch dieses Vorgehen landen schließlich alle Objekte in einem umfassenden Cluster. Da dieser Schlusszustand keinen betriebswirtschaftlichen Informationsgehalt mehr aufweist, muss ein vorheriger Partitionierungszustand für die Clusterbildung herangezogen werden. Zur Visualisierung dient an dieser Stelle häufig ein Dendrogramm (siehe Abb. 2.10), das hier nochmals den Unterschied zwischen divisiver und agglomerativer Vorgehensweise verdeutlicht.

An einem Beispiel soll die grundsätzliche Funktionsweise agglomerativer Verfahren näher erläutert werden (siehe Tab. 2.2). Dazu dient der Ausschnitt aus dem Datenbestand eines Versandhauses, das Artikel aus den Artikelgruppen A = Damentextilien, B = Herren- und Kindertextilien, C = Haushalt, D = Geschenke im Sortiment vorhält. Nachstehend werden 12 Kunden (X1, …, X12) durch die drei Attribute Artikelanzahl, Durchschnittspreis und gekaufte Artikelgruppen in ihrem Kaufverhalten charakterisiert.

Da der Datenbestand metrische und nominale Attribute enthält, kommt zur Berechnung der Distanzen zwischen den Datenobjekten (Kunden) der Gower-Koeffi-

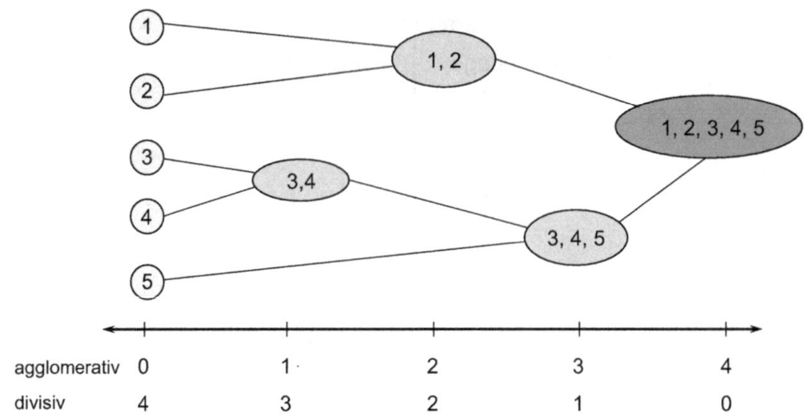

Abb. 2.10 Dendrogramm (eigene Abbildung)

Tab. 2.2 Kundenkaufverhalten (Beispieldaten 2)

Kunden	Artikelanzahl	Durchschnittspreis	Artikelgruppen
X1	20	80	A B D
X2	6	110	A B C
X3	18	150	A D
X4	18	100	A B C D
X5	15	50	A C D
X6	4	100	A B
X7	14	50	A C
X8	10	70	C D
X9	20	120	A
X10	10	60	A B
X11	16	70	A B
X12	5	80	A D

Tab. 2.3 Ergebnis des Hierarchischen Clustern mit 5 Segmenten

Cluster	Kunden	Interpretation
1	X1, X4	Zahlreiche Artikel aus allen Sortimentsteilen, nicht zu teuer (ges. Familienbedarf)
2	X2, X6, X12	Wenige Artikel, vor allem Textilien (Gelegenheitskauf)
3	X3, X9	Zahlreiche, teure Damenartikel
4	X5, X7, X8	Günstige Artikel, aber keine Textilien für Herren und Kinder
5	X10, X11	Günstige Textilien

zient zur Anwendung. Nach jeder Fusionierung werden die Mittelpunkte der hinzugekommenen Cluster neu ermittelt. Bei einem Abbruch nach fünf erzeugten Clustern ergibt sich folgendes Bild (siehe Tab. 2.3):

Den Kunden aus den einzelnen Clustern lassen sich nun auf sie zugeschnittene Angebote unterbreiten, um dadurch eine zielgerichtete Kommunikation und die Vermeidung von Streueffekten zu erreichen.

Da sich die Berechnung der Distanzmatrix bei vielen betrachteten Datenobjekten als sehr rechenintensiv erweist (bei n Datensätzen sind $(n^2-n)/2$ Distanzen nur für den ersten Schritt zu ermitteln), erfolgt in der Praxis häufig der Rückgriff auf weniger exakte, aber schnellere Verfahren. Oftmals fällt vor diesem Hintergrund die Wahl auf die Nutzung partitionierender Verfahren, um rasche Ergebnisse erzielen zu können. Anders als bei den hierarchischen Verfahren werden bei den partitionierenden Verfahren initiale Clusterschwerpunkte beziehungsweise Centroide vorgegeben, um dann die (verbleibenden) Objekte sukzessive zuzuordnen. Zur Bestimmung dieser Ausgangscentroide existieren unterschiedliche Vorgehensweisen. Im einfachsten Fall erfolgt die Auswahl der ersten n Datensätze als initiale Centroide, wodurch gleichzeitig die Anzahl der Cluster festgelegt ist.

Als bekanntester Vertreter der partitionierenden Verfahren nutzt k-Means zur Berechnung von Unähnlichkeiten die Euklidsche Distanz, weshalb sich in der Grundform hier nur numerische Attribute verwenden lassen. Das Vorgehen bestimmt sukzessive für jeden (verbleibenden) Datensatz die Distanzen zu den Centroiden und ordnet den Datensatz dem Centroid mit der geringsten Distanz zu. Anschließend erfolgt die Berechnung des neuen Centroiden für dieses Cluster aus den Mittelwerten der Attributausprägungen der enthaltenen Datensätze.

Das Verfahren ist iterativ, da nach jedem Durchlauf durch alle Datensätze auf Basis der errechneten Centroide ein neuer Durchlauf erfolgt, bis keine Verbesserung der Clusterzuordnung mehr erreicht wird.

Die Güte der Clusterzuordnung (Clusterhomogenität) lässt sich durch eine Summierung der quadrierten euklidischen Distanzen der Clusterobjekte zum Centroid berechnen. Das Ziel besteht darin, eine Partitionierung zu finden, bei der Summe der Homogenitätswerte der einzelnen Cluster minimiert wird.

2.6 Assoziationsanalysen

Assoziationsanalysen widmen sich der Fragestellung, welche Ereignisse häufig gleichzeitig oder mit zeitlichem Versatz auftreten. Analog finden sich die Bezeichnungen parallele und sequenzielle Assoziation. Als gleichzeitige Ereignisse werden beispielsweise zwei Artikel gewertet, die sich in einem Warenkorb befinden und damit quasi gleichzeitig gekauft werden. Sequenzielle Assoziationen decken Ereignisse auf, die zeitlich versetzt stattfinden, obwohl zwischen ihnen ein Zusammenhang existiert.

Jeder Messwert (z. B. Position auf dem Kassenbon) stellt ein Item dar. Items treten als Elemente von Mengen (z. B. in einem Warenkorb mit den Items Artikel a und Artikel b) oder als einzelne Attributwerte von Datensätzen (z. B. in einem Kundendatensatz mit den Items Meier (als Name) und Berlin (als Wohnort)) auf. In beiden Fällen liegen sogenannte Itemsets vor. Die Existenz einer Menge von Itemsets gilt als Voraussetzung für die Anwendung der Assoziationsanalyse.

Das Ziel der Analyse besteht darin, aus den Itemsets Regeln abzuleiten, die Konfidenz („confidence") und Support zur Beschreibung verwenden. Dabei trifft der Support eine Aussage über die relative Häufigkeit, in denen die Regel anwendbar ist, und die Konfidenz über die relative Häufigkeit, in denen die Regel zutrifft:

- Konfidenz: Wenn Item A vorliegt (Prämisse), dann tritt in x Prozent der Fälle auch Item B (Konklusion) auf.
- Support: Dies kommt in y Prozent der Gesamtfälle vor.

Potenziell interessante Regeln bieten mehr als einen minimalen Support und eine minimale Konfidenz. Anhand eines Beispiels sollen die zugehörigen Berechnungsfunktionen erläutert werden.

Gegeben seien insgesamt 100.000 Warenkörbe (Itemsets), in denen sich 20.000 Käsekäufe (A) und 10.000 Weinkäufe (B) finden lassen. In 5000 Warenkörben sind sowohl Käse als auch Wein vorhanden (siehe Abb. 2.11).

Der Support errechnet sich aus der Division der Anzahl gemeinsamer Käse- und Weinkäufe (5000) durch die Anzahl der Warekörbe (100.000) und beträgt im vorliegenden Beispiel 5 %. Dies bedeutet, dass sich bei jedem 20. Einkauf beide Artikel auf dem Kassenzettel wiederfinden. Die Konfidenz dagegen ergibt sich aus der Anzahl der Warekörbe mit Käse und Wein dividiert durch die Anzahl Käsekäufe (hier also 25 %). Demnach findet sich bei jedem vierten Weinkauf auch Käse im Einkaufswagen.

Interessant wird nun ein Vergleich mit den zu erwartenden Werten. Dazu erfolgt zunächst die Ermittlung der erwarteten Konfidenz („expected confidence") als relative Häufigkeit der Weinkäufe, die hier 10 % (10.000/100.000) beträgt.

Durch Division von Konfidenz durch erwartete Konfidenz (0,25/0,10) wird nun der Lift berechnet (2,5), der angibt, um welchen Faktor der Konfidenzwert für die Regel den Erwartungswert übertrifft. Für das vorliegende Beispiel erfolgt ein Weinkauf bei gleichzeitigem Käsekauf 2,5-mal so häufig wie über alle Warenkörbe betrachtet.

Um die Anzahl generierter Regeln handhabbar zu halten, müssen eine vorab festzulegende Mindestkonfidenz und ein Mindestsupport definiert werden. Der Min-

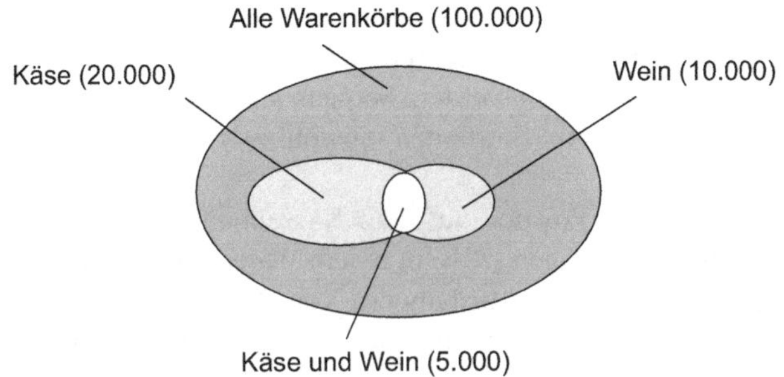

Abb. 2.11 Beispiel Assoziationsanalyse (eigene Abbildung)

destsupport garantiert, dass die Regeln in ausreichend hoher Anzahl auch greifen, die minimale Konfidenz dagegen, dass der Zusammenhalt zwischen den Ereignissen ausreichend groß ist. Als bekanntestes Verfahren zur Bestimmung von Itemsets mit Mindestkonfidenz und -support gilt der Apriori-Algorithmus (Agrawal und Srikant 1994).

Vor allem im Handel finden sich oftmals sehr große Sortimente mit einer hohen Anzahl unterschiedlicher Einzelartikel. Es liegt auf der Hand, dass sich nur vereinzelte Itemsets mit ausreichend hohem Support finden lassen. Zur Lösung dieser Problematik lassen sich durch Einsatz von Item-Taxonomien Artikelhierarchien aufbauen, bei denen jeder übergeordnete Knoten (z. B. Warengruppe) mit einem oder mehreren untergeordneten Knoten verbunden ist.

Zusätzliche Erweiterungen erfährt die Assoziationsanalyse durch Einführung und Auswertung von *virtuellen* Merkmalen, beispielsweise durch Kennzeichnung spezieller Geltungsbedingungen wie Ladentyp (z. B. durch Größe der Verkaufsfläche), Wochentag/Uhrzeit (z. B. Mo 8–10 Uhr/ … /Sa 16–18 Uhr), Werbung (z. B. Preisaktion), Wettbewerbsumfeld oder Kundentyp (z. B. Kartenkunde, anonymer Kunde).

Neben der parallelen kann auch die sequenzielle Assoziation wichtige Einblicke in das Kaufverhalten erzeugen. Hierbei weisen die zusammenhängenden Ereignisse einen zeitlichen Versatz auf, obwohl sie nicht unabhängig voneinander sind. Als typisches Beispiel gilt der Kauf eines Produktes und des zugehörigen Verbrauchsmaterials (wie bspw. Drucker und Toner) oder der sukzessive Kauf von Ausgaben einer Reihe (z. B. im Buchhandel). Das Wissen um derartige Folgekäufe kann genutzt werden, um durch gezielte Angebote für Zubehör oder passende Dienstleistungen zusätzliche Erlöse zu generieren. Als Voraussetzung muss der Kauf dem einzelnen Kunden zugeordnet werden können und einen Zeitstempel aufweisen.

Allgemein weisen Assoziationsverfahren das Problem auf, sehr viele Regeln zu generieren, von denen sich nur wenige als interessant erweisen. Die Gründe liegen oftmals in der Bekanntheit, Redundanz oder Trivialität der Regeln, aber auch in der Bedeutungslosigkeit, da sie sich nicht umsetzen lassen.

2.7 Diskussion und Ausblick

Mit den Entscheidungsbäumen, Künstlichen Neuronalen Netzen sowie Cluster- und Assoziationsanalysen hat der Beitrag gebräuchliche und verbreitete Konzepte zur Auswertung umfangreicher Datenbestände aufgegriffen und präsentiert. Am vielseitigsten hinsichtlich möglicher Einsatzbereiche erweisen sich die KNN, die sowohl für Klassifikations- und Regressionsaufgaben genutzt werden können und sich im Bedarfsfall sogar für das Bilden von Clustern nutzen lassen (Fayyad et al. 1996). Mit Entscheidungsbäumen können ebenfalls Klassifikations- und Regressionsmodelle erstellt werden. Auf einen Verwendungszweck beschränkt sind dagegen Clusterverfahren zur Bildung von Segmenten und Assoziationsverfahren zur Entdeckung von Abhängigkeiten (siehe Abb. 2.12).

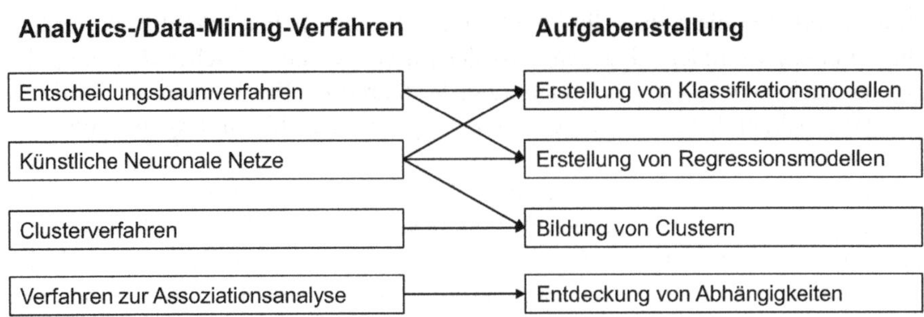

Abb. 2.12 Verfahren und Aufgabenstellungen (Chamoni 2019)

Für die Verfahren lassen sich zahlreiche Anwendungsfelder im unternehmerischen Kontext finden. So erweisen sich Entscheidungsbäume beispielsweise in den Bereichen Kreditwürdigkeitsprüfung, Identifikation wechselbereiter Kunden und Aufdeckung von Kreditkartenmissbrauch als gut verwendbar. Besonders hilfreich sind hierbei die erzeugten expliziten Regeln. Allerdings neigen Entscheidungsbäume zur Überanpassung, so dass stets eine Überprüfung des Entscheidungsbaumes anhand eines Testdatenbestandes erfolgen sollte. Clusteranalysen finden insbesondere im Rahmen des Kampagnenmanagements und für die Aufdeckung von Up-/Cross-Selling-Potenzialen Verwendung. Als kritisch ist hier die mögliche Konvergenz zu einem lokalen und nicht zum globalen Optimum beim verbreiteten k-Means-Verfahren zu werten. Künstlichen Neuronalen Netzen entfalten ihre Stärken beispielsweise bei Aktienkursprognosen, im Rahmen von Einlasskontrollen (Gesichtererkennung) und bei der Entdeckung von Versicherungsbetrügereien. Als lernendes Verfahren passen sie sich ändernden Gegebenheiten an, allerdings sind die Muster in den Netzen nicht interpretierbar. Assoziationsanalysen werden etwa im Rahmen von Produktempfehlungen sowie zur Regaloptimierung und Werbemittelgestaltung genutzt und leisten hier gute Dienste. Als negativ erweist sich hier die Vielzahl ermittelter und oftmals sinnloser Korrelationen, die kaum Relevanz für eine geschäftliche Verwertung ausweisen.

Die derzeitige Diskussion um das Themengebiet Analytics erweist sich als sehr dynamisch und höchst volatil. Neue Konzepte und Begrifflichkeiten entstehen und führen nicht selten zu Verwirrungen. Unter der Begrifflichkeit Augmented Analytics beispielsweise wird aktuell die Verschmelzung von Self-Service-Business-Intelligence-Lösungen mit Ansätzen des Machine Learning und der Verarbeitung natürlicher Sprache verstanden, um auch dem Nicht-Data-Scientisten weitreichende Analysefunktionalitäten an die Hand zu geben (Ortiz 2020). Ein anderer Ansatz versucht, unter der Bezeichnung Explainable Analytics beziehungsweise Explainable Artificial Intelligence Erklärungen zu entwickeln, wie und warum komplexe Algorithmen aus umfangreichem Datenmaterial zu konkreten Aussagen oder Mustern gelangt sind (Holzinger 2018).

Literatur

Agrawal R, Srikant R (1994) Fast algorithms for mining association rules. In: Bocca JB, Jarke M, Zaniolo C (Hrsg) Proceedings of the 20th international conference on very large data bases. Santiago de Chile, 12.09.1994–15.09.1994. Warren, San Francisco, S 487–499

Agresti A (2013) Categorical data analysis, 3. Aufl. Wiley, Hoboken

Bankhofer U (2004) Data Mining und seine betriebswirtschaftliche Relevanz. BFuP 56(4):395–412

Beekmann F, Chamoni P (2006) Verfahren des Data Mining. In: Chamoni P, Gluchowski P (Hrsg) Analytische Informationssysteme. Business Intelligence-Technologien und -Anwendungen, 3. Aufl. Springer, Berlin, S 263–282

Borgelt C, Kruse R (1998) Attributauswahlmaße für die Induktion von Entscheidungsbäumen. Ein Überblick. In: Nakhaeizadeh G (Hrsg) Data Mining: theoretische Aspekte und Anwendungen. Springer, Heidelberg, S 77–98

Breiman L, Friedman J, Stone CJ, Olshen RA (1984) Classification and regression trees. Wadsworth statistics/probability. Wadsworth International Group, Belmont

Chamoni P (2019) Data mining. In: Gronau N et al (Hrsg) Enzyklopädie der Wirtschaftsinformatik, 11. Aufl. GITO, Berlin. https://enzyklopaedie-der-wirtschaftsinformatik.de/lexikon/daten-wissen/Business-Intelligence/Analytische-Informationssysteme%2D%2DMethoden-der-/Data-Mining/index.html. Zugegriffen am 07.04.2020

Dorer K (2019) Deep Learning. In: Haneke U (Hrsg) Data Science. Grundlagen, Architekturen und Anwendungen. dpunkt, Heidelberg, S 101–120

Derwisch S, Iffert L (2017) Advanced & Predictive Analytics Data Science im Fachbereich. BARC Anwenderstudie, Würzburg

Dittmar C, Felden C, Finger R, Scheuch R, Tams L (2016) Big Data – ein Überblick. dpunkt, Heidelberg

Dorschel J (2015) Praxishandbuch Big Data. Springer Gabler, Wiesbaden

Eaton C, Deroos D, Deutsch T, Lapis G, Zikopoulos P (2012) Understanding big data, analytics for enterprise class hadoop and streaming data. Mcgraw-Hill, New York

Fayyad UM, Piatetsky-Shapiro G, Smyth P (1996) From data mining to knowledge discovery in databases. AI Mag 17(3):37–54

Goodfellow I, Bengio Y, Courville A (2018) Deep Learning – das umfassende Handbuch: Grundlagen, aktuelle Verfahren und Algorithmen, neue Forschungsansätze. mitp, Frechen

Hastie T, Tibshirani R, Friedman J (2009) The elements of statistical learning – data mining, inference, and prediction, 2. Aufl. Springer, New York

Heinrich K, Zschech P, Möller B, Breithaupt L, Maresch J (2019) Objekterkennung im Weinanbau – eine Fallstudie zur Unterstützung von Winzertätigkeiten mithilfe von Deep Learning. HMD 56:964–985

Hochreiter S, Schmidhuber J (1997) Long short-term memory. Neural Comput 9(8):1735–1780

Holzinger A (2018) Explainable AI (ex-AI). Inform Spektrum 41(2):138–143. https://link.springer.com/content/pdf/10.1007/s00287-018-1102-5.pdf. Zugegriffen am 15.08.2020

Huber M (2019) Predictive maintenance. In: Haneke et al (Hrsg) Data Science. Grundlagen, Architekturen und Anwendungen. dpunkt, Heidelberg, S 225–244

Hunt EB, Marin J, Stone PJ (1966) Experiments in induction. Academic Press, University of Michigan

Larose DT, Larose CD (2015) Data mining and predictive analytics, 2. Aufl. Wiley, Hoboken

LeCun Y, Bengio Y, Hinton G (2015) Deep learning. Nature 521:436–444

Lee H, Grosse R, Ranganath R, Ng AY (2009) Convolutional deep belief networks for scalable unsupervised learning of hierarchical representations. In: Proceedings of the 26th International Conference on Machine Learning, Montreal, Canada

McCulloch PW (1943) A logical calculus of the ideas immanent in nervous activity. Bull Math Biophys 5:115–133

Morgan JA, Sonquist JN (1963) Problems in the analysis of survey data: and a proposal. J Am Stat Assoc 58:415–434

Ortiz C (2020) Augmented Analytics: Zusammenhänge der Daten zügig erkennen. BI Spektrum 15(3):8–11
Quinlan JR (1986) Induction of decision trees. Mach Learn 1(1):81–106
Quinlan JR (1993) C4.5: programs for machine learning. Kaufmann, San Mateo
Rojas R (1996) Neural networks. A systematic introduction. Springer, Berlin
Schulz H, Behnke S Deep learning: layer-wise learning of feature hierarchies. KI 2012, 26(4):357–363
Zeiler M, Fergus R (2014) Visualizing and understanding convolutional networks. In: Proceedings of the 13th European conference on computer vision. September 6–12, 2014, Zurich, Switzerland.

Digital Analytics in der Praxis – Entwicklungen, Reifegrad und Anwendungen der Künstlichen Intelligenz

3

Darius Zumstein, Andrea Zelic und Michael Klaas

Zusammenfassung

Die Professionalisierung des Digital Analytics, der automatisierten Sammlung, Analyse und Auswertung von Web- und App-Daten, hat sich durch die Digitalisierung in den letzten Jahren stark erhöht. Die damit einhergehenden Möglichkeiten, mit Kunden zu interagieren und deren Verhalten zu verstehen, werden zunehmend wichtiger, um wirtschaftlich erfolgreich zu bleiben. In diesem Kapitel werden nach 2011 und 2016 die Resultate der dritten Digital-Analytics-Umfrage vorgestellt. Es zeigt aktuelle Trends, den steigenden Reifegrad, Nutzenpotenziale und KI-Anwendungen der Digital-Analytics-Praxis auf. Dazu gehören die Personalisierung, Price Nudging, Anomaly Detection, Predictive Analytics sowie die Marketing Automation. Die grössten Herausforderungen sind die Datenqualität, fehlendes Wissen beziehungsweise Know-How und die Datenkultur, sprich die Offenheit gegenüber Daten und datengetriebenen Prozessen im gesamten Unternehmen.

Schlüsselwörter

Big Data Marketing Analytics · Business Analytics · Digital Analytics · Künstliche Intelligenz · Marketing · Web Analytics

---

Vollständig neuer Original-Beitrag

D. Zumstein (✉) · A. Zelic · M. Klaas
Zürcher Hochschule für Angewandte Wissenschaften, Winterthur, Schweiz
E-Mail: darius.zumstein@zhaw.ch; andrea.zelic.am@gmail.com; michael.klaas@zhaw.ch

© Der/die Autor(en), exklusiv lizenziert durch Springer Fachmedien Wiesbaden GmbH, ein Teil von Springer Nature 2021
S. D'Onofrio, A. Meier (Hrsg.), *Big Data Analytics*, Edition HMD,
https://doi.org/10.1007/978-3-658-32236-6_3

3.1 Digital Analytics

3.1.1 Geschichte und Phasenmodell des Digital Analytics

Schon mit der Geburtsstunde des Internets begannen Website-Betreiber, Daten zur Nutzung und zu den Nutzern von Websites zu erfassen, zu speichern und auszuwerten. Die Web-Analytics-Systeme der 1990er-Jahren wurden für Webmaster entwickelt und dienten in erster Linie für technische Analysen, etwa der IP-Adressen (Internet Protocol) und der Zugriffe auf die Dateien des Webservers. Die Forschung und Entwicklung zu Digital Analytics lässt sich in Abb. 3.1 in fünf Phasen unterteilen: Bereits in der *Geburtsphase der Webanalyse* wurden Logfile-Analysen durchgeführt und erste wissenschaftliche Beiträge und Fachpublikationen erschienen zum Thema (vgl. Cooley, Mobasher und Srivastava 1999; Spiliopoulou 2000; Srivastava et al. 2000). Mit dem Aufkommen der Programmiersprache JavaScript wurden anpassungsfähigere Messmethoden auf Basis clientseitiger Datensammlung und Web-Cookies entwickelt (Sponder und Khan 2018).

In der *Entwicklungsphase des Web Analytics* zu Beginn des neuen Jahrtausends führten Unternehmen rudimentäre Webanalysen durch, wie jene der Anzahl Seitenzugriffe und Besuche. Mit der Zeit wurden multifunktionale, ausgereifte und benutzerfreundliche Web-Analytics-Systeme entwickelt, welche Dutzende von Metriken und Berichten bereitstellten. Darunter fällt neben Omniture (heute Adobe Analytics), Piwik (heute Matomo) und AT Internet auch Urchin, welches im Jahr 2005 von Google übernommen wurde. In der *Wachstumsphase des Web Analytics* ab 2006 wurde das kostenlose Tool Google Analytics in Millionen von Websites implementiert und verhalf der Disziplin den Durchbruch zur breiten Anwendung (Phase 3 in Abb. 3.1).

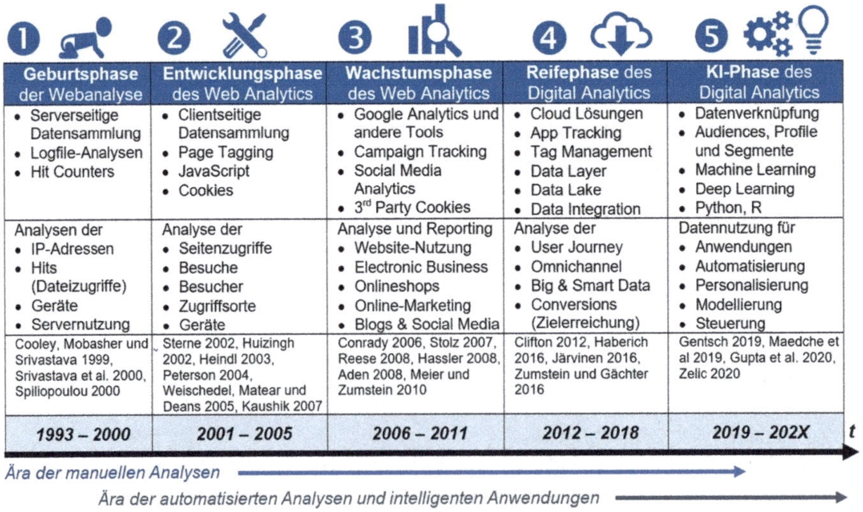
1 Geburtsphase der Webanalyse
• Serverseitige Datensammlung
• Logfile-Analysen
• Hit Counters
Analysen der
• IP-Adressen
• Hits (Dateizugriffe)
• Geräte
• Servernutzung
Cooley, Mobasher und Srivastava 1999, Srivastava et al. 2000, Spiliopoulou 2000
1993 – 2000
2 Entwicklungsphase des Web Analytics
• Clientseitige Datensammlung
• Page Tagging
• JavaScript
• Cookies
Analyse der
• Seitenzugriffe
• Besuche
• Besucher
• Zugriffsorte
• Geräte
Sterne 2002, Huizingh 2002, Heindl 2003, Peterson 2004, Weischedel, Matear und Deans 2005, Kaushik 2007
2001 – 2005
3 Wachstumsphase des Web Analytics
• Google Analytics und andere Tools
• Campaign Tracking
• Social Media Analytics
• 3rd Party Cookies
Analyse und Reporting
• Website-Nutzung
• Electronic Business
• Onlineshops
• Online-Marketing
• Blogs & Social Media
Conrady 2006, Stolz 2007, Reese 2008, Hassler 2008, Aden 2008, Meier und Zumstein 2010
2006 – 2011
4 Reifephase des Digital Analytics
• Cloud Lösungen
• App Tracking
• Tag Management
• Data Layer
• Data Lake
• Data Integration
Analyse der
• User Journey
• Omnichannel
• Big & Smart Data
• Conversions (Zielerreichung)
Clifton 2012, Haberich 2016, Järvinen 2016, Zumstein und Gächter 2016
2012 – 2018
5 KI-Phase des Digital Analytics
• Datenverknüpfung
• Audiences, Profile und Segmente
• Machine Learning
• Deep Learning
• Python, R
Datennutzung für
• Anwendungen
• Automatisierung
• Personalisierung
• Modellierung
• Steuerung
Gentsch 2019, Maedche et al 2019, Gupta et al. 2020, Zelic 2020
2019 – 202X
t
Ära der manuellen Analysen
Ära der automatisierten Analysen und intelligenten Anwendungen

Abb. 3.1 Phasenmodell des Digital Analytics (eigene Abbildung)

In der Wachstumsphase etablierte sich Web Analytics in der Praxis der aufblühenden Internet-, Marketing- und Werbewirtschaft, hauptsächlich bei den aufstrebenden Webagenturen, aber auch bei mittleren, grossen und internationalen Unternehmen. Durch die zunehmende Verbreitung von Social-Media-Plattformen, Blogs und Onlineshops (E-Commerce), mit der Zunahme elektronischer Transaktionen (E-Business) und dem verstärkten Einsatz von Online-Marketing-Instrumenten (E-Marketing), wurde das Web-Analytics-System zur wichtigen *Daten- und Informationsquelle für Marketing und Vertrieb*. Fortan wurde im Web- und Marketing-Controlling nicht nur die Websitenutzung und -nutzer analysiert, sondern der digitale Vertrieb und das Marketing im betriebswirtschaftlichen Sinne gesteuert und optimiert. Das bedeutet, dass Websites inhaltlich und funktional weiterentwickelt, Produktangebote sowie Verkaufsprozesse von Onlineshops angepasst und Online-Marketing-Instrumente und Kampagnen datenbasiert gesteuert werden.

In Zeiten der Entwicklung und des Wachstums der Web-Analytics-Nutzung entstanden Dutzende von Ratgeber, Fachbücher und Forschungspublikationen zu den technischen Grundlagen und geschäftsbezogenen Anwendungen des operativen Web Analytics.

In der *Reifephase des Digital Analytics* (DA) zwischen 2012 und 2018 wurden die bestehenden *Cloud-Lösungen* von Google, Adobe und anderen Anbietern ausgebaut und weiterentwickelt. Diese Erweiterungen umfassen integrierte Softwareprodukte und Cloud-Services folgender Bereiche:

- *App Tracking:* Zur Analyse der App-Nutzung und -Nutzer im *Mobile Analytics* werden Software Development Kids (SDK) in Native Apps[1] integriert, meist für die Betriebssysteme iOS und Android. Produktbeispiele hierzu sind Google Firebase und Adobe Mobile Services.
- *Tag Management Systemen* (TMS): TMS dienen zur einfachen Integration von JavaScript, Pixel und von *Tracking Code verschiedener Digital-Analytics-Systemen* und jenen von Drittsystemen im Bereich Retargeting, Display Advertising, Usability, Suchmaschinen (z. B. Google Ads), sozialen Medien (z. B. Facebook Pixel) und weiteren. Die meistgenutzten TMS sind der Google Tag Manager, Adobe Tag Manager und Tealium (Zumstein und Mohr 2018).
- *Targeting und Retargeting*: Targeting-Lösungen ermöglichen die gezielte und personalisierte Nutzeransprache mit spezifischen Inhalten oder Angeboten auf der Website, im Onlineshop, in Portalen oder auf Drittplattformen wie Facebook, Instagram, LinkedIn und Google. Solche Remarketing-Anwendungen basieren

---

[1] Native Apps sind Anwendungen eines mobilen Endgerätes (Smartphone oder Tablet), welche speziell für das Betriebssystem dieses Endgerätes (heute meist iOS oder Android) entwickelt wurde.

meist auf Third-Party-Cookies und Digital-Analytics-Daten (sog. Unique Visitor ID,[2] Segmenten[3] oder Audiences[4] in Adobe Analytics).

- *Testing:* Hier werden Tools des A/B-Testings beziehungsweise *multivariaten Testings* (wie z. B. Google Optimizer, Adobe Target, Optimizely) mit Digital-Analytics-Software verknüpft, um den wahrscheinlichen Erfolg (Zugriffe, Klickraten, Conversion oder Conversion Rate) verschiedener Varianten von Website-Elementen, Inhalten oder Werbemittel zu testen.

War es in den Anfangsphasen noch unmöglich oder aufwendig, *Rohdaten*[5] des Digital Analytics aus der Cloud abzuziehen, wurde es in den letzten Jahren zum Standard, durch entsprechende Schnittstellen Rohdaten in interne Datenbanken oder in Drittsysteme zu laden. Andererseits ermöglichten die Entwicklungen von Data Management Plattformen (DMP) und Data Connectors, Unternehmensdaten, zum Beispiel aus dem Data Warehouse (DWH), Customer Relationship Management (CRM), Enterprise Ressource Planning (ERP), Content Management System (CMS), Onlineshopsystem oder aus anderen Datenbanken, direkt in die Cloud-Lösungen wie die Adobe Marketing Cloud, Google Data Studio, Tableau, Microsoft, SAP oder anderer Anbietern zu laden.

All diese technologischen Entwicklungen in der Reifephase des Digital Analytics erweiterten die Möglichkeiten, Art, Vielfalt und Menge an Datenanalysen fundamental und nachhaltig (vgl. Phase 4 in Abb. 3.1). So werden heute entlang der User und Customer Journeys eines Unternehmens immer mehr Kontaktpunkte gemessen und es fallen immer grössere Mengen verschiedenartiger Daten an. Daher wird heute im Kontext von Digital Analytics auch von Customer Journey Tracking, Event Tracking und Omnichannel Tracking gesprochen. Dabei entwickelten sich nicht nur die Implementierung, Analysen und Reportings des technischen Digital Analytics, sondern auch die Organisation, Art der Zusammenarbeit, der Reifegrad und die Tätigkeiten der Disziplin Digital Analytics. Diese Entwicklungen werden in Abschn. 3.2 genauer abgehandelt.

---

[2] Die Unique Visitor ID ist eine eindeutige Identifikationsnummer, welche jedem Nutzer einer Website oder App bei einem Besuch vom Digital-Analytics-System einmalig vergeben wird. Damit wird festgestellt, ob und wie häufig dieser Nutzer eine Website oder App besuchte. Die Identifikation erfolgt je nach Digital-Analytics-System und dessen Konfiguration in der Regel über Cookies, IP-Adressen und/oder über weiteren technischen Merkmalen wie z. B. das Gerät, Gerätetyp, Bildschirmgrösse, Bildschirmauflösung und das Betriebssystem.

[3] Die Selektion eines Datenbestandes nach einer Variablen oder mehreren Variablen (Attribute) werden Segmente genannt.

[4] Eine Audience bezeichnet eine Gruppe von Personen, welche in den Daten die gleichen Kriterien erfüllen und zu einer Zielgruppe zusammengefasst werden können.

[5] Unter Rohdaten (raw data) sind die einzelnen Datenpunkte der Click-Streams eines einzelnen Besuchs (Session) eines Besuchers (User) zu verstehen. Rohdaten sind Digital-Analytics-Daten in granularer Form, wie sie per JavaScript strukturiert erhoben und abgespeichert wurden. In den Dateien (Tabellen) von Rohdaten ist jede Zeile eine Interaktion des Nutzers (u. a. Seitenaufruf, Klick) mit dem Inhalt einer Website oder App.

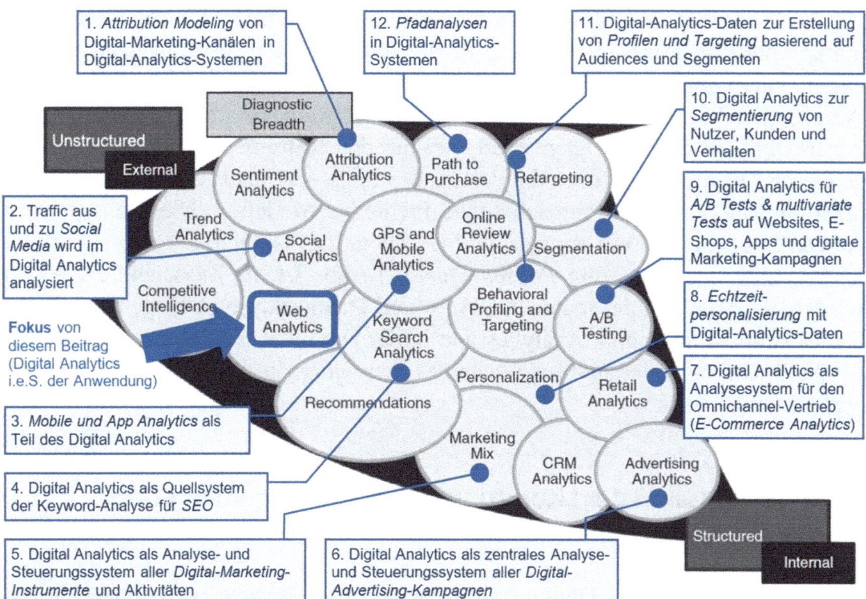

Abb. 3.2 Einordnung von Digital Analytics im Big Data Marketing Analytics in Anlehnung an Wedel und Kannan (2016, S. 109)

Da bei reichweitenstarken Plattformen wie Websites, Onlineshops oder Kundenportalen im Digital Analytics grosse Datenmengen anfallen, kann Digital Analytics dem *Big Data Marketing Analytics* zugeordnet werden (vgl. Abb. 3.2). Die meisten Daten des Digital Analytics sind *strukturiert und fallen intern an*, also auf den eigenen Plattformen beziehungsweise eigenen Medien (sog. owned media). Zu diesen Medien gehören Websites, Apps, Blogs und Onlineshops eines Unternehmens. Da die grossen Datenmengen selbst keinen betriebswirtschaftlichen Mehrwert generieren, wird in der Praxis oft von *Smart Data* gesprochen, sprich, dass die Daten zielführend auszuwerten sind. Daher steht die *Conversion Optimization* oft im Mittelpunkt des Digital Analytics, bei welcher mithilfe von Daten die Zielerreichung (Conversion) eines digitalen Unternehmens oder einer Aktivität gemessen wird. Welche Unternehmens-, Vertriebs- und Marketingziele dabei verfolgt werden ist abhängig von der Organisation, der Branche, dem Geschäftsmodell und der Strategie (Meier und Zumstein 2012; Zumstein und Gächter 2016; Zumstein und Mohr 2018). Weitere Nutzenpotenziale und Herausforderungen des Digital Analytics werden in Abschn. 3.3 betrachtet.

In der fünften und *aktuellen Phase der Künstlichen Intelligenz* (KI) wird Digital Analytics zusätzlich und zunehmend zur Datenquelle neuartiger Anwendungen. Dabei dienen die Daten, Segmente, Audiences und Nutzerprofile von Digital-Analytics-Systemen als Datengrundlagen. Durch die Verknüpfung und Weiterverarbeitung der Digital-Analytics-Daten durch Methoden und Algorithmen des *Maschinellen Lernens* (sog. „machine learning"; „deep learning") entstehen neue Praxisanwendungen zur Unterstützung der Entscheidungsfindung.

Das heisst, Digital Analytics als Disziplin hat sich weiterentwickelt und findet immer öfters und vertieft Eingang in die *Data Science*. Entsprechend werden Digital-Analytics-Daten mit Programmiersprachen wie Python und mit Statistik-Werkzeugen der Data Science, etwa R oder SPSS, weiterverarbeitet. Dabei ermöglichen Digital-Analytics-Daten, bearbeitet mit den Instrumenten der Data Science neuartige Anwendungen, etwa die Personalisierung, Automatisierung von Kommunikation, Marketing und Vertrieb sowie Predictive Modeling. Diese und weitere Anwendungen der KI werden genauer in Abschn. 3.4 diskutiert.

Abschliessend kann zum *Phasenmodell* in Abb. 3.1 als Zwischenfazit gesagt werden, dass die Ära der manuellen Web- und Datenanalyse im Zuge der neusten Entwicklungen im Digital Analytics und in der Data Science zunehmend von *Ära der (halb-)automatisierten Analysen und KI-Anwendungen* abgelöst oder zumindest ergänzt wird.

3.1.2　Diskussion der Literatur und Einordnung im Big Data Marketing Analytics

In der Anfangsphase des Digital Analytics gab es nur wenige Forschungsbeiträge, welche sich oft auf die Nutzung der Logfile-Analyse fokussierte (z. B. Heindl 2003). Nach der *explorativen Erforschung* des Themas in der Entwicklungs- und Wachstumsphase, etablierte sich Web Analytics als eigenständige Forschungsdisziplin (Stolz 2007; Meier und Zumstein 2012; Järvinen 2016).

In der angewandten Forschung des Marketings befassten sich ebenfalls einige Autoren der Wissenschaft und Praxis mit dem *Big Data Marketing Analytics* (Wedel und Kannan 2016).

Die Markierungen in Abb. 3.2 zeigen, dass *Web Analytics* im engeren Sinne der Anwendung und der Webanalyse nicht nur als Disziplin zu verstehen ist, sondern dass Digital Analytics als Datenquelle für mindestens 12 verschiedene *Anwendungsbereiche des Big Data Marketing Analytics* genutzt wird. Dies fängt beim Attribution Modeling[6] an (Punkt 1 in Abb. 3.2), geht über Keyword Search Analytics (Punkt 4), Retail Analytics (Punkt 7), Segmentierung (Punkt 10), Profiling und Targeting (Punkt 11) bis hin zu Pfadanalysen, wie sich Nutzer durch die verschiedenen Webseiten einer Website oder App bewegen (Punkt 12).

Die Performance-Verbesserung der *Werbekampagnen* (Punkt 6) und die Optimierung der *Instrumente des Marketing Mix* (Punkt 5) sind in der Praxis Kernelesmente des Digital Analytics und daher vielfach Forschungsgegenstand (Chaffey und Patron 2012; Gerrikagoitia et al. 2015; Ho und Bodoff 2014; Järvinen 2016; Jayaram et al. 2015). Ein weiteres Verständnis des Digital Analytics ist die Datenanalyse der eigenen Website, um das *Online-Erlebnis* für den Kunden zu verbessern (Kaus-

---

[6]Beim Attribution Modeling wird der Einfluss beziehungsweise der Erfolgsbeitrag von einzelnen Massnahmen unterschiedlicher Kanäle (Instrumente) des digitalen Marketings auf den Verkauf in einem Onlineshop berechnet. Beispiele hierzu sind Modelle nach dem Prinzip „First Cookie wins" oder „Last Cookie wins".

hik 2007, 2009). Durch Digital Analytics sollen die Website-Nutzung sowie Marketingkampagnen mithilfe von Metriken und Key Performance Indikatoren (KPI) analysiert werden, um so alle digitalen Plattformen wie Websites, Blogs, Onlineshops, Kundenportale, Intranets und Apps wie auch das Digital Marketing fortlaufend zu optimieren (Zumstein und Mohr 2018). Die Forschung befasste sich weiter mit der *Überprüfung der Zielerreichung* der gesamten digitalen Wertschöpfungskette durch Digital Analytics (Zumstein et al. 2012; Someh und Shanks 2015).

Verschiedene Studien, insbesondere jene von Trakken (2020), untersuchten Digital Analytics mit dem Fokus der *Conversion Optimization*, da die Conversion (Rate) als ein bedeutender KPI des E-Commerce gilt (Zumstein und Kotowski 2020). Des Weiteren befassen sich viele Fachbücher und Ratgeber eingehend mit Erläuterungen und der praxisorientierten *Anwendung von Digital Analytics* (Haberich 2016; Hassler 2019; Kaushik 2009; Sponder und Khan 2018). Darüber hinaus wurden weitere Nutzenpotenziale und Herausforderungen diskutiert (Leeflang et al. 2014; Trakken 2020), welche in Abschn. 3.3 zusammengefasst sind.

Die *Organisation und Berufsbilder* im Digital Analytics, etwa die organisatorische Ansiedlung, Rollen, Kompetenzen, Aufgaben und Tätigkeiten von Webanalysten, wurden in der Forschung ebenso untersucht (Brauer und Wimmer 2016) wie die *Prozesse und interdisziplinäre Zusammenarbeit* bei der unternehmensweiten Nutzung von Daten (Zumstein 2017; Zelic 2020).

Durch die fortschreitende Digitalisierung und Verwendung digitaler Kanäle wuchs die Zahl der Website-Besucher und App-Nutzer. Aufgrund dieser Datensammlung über verschiedene Kanäle können neben Websitebesuchern auch Nutzer aus *sozialen Netzwerken* analysiert werden, was die Eruierung der Anzahl Nutzer bedeutender machte. Dadurch gewannen auch betriebswirtschaftliche Fragestellungen wie beispielsweise der Return on Investment (ROI) zunehmend an Bedeutung, was zugleich den Stellenwert der digitalen Kanäle bekräftigte (Hassler 2019).

Wie oben diskutiert, ist im Analytics ein vermehrtes Aufkommen von Anwendungen der *künstlichen Intelligenz* zu beobachten, wobei sich diese Thematik besonders mit der Beeinflussung in der Entscheidungsfindung oder Planung befasst (Gentsch 2019a).

3.1.3 Forschungsfragen und Vorgehen

Die dynamische und rasante Weiterentwicklung des Digital Analytics sowie das Aufkommen neuer Anwendungen und Trends motivierte die Autoren dazu, die Digital Analytics Studie nach 2011 (Zumstein et al. 2012) und 2016 (Zumstein und Mohr 2018) ein drittes Mal durchzuführen.

Folgende acht Forschungsfragen standen bei der Durchführung der Digital Analytics Studie 2020 im Mittelpunkt, welche in den nachfolgenden Abschnitten beantwortet werden.

1. Was sind die aktuellen Trends im Digital Analytics?

2. Wie entwickelt sich der Reifegrad und das Know-how zu Digital Analytics in Unternehmen?
3. Wie datengetrieben entscheiden heutzutage Unternehmen?
4. Wie schnell und agil arbeiten Digital-Analytics-Teams?
5. Welche Budgets und Personaleinheiten werden heutzutage in das Digital Analytics investiert?
6. Wo sehen Unternehmen den Mehrwert und das Nutzenpotenzial für die digitale Wirtschaft?
7. Welches sind aktuell die grössten Herausforderungen im Digital Analytics?
8. Welche KI-Anwendungen basierend auf Digital-Analytics-Daten setzen Unternehmen ein?

Die Forschungsfragen 1 bis 5 zu den Trends, zum Reifegrad und zum datengetriebenen und agilen Arbeiten werden in den Abschn. 3.2.2 bis Abschn. 3.2.5 beantwortet. Die Beantwortung der Frage zum Budget beziehungsweise zur Organisation des Digital Analytics wird in Abschn. 3.2.6 vorgenommen. Auf die Nutzenpotenzialen (Forschungsfrage 6) und Herausforderungen des Digital Analytics (Forschungsfrage 7) werden in Abschn. 3.3.1 und 3.3.2 genauer eingegangen. Die letzte Kernfrage zu den KI-Anwendungen wird im Abschn. 3.4 diskutiert.

3.2 Digital Analytics Studie 2020

3.2.1 Methodik

Für diesen Beitrag wurde eine quantitative Untersuchung in Form einer Onlineumfrage durchgeführt. Mit einer quantitativen Untersuchung kann eine hohe Präzision, eine gute Vergleichbarkeit mit vorherigen Studien, eine einfache Verknüpfbarkeit sowie eine Übersichtlichkeit durch eine zusammenfassende Darstellung geschaffen werden (Hussy et al. 2013). Weitere Vorteile einer Onlinebefragung bestehen darin, dass diese einen geringen finanziellen und personellen Aufwand erzeugen, demgegenüber aber eine grosse Anzahl an Daten erhoben werden kann (Schnell et al. 2014). Zudem konnten die Teilnehmer die Onlineumfrage, welche intensiv in professionellen sozialen Medien wie LinkedIn und XING beworben wurde, rund um die Uhr beantworten, mit keinem Zeitdruck (Hussy et al. 2013) und sie sind zuzeiten der Corona-Krise mit keinen gesundheitlichen Risiken.

Die Onlinebefragung wurde zwischen dem 13. März 2020 und dem 27. April 2020 durchgeführt. Für die Befragung wurde das Tool Qualtrics verwendet und die Daten wurden mithilfe von SPSS und Excel ausgewertet. Der deutsche Fragebogen wurde basierend auf der Arbeit von Meier und Zumstein (2012) sowie den Erkenntnissen der qualitativen Interviews einer Vorstudie mit Experteninterviews ausgearbeitet. Der Fragebogen enthielt 21 Hauptfragen mit 47 Antwortoptionen. Zur Grundgesamtheit und Stichprobe zählten Experten, Fachleute und Anwender, welche sich regelmässig und professionell mit dem Thema Digital Analytics auseinandersetzen und in der DACH-Region (Deutschland, Österreich und die deutschsprachige Schweiz) tätig sind. Somit fielen in erster Linie deutschsprachige Digital Analysten, Datenmanager und Online-Marketing-Fachleute von Unternehmen in die Zielgruppe. Personen, welche ein Digital-Analytics-Projekt durchführen oder eine beratende Position in Bezug auf Digital Analytics einnehmen, zählten ebenfalls zu den Befragten.

Insgesamt haben von den 221 Personen, welche den Fragebogen geöffnet haben, 131 auf einen Grossteil der Fragen geantwortet. Davon haben 116 Personen alle Fragen mit den Antwortvorgaben vollständig ausgefüllt, was einer Quote von 53 % entspricht. Die Stichprobengrösse (n) basierend auf der vollständigen Beantwortung beträgt, wenn unten nicht anders angegeben, 116.

3.2.2 Aktuelle Trends im Digital Analytics

Am Anfang der Befragung wurde eine offene Frage zu den aktuellen Trends im Digital Analytics gestellt, wobei 85 eine schriftliche Antwort im offenen Textfeld gaben (siehe mit wordart.com generierte Wortwolke in Abb. 3.3). Neben der *KI* als Megatrend wurde das Thema *Personalisierung* am häufigsten genannt. Diese schliesst 12 Nennungen des Begriffs *Personalisierung* ein, zuzüglich weiterer Nennungen verwandter Begriffe wie *Echtzeitpersonalisierung*. Die Personalisierung betrifft die digitalen Inhalte (Text und Bild) und personalisierte Angebote zu Produkten und Dienstleistungen eines Unternehmens. Von den Fachspezialisten und Experten ebenfalls häufig erwähnt wurde die *Marketing Automation*, also die datengestützte Durchführung von wiederkehrender Marketingaufgaben, um die Effizienz von Marketing und Vertrieb zu erhöhen. Die Daten des Marketing-Automation-Systems (z. B. Hubspot), Digital Analytics (z. B. Google Analytics), E-Mail-Systeme (z. B. MailChimp), Content-Management-Systeme (CMS, z.B. Wordpress), Suchmaschinen (v. a. Google) und von sozialen Medien (v. a. Facebook, Instagram, Twitter und LinkedIn) er-

Abb. 3.3 Aktuelle Trends im Digital Analytics (n = 85; eigene Abbildung)

möglichen in der Praxis die automatisierte Kommunikation in Marketing und Vertrieb. Weitere Mehrfachnennungen bei den aktuellen Trends sind Herausforderungen wie die *Datenintegration, Datenschutz und Datenqualität* (vgl. Abschn. 3.3.2).

Die Themen Cloud, data-driven Marketing, Cross Device Tracking und alternative Trackinglösungen wurden ebenfalls mehrfach genannt. Vereinzelt angeführt wurden Social Media (z. B. Messung des Community Engagement, Social Selling), Testing, Business Intelligence, Blockchain, Predictive Analytics und Mobile Analytics.

3.2.3 Reifegrad und Know-how zu Digital Analytics

Eine weitere Frage eruierte, wie hoch der *Reifegrad im Digital Analytics* nach ihrer Eigeneinschätzung im Unternehmen insgesamt ist. In Abb. 3.4a schätzen *20 % der Befragten den Reifegrad als sehr hoch ein, weitere 42 % als hoch.* Dabei wird unter einem hohen Reifegrad die Fähigkeit einer Unternehmung verstanden, Digital Analytics effektiv einsetzen zu können, um die digitalen Ziele zu erreichen. Dass 62 % der Fachkräfte den Reifegrad als (sehr) hoch einschätzen, deutet klar auf eine erhöhte Professionalisierung in der Branche hin. Gut ein Fünftel stufen die Reife des Unternehmens als mittelmässig ein und nur 11 % empfinden den aktuellen Entwicklungsstand des Digital Analytics als gering. Lediglich 4 % gaben an, in Bezug auf Digital Analytics sehr geringe Reife zu haben. Da es verschiedene Definitionen, Sichtweisen und Methoden zur Eruierung des Digital-Analytics-Reifegrad gibt, ist diese grobe – und wohl auch optimistische – Selbsteinschätzung auch kritisch zu hinterfragen. Ein differenziertes Digital-Analytics-Reifegradmodell inklusive Branchenbenchmark berechnet der Digital Analytics & Optimization Maturity Index (DAOMI, Bitkom 2020).

Fehlende Kenntnisse und geringes *Know-how* gilt im Digital Analytics als grosse Herausforderung (Zumstein und Mohr 2018; Trakken 2020). Kenntnisse und Knowhow bezeichnen dabei nicht nur die Auswertung und Interpretation von Datensätzen und Berichten, sondern ob dieses Wissen auch im Unternehmen verankert ist und

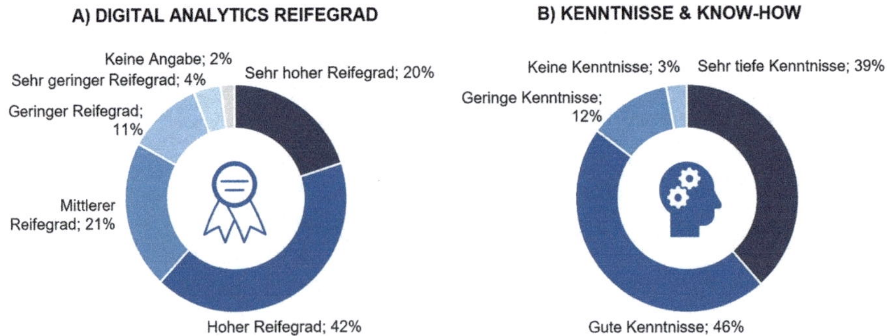

Abb. 3.4 **A**) Reifegrad sowie **B**) Know-how/Wissen im Digital Analytics (n = 116; eigene Abbildung)

weitergegeben wird. Daher wurde gefragt, wie die Fachleute die Kenntnisse und das Know-how zu Digital Analytics in ihrem Unternehmen einschätzen. Abb. 3.4b zeigt ein positives Bild: *85 % der Befragten haben gute bis sehr gute Kenntnisse und Know-how*, was ebenfalls auf eine hohe Digital-Analytics-Reife der Unternehmen hindeutet. Davon stufen 39 % ihre Fachkompetenzen als sehr gut und beinahe die Hälfte (46 %) als gut ein. Solche hohe Werte zum Wissenstand wären in der Entwicklung- und Wachstumsphase des Digital Analytics wohl in vielen Organisationen nicht möglich gewesen. Lediglich 12 % der befragten Unternehmen weisen geringe Kenntnisse auf und nur 3 % haben keine Digital-Analytics-Kenntnisse.

3.2.4   Datengetriebene Entscheidungen

Eine weitere Frage der Umfrage behandelt das Thema, wie häufig in Unternehmen *datengetriebene Entscheidungen getroffen werden*, also ob strategische und operative Entscheidungen auf Analytics-Daten und KPIs basieren. Wird in Organisationen häufig datenbasiert entschieden, deutet dies auf eine stark daten- oder performancegetriebene Unternehmenskultur hin. Bei gut einem Viertel der Befragten (23 % in Abb. 3.5a) wird *praktisch immer datenbasiert entschieden*. Bei mehr als der Hälfte der Fälle (53 %) werden datengetriebene Entscheidungen zumindest häufig gefällt. Lediglich 22 % der Befragten gaben an, dass Entscheidungen eher selten datenbasiert, sondern intuitiv gefällt werden. Nur 2 % stellten fest, dass Massnahmen nie datenbasiert eingeleitet werden. Somit können drei Viertel der Unternehmen als datengetrieben bezeichnet werden. Führungskräfte im Bereich Vertrieb, Marketing und Digital beurteilen heute häufiger anhand von Daten und KPIs als früher, und weniger anhand von Meinung, Erfahrung, Intuition oder Bauchgefühl.

Wie oben besprochen, stellt Digital Analytics als Hilfestellung bei der *Zielerreichung des digitalen Geschäfts* ein wichtiges Nutzenpotenzial dar. Daher wurde mit einer weiteren Frage abgefragt, ob Unternehmen digital in der Lage sind, mit Digital Analytics ihre Ziele zu erreichen. Die Ergebnisse in Abb. 3.5 zeigen, dass 47 % der Befragten voll zustimmten, dass ihnen Digital Analytics bei der Zielerreichung

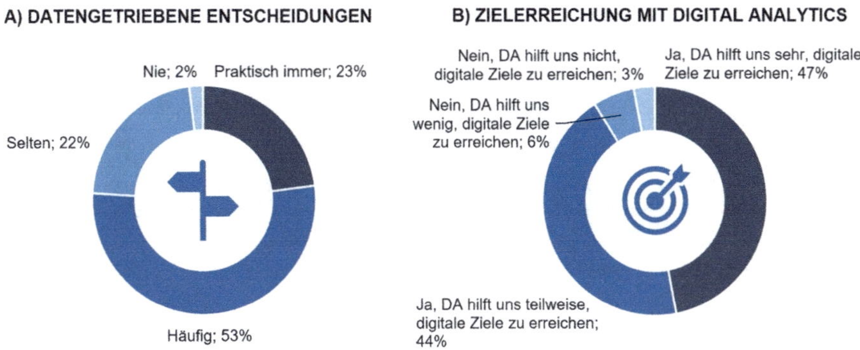

Abb. 3.5   A) Datengetriebene Entscheidungen und B) Zielerreichung (n = 131; eigene Abbildung)

hilft. Das sind deutlich mehr als im Jahre 2011 mit 39 %. Weitere 44 % stimmten der Frage teilweise zu. Lediglich 3 % denken nicht und 6 % wenig, dass Digital Analytics für die Zielmessung und -erreichung genutzt werden kann.

3.2.5 Schnelligkeit in Entscheidungsprozessen und Agilität

Die Digitalisierung führt dazu, dass Unternehmen schnell entscheiden und eine hohe Anpassungsfähigkeit an die sich rasch verändernden Umweltfaktoren aufweisen müssen. Entscheidungen zu Marketingkampagnen oder Prozessen beispielsweise müssen schnell erfolgen. Daher wurde in der Befragung die *Schnelligkeit von Entscheidungsprozessen* zwischen Digital Analytics und der Digital-Marketing- sowie Entwicklungsabteilung untersucht. Abb. 3.6a zeigt, dass mehr als zwei Drittel der Organisationen schnelle Entscheidungsprozesse zwischen der Digital-Analytics- und der Digital-Marketing- respektive Entwicklungsabteilung haben, nur ein Drittel entscheiden weniger beziehungsweise nicht schnell.

Eine weitere Frage untersuchte die Agilität der Zusammenarbeit zwischen den Mitarbeitenden verschiedener Abteilungen, sprich ob Unternehmen keine starren Strukturen aufweisen und dadurch eine offene und kommunikative Zusammenarbeit möglich ist. Die Ergebnisse zeigen, dass neun von zehn Firmen bereits sehr (42 % in Abb. 3.6b) oder eher (47 %) agil zwischen den Abteilungen agieren. Lediglich 11 % sind nicht agil, was mit der Branche, Unternehmenskultur, mit den Mitarbeitenden oder mit der Organisation und deren Grösse zu tun haben kann. Grossunternehmen sind tendenziell weniger agil als kleine und mittlere Unternehmen (KMU) und Startups.

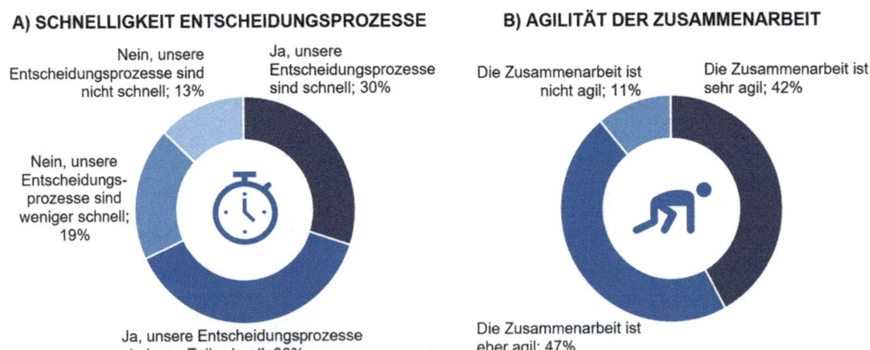

Abb. 3.6 **A**) Schnelligkeit der Entscheidungsprozesse und **B**) Agilität der Zusammenarbeit im Digital Analytics (n = 116; eigene Abbildung)

3.2.6 Budget und Human Resources im Digital Analytics

Die strategische und betriebswirtschaftliche Relevanz von Digital Analytics in einer Organisation zeigt sich auch darin, welche *finanzielle und personelle Ressourcen* investiert werden. Die Entwicklungs- und Wachstumsphase des Digital Analytics in den letzten 20 Jahren war nur möglich, weil viel in die Technologien, in Software-Produkte, in die Organisation, in die Mitarbeitende sowie in den Aufbau von Wissen und Know-how investiert wurde. Daher wurde in der Studie befragt, wie stark das Digital-Analytics-Budget im Jahre 2020 wächst beziehungsweise abnimmt.

Abb. 3.7a zeigt, dass die *Digital-Analytics-Budgets* nach wie vor stark (15 %) oder leicht (22 %) wachsen und weiterhin investiert wird, trotz wirtschaftlichen Unsicherheiten in der Corona-Krise. Bei 31 % der Befragten bleiben die Budgets gleich, nur bei 3 % der Befragten wird das Digital-Analytics-Budget bis zu 20 % gekürzt, bei weiteren 3 % der Fälle sogar über 20 %.

In Abb. 3.7b wird deutlich, wie viele *Stellenprozente* (Manpower) in Digital Analytics investiert werden, gemessen in Vollzeitstellen (Full Time Equivalent, FTE). Die Ergebnisse zeigen, dass ein Drittel der Unternehmen lediglich 30 Stellenprozente (FTE) oder weniger investiert. Das sind deutlich weniger als noch 2011 oder 2016, als noch die Hälfte aller Unternehmen 30 FTE oder weniger in das Digital Analytics investierten. Gut 15 % aller befragten Analytics-Fachkräfte verbringen 30 % bis 50 % ihrer Arbeitszeit mit Digital Analytics, etwa gleich viel wie noch vor vier Jahren. Bei weiteren 15 % der Unternehmen arbeitet ein Digitalanalyst zu 50 bis 100 Stellenprozent.

Eine solche Investition in Human Ressource (HR) ist zumindest bei mittleren und grossen Unternehmen zu empfehlen, da hier ein Verantwortlicher den ‚Digital Analytics Hut' auf hat und die Themen vorantreibt. Im Jahre 2020 hat schon *jedes vierte Unternehmen ein eigenes Analytics Team*, das ist ein Drittel mehr als noch 2016, als nur 19 % der Befragten ein dezidiertes Team hatten. Das heisst, dass sich gerade grössere, digitale und datengetriebene Unternehmen immer häufiger ein ganzes Team an Analytics-Spezialisten leisten. Die wachsenden Analytics-Teams in

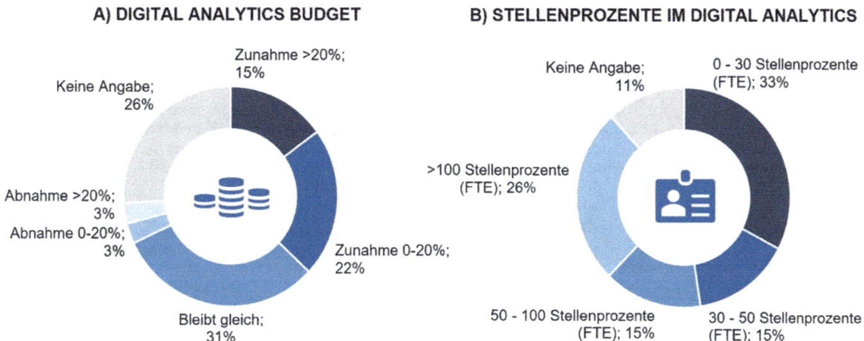

Abb. 3.7 **A**) In Digital Analytics investiertes Budget und **B**) Stellenprozente (n = 116; eigene Abbildung)

den meisten Branchen bestätigen, dass sich die Disziplin weiter spezialisiert und an Stellenwert beziehungsweise Einfluss gewinnt.

3.3 Nutzen und Herausforderungen des Digital Analytics

3.3.1 Zu den Nutzenpotenzialen

Nach den Marktstudien im Jahre 2011 und 2016 wurden in der Studie von 2020 die Nutzenpotenziale des Digital Analytics abgefragt. Der am häufigsten erwähnten Nutzen ist jener der *„Analyse und Optimierung der Werbekampagne"*, mit 79 % Zustimmung. Entsprechend hoch ist der Business Impact und der Reifegrad in der Praxis, symbolisiert durch die Farbe und Kreisgrösse in Abb. 3.8. Vier von fünf Befragte stimmten ebenfalls zu, dass ihnen Digital Analytics bei der *Optimierung der User Experience* (UX) hilft. Der Hebel (Business Impact) bei der Schaffung eines einzigartigen digitalen Nutzererlebnisses ist hoch, dennoch wird Relevanz in der Praxis häufig unterschätzt. Viele, vor allem KMUs, scheuen die hohe Ressourcen-Aufwände, die mit der Umsetzung einer benutzerfreundlichen UX verbunden sind.

Einen hohen Nutzen, Verbreitungsgrad in der Praxis und Business Impact hat die *„Messung der Zielerreichung des digitalen Geschäfts"* bei 78 % der Befragten. Ein ähnlich häufig genannter Nutzen ist jener der *„Analyse der Suchmaschinenwerbung"* (Search Engine Advertising, SEA). In diesem Bereich ist die Reife und der Impact in der Praxis hoch, da alle Unternehmen hohe Anreize haben, die Werbebudgets möglichst effektiv und effizient einzusetzen.

Drei Viertel der 116 Befragten stimmten zu, aus Digital Analytics einen *„Erkenntnisnutzen für Marketingkampagnen"* zu ziehen und zwei Drittel damit *Suchmaschinenoptimierung* (Search Engine Optimization, SEO) betreiben. Der Reifegrad im SEO kann nach Einschätzung der Autoren befragten Experten in vielen Firmen noch weiter erhöht werden. Ein hoher Verbreitungsgrad hat *„Marketing*

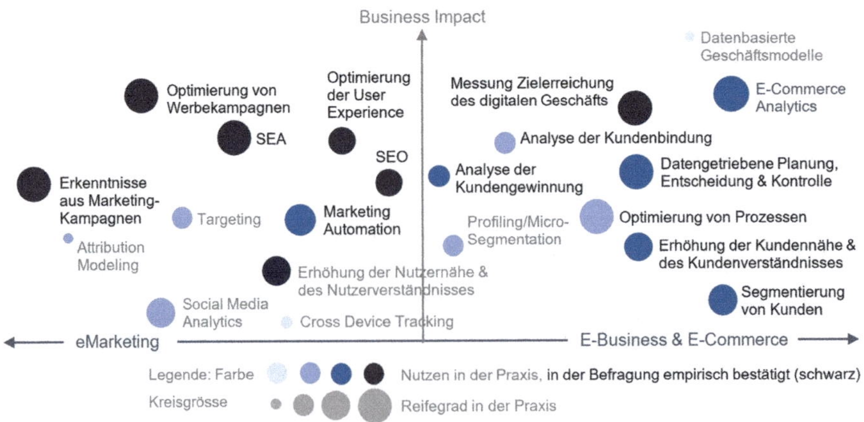

Abb. 3.8 Nutzen-Matrix des Digital Analytics 2020 (eigene Darstellung)

Automation", der die Hälfte einen hohen Nutzen attestiert. Die *„datengetriebene Planung, Entscheidung und Kontrolle"* generiert bei sieben von zehn Befragten Nutzen für das digitale Geschäft und wird in der Praxis häufig genutzt. Einen Praxisnutzen generiert Digital Analytics ebenfalls durch die *„Erhöhung der Kundennähe und des Kundenverständnisses"* sowie durch die *„Segmentierung von Kunden"*. In diesen Bereichen können nach Einschätzung der Experten und der Autoren der Reifegrad in einigen Unternehmen noch weiter erhöht werden.

3.3.2 Herausforderungen des Digital Analytics

Nach den Umfragen im Jahre 2011 und 2016 wurden im Jahre 2020 die aktuell grössten Herausforderungen im Digital Analytics befragt. Im *Sorgenbarometer des Digital Analytics* in Tab. 3.1 ist ersichtlich, dass sich die Zusammensetzung und Häufigkeiten der Praxisprobleme in den letzten Jahren verschoben. An erster Stelle stimmten 82 % der 116 Befragten voll oder eher zu, dass die *Datenqualität* im Digital Analytics ein Problem darstellt. Dies kann mit der fehlenden oder fehlerhaften Implementierung des Trackings zusammenhängen, oder mit den falschen oder lückenhaften Datenerhebungen aufgrund der Deaktivierung des Trackings und der Cookies. Ein weiterer Grund hierzu könnte sein, dass aufgrund der Verwendung verschiedener Anwendungen für unterschiedliche Kanäle die *Komplexität deutlich steigt* und die Datenqualität darunter leidet.

Während sich der Fachkräftemangel im Digital Analytics etwas entschärfte, erhöhte sich bei 73 % das Problem an *Mangel an Know-How und Wissen*. Trotz guten Kenntnissen (diskutiert in Abschn. 3.2.4) sind viele Analysten, Datenmanager, Data Scientist und Online Marketers aufgrund des dynamischen Wandels andauernd gefordert, sich fehlende Kenntnisse anzueignen und sich stetig weiterzubilden.

An dritter Stelle rangiert im Sorgenbarometer das Thema *Datenkultur*, etwa die Offenheit gegenüber datengetriebenen Prozessen. Dieses Resultat ist paradox: obwohl Organisationen immer datenaffiner werden und häufig datenbasiert entscheiden, tun sich viele schwer, organisationsweit eine datengetriebene Unternehmenskultur zu etablieren. Mögliche Erklärungen hierfür können darin liegen, dass sich die hohe Reife der Unternehmen sowie gute Kenntnisse und Know-how der Mitar-

Tab. 3.1 Sorgenbarometer des Digital Analytics (Zelic 2020; Zumstein und Mohr 2018; Zumstein et al. 2012)

#	Herausforderungen 2020	%	Herausforderungen 2016	%	Herausforderungen 2011	%
1	Datenqualität	82	Fachkräftemangel	84	Interdisziplinäre Zusammenarbeit	61
2	Mangel an Know-How/Wissen	73	Interdisziplinäre Zusammenarbeit	67	Datenschutz	43
3	Datenkultur	72	Verknüpfung von Daten	61	Mangel an Zeit / Budget	27
4	Fachkräftemangel	69	Datenintegration	52	Messung der Website-Ziele	34
5	Datenintegration	68	Implementierung	51	Fehlende Standardisierung	31
6	Interpretation der Daten	66	Datenschutz	49	Datenintegration	30
7	Mangel an Zeit / Budget	60	Mangel an Zeit / Budget	44	Interpretation der Daten	27
8	Interdisziplinäre Zusammenarbeit	60	Datensicherheit	43	Datenqualität	26
9	Datenschutz	58	Mangel an Know-How/Wissen	37	Mangel an Know-How/Wissen	25

beitenden lediglich auf einzelne Abteilungen oder Teams beziehen und nicht auf das gesamte Unternehmen.

Neben dem fehlenden Verständnis und Wille, mit Daten und Analysen zu arbeiten, tun sich zwei Drittel der Unternehmen mit der *Datenintegration* aus und/oder in andere Systeme schwer. Mit der stark wachsenden Anzahl an Datenquellen, Datenbanken, Informationssystemen und Software-Produkten in den letzten Jahren hat sich das Integrationsproblem weiterverbreitet und verschärft.

Der *Mangel an Zeit und Budget* sowie die *interdisziplinäre Zusammenarbeit* im Digital Analytics fordert 60 % der Unternehmen heraus. Im Gegensatz zu früher ist die Interdisziplinarität meist nicht mehr das dringlichste Problem. Zwar sehen mit 58 % immer mehr Fachspezialisten den *Datenschutz* als Herausforderung, dennoch verschob sich dieser an das Ende der Tab. 3.1.

3.4　KI-Anwendungen basierend auf Digital-Analytics-Daten

3.4.1　Übersicht über mögliche KI-Anwendungen im Marketing

Anwendungen der KI können heutzutage in der Lage sein, eigenständige Entscheidungen für einfache Aufgaben des Marketings und Vertriebs zu treffen, um dadurch die Mitarbeitenden bei administrativen oder Routine-Aufgaben zu entlasten. So wird beispielsweise die *Marketing Automation* verwendet, um Marketingprozesse zu verbessern und beschleunigen sowie Entscheidungen zu vereinfachen (Gentsch 2019a; Maedche et al. 2019). Dadurch können gleichzeitig nicht nur Kosten optimiert, sondern auch Effizienzvorteile erzielt werden (Gentsch 2019b).

Das Digital Marketing kann hinsichtlich der *Augmentation* verbessert werden, welche die gegenseitige Ergänzung von Mensch und Maschine bezeichnet (Maedche et al. 2019). Diese Anwendungen auf der rechten Seite der Abb. 3.9 können Mitarbeitende unterstützen, komplexe und kreative Marketingaufgaben zu erleich-

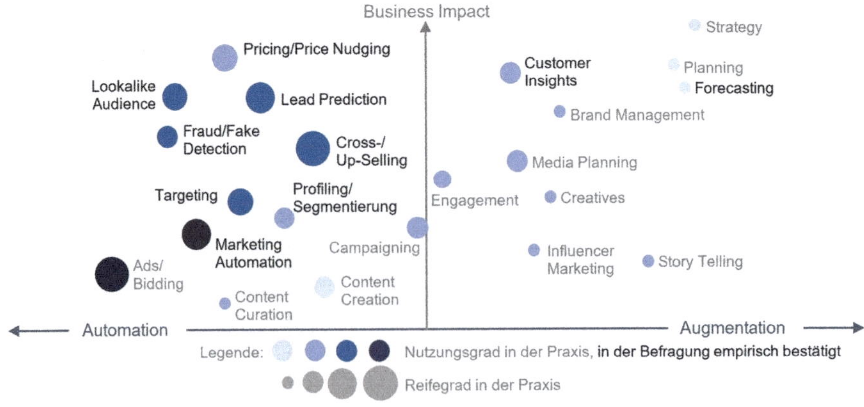

Abb. 3.9 AI-Marketing Matrix (eigene Erweiterung in Anlehnung an Gentsch, 2019b, S. 56)

tern und zu beschleunigen, indem etwa Wettbewerber, Zielgruppen oder Trends analysiert werden, die dann für die Anpassung oder Weiterentwicklung der Marketingstrategie gebraucht werden (Gentsch 2019b).

Des Weiteren kann die Komplexität der Datenauswertung der verschiedenen Kanäle und Touchpoints mit Hilfe von KI-Methoden reduziert werden und zur *Conversion Optimierung* verhelfen (Gentsch 2019a). Im Bereich *Content Creation* werden KI-Anwendungen genutzt und mittels Digital Analytics auf die Wirksamkeit überprüft.

So zeigte ein Experiment, dass das von einer KI-Anwendung optimierte Design einer Suchoption auf einer Website mit 47 % besser konvertierte als das Kontrolldesign (Miikkulainen et al. 2018). Aus einem Best Practice Fall der Unternehmung Ströer geht hervor, dass bei einer KI-Anwendung für Neukundengewinnung und Marketingkampagnen die Streuverluste minimiert und die Conversion Rate höher ausfielen als bei traditionellen Ansätzen (Gentsch 2019b). Ein weiteres Einsatzszenario von KI im Marketing sind *Lookalike-Analysen*. Digital Twins (statistische Zwillinge) werden anhand einer bestehenden Zielgruppe identifiziert, um dadurch das Targeting von neuen Kunden erschliessen zu können (Gentsch 2019b; Kovco et al. 2017; Semeradova und Weinlich 2019). Deep-Learning- oder Reinforcement-Algorithmen können im *Profiling* und bei der Segmentierung potenzielle Kunden prognostizieren und neue Märkte identifizieren (Gentsch 2019b).

Digital Analytics stellt für verschiedene weitere KI-Anwendungen im Marketing und Vertrieb die Datengrundlage zur Verfügung, wie die vorliegende Digital-Analytics-Studie bestätigte (vgl. Abb. 3.9). Dazu gehört das *Cross- und Up-Selling*, *Fake und Fraud Detection sowie das Pricing*. Im nächsten Abschnitt werden diese und in der Befragung erwähnten KI-Anwendungen näher betrachtet.

3.4.2 KI-Anwendungen der Studie-Teilnehmer

Die Antworten von 32 Personen auf die Frage, wozu die Daten aus Digital Analytics für KI-Anwendungen genutzt werden, sind in der Wortwolke von Abb. 3.10 ersichtlich.

Wie oben diskutiert, ist die *Personalisierung* für viele Digital- und Marketingfachleute ein aktuell wichtiges Thema. Hier kalkuliert das KI-System die Wahrscheinlichkeit, mit welcher Marketingaktion, mit welchem Inhalt oder mit welcher Formulierung eine positive Reaktion bei der Zielperson ausgelöst wird. Dies geschieht auf Basis von Verhaltensmustern, dass dieses System in der Datenbasis erkennt. Das heisst, das System ordnet dem erkannten Verhaltensmuster eine Kategorie zu und auf Basis dieser Kategorisierung kann das System dann in einem zweiten Schritt die *richtigen Inhalte* auswählen oder eine Marketingaktion anstossen. In Bezug auf KI-Anwendungen wird von Praktikern häufig erwähnt, dass die Digital-Analytics-Daten für die Personalisierung und für das datengetriebene Marketing genutzt werden.

Ebenfalls häufig erwähnt wurde die *Anomaly Detection*, die Ausreissererkennung in Abb. 3.10. Dabei werden basierend auf Machine Learning in den Vergan-

Abb. 3.10 Wortwolke zu den am häufigsten erwähnten KI-Anwendungen im Digital Analytics (n = 32; eigene Abbildung)

genheitsdaten mögliche Fehler sowie Ausreisser nach unten und nach oben erkannt. Die Entdeckung von Anomalien in Klick-, Besuchs-, Such- oder Transaktionsdaten und damit verknüpften, automatisierten Warnhinweisen (Alerts) ist Standard in vielen Digital-Analytics-Systemen wie Google oder Adobe Analytics. Zur Vermeidung von Ad und Click Fraud werden diese Systeme der KI ebenfalls eingesetzt.

In vereinzelten Fällen werden im Digital Analytics *automatisch Berichte* erstellt und automatisiert fachliche Empfehlungen und Optimierungsvorschläge für das Marketing und den Vertrieb abgeleitet. Beispielsweise sagt das Digital-Analytics-System seinen Nutzern, wann eine Kampagne oder ein digitaler Marketingkanal bezüglich Klickrate, Conversion Rate oder Umsatz schlecht performt, und leitet entsprechende Handlungsvorschläge ab, etwa um das Budget anzupassen. KI-basierte Systeme des *Lookalike Modellings* erkennen beispielsweise, welche umsatzstarken Kunden wie in den Onlineshop gekommen sind und liefern dem Marketing und Vertrieb in Echtzeit Handlungsempfehlungen, wie sie den Umsatz von einzelnen Produktengruppen mutmasslich erhöhen können. Google und Facebook nutzen solche Algorithmen basierend auf eigenen Digital-Analytics-Daten schon lange, um die Werbekampagnen im *Auto-Optimization Modus* anzupassen. Ähnlich funktionieren im *Predictive Analytics* jene Algorithmen, welche basierend auf Webdaten Vorhersagen zur Website-Nutzung, zu Kampagnenverläufen oder zu künftigen Produktverkäufen machen.

Ähnlich wird beim *Price Nudging* versucht, das Kaufverhalten bei unterschiedlichen Preisen mit KI zu simulieren beziehungsweise vorherzusagen. *Empfehlungssysteme* ihrerseits haben sich bei vielen Onlineshops längst etabliert. Sie werden häufig KI-basiert weiterentwickelt, um den Kunden die passenden, ergänzenden oder zusätzlichen Produkte oder Dienstleistungen vorzuschlagen. In diesem Kontext wurde von einzelnen Befragten explizit erwähnt, dass sie Digital Analytics dazu einsetzen, dem Nutzer ein *Next Best Offer* oder eine *Next Best Action* vorzuschlagen.

Eine neue Entwicklung in der KI-Forschung ist, dass sich die eingesetzten KI-Systeme selbst weiter entwickeln können (sog. *reinforcement learning*). Vereinfacht gesagt lernt das System, welche Konsequenzen die Ergebnisse der Produkt-Vorschläge haben und nutzen diese Erkenntnisse für die nächste Entscheidung. Diese Agenten-basierten Systeme nutzen ein Belohnungssystem: führt die Vorhersage zu einem Klick oder Kauf, wird das System virtuell belohnt. Die KI wird in Zukunft eine ähnliche Strategie verfolgen. Wird nicht geklickt, sucht das System eine andere Strategie, da es keine Belohnung erhalten hat. Eine weitere KI-Anwendung wurde im CRM-Kontext erwähnt und beinhaltet die Berechnung von *Abwanderungswahrscheinlichkeiten* von Kunden. Hier berechnet das KI-System auf Basis der bestehenden Verhaltensdaten die Wahrscheinlichkeit, mit welcher Kunden nicht mehr beim Unternehmen einkaufen werden. Diese Systeme können komplexe und von Menschen kaum wahrzunehmende Kriterien erkennen, welche zu einer Abwanderung führen.

Mehrfach erwähnt wurden ebenfalls die Begriffe Kundenfokus respektive *Customer Insights*, also die Erkenntnisgewinnung zur Kunden- und Marktforschung basierend auf Web- und Sentiment-Analysen. Bei letzterem wird die Stimmung beziehungsweise Tonalität von Nutzer-Kommentaren in Blogbeiträgen, Produktbewertungen in Onlineshops oder von Kommentaren in sozialen Medien mit Hilfe der KI und Natural Language Processing (NLP) analysiert und klassifiziert.

3.5 Schlussbemerkungen

3.5.1 Zusammenfassung

Digital Analytics ist eine Disziplin, die stark im Wandel begriffen ist. Heutzutage werden in vielen Organisationen nicht einfach nur Klicks und Seitenzugriffe gemessen, sondern die verschiedenen Daten helfen den Mitarbeitenden der Unternehmen, ihre Arbeit einfacher, schneller, effizienter und erfolgreicher durchzuführen und datenbasiert zu entscheiden. Die Verarbeitung und Weiterverwendung der Digital-Analytics-Daten wird immer breiter, vielfältiger, experimenteller und zielführender eingesetzt im Sinne der geschäftlichen Zielerreichung.

Zusammengefasst zeigen die Resultate der Digital-Analytics-Befragung, dass

- zwei Drittel der Unternehmen einen hohen Reifegrad im Digital Analytics haben
- die grosse Mehrheit über gute Kenntnisse zu Digital Analytics verfügen
- drei Viertel häufig datenbasiert entscheiden
- die Hälfte dank Digital Analytics ihre digitalen Ziele erreichen
- zwei von drei schnell entscheiden und
- zwei von fünf sehr agil zusammenarbeiten.

Viele bekannte Nutzenpotenziale und Herausforderungen des Digital Analytics konnten in diesem Beitrag bestätigt werden, ein paar neue kamen hinzu und die Prioritäten verschoben sich. Viele Unternehmen haben gemeinsam, dass sie ihre

Digital-Analytics-Aktivitäten professionalisieren und immer mehr Ressourcen in Budgets, Systeme, Mitarbeitenden und in ihre Kenntnisse investieren.

Die Erfahrungen und die Kompetenzen im Digital Analytics erhöhten sich in den letzten Jahren klar, dennoch fordert die Datenkultur und das ständige Lernen, Analysieren, Testen und Weiterentwickeln viele Unternehmen heraus. Gemäss den Umfrageresultaten nutzen schon ein Drittel der Befragten KI-Anwendungen basierend auf Digital-Analytics-Daten. In diesem Beitrag wurden in Abb. 3.11 verschiedene solcher Anwendungen zu 13 Kategorien systematisiert.

Aus analytischer Sicht sind Anomaly Detection, Predictive Modeling, Automated Reporting und die Nutzer- beziehungsweise Kundensegmentierung für viele Unternehmen interessante Anwendungen der KI. Sie erhöhen das Verständnis für das digitale Geschäft. Aus gestaltungsorientierter Sicht verschafft KI basierend auf Digital-Analytics-Daten dem Digital Business und Marketing in Form der Echtzeitpersonalisierung, Produkt- und Handlungsempfehlungen und Marketing Automation betriebswirtschaftlichen Mehrwert.

#		KI-Anwendung	Beschreibung möglicher Anwendungsfälle im Marketing
1		Personalisierung	Echtzeitpersonalisierung von Inhalten (z.B. Text, Bild) oder Angeboten (z.B. Produkte, Dienstleistungen, Preise).
2		Dynamic Pricing	Berechnung von dynamischen Preisen je nach Nachfrage, Zeit, Kunde oder Kundengruppe sowie Price Nudging.
3		Anomaly Detection	Erkennung von Anomalien und Ausreisser in Daten und die automatisierte Schaltung von entsprechenden Warnungen.
4		Fraud Detection	Automatisierte Erkennung von Spam, Fake Users, Accounts und Ratings, Bots oder sonstige Betrugsformen im Internet.
5		Predictive Modeling	Berechnung von Prognosen und Szenarien künftiger Entwicklungen etwa bei Umsatz oder Verkäufen.
6		Kundensegmentierung	Segmentierung von Nutzen und Kunden anhand ihrer Daten und Ableitung von Kundenerkenntnisse und -ansprachen.
7		Next Best Offering	Automatisierte Herleitung von Inhalts- oder Produktempfehlungen oder Handlungsvorschläge auf Websites, Webshops oder Apps.
8		Empfehlungen	Empfehlung ähnlicher, passender oder ergänzender Produkten und automatisierte Rangierungen von Listen und Suchresultaten.
9		Marketing Automation	Automatisierte und personalisierte Ansprache von Nutzern basierend auf Klickverhalten für das Lead Management.
10		Automatisiertes Reporting	Automatisierte Erstellung von Berichten und Dashboards sowie Handlungsempfehlungen für Marketing und Vertrieb.
11		Auto-Optimization	Maschinelles Lernen und Selbstoptimierung bei Kampagnen und Targeting (z.B. Programmatic Advertising, Facebook, Google).
12		Kundenbindung	Berechnung von Abwanderungswahrscheinlichkeiten und automatisierte Empfehlung von Kundenbindungsmassnahmen.
13		Reputation Management	Analyse des Sentiments (Tonalität) von Nutzer-Kommentaren und Produktbewertungen in sozialen Medien, Blogs und E-Shops.
14		Diverse	Weitere Anwendungen des maschinellen Lernen und KI im Bereich Marketing und Vertrieb.

Abb. 3.11 Häufige KI-Anwendungen im Marketing basierend auf Digital-Analytics-Daten (eigene Darstellung)

3.5.2 Kritische Würdigung und Ausblick

Spezifische Anwendungen der KI und Marketing Automation vereinfachen und beschleunigen die Arbeit vieler Mitarbeitenden in Analytics, IT, Marketing und Vertrieb. Zukünftige Forschung der angewandten Management-, Marketing- und Datenwissenschaften könnte vertieft Klarheit bringen, wie und wozu Daten und Anwendungen der KI zielführend genutzt werden können, um der wachsenden Datenflut, Dynamik und Komplexität in der digitalen Wirtschaft Herr zu werden. Gerade im E-Commerce kann die KI künftig einen hohen Mehrwert bringen, etwa bei der Personalisierung des Onlineshops. Dies zeigen Michael Bernhard und Thorsten Mühling in ihrem Buch „Verantwortungsvolle KI im E-Commerce" verständlich auf (Bernhard und Mühling 2020).

Die vorliegende Arbeit konnte einige Trends und Anwendungen in Erwägung bringen, aber aufgrund der Forschungsmethodik nicht vertiefen oder erklären. Qualitative Forschung in Form von Interviews und konkreten Fallstudien (Use Cases) würde vertieftes Verständnis schaffen zu den Best Practices, zur Beschaffenheit und zum Potenzial von KI-Anwendungen in Marketing und Vertrieb.

Die Mehrheit der KMUs, denen nicht viele finanzielle und personelle Ressourcen zur Verfügung stehen, haben im Bereich Digital, Sales und Marketing Analytics grosses Potenzial. Der digitale und analytische Reifegrad in KMUs ist oft weitaus geringer als in der vorliegenden Stichprobe von Fachspezialisten und Experten.

Da in der Umfrage keine repräsentative Quotenstichprobe vorliegt, sind die hohen Werte bezüglich Reifegrad, Agilität, Erkenntnisstand und KI-Anwendungen im Digital Analytics mit Vorsicht zu geniessen. Die meisten KMUs stehen im Bereich Analytics erst am Anfang.

Der E-Commerce ist zuzeiten der Corona-Krise stark gewachsen, viele Firmen nutzen erfolgreich digitale Geschäftskanäle für den Vertrieb von Produkten und Dienstleistungen, sowohl im Bereich Business-to-Consumer (B2C), als auch im Business-to-Business (B2B, Zumstein und Oswald 2020). Hier fragt sich, wie und wozu Daten des Digital Analytics, Marketing und Vertriebs genutzt werden können, um digitale Geschäftsprozesse effektiver und effizienter zu gestalten und das Leben aller Mitarbeitenden und anderen Ansprechgruppen von Organisationen – auch und gerade in Krisenzeiten – einfacher zu machen.

Danksagung Die Verfasser bedanken sich herzlich bei allen Interviewpartnern und Umfrageteilnehmern, die an der Befragung teilgenommen und ihr Fachwissen geteilt haben. Ohne die engagierte Hilfe und Auskunftsfreudigkeit der zahlreichen Fachexperten hätte die Studie und dieser Beitrag nicht erstellt werden können. Dank gebührt auch den Gutachtern: Durch sie konnte der Beitrag deutlich verbessert werden.

Ein spezieller Dank gehört den beiden Herausgebern für die Möglichkeit, ein Kapitel in diesem attraktiven Band beizutragen. Dass es für **Andreas Meier** die letzte Ausgabe sein wird, ist sehr zu bedauern und für den Verlag ein grosser Verlust. Der Autor Darius Zumstein dankt Andreas Meier ganz herzlich für die Möglichkeit, bei der HMD über all die vielen Jahre in verschiedenen Formen mitzuwirken und für seine Loyalität, Förderung sowie für seine fachliche und persönliche Unterstützung. Für seine private Zukunft und für sein künstlerisches und persönliches Schaffen abseits der Academia wünschen ihm die Autoren alles Gute.

Literatur

Aden T (2008) Google Analytics – Implementieren. Interpretieren. Profitieren, 1. Aufl. Hanser, München

Bernhard M, Mühling T (2020) Verantwortungsvolle KI im E-Commerce – eine kurze Einführung in Verfahren der Künstlichen Intelligenz in der Webshop-Personalisierung, 1. Aufl. Springer Gabler, Wiesbaden

Bitkom (2018) Reifegradmodell zum Digital Analytics & Optimization Maturity Index (DAOMI). Leitfaden. https://www.bitkom.org/Bitkom/Publikationen/Reifegradmodell-zum-Digital-Analytics-Optimization-Maturity-Index-DAOMI.html. Zugegriffen am 31.08.2020

Bitkom (2020) Digital Analytics & Optimization – digitale Nutzererfahrungen effizient gestalten und optimieren. Leitfaden. www.bitkom.org/Digital-Analytics-Optimization. Zugegriffen am 31.08.2020

Brauer C, Wimmer A (2016) Der Mobile Analyst: ein neues Berufsbild im Bereich von Business Analytics als Ausprägungsform von Big Data. HMD Prax Wirtschaftsinform 53(3):357–370. https://doi.org/10.1365/s40702-016-0222-0

Chaffey D, Patron M (2012) From web analytics to digital marketing optimization: increasing the commercial value of digital analytics. J Direct Data Digit Mark Pract 14(1):30–45

Clifton B (2012) Advanced Web Metrics mit Google Analytics: Praxis-Handbuch. mitp, Heidelberg

Conrady R (2006) Controlling des Internet-Auftritts. In: Reinecke S, Tomczak T (Hrsg) Handbuch Marketing Controlling, 2. Aufl. Gabler, Wiesbaden

Cooly R, Mobasher B, Srivastava J (1999) Data preparation for mining world wide web browsing patterns. Knowl Inf Syst 1:5–32

Gentsch P (2019a) AI in marketing, sales and service. Springer International Publishing/Palgrave Macmillan, Cham. https://doi.org/10.1007/978-3-319-89957-2

Gentsch P (2019b) Algorithmic Marketing. In: Deutscher Dialogmarketing Verband e.V (Hrsg) Dialogmarketing Perspektiven 2018/2019. Tagungsband 13. wissenschaftlicher interdisziplinärer Kongress für Dialogmarketing. Springer Fachmedien Wiesbaden, Wiesbaden, S 53–65. https://doi.org/10.1007/978-3-658-25583-1_3

Gerrikagoitia J, Castander I, Rebón F, Alzua-Sorzabal A (2015) New trends of intelligent E-marketing based on web mining for E-shops. Procedia Soc Behav Sci 175:75–83. https://doi.org/10.1016/j.sbspro.2015.01.1176

Gupta S, Leszkiewicz A, Kumar V, Bijmolt T, Potapov D (2020) Digital analytics: modeling for insights and new methods. J Interact Mark 51:26–43. https://doi.org/10.1016/j.intmar.2020.04.003

Haberich R (Hrsg) (2016) Future Digital Business – Wie Business Intelligence und Web Analyitcs Online-Marketing und Conversion verändern, 2. Aufl. mitp, Heidelberg

Hassler M (2008) Web Analytics – Metriken auswerten, Besucherverhalten verstehen, Website optimieren, 1. Aufl. mitp, Heidelberg

Hassler M (2019) Web Analytics – Metriken auswerten, Besucherverhalten verstehen, Website optimieren, 5. Aufl. mitp, Heidelberg

Heindl E (2003) Logfiles richtig nutzen. Galileo Computing, Bonn

Ho S, Bodoff D (2014) The effects of web personalization on user attitude and behavior: an integration of the elaboration likelihood model and consumer research theory. MIS Q 38(2):497–520

Huizingh E (2002) The antecendents of web site performance. Eur J Mark 36(11/12):1225–1247

Hussy W, Schreier M, Echterhoff G (2013) Forschungsmethoden in Psychologie und Sozialwissenschaften für Bachelor, 2. Aufl. Springer, Berlin

Järvinen J (2016) The use of digital analytics for measuring and optimizing digital marketing performance. Dissertation, Jyväskylä University School of Business and Economics, Jyväskylä

Jayaram D, Manrai AK, Manrai LA (2015) Effective use of marketing technology in Eastern Europe: web analytics, social media, customer analytics, digital campaigns and mobile applications. J Econ Finance Adm Sci 20(39):118–132

Kaushik A (2007) Web analytics – an hour a day. Wiley, New York

Kaushik A (2009) Web analytics 2.0 – the art of online accountability and science of customer centricity. Wiley, New York

Kovco A, Aleksic-Maslac K, Vranesic P (2017) Advantages of WCA Facebook advertising with analysis and comparison of efficiency to classic Facebook advertising. Int J Internet Things Web Serv 2:131–135

Leeflang P, Verhoef P, Dahlström P, Freundt T (2014) Challenges and solutions for marketing in a digital era. Eur Manag J 32(1):1–12

Maedche A, Legner C, Benlian A, Berger B, Gimpel H, Hess T (2019) AI-based digital assistants. Business & IS Engineering 61(4):535–544

Meier A, Zumstein D (2012) Web Analytics & Web Controlling – Webbasierte Business Intelligence zur Erfolgssicherung, 1. Aufl. dpunkt, Heidelberg

Miikkulainen R, Iscoe N, Shagrin A, Rapp R, Nazari S, McGrath P (2018) Sentient ascend: AI-based massively multivariate conversion rate optimization. In: AAAI Conference on Innovation Applications of Artificial Intelligence, February 2–7, 2018, New Orleans, S 7696–7703

Peterson E (2004) Web analytics demystified: a marketer's guide to understanding how your web site affects your business. Celilo Group Media, Portland

Reese F (2008) Web Analytics – Damit aus Traffic Umsatz wird: Die besten Tools und Strategien. Businessvillage, Göttingen

Semeradova T, Weinlich P (2019) Computer estimation of customer similarity with facebook look-alikes: advantages and disadvantages of hyper-targeting. IEEE Access 7:153365–153377. https://doi.org/10.1109/ACCESS.2019.2948401

Schnell R, Hill P, Esser E (2014) Methoden der empirischen Sozialforschung, 10. Aufl. Oldenbourg, München

Someh IA, Shanks G (2015) How business analytics systems provide benefits and contribute to firm performance? ECIS 2015, Twenty-Third European Conference on Information Systems (ECIS), Münster, Deutschland, S 12

Spiliopoulou M (2000) Web usage mining for web site evaluation. Commun ACM 43:127–134

Sponder M, Khan GF (2018) Digital analytics for marketing. Routledge, Taylor & Francis Group, New York

Srivastava J, Cooley R, Deshpande M, Tan PN (2000) Web usage mining: discovery and application of usage patterns from web data. ACM SIGKDD 1(2):1–12

Sterne J (2002) Web metrics. Wiley, New York

Stolz C (2007) Erfolgsmessung Informationsorientierter Websites. Dissertation Katholische Universität Eichstätt-Ingolstadt

Trakken (2020) Digital analytics – conversion optimization. https://www.analytics-trends.de. Zugegriffen am 31.08.2020

Wedel M, Kannan P (2016) Marketing analytics for data-rich environments. J Mark 80:97–121

Weischedel B, Matear S, Deans K (2005) The use of emetrics in strategic marketing decisions. Int J Internet Mark Advert 2(1):109–125

Zelic A (2020) Digital Analytics – Entwicklung und Trends in der DACH-Region. Masterarbeit. Zürcher Hochschule für Angewandte Wissenschaften, Winterthur

Zumstein D (2017) Digital Analytics in Action: Interdisziplinäre Zusammenarbeit in der Praxis der Wirtschaftsinformatik. In: Portmann E (Hrsg) Wirtschaftsinformatik in Theorie und Praxis: Festschrift zu Ehren von Prof. Dr. Andreas Meier. Springer, Wiesbaden, S 85–105. https://doi.org/10.1007/978-3-658-17613-6_7

Zumstein D, Meier A, Myrach Th (2012) Web Analytics – empirische Untersuchung über Einsatz, Nutzen und Probleme, Multikonferenz Wirtschaftsinformatik, 02.03.2012, Braunschweig, S 917–929

Zumstein D, Gächter I (2016) Digital Analytics – Strategien im digitalen Geschäft umsetzen und mit KPIs überprüfen. In: Meier A, Zumstein D (Hrsg) Business analytics. Springer, Edition HMD, Berlin

Zumstein D, Mohr S (2018) Digital analytics in business practice – usage, challenges and relevant topics, 16th International Conference e-Society, IADIS, Lisbon, S 257–264

Zumstein D, Kotweski W (2020) Success factors of E-commerce – drivers of the conversion rate and basket value, 18th International Conference e-Society, IADIS, Sofia, S 43–50

Zumstein D, Oswald C (2020) Onlinehändlerbefragung 2020 – nachhaltiges Wachstum des E-Commerce und Herausforderungen in Krisenzeiten. Eine Studie des Instituts für Marketing Management. Zürcher Hochschule für Angewandte Wissenschaften, Winterthur

Searching-Tool für Compliance – Ein Analyseverfahren textueller Daten

4

Urs Hengartner

Zusammenfassung

Text ist immer noch die vorherrschende Kommunikationsform der heutigen Geschäftswelt. Techniken des Textverstehens erschliessen vielfältiges Wissen zur Verbesserung der Kommunikation zwischen Menschen und Menschen, sowie Menschen und Maschinen. Durch die erhebliche Steigerung der Leistungsfähigkeit moderner Computer haben das automatische Textverstehen und die Extraktion von Semantik bedeutende Fortschritte gemacht. Der Vorteil der Nutzung eines Textanalysesystems für die Überprüfung der Regelkonformität in der Finanzbranche, ist angesichts des Wachstums der Online-Informationen wichtiger denn je. Es ist eine Herausforderung, aktuelle Informationen über Kunden, Unternehmen und Lieferanten zu verfolgen und zu interpretieren. Bei fehlerhaftem Verhalten sind die Auswirkungen auf ein Unternehmen unter Umständen drastisch. Zum Beispiel sind Kundeneröffnungen wegen verordneten Abklärungen für Finanzinstitute oft komplex und kostenintensiv. Um zum Beispiel Missbräuche (Geldwäsche) aufzudecken müssen grosse Mengen an textueller Daten interpretiert werden. Vorgestellt wird ein Anwendungsfall aus der Praxis mit dem Analysewerkzeug Find-it for Person Check, ein von Canoo Engineering entwickeltes Werkzeug mit semantischen Textanalysen. Find-it for Person Check ermöglicht deutlich effizientere Abklärungen in Compliance-Prüfprozessen der Finanzindustrie unter Berücksichtigung internationaler, lokaler und firmeninternen Richtlinien.

Überarbeiteter Beitrag basierend auf Hengartner U (2019) Searching-Tool für Compliance. HMD – Praxis der Wirtschaftsinformatik Heft 329, 56(5): 947–963.

U. Hengartner (✉)
Digital Humanity Lab/WWZ, Universität Basel, Basel, Schweiz
E-Mail: hengart@acm.org

© Der/die Autor(en), exklusiv lizenziert durch Springer Fachmedien Wiesbaden GmbH, ein Teil von Springer Nature 2021
S. D'Onofrio, A. Meier (Hrsg.), *Big Data Analytics*, Edition HMD,
https://doi.org/10.1007/978-3-658-32236-6_4

75 """

Schlüsselwörter

Big Data · Compliance · Data Mining · Informationsextraktion · Information
Retrieval · Inverse Dokumenthäufigkeit · Machine Learning · Onboarding ·
Searching-Tool · Textanalyse · Unstrukturierte Daten · Verarbeitung
natürlicher Sprache

4.1 Digitalisierung als Chance für das Onboarding

In der heutigen Gesellschaft, vor allem im Finanzbereich, wird die vorherrschende
Kommunikationsform noch mit Techniken des Lese- und Textverstehens erschlossen. Die Digitalisierung bringt für Banken völlig neue Herausforderungen. Seit der
Finanzkrise 2008 verordneten die Aufsichtsbehörden zudem immer mehr Regulie-
rungsmassnahmen – Liquiditätsrisikomanagement, Vorschriften zur Risikovertei-
lung, Geldwäscherei, Steuerhinterziehung und weitere Massnahmen – um die Wi-
derstandsfähigkeit der Finanzmärkte und Finanzinstituten zu schützen. Um die
damit verbundenen Kosten gering zu halten, erfordert diese von den Finanzinstituten eine effiziente digitale Umsetzung der Regulierungen.

Gemäss einer Studie vom Swiss Finance Institute (SFI) und der Beratungsgesell-
schaft *zeb*, spielt ein effizient reguliertes *Onboarding* eine wichtige Rolle bei der
Wettbewerbsfähigkeit im Finanzbereich (Krauss et al. 2016). *Onboarding* ist ein
Begriff aus dem amerikanisch-englischen Sprachraum und bedeutet, wörtlich übersetzt „das An-Bord-Nehmen" (Dudenredaktion o. J.). Im Finanzbereich ist *Onboarding* ein Prozess wie zum Beispiel die Neukundenakquise oder ein Produktverkauf.
Dazu gehören beispielsweise eine Bonitätsprüfung, ein Einkommensnachweis oder
die persönliche Authentifizierung.

Der *Onboardingprozess* bei Banken beinhaltet eine Reihe von komplexen Abklärungen, wie direkte Gespräche, Abgleich mit internen und externen Datenbeständen (kommentierte Bestandslisten, Positiv- und Negativlisten, etc.). Bei den
externen öffentlichen Quellen wird unterschieden zwischen Datendiensten, die ihre
Quellen aufbereiten und pflegen wie World-Check, Factiva oder Teledata und anderseits Diensten, die mittels einer Suchmaschine wie Google, Yahoo oder Bing
Daten im öffentlichen Web verfügbar machen.

Die Digitalisierung beeinflusst verschiedene Unternehmensbereiche in unterschiedlichen Ausprägungen und bietet ein hohes Potenzial den gesetzlichen Anforderungen zu entsprechen, die Risikoprozesse effizient und effektiv zu gestalten. Ein
effektives und effizientes *Onboarding* braucht unterstützende digitale Werkzeuge.
Nur somit ist gewährleistet, dass im Finanzbereich-Neukunden gemäss den verordneten Massnahmen der Aufsichtsbehörden kostengünstig und erfolgreich registriert
werden. Ein „massgeschneidertes" Werkzeug mit den eingebauten verordneten Regeln, kann somit zu einem bestimmenden *Leistungsmerkmal* („unique selling pro-
position", USP) werden.

In dieser Arbeit wird im *Onboarding*-Prozess Software als Unterstützung verstanden und nicht als eine autonome „Beurteilungs-Maschine", die als Resultat eine Akzeptanz/Nicht-Akzeptanz eines Kunden liefert. Für die Akzeptanz des Ergebnisses im *Onboardingprozess* ist es zudem unumgänglich, dass das Vorgehen transparent und nachvollziehbar ist.

4.2   Das Digital Onboarding-Tool

Beim *Onboardingprozess* sind detaillierte unternehmensinterne Sachverhaltsaufklärungen („internal investigations") nötig. Dabei müssen meist unüberschaubare, grosse Datenbestände überprüft werden. Diese Abklärungen sind zeitkritisch und mit hohen Kosten verbunden. Die Untersuchungsteams sind nicht mehr in der Lage manuell die Sachverhalte sinnvoll abzuklären. Hier hilft ein Onboarding-Tool, welches automatisch generierte Information aus heterogenen, digitalen Datenbestände extrahiert, ordnet und aufbereitet.

Die für unternehmensinterne Abklärungen digitalen Datenbestände lassen sich in strukturierte und unstrukturierte Daten unterscheiden. Strukturierte Daten haben eine normalisierte Form, unstrukturierte Daten besitzen keine einfach identifizierbare Datenstruktur. Die Analyse strukturierter grosser Datenmengen ist für Unternehmen keine allzu grosse Herausforderung und können mit Datenbanktechnologien und mit standardisierten Abfragesprachen analysiert und interpretiert werden.

Schwieriger ist es unstrukturierte textuelle Daten, wie E-Mails, Artikel, Vertragsdokumente, Text in Webseiten oder Beiträge in sozialen Medien zu verarbeiten. Solche unstrukturierten Informationen weisen keine klaren Muster oder formalisierte Strukturen auf. Der Kontext spielt zudem eine wichtige Rolle. Zum Beispiel sind Vertragsdokumente „Endprodukte", denen Verhandlungen und Änderungen vorausgegangen sind. Werden solche Texte isoliert betrachtet, fehlen Informationen zur Interpretation.

Mit Hilfe semantischen Analysemodellen können unstrukturierte Daten zu einem gewissen Grad strukturiert werden. Ohne jedes einzelne Dokument zu lesen, werden Auffälligkeiten maschinell erkannt, Zusammenhänge visualisiert und umgehend verwertbare Ergebnisse gewonnen.

Diese unstrukturierten textuellen Daten können den *Onboardingprozess*, zum Beispiel bei Finanzinstituten, gut unterstützen, wenn zur automatisierten Aufbereitung der Dokumente Textanalysen zum Einsatz kommen, die nach verwandten Themen oder Zusatzinformationen suchen und das Ergebnis in eine Recherche integrieren. In dieser Arbeit werden kombinierbare Textanalyseverfahren angewendet, die mit Hilfe von *statistischen, linguistischen* und *maschinellen* Lernverfahren relevante Textstrukturen gewinnen. Mit diesen Verfahren werden gezielt Fakten, Geschäftsregeln und Beziehungen entdeckt, die in Texten (unstrukturierten Daten) „verborgen" sind.

In der Literatur wird die Textanalyse als Technologie zur Steigerung des Unternehmenswert zwar erwähnt und es werden textanalytischer Konzepte und Prototypen vorgestellt und beschrieben (z. B. Bensberg et al. 2018; Schieber und Hilbert

2014), aber es fehlen meist noch die praktischen Aspekte und Erkenntnisse der Textanalyse in Unternehmen. Deshalb zeigt diese Arbeit ein mögliches Anwendungsbeispiel mit einem Analysewerkzeug. Abschn. 4.3 beschreibt das Analysewerkzeug *Find-it for Person Check* mit einer natürlich-sprachlichen Informationsverarbeitung. Die folgenden Abschnitte beschreiben die für *Find-it for Person Check* relevanten Prozesse mit den angewendeten Textanalyseverfahren (Linguistische Textanalyse, Statistische Textanalyse und Maschinelles Lernen).

4.2.1 Prozesse

Ein typischer Workflow einer Textanalyse umfasst die drei Basisschritte *Information Retrieval*, *Information Extraktion* und *Text Interpretation*. Abb. 4.1 zeigt einen groben schematischen Ablauf der Textanalyse. Der gezeigte Workflow basiert auf Erkenntnissen des *Knowledge Discovery in Databases* (KDD, auf Deutsch Wissensentdeckung in Datenbanken) des Data Minings (Müller und Lenz 2013). Der Begriff Data Mining wird oft synonym zu KDD verwendet. In dieser Arbeit wird jedoch KDD als ein umfassenderer Gesamtprozess (Aufbereitung der Daten, Datenanalyse und Bewertung der Daten) angeschaut, der die Data-Mining-Methoden einschliesst.

Die Datenbasis wird mit Techniken des Information Retrieval direkt aus vorhandenen Textdokumenten (lokale Datenquellen, wie Mail, PDF-Dokumente, textuelle Daten in Repositorien, etc.) und Quellen aus dem Web (organische Suchergebnisse)[1] ausgewertet. Meist ist eine teilweise aufwendige Bereinigung der Daten notwendig (d. h. nicht textuelle Information entfernen).

Damit Textdaten wirkungsvoll interpretiert werden können, ist es entscheidend wie die einzelnen Schritte im Textanalyse-Prozess als Softwarekomponenten implementiert werden. Die nachfolgend kurz beschriebenen Schritte ermöglichen eine

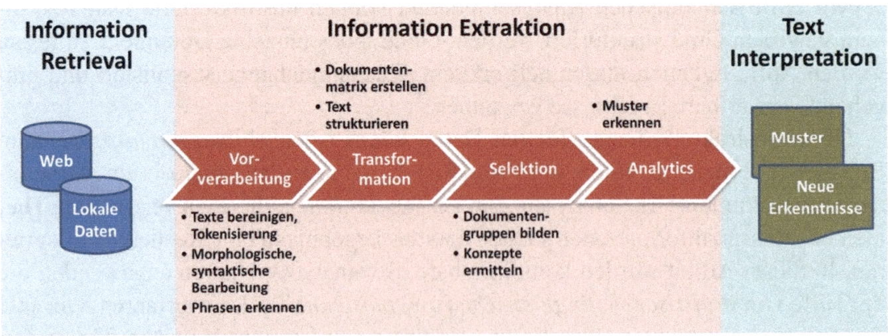

Abb. 4.1 Textanalyse-Prozess (eigene Abbildung)

[1]Als organische Suchergebnisse werden in dieser Arbeit Platzierungen auf einer Suchergebnisseite („Search Engine Result Page", SERP) bezeichnet, die nicht bezahlt sind, wie zum Beispiel Anzeigen von Google-AdWords.

sinnvolle Klassifikation (Clustering) um Themen, Gruppierungen oder Muster im Text zu erkennen.

Vorverarbeitung

Die Textdaten vom Web und die lokal verfügbaren Daten werden erfasst und gemäss den nächsten Teilschritten für die Weiterverarbeitung vorbereitet. Zuerst werden die Texte bereinigt (Markierung, Formate entfernen) und in einzelne Wörter zerlegt (Segmentierung eines Textes in Worteinheiten). Dieser Schritt wird als Tokenisierung bezeichnet. Die einfachste Form – White-Space Tokenisierung – erzeugt aus dem Satz „Herr Meier-Hans ging 100 Aktien kaufen" folgende sechs Tokens (Worteinheiten).

```
Herr    Meier-Hans    ging    100    Aktien    kaufen
```

Mit Hilfe einer Software zur Sprachanalyse, wie zum Beispiel den *Language Tools* der Canoo Engineering AG[2] werden zu den analysierenden Tokens entsprechende Muster (linguistische Paradigmen) und morphosyntaktische Informationen generiert. Als Illustration: Abb. 4.2 zeigt die vom *Inflection Analyzers* (Komponente *Language Tools*)[3] generierte Ausgabe des Tokens „ging" in den Sprachen Deutsch und Englisch.

```
Deutsch
query  -> ging
result -> gehen
         (Cat V)(Aux sein)(Mod Ind)(Temp Impf)(Pers 1st)(Num SG)(ID 0-1),
         (Cat V)(Aux sein)(Mod Ind)(Temp Impf)(Pers 3rd)(Num SG)(ID 0-1)

Englisch
query   -> did
result  -> do
         (Cat V)(Variety BCE)(Tense Past)(ID 0-1)
```

Abb. 4.2 Ausgabe des Inflection Analyzers (eigene Abbildung, Language Tools)

---

[2] Die *Language Tools* bestehen aus einer Anzahl unterschiedlicher Analysewerkzeuge und verwenden ein regelbasiertes morphologisches Wörterbuch. Ende 2018 wurde Canoo Engineering AG in die Informatique-MTF SA integriert. Die von Canoo Engineering entwickelten *Language Tools* werden nicht mehr separat vetrieben. Die Informatique-MTF SA wird aber gemäss den Angaben auf http://www.imtf.com/de/merger/ (Letzter Zugriff: 25. Juni 2020) die Canoo Lösung Find-it weiter pflegen und ausbauen. Ähnliche Analysewerkzeuge bieten u. a. die Firma Karakun AG https://karakun.com/leistungen/#hibu an (Letzter Zugriff: 25. Juni 2020).

[3] Der Inflection Analyzer bestimmt die Grundform (Zitatform) und Kategorie eines Wortes und liefert zusätzliche grammatikalische und orthographische Informationen, wie sie von Sprachanalyseprogrammen verwendet werden.

Als Ergebnis dieser Vorverarbeitung ermittelt das System für jedes analysierte Token (Wort) im Text die Grundform (Lemma) und die Wortart (Verb, Nomen, Adjektiv, etc.). Einige Wortformen erlauben mehrere Zerlegungen in die Grundform (Lemmatisierung), wie zum Beispiel Betrug oder Garten. Eine Wortanalyse meint meistens das Nomen und nicht das Verb betragen (von betrug, Vergangenheitsform wird die Grundform betragen abgeleitet). Wird dann anstatt des Nomens noch das Verb in der Grundform „betragen" für eine erweiterte Sprachanalyse (z. B. Französisch) verwendet, kann in der Bedeutung aus „Betrug" ein „sein" (französisch „être") werden. Ähnliches gilt für die Wortanalyse mit Garten, welche meistens nicht das Wort „garen" und erst recht nicht dessen Imperativ „gar" meint, wobei „gar viele" noch andere Bedeutungen haben kann. Um diese mehrdeutigen Wortformen aufzulösen wird ein „Part-of-Speech Tagging (POS Tagging)" ausgeführt. *POS Tagging* ordnet mehrdeutigen Wortformen, anhand von Kontextinformationen (z. B. Wortarterkennung mit Hilfe von Zusatzinformation). Steht beispielsweise Garten nicht am Anfang eines Satzes kann es sich im nur um das Nomen und nicht um die Verbform handeln. TreeTagger (Schmid 1995) ist in der Forschung ein häufig benutztes sprachunabhängige Werkzeug in diesem Bereich.

Für kompositionsfreudige Sprachen, wie das Deutsche, wird der Lemmatisierung oft eine Komponente vorgeschalten, die Komposita (Mehrwortbegriffe, z. B. „Bankangestellter") weiter zerlegt („Bank" „Angestellter"). Diese Information wird bei der Analyse verwendet, um alle Elemente der gleichen Wortfamilie (Lexeme) zu gruppieren und diese dann für die Berechnung der Relevanz eines Wortes zu verwenden.

Die Phrasenerkennung bestimmt wichtigste zusammenhängende Begriffe als Set. Durch die Verwendung von morphologischen Informationen und syntaktischen Regeln werden Phrasenmuster erkannt und bilden damit eine Basis für weitere Analysen. Wird zum Beispiel die Phrase „falsche Freunde" identifiziert, kann das auf eine wichtige Stelle im Text hindeuten. Das Erkennen von Phrasen ist komplex und bedarf eines Lexikonsystems wie zum Beispiel *Phrasemanager* (Pedrazzini 1994).

Transformation

Zur leichteren Weiterbearbeitung der Textdaten werden diese in eine spezielle Datenstruktur, zum Beispiel in eine *Begriff-Dokumenten-Matrix* (M x N) transformiert. Abb. 4.3 zeigt ein einfaches Beispiel einer Matrix. Dabei entsprechen die M-Zeilen den Dimensionen der einzelnen Vektoren, den unterschiedlichen Begriffen (Wörtern) und ihren Häufigkeiten, und die N-Spalten ihren Dokumenten.

Aus dieser können Vektoren erzeugt werden, mit denen Ähnlichkeiten berechnet werden.

Bei dieser Transformation werden Verfahren der statistischen Textanalyse angewendet (siehe Abschn. 4.2.3).

	D_1	D_2	D_3	D_4	D_5	..	D_n
T_1	0,006	0.001	0.003	0.005	0.012	..	a_{1n}
T_2	0		0		0	..	a_{1n}
T_3	0	2.003	0		1.040	..	a_{1n}
T_4	0	0	13.00		0	..	a_{1n}
T_4	1.030	0	0		3.103	..	a_{1n}
:	:	:	:	:	:	:	:
T_m	a_{m1}	a_{m1}	a_{m1}	a_{m1}	a_{m1}	a_{m1}	a_{m1}

Abb. 4.3 M x N Begriff-Dokumenten-Matrix mit Gewichtungswerten (eigene Abbildung)

Selektion

Die Daten werden nun klassifiziert, um unterschiedliche Themenkategorien in den Daten erkennen zu können. Dazu gibt es unterschiedliche Klassifikationsverfahren. Die Textklassifikation ordnet die Texte einer Textkollektion einer oder mehreren Klassen, eines meist hierarchisch aufgebauten Klassifikationssystems zu.

In Allahyari et al. (2017) werden mögliche Klassifikationsverfahren wie Naive Bayes, Entscheidungsbäume und Support Vector Machines (SVM) anschaulich beschrieben. Das Verfahren SVM ist in der Statistik und der Datenanalyse weitverbreitet und steht zudem für die Entwicklung von Analysewerkzeuge in Programm-Bibliotheken wie zum Beispiel LIBSVM[4] in unterschiedlichen Programmiersprachen zur Verfügung. Das Verfahren besitzt eine hohe Generalisierungsfähigkeit und wird deshalb gerne für die Textklassifikation um Big Data (Suthaharan 2016) eingesetzt. Das Verfahren SVM zählt zu den mathematisch und rechnerisch aufwändigen Verfahren, wurde jedoch für diese Arbeit wegen der stabilen Implementation und häufiger Verwendung (Kaggle 2017) ausgewählt.

Analyse

Im letzten Schritt werden die Daten analysiert und für die anschliessende Nutzung aufbereitet. Durch statistische und regelbasierte Verfahren wird versucht sprachliche

---

[4]LIBSVM – A Library for Support Vector Machines http://www.csie.ntu.edu.tw/~cjlin/libsvm (Letzter Zugriff: 20. Juni 2020).

Muster abzuleiten und inhaltliche Interpretationen („named entities") zu erstellen. Neben der Ausnutzung von Sprachstatistik und der Einführung von Regeln zur Extraktion bestimmter Informationen ist das Nutzen eines Lexikons eine gute Möglichkeit, um bestimmte Informationen aus Text zu extrahieren. Natürliche Sprache besitzt die Eigenschaft, dass derselbe Begriff unterschiedliche „Objekte" identifizieren kann. Zum Beispiel „Blatt" kann der Bestandteil einer Pflanze oder aber eines Papiers sein. Deshalb wird zur Bestimmung von Named Entities eine oft zu Domänen passende Ontologie eingesetzt. Als Ontologie wird hier eine sprachlich gefasste und formal geordnete Darstellung von Begrifflichkeiten und der zwischen ihnen bestehenden Beziehungen verstanden. Diese wird genutzt, „Wissen" in digitalisierter und formaler Form zu nutzen. Gattani et al. (2013) haben beispielsweise diese Methode gewählt, um Named Entities aus Tweets zu extrahieren.

Zur Bestimmung von Named Entities und zur semantischen Anreicherung in der Analyse bilden *externe und lokale Datenquellen* wichtige Komponenten. Externe Datenquellen (Wissensbasen) zur Textanalyse sind digital nutzbare Enzyklopädien, Lexika, Online-Nachschlagewerke, Thesauri, Ontologien und Glossare. Auf diese externen Datenquellen wird aus Performancegründen meist nicht über ein Source-API zugegriffen, sondern stehen in aufbereiteter Form, meist als spezielle Datenbank eingebunden, zur Verfügung. So können zum Beispiel die Daten der Wikipedia zur Analyse auf einmal heruntergeladen und aufbereitet werden.[5] In Zesch et al. (2008) werden exemplarisch Anwendungen von Wikipedia und Wiktionary beschrieben. Wichtige Beiträge für die Aufgabe der automatischen Textklassifikation lieferten Bunescu und Pasca (2006), Cucerzan (2007) sowie Gabrilovich und Markovitch (2006).

Der oben beschriebene Prozess hat die Aufgabe nicht triviales Wissen aus unstrukturierten beziehungsweise schwach-strukturierten Texten zu extrahieren. Für den Erfolg dieser Aufgabe müssen dazu mehrere Analysebereiche der Sprachverarbeitung in Betracht gezogen werden. Damit die Qualität der Textanalyse hoch ist, müssen die gewählten Verfahren in den Prozessschritten eng aufeinander abgestimmt sein.

4.2.2 Linguistische Textanalyse

Bei der Beurteilung der Qualität eines Systems mit Textanalyse, spielt die linguistische Wortanalyse eine entscheidende Rolle. Für Sprachen mit einer reichen Morphologie, wie zum Beispiel das Deutsche, spielt die Berücksichtigung von Flexion[6]

---

[5] Unter dem Link https://de.wikipedia.org/wiki/Wikipedia:Technik/Datenbank/Download wird beschrieben, wie die Daten der Wikipedia für eine Weiterverarbeitung heruntergeladen werden.

[6] Hier bedeutet Flexion Beugung oder Abwandlung eines Wortes, also die Änderung der Gestalt eines Wortes, um grammatische Information auszudrücken. Als Deklination bezeichnet man die Flexion von Nomen, Adjektiven, Artikeln und Pronomen. Die Flexion von Verben wird Konjugation genannt.

und Wortbildung bei der Ermittlung von Grundformen (Lemmatisierung) eine wichtige Rolle.

Die Lemmatisierung erfordert ein umfangreiches Wörterbuch und ist kostenintensiv in der Erstellung und Wartung. Deshalb werden häufig für die Lemmatisierung sogenannte Stemming-Methoden verwendet, die mittels Heuristiken (vermeintliche) Endungen abschneiden. Einige verbreitete Stemming-Ansätze werden in Modern Information Retrieval (Baeza-Yates und Ribeiro-Neto 2011) beschrieben. Das Abschneiden von Endungen ohne Berücksichtigung des Stammes ist in den meisten Sprachen problematisch. Wenn sowohl „rating" als auch „rats" zu „rat" reduziert wird, verschlechtert dies die Präzisionsanalyse. Im Deutschen tritt dieses Phänomen bei Flexionsendungen auf. Mit der gängigen Pluralendung „-en" wird das Wort „Buchen" fälschlicherweise zu „Buch" statt zu „Buche" reduziert.

Die linguistische Textanalyse, also die Güte der Lemmatisierung und der Kompositazerlegung muss qualitativ hochwertig sein um brauchbare Resultate im Umfeld von Big Data zu erhalten. Die Language Tools der Canoo Engineering AG verwenden ein umfassendes, regelbasiertes morphologisches Wörterbuch zur Wortanalyse und verbesserten so gegenüber Stemming-Ansätzen und einfacheren Wörterbüchern die Textanalyse in *Find-it for Person Check* wesentlich.

4.2.3 Statistische Textanalyse

Statistische Methoden analysieren den Text nicht auf sprachlicher, sondern auf Worthäufigkeitsebene. Zur Bestimmung der Worthäufigkeit sollten nur die Grundformen der Wörter miteinbezogen werden. Anderseits führt es zu Verfälschungen der statistischen Ergebnisse, da beispielsweise „Bank" oder „Banken" als unterschiedliche Worte behandelt werden. Meist wird folgende Vorgehensweise zumindest prinzipiell eingehalten:

1. Analysieren der Häufigkeit gemeinsamen Auftretens („co-occurrence") von Wörtern, meist Wortpaaren. Die Textdaten liegen nach diesem Schritt als Begriff-Dokumenten-Matrix vor. Abb. 4.3 zeigt beispielhaft den Aufbau einer solchen Matrix, einer Tabelle, in der die Zeilen Dokumenten entsprechen und die Spalten den Wörtern oder Wortgruppen. Die Spalten sind Vektoren der Begriffe, sogenannte Termvektoren. Die einzelnen Zellen der Term-Matrix enthalten die Information wie oft ein Begriff (Term) vorkommt.
2. Aus den in Schritt 1 bestimmten Häufigkeiten kann die Ähnlichkeit zweier Worte bestimmt werden und die Menge der Konzepte so in einem metrischen Raum angeordnet werden.
3. In diesem Raum können die Techniken des Clustering angewandt werden, um Klassen ähnlicher Konzepte zu identifizieren.

Der vollautomatischen Klassifikation und Clustering von Texten liegt die Annahme zugrunde, dass Dokumente, in denen die gleichen Wörter vorkommen, thematisch ähnlich sind. Um die Ähnlichkeit (Distanz) zwischen zwei Dokumenten zu bestimmen, werden deren Termvektoren, das heißt die Zeilen der Dokument-Begriffs-Matrix, miteinander in Beziehung gesetzt. Als Distanzmass wird dabei häufig der Kosinus oder der Jaccard-Koeffizient eingesetzt, da bei unterschiedlichen Dokumentlängen euklidische Distanzen für das Clustering weniger gut geeignet sind (Ghosh und Strehl 2006; Manning et al. 2008).

Ein bekanntes und häufig verwendetes Verfahren zur Bestimmung der Relevanz von Begriffen in Dokumenten ist tf-idf (term frequency – inverse document frequency),[7] auch TFIDF. Mit dem Verfahren wird bestimmt, wie wichtig einzelne Wörter in einem Dokument im Verhältnis zu anderen Dokumenten innerhalb einer Dokumentenkollektion sind. Dazu wird zu jedem Wort innerhalb eines Dokumentes gezählt, wie häufig ein Wort innerhalb eines Dokumentes erscheint (tf = term frequency). Das Gewicht eines Terms i im Dokument j ist dann nach TFIDF:

$$w_{i,j} = tf_{i,j} * idf_i * \frac{freq_{i,j}}{\max_l\left(freq_{l,j}\right)} * \log\frac{N}{n_j} \qquad (4.1)$$

Freq$_{i,j}$ ist die Auftrittshäufigkeit des betrachteten Terms *i* im Dokument *j*. Im Nenner steht die Maximalhäufigkeit über alle *k* Terme im Dokument. Die dabei entstehende Distanzmatrix der Dokumente wird als Ausgangspunkt für beliebige analytische Verfahren eingesetzt. Die dabei entstehende Distanzmatrix der Dokumente kann als Ausgangspunkt für weitere clusteranalytische Verfahren eingesetzt. Dabei wird zwischen hierarchisch agglomerativen und partitionierenden Verfahren unterschieden (Aldenderfer und Blashfield 1984).

Beim TFIDF-Verfahren sollten nicht sämtlich in der Vorverarbeitung erkannten Wörter (vgl. Abschn. 4.2.1) verwendet werden. Zum Bestimmen einer akzeptablen Gewichtung der Terme müssen je nach Themengebiet alle „unwichtigen" und „zu häufigen" Wörter ausgeschlossen werden. Mit Hilfe von Stoppwortlisten (Stoppwörter sind z. B. „und", „der", „mit") werden hochfrequente Wörter ausgeschlossen.

4.2.4 Maschinelles Lernen

Ein wesentliches Ziel von Textanalyse ist das maschinelle Bestimmen der Ausgabe bei gegebenen Eingabedaten. Mit Hilfe von maschinellem Lernen („machine learning") werden Regeln gefunden, in welches Themengebiet zum Beispiel ein Text eingeordnet werden kann. Abhängig von der Art des Lernansatzes „Signal" oder „Feedback" lässt sich maschinelles Lernen in drei Hauptkategorien einteilen.

- **Überwachtes Lernen („supervised learning"):** Von einem „Lehrer" (Experten) werden dem Computer exemplarische Eingaben und erwartete Ergebnisse vor-

---

[7]Im Information Retrieval ist tf-idf oder TFIDF ein Mass zur Beurteilung der Relevanz von Begriffen in Dokumenten einer Dokumentenkollektion, das heißt wie „wichtig" ein Wort für ein Dokument in einer Textsammlung ist.

gegeben. Das Ziel beim überwachten Lernen ist, dass einem System nach mehreren Rechengängen mit unterschiedlichen Ein- und Ausgaben Assoziationen herzustellen antrainiert wird. So wird eine allgemeine Regel erlernt, die Eingaben auf Ausgaben abbildet.

- **Unüberwachtes Lernen („unsupervised learning"):** Beim unüberwachten Lernen wird versucht, aus unmarkierten Daten eine Funktion zur Beschreibung verborgener Strukturen abzuleiten. Da die gegebenen Eingaben nicht markiert werden, fehlt ein Fehler- oder Belohnungssignal, um eine mögliche Lösung zu bewerten.
- **Verstärkendes Lernen („reinforcement learning"):** Ein Computerprogramm interagiert mit einer dynamischen Umgebung, in der es ein bestimmtes Ziel erreichen muss, ohne dass ein Lehrer ihm ausdrücklich sagt, ob es dem Ziel nahe gekommen ist. Dabei wird dem Computerprogramm nicht vorgezeigt, welche Aktion in welcher Situation die beste ist, sondern es erhält zu bestimmten Zeitpunkten ein positives oder negatives Feedback (Wert).

Alle drei Hauptkategorien sind mit bekannten Problemen der Statistik konfrontiert, die je nach gegebener Datenlage verstärkt werden. Namentlich ist je nach eingesetzten Lehrmethoden nicht mehr direkt nachvollziehbar, wie eine Aussage oder ein bestimmtes Ergebnis zustande kommt. Anwendungen mit maschinellem Lernen sind von der Qualität der Daten und ausgewählten Algorithmen abhängig. So können systematische Fehler in Daten oder Algorithmen (z. B. versteckte Einseitigkeiten, über- oder unterrepräsentierte Daten einer Bevölkerungsgruppe, unrichtige Daten) angesichts der Grösse und Komplexität der verwendeten Daten oft nicht erkannt werden.

Der Einsatz von maschinellem Lernen erfordert deshalb zusätzlich ein Monitoring und die Dokumentierung der Trainingsdaten mit einer zertifizierten Validierung zur Nachvollziehbarkeit der Modelle im Betrieb, so dass automatisierte Entscheidungen im Einklang mit der Datenschutz-Grundverordnung (DSGVO) getroffen werden (Heesen et al. 2020). Falls die Daten, die in der Lernphase verwendet werden, eine Diskriminierung widerspiegeln, wird diese vom System übernommen und angewendet. Es ist regulatorisch für Finanzdienstleister bedeutsam, wenn die Kunden fehlerhaft überprüft und benachteiligt werden.

4.3   Das Analysewerkzeug Find-it for Person Check

Die Plattform ICOS/2 bietet Finanzdienstleistern ein digitalisiertes *Onboarding* und Client Lifecycle Management. Es ist eine modulare Lösungsplattform, die eine effiziente Verarbeitung an der Kundenfront unterstützt. Das Produkt *ICOS/2* der IMTF Group verwendet das Analysewerkzeug *Find-it for Person Check*.[8] Als Basis für das Analysewerkzeug wird die Suchplattform *Elastic Stack* (Elasticsearch o. J.)

---

[8]Weitere Information zur Produktbeschreibung unter http://www.imtf.com/de/loesungen/icos/ (Letzter Zugriff: 26. Juni 2020).

mit der Programmbibliothek zur Volltextsuche *Lucene™* (Apache Lucene o. J.) eingesetzt.

Find-it for Person Check bietet eine ausführliche und schnelle semantische Suche nach Informationen in ausgewählten Datenquellen (strukturiert od. unstrukturiert) zu einer Person. So liefert *Find-it for Person Check* beispielsweise auch Resultate mit Synonymen, oder findet Personen mit ähnlichen Namen. Das Werkzeug *Find-it for Person Check* sucht nach Informationen in internen und externen Datenquellen. Dabei werden nicht nur Dokumente mit den Suchwörtern, sondern auch zur Suche passende Texte mit ähnlichem Inhalt gefunden. Weiter werden alle Abfragen und Resultate automatisch und präzise in einer Logdatei für eine allfällige Revision dokumentiert.

Der Benutzer wählt aus verschiedenen Suchkategorien beziehungsweise Kriterien aus, die die Suche auf ein bestimmtes Ziel ausrichten, zum Beispiel um mögliche kriminelle Aktivitäten der betreffenden Person zu finden. Eine Suche ist in verschiedenen Sprachen möglich und kann vom Benutzer verfeinert werden, um die gewünschten Dokumente zu finden. Die von der Abfrage zurückgegebenen Webdokumente werden dem Benutzer übersichtlich präsentiert, um den Prozess der Überprüfung der Ergebnisse zu erleichtern. Relevante Textpassagen werden hervorgehoben, so dass der Benutzer die relevanten Dokumente schnell erkennen kann.

In der *Onboarding* Plattform ICOS/2 ist eine für Finanzinstitute und Versicherungen vorgeschriebene automatisierte Legitimationsprüfung von Neukunden zur Verhinderung von Geldwäsche. Die Richtlinien zur Geldwäschebekämpfung Legitimationsprüfung umfassen ein KYC (Known Your Own Customer), Tax-Compliance und ein Risikomanagement. KYC ist im Finanzbereich ein wichtiger und bekannter Due-Diligence-Prozess.[9] Bei Personen werden die Art der Berufstätigkeit und der Zweck der Geschäftsbeziehung erfasst und insbesondere bei *politisch exponierten Personen* (*PEP*) muss zudem noch die Funktion samt Ausübungsort festgehalten werden. In ICOS/2 ist ein automatisiertes Risikomanagement mit *PEP-Check* und Tax-Compliance integriert. In der Software Komponente *Case Manager* sind sämtliche Compliance-Regeln mit einer entsprechenden Rules Engines zur Überprüfung erfasst. Die Compliance-Regeln werden länderspezifisch regelmässig gemäss den im Lizenzvertrag festgelegten Bedingungen angepasst.

Abb. 4.4 zeigt schematisch die Integration von *Find-it for Person Check* in ICOS/2 mit Workflow und eingesetzten Komponenten. Die Funktionalität von ICOS/2 wird durch eine erweiterte Personenprüfung (KYC) ergänzt (graue Box), die an der Kundenfront eine effizientere Verarbeitung ermöglicht. Ein Personenname wird mit intern vorhandener Kundeninformation und mit vom System vorgegebenen, aber vom Kundenberater auswählbaren Suchbegriffen und Optionen erweitert. Der nachfolgende automatisierte Prozess erleichtert dem Kundenbetreuer die Datenerfassung und manuelle Überprüfung. Ein vorgeschlagenes Ergebnis von *Find-it for Person Check* wird vor der Weiterverarbeitung immer manuell überprüft.

---

[9]Due-Diligence-Prozess bedeutet die sorgfältige Prüfung und Analyse eines Unternehmens auf seine wirtschaftlichen, rechtlichen, steuerlichen und finanziellen Verhältnisse.

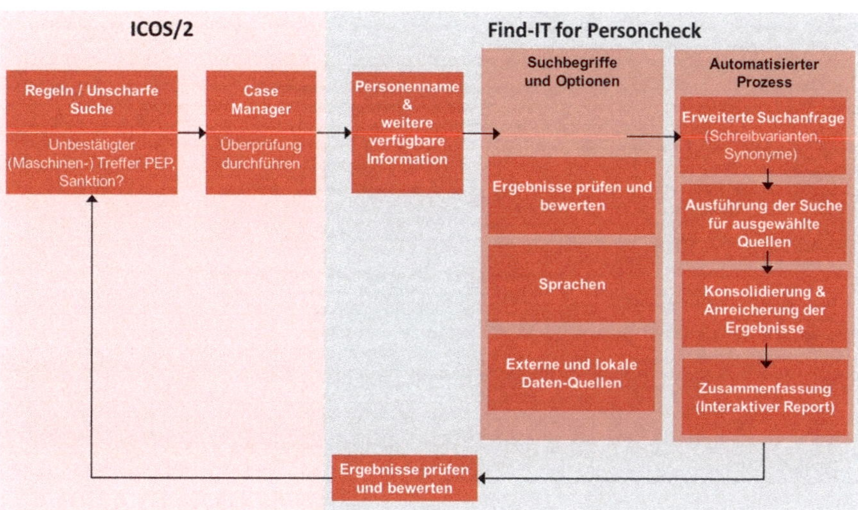

Abb. 4.4 Komponenten und Workflow im Produkt ICOS/2 mit Find-it for Person Check (eigene Abbildung)

Find-it for Person Check verwendet für den Analyseprozess die in Abschn. 4.2 vorgestellten Technologien linguistische, semantische, statistische Textanalysen und maschinelles Lernen. In den folgenden Abschn. 4.3.1, 4.3.2 und 4.3.3 werden die Hauptschritte einer Personenüberprüfung[10] für den *Onboarding*-Prozess im Finanzbereich beschrieben.

4.3.1   Recherche

Der Nutzer gibt den betreffenden Personennamen in eine Suchmaske ein (siehe Abb. 4.5 Eingabefeld (Widget)) und startet die Suchanfrage. Dadurch wird eine automatisierte Recherche nach Dokumenten/Einträgen zum (potenziellen) Kunden in diversen Quellen ausgelöst: Websuche (z. B. in Google, Yahoo, Bing), in den gewünschten externen Datendiensten (World-Check, Factiva od. Teledata) und in lokalen Datenquellen des Unternehmens. Es können unterschiedliche Suchanfragen archiviert werden. Die archivierten Suchanfragen können an Gegebenheiten der Recherche durch die Suchfelder „Query Category", „Language", „Additional Query Terms" angepasst werden.

Die Namenssuche wird dabei als eine unscharfe („fuzzy") Suche ausgeführt. Diese Suche wird auch als Fuzzy-String-Suche bezeichnet und umfasst im Informa-

---

[10]Das Tool ist an ein *Onboarding*-Frontend ICOS/2 angebunden. Die hier gezeigten Screenshots sind einem Standalone-Demonstrator (POC) mit Testdaten entnommen. Die gezeigten Screenkomponenten (Widgets) sind für verschiedene Anwendungen konfigurierbar. Aus rechtlichen Gründen werden keine Screenshots der eingesetzten Applikation mit produktiven Daten gezeigt.

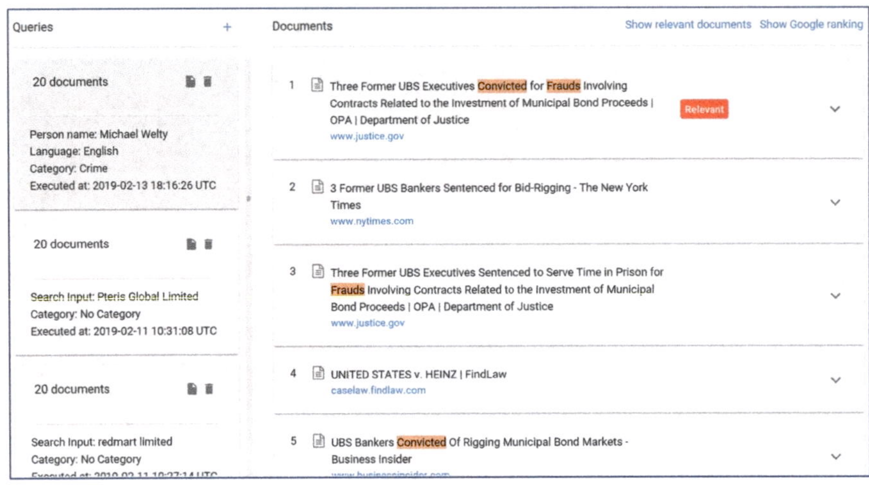

Abb. 4.5 Links Eingabe-Widget für Recherche, rechts Resultat mit gefunden Dokumenten (eigene Abbildung)

tion Retrieval eine Klasse von String-Matching-Algorithmen.[11] Dabei wird eine Zeichenkette („string") nicht als exaktes Suchkriterium ausgelegt, sondern als unscharfe (ähnliche) Zeichenkette. Gibt der Front- oder Compliance-Mitarbeitende den Namen „Michael Welty" ein, so werden zum Beispiel auch Varianten wie „Michael Welti", „Mike Welti", Dokumente mit einem zweiten Vornamen („Michael R. Welty") oder gekürzte Varianten („M. Welty", „Herr Welty") gefunden.

Bei den ausgelösten Websuchen wird die Suche nach dem Namen automatisch mit *Risikobegriffen* (Beispiele: Betrug, Geldwäsche, Korruption, etc.) kombiniert. Die Websuche findet Webdokumente, die den Namen (in einer seiner Varianten) und mindestens einen der Risikobegriffe enthalten. Diese Risikobegriffe sind für jedes Anwendungsszenario (z. B. in jeder Abteilung eines Finanzinstitutes) separat konfigurierbar. Zudem kann der Compliance-Mitarbeitende bei jeder einzelnen Suche ad-hoc weitere Begriffe hinzufügen, die dann bei dieser Suche ebenfalls berücksichtigt werden. *Find-it for Person Check* sucht automatisch auch nach Synonymen dieser Risikobegriffe. Zudem können die Risikobegriffe auch in verschiedene Sprachen übersetzt und somit im Internet umfassender gesucht werden. Zum Beispiel wird eine Suche mit dem Risikobegriff *Betrug* entsprechend den eingebundenen Wörterbüchern und Glossaren mit den Begriffen *Täuschung*, *Irreführung* und auch mit den englischen Begriffen *Fraud, Scam* erweitert.

Die Treffer der Suche werden anschliessend von *Find-it for Person Check* automatisch konsolidiert. Insbesondere bei der Websuche in verschiedenen Suchsystemen kommen viele Treffer mehrfach vor. Damit der Compliance-Mitarbeitende

---

[11] Bekannte String-Matching Algorithmen sind etwa Levenshtein-Distanz (auch Editierdistanz), N-Gramme und Soundex. Weiterführende Information und Implementierung verschiedener Algorithmen sind im Github Repository (Debatty 2015).

diese Dubletten nicht mehrfach sichten und bewerten muss, führt *Find-it for Person Check* sie bei der Konsolidierung zusammen und sortiert die Treffer nach der einheitlich berechneten Relevanz, dem in Abschn. 4.2.3 gezeigten TFIDF-Mass. Wird ein konfigurierbarer TFIDF-Schwellwert überschritten wird das Dokument zudem mit einer roten Box als relevant markiert.

Die gefundenen Webdokumente werden mit den im Abschn. 4.2 beschriebenen Methoden semantisch angereichert: *Find-it for Person Check* erschliesst den Inhalt der Dokumente und erkennt darin Orte, Personen, Organisationen und andere relevante Entitäten und Begriffe.

4.3.2 Aufbereitung der Suchergebnisse

Die in kurzer Zeit gefundenen und konsolidierten Dokumente werden so dargestellt, dass der Compliance-Mitarbeitende die relevanten Textstellen auf einen Blick finden und ihre Kernaussagen schnell bewerten kann. Zu diesem Zweck sind Vorkommen des gesuchten Namens und der Suchbegriffe, mit den Risikobegriffen im jeweiligen Dokument farbig markiert und können einzeln (de-)aktiviert werden. So werden insbesondere die Kernaussagen über die gesuchte Person im Dokument direkt sichtbar. Im konkreten Suchbeispiel in Abb. 4.6 kann der Compliance-Mitarbeitende dadurch schnell den entscheidenden Satz interpretieren, weswegen die gesuchte Person verurteilt wurde.

Das Suchresultat von *Find-it for Person Check* in Abb. 4.6 markiert die gefundenen Namen und flektierten Risikobegriffe. Der Suchbegriff „convict" findet auch Dokumente mit dem Wort „convictions", „corrupt" findet auch „corrupted", und „defraud" findet auch „frauds". Der Begriff „Welty" wird als Personenname erkannt

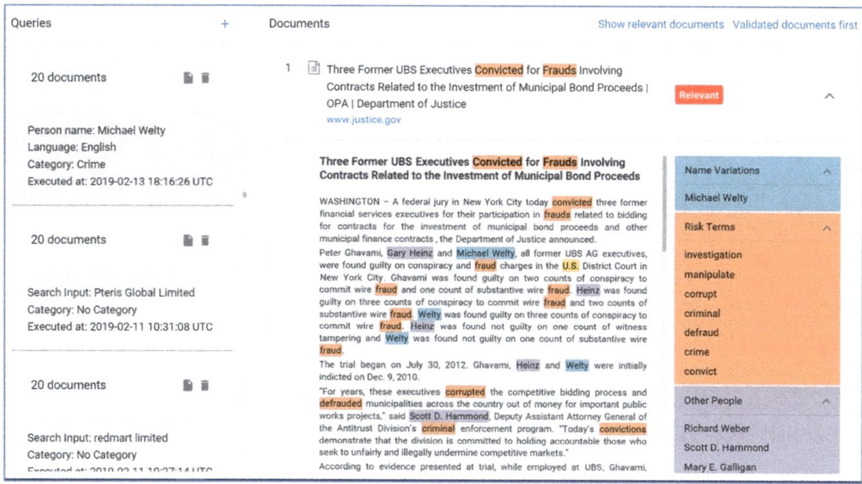

Abb. 4.6 Gefundenes Dokument mit markierten Suchbegriffen und Namen (eigene Abbildung, Demo-Screenshot)

und auch der Namensbezeichnung „Michael Welty" zugeordnet. Das gezeigte Dokument wird vom System als relevant eingestuft.

Der Compliance-Mitarbeitende kann sich zudem auch die Begriffe und Entitäten, die *Find-it for Person Check* bei der semantischen Anreicherung automatisch erkannt hat, zu jedem Dokument anzeigen lassen: Orte, Personen, Unternehmen, Produkte und andere relevante Entitäten und Begriffe werden dabei jeweils mit einer eigenen Farbe markiert.

4.3.3   Automatische Zusammenfassung der Suchergebnisse

Weil die Treffermenge bei vielen Suchanfragen recht umfangreich sein kann, bietet *Find-it for Person Check* zusätzlich zur Ansicht der Einzeltreffer eine globale Sicht auf alle gefundenen Dokumente. Diese globale Sicht ist eine Art interaktiver Report und bietet einen schnellen und kompakten Überblick über die gefundenen Dokumente. Es ermöglicht Compliance-Mitarbeitenden nichtrelevante Dokumente effizient zu filtern.

Für den gesuchten Personennamen (und den Varianten der Fuzzy-String-Suche) werden hier alle gefundenen Personen mit Personenangaben und Trefferhäufigkeit (siehe Abb. 4.7) und auch für alle gesuchten Risikobegriffe (und ihre Synonyme)

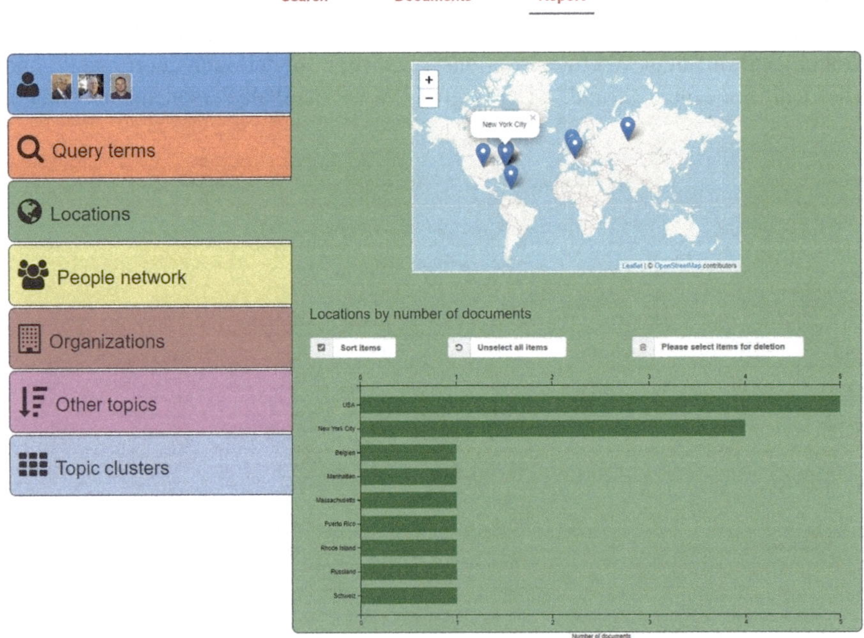

Abb. 4.7 Aufbereitete Zusammenfassung (eigene Abbildung, Demo-Screenshot eines interaktiven Reports)

die Trefferhäufigkeit angezeigt. Auch für die von *Find-it for Person Check* automatisch erkannten anderen Entitäten und Begriffe (Orte, Personen, Unternehmen, Produkte, Sonstige) wird eine entsprechende globale Sicht angeboten, die alle gefundenen Begriffe und ihre Trefferhäufigkeit anzeigen. Die Orte sind auf einer interaktiven Weltkarte visualisiert.

Falls gefundene Suchpersonen, Risikobegriffe und Entitäten nicht relevant erscheinen, können diese direkt in dieser Ansicht mittels interaktiven Filtern angepasst werden. Dadurch wird der Report übersichtlicher und wie in anderen Suchsystemen bekannt, wird das Suchresultat durch Facetten in Klassen gegliedert. Mit der implementierten Facettensuche bietet der *interaktive Report* in Abb. 4.7 eine übersichtliche und effiziente Möglichkeit zur Filterung nichtrelevanter Treffer.

4.4   Schlussbetrachtung und Ausblick

Text ist heute im digitalen Zeitalter ein bedeutender Wissensrohstoff und steht digital in grossen Mengen zur Verfügung. Mit Hilfe der Textanalyse kann die in Texten enthaltene Information strukturiert und maschinell im gewünschten Kontext ausgewertet werden.

Das im Beitrag vorgestellte Analysewerkzeug *Find-it for Person Check* einer *Onboarding* Plattform zeigt, wie mit verschiedenen Textanalyse-Verfahren eine verbesserte Kundennutzung möglich ist. Es entsteht ein Mehrwert gegenüber einer manuellen Überprüfung mit Recherchen im Web und in spezialisierten lokal verfügbaren Datenquellen. Zusammengefasst zeigt der produktive Einsatz der Software folgende Erkenntnisse:

- *Tagging*: Das automatische Tagging (semantische Anreicherung) erschliesst die gefundenen Dokumente und macht die Relevanz für den Nutzer sichtbarer und spürt Kernaussagen und Zusammenhänge auf. Ohne jedes einzelne Dokument zu lesen werden Auffälligkeiten maschinell erkannt, Zusammenhänge visualisiert und umgehend verwertbare Ergebnisse gewonnen.
- *Reporting*: Der interaktive Report bietet einen schnellen Überblick und ermöglicht es, die Treffermenge effizient auf die relevanten Dokumente zu reduzieren.
- *Archivierung*: Die Abfragen und die Resultate werden archiviert. So können die Personenüberprüfungen für den Compliance-Prozess, auch für die Aufsichtsbehörden, jederzeit nachgewiesen und nachvollzogen werden.
- *Tools für die Sprachverarbeitung*: Für die Textanalyse gibt es heute ausgereifte sprachtechnologische Werkzeuge. Mit dem Einsatz der *Language Tools* der Canoo Engineering AG konnte eine wesentliche Verbesserung erreicht werden. Statt eines Wörterbuches mit mehreren Tausend Vollformen verwenden die *Language Tools* ein regelbasiertes morphologisches Wörterbuch unter Anwendung der weitverbreiteten *Finite-State*-Technologie zur Wortanalyse. Weitere detaillierte Informationen zu dieser Technologie sind in Koskenniemi (1983) und Karttunen (1994) beschrieben.

In *Find-it for Person Check* kommt bei der Textanalyse auch eine Komponente mit maschinellem Lernen zum Einsatz. Für die Entwicklung *Find-it for Person Check* wurden verschiedene Libraries in Java, wie zum Beispiel Smile (Haifeng 2019) evaluiert. Infolge hohem Trainingsaufwand und unzufriedenen Resultaten mit künstlichen neuronalen Netzen wurde in *Find-it for Person Check* ein halbautomatisches Verfahren („verstärkendes Lernen") mit sinkendem Aufwand pro Suchanfrage implementiert. Die maschinelle Textauswertung hat jedoch nach wie vor Schwierigkeiten mit bewertenden Formulierungen, ganz besonders mit mehrdeutig interpretierbaren Aussagen, unvollständiger Information ohne entsprechendes Hintergrundwissen, oder mit stimmungsgefärbten Formulierungen. Die Bedeutungen, die ein Mensch aufgrund jahrelanger Spracherfahrung und einem umfangreichen Kontext (z. B. Gesichtsausdruck, Kenntnis der Person, Kenntnis von ironischen Kontexten) intuitiv entschlüsseln kann, bereiten heutigen algorithmischen Verfahren, immer noch grössere Schwierigkeiten.

Find-it for Person Check ist deshalb bewusst als Werkzeug konzipiert und nicht als selbst entscheidender „intelligenter" Algorithmus. *Find-it for Person Check* bietet so als Entscheidungshilfe die nötige Transparenz beim Ermitteln von Kundendaten im *Onboarding*-Prozess. Mit einer Verbesserung, wie der Einbindung weiterer zusätzlichen Informationsquellen in den Analyseprozess und Anpassungen des transparenten Prozesses maschinellen Lernens, werden mit den oben beschriebenen Verfahren in absehbarer Zeit noch weitere Einsatzmöglichkeiten gefunden. Transparenz auf sämtlichen Ebenen der Softwareentwicklung und der Einsatz der Software als Werkzeug erlaubt es Finanzinstituten auch komplexe Compliance-Bedingungen zu erfüllen. Mit dem Einsatz des Analysewerkzeugs *Find-it for Person Check* kann dies erfolgreich umgesetzt werden.

Literatur

Aldenderfer M, Blashfield R (1984) Cluster analysis. Sage, Beverly Hills

Allahyari M, Pouriyeh S, Assefi M, Safaei S, Trippe ED, Gutierrez JB, Kochut K (2017) A brief survey of text mining: classification, clustering and extraction techniques. arXiv preprint arXiv:1707.02919

Apache Lucene (o. J.) Apache Lucene. https://lucene.apache.org. Zugegriffen am 25.06.2020

Baeza-Yates R, Ribeiro-Neto B (2011) Modern information retrieval. Addison-Wesley, 2. Aufl. ACM Press, New York

Bensberg F, Auth G, Czarnecki C (2018) Einsatz von Text Analytics zur Unterstützung literaturintensiver Forschungsprozesse - Konzeption, Realisierung und Lessons Learned. In E-Journal Anwendungen und Konzepte der Wirtschaftsinformatik (AKWI), 8 Aufl. Wildau/Luzern/Regensburg/Fulda

Bunescu R, Pasca M (2006) Using Encyclopedic knowledge for named entity disambiguation. In: Proceedings of the 11th conference of the European Chapter of the Association for Computational Linguistics (EACL-06), Trento, Italy

Cucerzan S (2007) Large-scale named entity disambiguation based on Wikipedia data. In: Proceedings of Empirical Methods in Natural Language Processing (EMNLP 2007), Prague, Czech Republic

Debatty T (2015) java-string-similarity. GitHub-Repository. https://github.com/tdebatty/java-string-similarity#overview. Zugegriffen am 25.06.2020

Dudenredaktion (Hrsg) (o. J.) Onboarding. Duden online. https://www.duden.de/node/105808/revision/105844. Zugegriffen am 25.06.2020

Elasticsearch (o. J.) The elastic stack. https://www.elastic.co/elastic-stack. Zugegriffen am 25.06.2020

Gabrilovich E, Markovitch S (2006) Overcoming the brittleness bottleneck using Wikipedia: enhancing text categorization with encyclopedic knowledge. In: Proceedings of the twenty-first national conference on artificial intelligence, Boston, MA

Gattani A, Lamba DS, Garera N, Tiwari M, Das XCS, Subramaniam S, Rajaraman A, Harinarayan V, Doan A (2013) Entity extraction, linking, classification, and tagging for social media: a Wikipedia-based approach. Proc VLDB Endow 6(11):1126–1137

Ghosh J, Strehl A (2006) Similarity-based text clustering: a comparative study. In: Kogan J, Nicholas C, Teboulle M (Hrsg) Grouping multidimensional data. Springer, Berlin, S 73–97

Haifeng L (2019) Smile (Statistical Machine Intelligence and Learning Engine). https://haifengl.github.io/. Zugegriffen am 25.06.2020

Heesen J et al (Hrsg) (2020) Zertifizierung von KI-Systemen – Impulspapier aus der Plattform Lernende Systeme. München. https://www.plattform-lernendesysteme.de/publikationen.html

Kaggle (2017) Survey results. https://www.kaggle.com/amberthomas/kaggle-2017-survey-results. Zugegriffen am 25.06.2020

Karttunen L (1994) Constructing lexical transducers. In: Proceedings of the 15th international conference on computational linguistics, Coling 94, I, Kyoto, Japan, S 406–411

Koskenniemi K (1983) Two-level morphology. A general computational model for word-form recognition and production. Department of General Linguistics/University of Helsinki. http://www.ling.helsinki.fi/~koskenni/doc/Two-LevelMorphology.pdf

Krauss A, Krüger P, Meyer J (2016) Sustainable finance in Switzerland: where do we stand? Swiss Finance Institute – White Paper, Zurich, September

Manning CD, Raghavan P, Schütze H (2008) Introduction to information retrieval. Cambridge University Press, New York

Müller RM, Lenz H-J (2013) Business intelligence. Springer, Berlin/Heidelberg. ISBN 978-3-642-35560-8

Pedrazzini S (1994) Phrase manager: a system for phrasal and idiomatic dictionaries. Olms, Hildesheim

Schieber A, Hilbert A (2014) Entwicklung eines generischen Vorgehensmodells für Text Mining. Technische Universität Dresden, Fakultät Wirtschaftswissenschaften

Schmid H (1995) Improvements in part-of-speech tagging with an application to German. In: Proceedings of the ACL SIGDAT-workshop, Dublin, Ireland. https://www.ims.uni-stuttgart.de/forschung/ressourcen/werkzeuge/treetagger/. Zugegriffen am 25.06.2020

Suthaharan S (2016) Machine learning models and algorithms for big data classification. Thinking with examples for effective learning. Springer Science+Business Media, New York

Zesch T, Müller C, Gurevych I (2008) Extracting lexical semantic knowledge from Wikipedia and Wiktionary. In: Proceedings of the 6th international conference on Language Resources and Evaluation (LREC 2008), Paris, France, S 1646–1652

Entscheidungsunterstützung im Online-Handel

5

René Götz, Alexander Piazza und Freimut Bodendorf

Zusammenfassung

Kundenfeedback im Online-Handel in Form von Produktrezensionen liefern wichtige Informationen über die Kundenwahrnehmung von Produkten. So beschreiben sie verwendete Materialien, Farben, die Passform, das Design und den Anwendungszweck eines Produkts. Das Kundenfeedback liegt hier in unstrukturierter Textform vor, weshalb zur Verarbeitung Ansätze aus dem Gebiet des Natural Language Processing und des maschinellen Lernens von Vorteil sind. In diesem Beitrag wird ein hybrider Ansatz zur Kategorisierung von Produktrezensionen vorgestellt, der die Vorteile des maschinellen Lernens des Word2Vec-Algorithmus und die der menschlichen Expertise vereint. Das daraus resultierende Datenmodell wird im Anschluss anhand einer Praxisanwendung zum Thema Produktempfehlungen demonstriert.

Schlüsselwörter

Maschinelles Lernen · Modeindustrie · Natural Language Processing · Online-Handel · Produktempfehlung · Produktrezension · Text Analyse · Word2Vec

Überarbeiteter Beitrag basierend auf Götz R, Piatta A, Bodendorf F (2019) Hybrider Ansatz zur automatisierten Themen-Klassifizierung von Produktrezensionen, HMD – Praxis der Wirtschaftsinformatik Heft 329, 56: 932–946.

R. Götz (✉) · A. Piazza · F. Bodendorf
Institut für Wirtschaftsinformatik, Friedrich-Alexander-Universität Erlangen-Nürnberg, Nürnberg, Deutschland
E-Mail: rene.goetz@fau.de; alexander.piazza@fau.de; freimut.bodendorf@fau.de

S. D'Onofrio, A. Meier (Hrsg.), *Big Data Analytics*, Edition HMD,
https://doi.org/10.1007/978-3-658-32236-6_5

5.1 Relevanz der automatisierten Textanalyse im Online-Handel

In Folge der Digitalisierung des Alltags in Unternehmen als auch bei Privatpersonen werden zunehmend Daten generiert. Auf Seite der Kunden werden vermehrt Daten durch deren Nutzung von mobilen Anwendungen und deren Bewegung beziehungsweise Interaktion auf sozialen Netzwerken und Webseiten festgehalten (Davenport 2014). Diese anfallenden Daten werden aufgrund der Größe und Struktur als Big Data bezeichnet (Xu et al. 2016). Unternehmen sehen in der Analyse von Big Data vor allem ein Potenzial das Kundenverhalten und deren Präferenzen besser verstehen zu können (Gluchowski 2014). Erkenntnisse daraus können neben dem gezielten Marketing auch für die Entwicklung neuer Produkte genutzt werden. Im Online-Handel ist es üblich, dass Kunden nach Ihrem Einkauf die Möglichkeit haben, Meinungen und Erfahrung zu den jeweiligen Produkten auf der Plattform mit anderen Nutzern zu teilen. Dies kann in Form eines festen Schemas erfolgen, wie beispielsweise mithilfe einer 5-Sterne Bewertungs-Skala (Fang und Zhan 2015), oder auch anhand von Freitext, bei welchem der Nutzer mit eigenen Worten bestimmte Aspekte eines Produktes beschreiben und bewerten kann. Amazon zum Beispiel bietet seinen Kunden beide Optionen und sammelt dadurch die Meinungen der Kunden sowohl in einer strukturierten Form, anhand der Sternebewertung, als auch in unstrukturierter Textform (McAuley et al. 2015).

Mithilfe von Produktrezensionen können sich potenzielle Kunden einen umfassenden Eindruck über verschiedenste Eigenschaften eines bestimmten Produkts aus der Sicht anderer Käufer verschaffen. Einige Studien zu diesem Thema haben bereits nachgewiesen, dass es eine positive Korrelation zwischen Produktrezensionen und dem Verkauf der darin angesprochenen Produkte gibt (Cui et al. 2012; Floyd et al. 2014; Zhu und Zhang 2010; Hu et al. 2008). Kunden lesen Produktrezensionen häufig in der Evaluationsphase, wenn sie verschiedene Produkte vergleichen. Nach Hernández-Rubio et al. (2019) enthalten Produktrezensionen Informationen beispielsweise über die Meinung zum Gesamtprodukt und auch zu einzelnen Produktattributen, komparative Meinungen (z. B. „die Kamera ist besser als eine andere") und auch kontextabhängige Bewertungen (z. B. „schlechte Bildqualität der Kamera in der Nacht"). Basierend auf den Erfahrungsberichten anderer Kunden können außerdem Informationen erhalten werden, wie das Produkt im Alltag zu nutzen ist (Burton und Khammash 2010).

Die Anzahl der Käufe, die im nicht stationären Handel durchgeführt werden, steigt stetig. Dabei stellen Modeprodukte die größte Produktkategorie dar (Statista 2020). Trotz der hohen Relevanz von Modeverkäufen über Online-Kanäle gibt es wenig Forschung für Produktempfehlungssysteme speziell für diese Produktart (Guan et al. 2016).

Ziel dieses Kapitels ist es, einen innovativen Ansatz zur automatisierten Textanalyse von Produktrezensionen hinsichtlich bestimmter thematischer Inhalte am Beispiel der Modeindustrie zu präsentieren. Die Identifikation und Zusammenführung von Texten in thematische Gruppierungen wird bei der computergestützten Textanalyse auch als *Topic Modelling* bezeichnet (Blei 2012). Beim klassischen Topic

Modelling können jedoch keine Themen vorgegeben werden und die resultierenden Gruppierungen sind schwer zu interpretieren. Der hier vorgestellte Ansatz erlaubt es, Kundenaussagen in vorgegebene und klar voneinander abzugrenzende Themenbereiche einzuordnen, ohne dass ein vorher manuell annotierter Datensatz benötigt wird. Zudem werden weitere Schlüsselwörter extrahiert, die Auskunft über konkrete Aspekte zu jedem der Themen geben.

In Abschn. 5.2 ist zunächst ein Überblick über den Stand der Forschung zum Gebiet der automatisierten Textanalyse dargestellt. Abschn. 5.3 beschreibt den Ablauf des hybriden Ansatzes in den einzelnen Schritten. Die Anwendung des entwickelten Ansatzes wird schließlich in Abschn. 5.4 im Kontext von Produktempfehlungen demonstriert, bei welchem ähnliche Produkte anhand der aus Produktrezensionen extrahierten Aspekte gefunden werden.

5.2 Stand der Forschung bezüglich automatisierter Textanalyse

Produktrezensionen haben sich auf unternehmensseite als wertvolle Informationsquelle erwiesen. Beispielsweise nutzen Hernández-Rubio et al. (2019) Produktrezensionen, um Kunden- und Produktprofile um weitere Attribute anzureichern und diese dann in Produktempfehlungsalgorithmen zu integrieren. Auch für die Produktentwicklung können Erkenntnisse aus den Textauswertungen genutzt werden, um Erwartungen an ein Produkt zu identifizieren (Haddara et al. 2020). Automatisierte Extraktionen aus Produktrezensionstexten haben sich auch als nützliche Variablen für die Vorhersage von Verkaufszahlen erwiesen (Schneider und Gupta 2016).

Allgemein existieren bereits verschiedenste Ansätze, um unstrukturierte Textdaten hinsichtlich bestimmter Themen beziehungsweise thematischer Aspekte zu untersuchen. Datensätze über Produktrezensionen, welche durchaus auch über eine Million von Kundenbewertungen enthalten können, machen es zur Notwendigkeit, diese Art der Informationsgewinnung zu automatisieren. Die Vielfältigkeit der Sprache und Ausdrucksweisen machen es jedoch zu einer großen Herausforderung, akkurate Methoden zu entwickeln (Oelke et al. 2009). Verschiedene Methoden des Natural Language Processing und des Text Mining bieten hierbei die Möglichkeit, solch unstrukturierte Texte zu verarbeiten. Bei Natural Language Processing liegt der Fokus vor allem auf der Verarbeitung der natürlichen Sprache in Form von syntaktischen und semantischen Analysen auf der Ebene eines einzeln betrachteten Wortes. Im Gegensatz dazu geht es beim Text Mining darum, Muster und Verbindungen zwischen mehreren Wörtern zu erkennen und diese zu extrahieren. Fokus der folgenden Literaturanalyse und auch des entwickelten hybriden Ansatzes liegen auf der themenbezogenen Analyse von menschlich verfassten Texten basierend auf Produktrezensionen oder anderen Beiträgen sozialer Netzwerke.

Ein einfacher Ansatz, um bestimmte Themenblöcke und Aspekte in Texten identifizieren zu können, ist die qualitative Textanalyse. Bei diesem Verfahren werden durch manuelles Lesen bestimmte Aspekte beziehungsweise Wörter oder sogar ganze Phrasen identifiziert und notiert. So können innerhalb hierarchischer Strukturen bestimmte Themen und darauf bezogene Begriffe akkurat herausgefiltert und anschließend in einem sogenannten Codebuch dokumentiert werden (Guo et al. 2016). Auf diese Weise können beliebig viele Dokumente analysiert werden. Handelt es sich bei den Daten jedoch um eine große Dokumentensammlung ist es nicht möglich jedes einzelne Dokument manuell zu überprüfen. In solch einem Fall kann das Codebuch verwendet werden, um die ungesehenen Dokumente mithilfe eines einfachen Wortabgleichs automatisiert zu analysieren.

Wogenstein et al. (2011) verwenden Methoden des Natural Language Processing in Kombination mit einem Wörterbuch-Ansatz *(Dictionary-based Approach)*, um Aspekte aus Kundenrezensionen zum Fachgebiet der Versicherung zu extrahieren. Zunächst werden hierfür manuell Begriffe festgelegt, welche die Domäne von Versicherungen beschreiben und aus der Textsammlung extrahiert werden sollen. Diese Liste wird mit einem themennahen Wortschatz eines Thesaurus erweitert. Um möglichst viele Begriffe hinterher mithilfe des vorher definierten Wörterbuchs automatisch identifizieren zu können, wird anschließend der Text vereinheitlicht und normalisiert. So werden beispielsweise die Buchstaben aller Wörter in Kleinbuchstaben umgewandelt und zusätzlich alle Wörter mit Hilfe der Methode *Lemmatization* in deren Grundform überführt. Aus einem Plural-Wort, wie Kleider und Schuhe, wird ein Wort im Singular, also Kleid und Schuh (Bird et al. 2009).

Das Problem dieses Ansatzes ist zum einen der hohe Zeitaufwand, der beim Definieren des Wörterbuches entsteht, und zum anderen die Einschränkung der identifizierten thematischen Begriffe auf die getroffene Auswahl der manuell zu lesenden Texten. So kann es beispielsweise sein, dass die Probe an Texten nicht repräsentativ für die komplette Dokumentensammlung ist und dadurch nicht alle Begrifflichkeiten abgedeckt werden. Zusätzlich ist ein solcher Ansatz recht domänenspezifisch. Werden beispielsweise Produktrezensionen über Schuhe analysiert und das Codebuch anschließend auf Rezensionen zu Kleidungsartikel angewandt, so stimmen die definierten Oberkategorien beziehungsweise Themen, beispielsweise zu Material oder Design, zwar überein, jedoch sind Unteraspekte zu den Themen teilweise komplett unterschiedlich. So werden bei Schuhen andere Materialen verwendet als bei Kleidungsstücken. Es müsste also ein neues Codebuch entwickelt werden.

Vinodhini et al. (2012) präsentieren einen Ansatz, welcher den Zweck verfolgt, Kundenmeinungen in Form bestimmter Aspekte aus Produktrezensionen zum Thema „Elektronische Geräte", wie Handys und Kameras, zu extrahieren. Das Vorgehen basiert vollständig auf automatisiert ausgeführten Methoden des Natural Language Processing. Zunächst werden dabei, wie üblich, die Texte in Sätze und schließlich in seine einzelnen Wörter aufgetrennt, wobei die Reihenfolge der Wörter weiterhin relevant bleibt.

Eine weitere Methode der klassischen computergestützten Textanalyse ist die Bestimmung der Wortart eines jeden Wortes, sprich die Identifizierung von Adjektiven, Verben, Nomen, etc. Diese Anwendung nennt sich *Part-of-Speech Tagging* (POS-Tagging). Dadurch ist es möglich, gezielt Wörter innerhalb eines Textes zu filtern und zu extrahieren. Beim sogenannten *Chunking* lassen sich zusätzlich bestimmte Kombinationen von Wortarten identifizieren. Eine Kombination aus beispielsweise einem Adjektiv und einem Nomen gibt dann nicht nur Aufschluss über einen bestimmten Aspekt eines Produktes, über den ein Kunde spricht, sondern lässt sich dadurch auch eine konkrete Meinung des Verfassers darüber erkennen (Bird et al. 2009). Beim Ansatz von Vinodhini et al. (2012) wird zunächst das eben erläuterte Muster zur Extrahierung der Phrasen angewandt und anschließend die Annahme getroffen, dass mehrmals erwähnte Nomen desselben Wortes einem relevanten thematischen Aspekt gleich zu setzen sind. Der Vorteil dieses Ansatzes ist die klare Zeitersparnis, da ein manuelles Lesen oder vorheriges Kategorisieren wegfällt. Ein Nachteil beim Extrahieren bestimmter Kombinationen von Wortarten liegt bei der bereits angesprochenen Vielfalt der Sprache. Ein Nutzer muss sich exakt so ausdrücken, wie es die vordefinierte Phrase vorgibt, andernfalls bleiben vermeintlich wichtige Informationen unerkannt. Ist die Kombination „Adjektiv-Nomen" vorgegeben, so lässt sich beispielsweise der Ausdruck „weiches Material" erkennen, jedoch sollte dieselbe Information mit „Das Material ist weich" beschrieben werden, wird das Muster nicht erfüllt.

Die Domänen des *Text Mining* und des Natural Language Processing können zusätzlich durch Methoden des *maschinellen Lernens* („machine learning") erweitert werden. Ziel des maschinellen Lernens im Kontext der Textanalyse ist es, bestimmte Muster anhand der Wörter oder Phrasen zu erkennen, um automatisiert Informationen daraus zu generieren. Dabei lässt sich unterscheiden zwischen dem *überwachten Lernen* und dem *unüberwachten Lernen* („supervised and unsupervised learning").

Beim überwachten Lernen kann ein bestimmter Algorithmus die gegebenen Texte in verschiedene Kategorien einteilen. Hierfür muss jedoch zunächst der Algorithmus trainiert werden, indem diesem neben einigen Beispieltexten auch die einzuordnenden Kategorien jedes einzelnen dieser Texte mitgegeben wird. So kann der Algorithmus Muster erkennen und anschließend bislang ungesehene und noch nicht ausgezeichnete Texte kategorisieren. Anders als beim überwachten Lernen, müssen Methoden des unüberwachten Lernens nicht mit vorgegebenen Kategorien trainiert werden. Die entsprechenden Algorithmen nehmen die Texte und gruppieren diese basierend auf ähnlich vorkommenden und zusammenhängenden Wörtern. Es obliegt anschließend dem Anwender selbst, diese Gruppen zu interpretieren (Aggarwal und Zhai 2012).

Lee et al. (2011) wählten einen Ansatz des überwachten Lernens um Twitter Feeds anhand bestimmter Themen, über die gesprochen werden, zu klassifizieren. Hierfür beschriften die Autoren über 3000 Tweets manuell mit 18 verschiedenen Themen. Diese beinhalten unter anderem Sport, Politik und Technologie. Der Trainingsdatensatz wird anschließend mit verschiedenen Algorithmen, wie *Naïve Bayes* oder *Support Vector Machines*, trainiert. Die dabei erzielte Genauigkeit, verglichen mit einem manuell kategorisierten Testdatensatz, liegt bei maximal 65 %. Generell hängt die Güte solcher Algorithmen in erster Linie mit der Qualität und Quantität der Trainingsdaten zusammen. Um möglichst genaue Vorhersagen treffen zu können, sollte dementsprechend eine hohe Anzahl an Texten manuell kategorisiert werden. Dies kann äußerst zeitintensiv sein. In Bezug auf Produktrezensionen herrscht außerdem die Problematik, dass die Texte nur wenige Wörter umfassen und die Verfasser viele verschiedene Themen ansprechen. Es gibt zwar Methoden, die einem Text mehrere Kategorien zuordnen können, jedoch hat ein solcher Anwendungsfall einen hohen negativen Einfluss auf die Genauigkeit der Vorhersagen. Neben der Problematik der Genauigkeit sind Anwendungen des maschinellen Lernens eher undurchsichtig für den Anwender. Es ist nicht immer klar nachvollziehbar, warum ein Text einer bestimmten Kategorie zugeordnet wurde und es ist außerdem nicht möglich, einzelne themenbezogene Aspekte innerhalb eines Textes zu identifizieren.

In einer Studie von Guo et al. (2016) ist das Ziel 77 Millionen Tweets über die Präsidentschaftswahl 2012 in geeignete thematische Gruppen zu kategorisieren. Hierfür wird das *Latent Dirichlet Allocation* (LDA) Verfahren angewandt. Dies ist ein klassischer Ansatz des unüberwachten Lernens, welcher auf statistischen Annahmen basiert, wobei Kategorien innerhalb der Texte durch die Verteilung bestimmter Wörter identifiziert werden können (Bagheri et al. 2014). Zwar muss bei dieser Art von Textanalyse-Verfahren nicht exakt vorgegeben werden, nach welchen Themen der Algorithmus kategorisieren soll, jedoch benötigt die Ausführung des Verfahrens eine vorgegebene Anzahl an Gruppen, in die die Texte eingeteilt werden sollen. Die Verfasser der Studie wählten insgesamt 16 verschiedene Zielgruppen. Das Ergebnis des LDA-Verfahrens sind 16 getrennte Listen, welche jeweils, nach absteigender Relevanz sortiert, eine Kombination an Wörtern beinhaltet, welche zusammen betrachtet für ein Themengebiet stehen. Eine Gruppe an Wörter besteht dabei ausschnittsweise aus „fiscal", „campaign", „second" und „whitehouse". Da es sich dabei um Tweets über Obama handelt, wird diese Kategorie als „Obamas Wiederwahl und Fiskalpolitik" bezeichnet. Jedoch sind auch die Wörter „photo", „state", „visit", oder „veteran" in dieser Gruppierung enthalten, welche wenig mit der gewählten Bezeichnung gemeinsam haben. Dies zeigt einen wesentlichen Nachteil der Methoden des unüberwachten Lernens. Die Bezeichnungen der einzelnen Gruppierungen sind oftmals willkürlich und stützen sich lediglich auf eine kleine Auswahl an den vorhandenen Wörtern. Auch ist es üblich, dass einige Wörter in verschiedenen Gruppierungen erscheinen (Tan et al. 2016). In der Regel, je länger die Texte und je klarer die Trennung von möglichen Themen innerhalb einer Dokumentensammlung, desto besser lässt sich im Anschluss diese Auftrennung in Form der entstandenen Gruppen erkennen (Guo et al. 2016).

Da Produktrezensionen kurzgefasst sind und wie bereits angesprochen, sich oftmals nicht klar einem einzigen Thema zuordnen lassen, sind die Ergebnisse für praxisrelevante Anwendungsfälle nicht verlässlich genug. Diese Beobachtung wurde auch bei Produktrezensionen für den Modebereich bestätigt. Der LDA-Ansatz konnte daher keine klar abgrenzenden Kategorien extrahieren (Goetz et al. 2019). Es wurden Erweiterungen entwickelt, um die Genauigkeit der durch LDA erzeugten Themen zu erhöhen. So hat beispielsweise Büschken und Allenby (2016) den LDA-Ansatz derart erweitert, dass nicht einzelne Wörter, sondern gesamte Sätze einem Thema zugeordnet werden. Eine weitere Erweiterung stellt Moody (2016) mit dem Ansatz *lda2vec* vor, bei dem die Themen nicht direkt anhand der Wörter, sondern anhand einer Vektorenrepräsentation der Wörter und der Dokumente erzeugt werden. Beide Ansätze zeigen eine deutliche Verbesserung bei der

Qualität der Themengenerierung, jedoch bleibt der zentrale Nachteil, dass Themen im Nachhinein anhand der enthaltenen Wörter interpretiert werden müssen.

5.3 Hybrider Ansatz der automatisierten Analyse von Produktrezensionen

Im folgenden Abschnitt wird anhand eines Datensatzes mit Produktrezensionen der entwickelte hybride Ansatz zur automatisierten Textklassifizierung vorgestellt. Ziel dieses Ansatzes ist es, ein Produktprofil anhand der textuellen Beschreibung der Produkteigenschaften basierend auf Kundenmeinungen und der Erfahrung durch Anwendung der Produkte zu erstellen. Basierend auf diesem Produktprofil lassen sich anschließend Produktbeziehungen beziehungsweise -ähnlichkeiten identifizieren. Der Nutzen dieser Anwendung in der Praxis soll am Ende dieses Kapitels anhand eines konkreten Anwendungsfalles beschrieben werden.

Bevor der Prozess des hybriden Ansatzes in den einzelnen Schritten in Abschn. 5.3.2 genauer erläutert wird, wird im Abschn. 5.3.1 zunächst der theoretische Hintergrund des praktischen Ansatzes aufgezeigt. Dieser soll die Relevanz der Erfassung der Wahrnehmung bestimmter Produkte aus Kundensicht verdeutlichen.

5.3.1 Theoretischer Hintergrund

Sowohl beim Prozess des Entwurfes beziehungsweise der Entwicklung neuer Produkte, aber auch später beim Bewerben der Produkte im Handel, ist es äußerst wichtig, die Präferenzen der Kunden zu kennen, um Bedürfnisse entsprechend erfüllen zu können. Dabei spielt vor allem die Kundensicht auf angebotene Produkte eine große Rolle. Die Beschreibung und Einschätzung eines Entwicklers beziehungsweise Designers in Bezug auf die Eigenschaften eines fertigen Produkts stimmen oftmals nicht mit der der Kunden überein. Um ein Produkt vollumfänglich und in all seinen Ausprägungen verstehen zu können, ist es wichtig die Perspektive der Entwickler mit der der Kunden beziehungsweise Anwender zu vereinen (Po-Ying et al. 2011).

Krippendorff (2006) hat seine Forschung in diesem Zusammenhang unter dem Begriff der Produktsemantik zusammengefasst. Darunter ist eine systematische Untersuchung darüber zu verstehen, wie Menschen Artefakte Bedeutungen zuschreiben und dementsprechend mit ihnen interagieren. Das Wort Artefakt ist dabei ein synonym für ein beliebiges Konsumgut, beispielsweise ein T-Shirt oder ein Schuh. Das Konstrukt der Produktsemantik und welche Rollen dabei mitwirken, Produkte zu beschreiben und zu verstehen, ist in Abb. 5.1 als Schaubild dargestellt.

Der Designer bedient sich bei der Entwicklung neuer Produkte am bestehenden Repertoire der Produktsemantik. Diese beinhaltet beispielsweise Informationen bezüglich der Auswahl an Materialen oder der späteren Produktkategorie, für welche das Produkt hergestellt werden soll. Er sieht das Produkt als Sache an sich. Durch die Anwendung der fertigen Produkte im bestimmten Kontext beziehungsweise

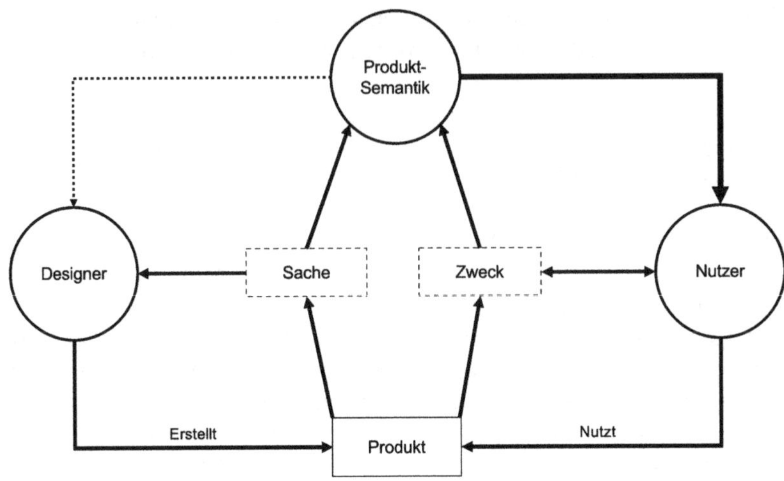

Abb. 5.1 Zusammenhänge der Produktsemantik, in Anlehnung an (Krippendorff 2006)

einer Umgebung entsteht eine erweiterte Sicht auf das Produkt. Der Anwender generiert eine eigene Meinung bezüglich der einzelnen Komponenten eines Produkts und vergleicht seine Erwartungen mit dem realen Erlebnis durch aktive Nutzung des Produkts. Der Nutzer erkennt für sich den Zweck der Sache. Diese neuen Erkenntnisse erweitern die Produktsemantik. Es entsteht ein Kreislauf. Der Entwickler weiß nun nicht nur welche Materialen er für ein neues Produkt verwenden kann, sondern er weiß auch, welche Kombination von Materialen für welchen Anwendungsfall und für welche Nutzergruppe am besten geeignet ist. Zudem können bereits bestehende Produkte durch gezielteres Marketing noch effektiver beworben werden.

Die Kundensicht auf Produkte soll im Zuge dieser Arbeit beispielhaft aus einem Datensatz von Produktrezensionen zu Produkten aus der Kleidungsbranche extrahiert werden. Generell können Produkte aus vielerlei verschiedenen Blickwinkeln betrachtet und bewertet werden. Die Präferenzen und Prioritäten hinsichtlich der Eigenschaften eines Produkts unterscheiden sich dabei von Kunde zu Kunde, daher ist es wichtig einen gesamtheitlichen Überblick der Kundenanforderungen zu erschaffen.

Diverse Studien haben sich bereits mit dieser Thematik beschäftigt und einzelne produktbezogene Komponenten herausgearbeitet, die aus Kundensicht relevant sind. Diese lassen sich in diverse Bereiche, wie beispielsweise den funktionalen und den ästhetischen Aspekte unterteilen (Newcomb 2010). Zur späteren Umsetzung der praktischen Anwendung ist jedoch lediglich die Sammlung der einzelnen Aspekte relevant. Diese dienen als Orientierung zur Erstellung des textbasierten Datenmodells. Eine Übersicht über diverse Forschungen zu diesem Thema finden sich in Tab. 5.1.

Viele der jeweils herausgearbeiteten Aspekte stimmen in den meisten oder gar allen betrachteten Arbeiten überein. Einige der Aspekte beschreiben einen höheren

Tab. 5.1 Faktoren der Beeinflussung produktbezogener Kundenwahrnehmung (eigene Darstellung)

Quelle	Produktkomponenten
(Newcomb 2010)	Care, Construction, Durability, Fit/Sizing, Quality, Comfort, Color, Style, Fabrication, Fashionability, Appearance, Price, Brand/Label
(Raham et al. 2018)	Fit, Comfort, Fabric, Style, Colour, Quality, Price, Durability, Ease of Care, Brand Name, Wardrobe Coordination, Country of Origin
(Swinker und Hines 2006)	Construction, Fabric, Notions, Brand, Country of Origin, Cost, Colour, Design, Fashionable, Fabric, Style, Care, Durability
(Rahman 2011)	Fit, Style, Quality, Comfort, Price, Color, Fabric, Brand, Country of Origin
(Eckmann et al. 1990)	Price, Brand, Country of Origin, Wardrobe, Style, Color, Fabric, Appearance, Care, Fit/Sizing, Durability, Comfort, Construction
(May-Plumlee und Little 2006)	Brand, Price, Color/Pattern, Style/Design, Fabrication, Fashionability, Appearance, Care, Construction, Durability, Fit/Sizing, Quality, Comfort

Detailgrad als andere und lassen sich zu Oberkategorien zusammenfassen. Alle der sechs betrachteten Forschungsarbeiten sehen die Themen Design und Farbe als Faktoren, die die Produktwahrnehmung der Kunden beeinflusst. Ebenso nennen alle Studien Aspekte rund um das Thema Material. Dieses beinhaltet unter anderem die Begriffe „Durability" und „Fabric". Fünf von den sechs Studien sehen den Fit eines Produkts als Faktor. Die eben genannten Faktoren betreffen allesamt die Ästhetik und Funktion eines Produkts. Bezogen auf die Marke eines Produkts gilt der Preis als ein weiterer Faktor, der in allen Studien genannt wird.

5.3.2 Methodik und Vorgehen

Der für die nachfolgende Analyse gewählte Ansatz beschreibt einen hybriden Prozess der Themenklassifizierung von Produktrezensionen. Hybrid bedeutet in diesem Zusammenhang, dass die Klassifizierung sowohl auf einer manuellen Definition der zu identifizierenden Themen als auch auf einem Ansatz des maschinellen Lernens basiert. Dieser kann automatisiert begriffliche Zusammenhänge basierend auf den vorher definierten Themen extrahieren. Dafür wird das von Mikolov et al. (2013) entwickelte Modell *Word2Vec* verwendet, welches auf einem künstlichen neuronalen Netz basiert und die Fähigkeit besitzt, semantische Ähnlichkeiten von Wörtern innerhalb einer Dokumentensammlung zu erkennen. Derartige semantische Zusammenhänge können anhand des Kontextes eines jeden Wortes ausgemacht werden. Kontext beschreibt dabei die Wörter, die in unmittelbarer Umgebung eines anderen Wortes genannt werden. Je häufiger zwei Wörter im selben Kontext stehen, desto höher ist deren semantische Beziehung beziehungsweise Ähnlichkeit. So werden beispielsweise die Wörter „design" und „modern" häufig im selben Satz verwendet, woraus das Modell den Grad der semantischen Ähnlichkeit dieser Begriffe identifizieren kann. Word2Vec beschreibt Ähnlichkeiten von Wörtern anhand derer Repräsentation als Vektor in einem mehrdimensionalen Vektorenraum. Mit einer mathematischen Distanz-Metrik, wie der Kosinus-Distanz, kann diese Ähnlichkeit

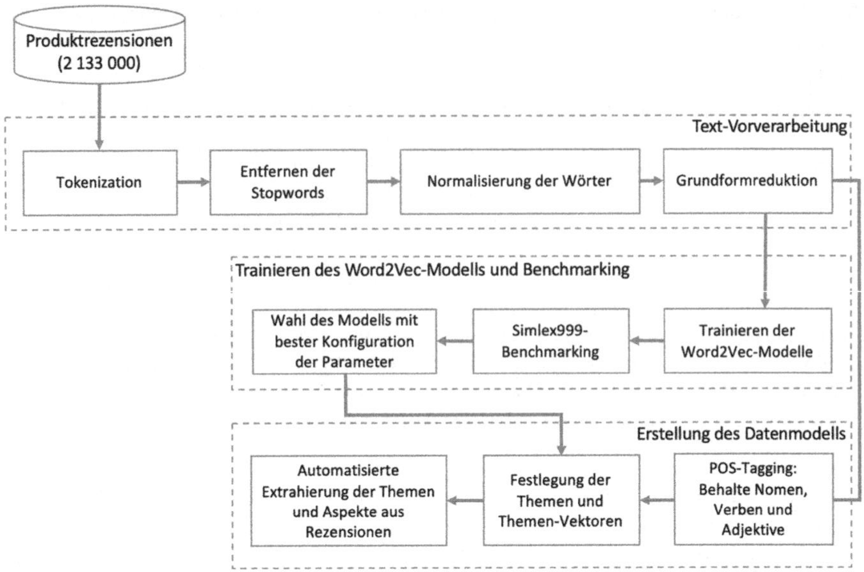

Abb. 5.2 Methodik und Vorgehen (eigene Darstellung)

quantifiziert werden. Dieser Ansatz soll im Anschluss dazu genutzt werden, Produktähnlichkeiten identifizieren zu können. In Abb. 5.2 ist der generelle Prozess dieses Vorgehens abgebildet. In den folgenden Unterkapiteln werden die einzelnen Schritte im Detail erläutert.

5.3.3 Datensatz

Bei dem verwendeten Datensatz handelt sich um Produktrezensionen der Online-Handelsplattform Amazon. Diese wurden in den Jahren zwischen 1996 und 2018 verfasst. Jede dieser Bewertungen stammt aus der Kategorie zu „Kleidung, Schuhe und Schmuck". In der Ursprungsform umfasst die Dokumentensammlung insgesamt etwa 11.285.000 Rezensionen. Jeder der Rezensionen ist einem bestimmten Produkt zugeordnet. Ein Produkt kann über die so genannte *Amazon Standard Identification Number*, kurz ASIN, identifiziert werden. Der Datensatz wurde für die folgende Analyse auf die Rezensionen zu den 1500 meist bewerteten Produkten reduziert. Dieser umfasst anschließend rund 2.133.000 Rezensionen. Die Rezensionen sind alle in der englischen Sprache verfasst. Der Datensatz wurde von McAuley et al. (2015) zur Verfügung gestellt.

5.3.4 Text-Vorverarbeitung

Die Text-Vorverarbeitung dient im Wesentlichen der Reduktion von Redundanzen und der Komplexität des Datensatzes hinsichtlich des Vokabulars. Zunächst werden die Produktrezensionen mit gängigen Mitteln des Natural Language Processing vorverarbeitet. Dieser Prozess beinhaltet vier Schritte. Zuerst müssen die Rezensionen zunächst in einzelne Sätze und anschließend der darin beinhalteten Wörter aufgetrennt werden. Dabei werden Satzzeichen und Zahlen beziehungsweise Sonderzeichen gelöscht. Im nächsten Schritt werden so genannte Stopwords aus dem Datensatz entfernt. Stopwords sind Wörter, die keine Relevanz für den Inhalt des Geschriebenen haben, wie beispielsweise Personalpronomen. Die letzten beiden Schritte dienen der Vereinheitlichung der Texte. Dabei werden zunächst alle Wörter in Kleinbuchstaben umgewandelt und mithilfe von Lemmatization in deren Grundform überführt (Perkins 2014). Damit wird sichergestellt, dass bedeutungsgleiche Wörter später auch als einziger Vektor im Vektorenraum erscheinen.

5.3.5 Trainieren des Word2Vec-Modells und Benchmarking

Um die Wort-Vektoren mithilfe von Word2Vec zu trainieren, wird das sogenannte *skip-gram* Verfahren verwendet. Das neuronale Netz wird dabei so trainiert, dass es basierend auf einem Zielwort den Kontext um dieses Wort herum voraussagen kann (Rong 2014). Der Algorithmus kann mit verschiedenen Parametern trainiert werden. Um die für den gegebenen Datensatz bestmögliche Konfiguration der Parameter auszuwählen, werden insgesamt sechs Modelle mit teils unterschiedlichen Parametern trainiert. Diese werden anschließend mithilfe des SimLex-999 Datensatzes evaluiert und das Modell mit den besten Ergebnissen wird für die weiteren Schritte der Erstellung des Datenmodells ausgewählt. Der SimLex-999 Datensatz ist ein Standard zur Evaluation von Modellen zur Identifikation semantischer Wortbeziehungen. Innerhalb des SimLex-999 Datensatz werden Ähnlichkeiten zweier Wörter durch die Vergabe eines Wertes zwischen 0 und 10 ausgedrückt. Diese Vergabe erfolgt durch mehrere menschliche Personen. Der Mittelwert ergibt schließlich die finale Ähnlichkeit zweier Wörter. Mithilfe des Rangkorrelationskoeffizient nach Spearman kann der Zusammenhang der Ergebnisse des trainierten Modells und menschlicher Expertise in Bezug auf semantische Wortbeziehungen von Wortpaaren hin untersucht werden. Je höher der Wert, desto ähnlicher verhält sich das Modell zum Menschen (Hill et al. 2015).

In Tab. 5.2 sind die unterschiedlichen Modelle mit den festgelegten Parametern dargestellt. Jedes der Modelle wird auf eine Vektorgröße von 300 Dimensionen trai-

Tab. 5.2 Übersicht der Paramater beim Trainieren der Modelle (eigene Darstellung)

Modell	Vektorgröße	Fenstergröße	Iterationen
1	300	2	10
2	300	2	20
3	300	3	10
4	300	3	20
5	300	4	10
6	300	4	20

Tab. 5.3 Evaluation der Modelle anhand eines Benchmarking-Tests (eigene Darstellung)

Modell	Simlex999 (Spearman Korrelation)
1	0.30
2	0.30
3	**0.31**
4	0.26
5	0.29
6	0.27

niert. Die Größe des betrachteten Kontexts variiert zwischen 2 bis 4 Wörtern. Die Modelle werden entweder mit 10 oder 20 Iterationen trainiert.

Ein trainiertes Modell kann mithilfe der Kosinus-Distanz die semantische Ähnlichkeit zweier Wörter bestimmen. Die Kosinus-Distanz entspricht der Berechnung des Skalarprodukts zweier Vektoren und kann Werte zwischen „0" und „1" einnehmen. Je niedriger der Wert, desto kleiner ist der Abstand der Vektoren und somit desto ähnlicher sind die Begriffe (Tan et al. 2016). Diese Berechnungen im Vergleich zur menschlichen Einschätzung von Wortähnlichkeiten führt schließlich zur Spearman Korrelation.

In Tab. 5.3 ist diese Korrelation für jedes der trainierten Modelle veranschaulicht. Das beste Modell für den verwendeten Datensatz ist demnach das Modell mit der Fenstergröße *window = 3* und Anzahl der Iterationen *epoch = 10* bei einer Vektorgröße von *size = 300*. Das Modell hat einen Wert der Rangkorrelationskoeffizient von 0.31. Zum Vergleich, ein sehr bekanntes vortrainiertes Modell basierend auf 1 Milliarde Wörter aus Wikipedia Artikeln erreicht einen Wert von 0.37 (Mikolov et al. 2013).

5.3.6   Erstellung des Datenmodells

Das Modell mit den besten Ergebnissen nach dem Spearman Rangkorrelationskoeffizient wird im nächsten Schritt dazu verwendet, die Inhalte aus den Produkzrezensionen zu extrahieren und in ein strukturiertes Datenmodell zu überführen. Die Funktion des trainierten Modells, semantische Beziehungen zweier Wörter bestimmen zu können, wird dazu verwendet, um relevante Wörter identifizieren zu können. Als relevant wird ein Wort dann angesehen, wenn es einen hohen Bezug zu einem bestimmten thematischen Aspekt hat, welcher die Wahrnehmung von Kunden bestimmter Produkte beschreibt und beeinflusst. Im Abschn. 5.3.1 wurden entsprechende thematische Aspekte bereits theoretisch hergeleitet. Um zu überprüfen, ob diese Aspekte auch für den gegebenen Datensatz und die damit verbundenen Produktarten anwendbar sind, wird der Datensatz in die einzelnen Wörter und Wortarten aufgesplittet. Anschließend zählt ein Algorithmus die Anzahl der in dem Datensatz vorkommenden Wörter.

Unter den 50 meist genannten Nomen ist das Wort „fit" das zweitmeist vorkommende Wort. Dieses Wort allein entspricht etwa 1,6 % des Umfangs aller Wörter im Datensatz. Ebenfalls unter den Top-50 der meistgenannten Nomen befindet sich der Begriff „color" mit einem Anteil von 0,4 %, das Wort „price" ebenfalls mit einem Anteil von 0,4 %, der Begriff „material" mit einem Anteil von 0,2 % und das Wort „style" mit einem Anteil von 0,19 %. Bei zusätzlicher Betrachtung der Verben im Datensatz fällt auf, dass häufig Wörter wie „walking", „running" oder „hiking" vorkommen. Diese Wörter beschreiben die Anwendung eines Produkts. Der Zweck eines Produkts wird zwar in keinem der theoretischen Ansätze als relevant für die Wahrnehmung der Kunden erwähnt, jedoch zeigt sich im Datensatz, dass die Anwendung selbst durchaus einen entscheidenden Aspekt für die Kaufentscheidung des Kunden darstellt. Anders als bei den anderen Themen, wird die Anwendung eines Produkts nicht durch das Wort selbst ausgedrückt. Daher wird in der Analyse auf Wörter geachtet, welche repräsentativ für eine Anwendung des Produkts stehen. So ist das Wort „office" unter den Nomen mit einem sehr hohen Anteil von 0,4 % vertreten. Aus dieser Analyse in Verbindung mit der theoretischen Betrachtung ergeben sich insgesamt sechs verschiedene Themen als Basis für das Datenmodell.

Basierend auf dem jeweiligen Thema muss nun ein Wort ausgewählt werden, welches das Thema gut repräsentiert und als Ausgangsbasis für den Vergleich der semantischen Ähnlichkeit zu allen anderen Wörtern im Datensatz dient. Da die Wahrnehmung am besten durch Adjektive ausgedrückt wird, wird zu jedem Thema – mit einer Ausnahme – das am meist verwendete und dazu verknüpfte Adjektiv ausgewählt. So wird das Thema Material beispielsweise durch den Begriff „soft" repräsentiert. Die einzige Ausnahme ist das Thema der Anwendung eines Produkts. Diese Art der Wahrnehmung wird am meisten durch die Verwendung von Nomen beschrieben. Daher wird in diesem Fall das Wort „office" ausgewählt. Eine Übersicht aller Themen und der entsprechenden Ausgangswörter ist in Tab. 5.4 dargestellt.

Nach dem Festlegen der Themen, kann die automatisierte Identifizierung relevanter Aspekte beginnen. Um die Genauigkeit dieses Verfahrens zu erhöhen, wird ein Schwellenwert als eine Art Filter für jeden der Themen-Vektoren festgelegt. Demnach werden Begriffe in den Rezensionen nur dann als relevant identifiziert,

Tab. 5.4 Sechs Kategorien als Basis zur Erstellung des Datenmodells (eigene Darstellung)

Thema	Beschreibung	Ausgangswort
Material	Beinhaltet Aspekte, welche die Beschaffenheit der verwendeten Materialen und Konstruktion des Produkts beschreiben.	„soft"
Design	Beinhaltet Aspekte, welche das Aussehen und den Stil eines Produkts beschreiben.	„classic"
Passform	Beinhaltet Aspekte, welche die Größenempfindung eines Produkts beschreiben.	„small"
Anwendung	Beinhaltet Aspekte, welche eine Art der möglichen Anwendung des Produkts beschreiben.	„office"
Farbe	Beinhaltet Aspekte, welche die Wahrnehmung der Farbe beschreiben.	„bright"
Preis	Beinhaltet Aspekte, welche die Wahrnehmung des Preises beschreiben.	„expensive"

wenn die Kosinus-Distanz zwischen Themen-Vektor und aller anderen Wörter in den Rezensionen höher ist als der Schwellenwert. Je nach Anwendungsfall muss hierbei die Balance zwischen Precision und Recall gefunden werden. Precision und Recall sind Evaluationsmaße für die Güte eines Klassifikators. Bezogen auf den hybriden Klassifizierungsansatz bedeutet eine hohe Precision, dass alle Begriffe, die bei diesem automatisierten Ansatz einem bestimmten Thema zugeordnet werden, auch wirklich in einem engen sinngemäßen Zusammenhang stehen. Ein hoher Recall hingegen zielt darauf ab, möglichst alle relevanten Begriffe eines Themas identifizieren zu können, unbeachtet davon, wie viele der gefundenen Begriffe möglicherweise keinen Themenbezug aufweisen. Die beiden Metriken stehen somit in einer Wechselbeziehung zueinander, wobei die Optimierung der einen Metrik in der Regel eine negative Auswirkung auf die andere Metrik hat. Anhand des festgelegten Schwellenwertes der Themen-Vektoren kann je nach Anwendungsfall eine Balance zwischen diesen beiden Maßen gefunden werden. Im Zuge dieser Arbeit wurde für jedes Thema ein unterschiedlicher Schwellenwert festgelegt, welcher zwischen 0,25 und 0,35 liegt.

Der Prozess des Vergleichens der semantischen Ähnlichkeit zwischen dem Ausgangswort eines jeden Themas und jedem Wort im Datensatz wiederholt sich für jede einzelne Produktrezension. Für die Themen Material, Design, Passform, Farbe und Preis werden lediglich Begriffe in Betracht gezogen, welche als Adjektive identifiziert werden können. Bei der Thematik rund um die Anwendung eines Produkts werden Nomen und Verben betrachtet. In einer Schleife wird einzeln über jedes Wort einer jeden Rezension iteriert. Der entsprechende Wort-Vektor wird dabei auf die Ähnlichkeit zu den Themen-Vektoren hin untersucht. Übersteigt der aus der Kosinus-Distanz ermittelte Ähnlichkeitswert den vordefinierten Schwellenwert, wird der betrachtete Begriff als relevant identifiziert und aus dem Text extrahiert. Zusätzlich wird die Rezension mit dem entsprechenden Thema markiert.

5.3.7 Deskriptive Analyse der Ergebnisse

Tab. 5.5 zeigt eine Übersicht über die Anzahl der identifizierten Themen und unterschiedlichen thematischen Aspekte basierend auf der automatisierten Analyse des Datensatzes mithilfe des hybriden Ansatzes. Das meist diskutierte Thema demnach ist die Wahrnehmung bezüglich des Fits eines Produkts. In mehr als jeder vierten Rezension wird dieses Thema angesprochen beziehungsweise beschrieben. Ähnlich oft reden die Kunden über das Material des Produkts. Am wenigsten werden Wörter in den Rezensionen verwendet, welche die Wahrnehmung der Farbe des Produkts

Tab. 5.5 Übersicht der identifizierten Aspekte und Themen (eigene Darstellung)

	Material	Style	Fit	Anwendung	Farbe	Preis
% Rezensionen mit extrahierten Aspekten	23,09	3,78	26,14	6,95	1,29	6,79
# einzigartige Aspekte pro Thema	240	75	26	114	50	33

Tab. 5.6 Top 10 Aspekte je Thema (eigene Darstellung)

Material	Style	Fit	Anwendung	Farbe	Preis
soft	classic	small	office	bright	expensive
light	simple	tight	work	dark	pricey
thin	original	short	summer	vibrant	inexpensive
thick	traditional	narrow	gym	vivid	bargain
durable	classy	loose	lounge	dusty	premium
heavy	sporty	normal	business	brownish	pricy
sturdy	vintage	tall	occasion	grayish	overpriced
supportive	retro	medium	everyday	garish	costly
lightweight	polished	skinny	indoor	subdued	payless
stiff	sophisticated	tiny	dinner	summery	cheapy

beschreiben. Am meisten unterschiedliche Aspekte werden in Bezug auf das Material verwendet. Trotz dessen, dass die Wahrnehmung des Fits am meisten diskutiert wird, werden hier die wenigsten unterschiedlichen Wörter verwendet.

Tab. 5.6 verschafft einen Eindruck über die Aspekte, welche zu den jeweiligen Themen beim hybriden Ansatz identifiziert wurden. Dabei sind jeweils die 10 relevantesten Begriffe aufgelistet, absteigend sortiert nach der Anzahl des Vorkommens.

5.4 Anwendung des hybriden Modells zur Entscheidungsunterstützung im Online-Handel

Im vorherigen Abschnitt wurde ausführlich das Vorgehen und die Methoden zur Erstellung eines Datenmodells beschrieben, welches auf Produktrezensionen basiert und die Wahrnehmung von Produkten anhand thematisch zuordbarer Begriffe darstellt. In diesem Abschnitt wird ein Ansatz vorgestellt, der basierend auf dem in Abschn. 5.3 erstellten Datenmodells Ähnlichkeiten zwischen Produkten berechnen kann. Diese neuen Erkenntnisse können zur Entscheidungsuntersützung der Kunden und Produktempfehlung im Online-Handel genutzt werden.

Das bisherige Datenmodell zeigt die einzelnen Aspekte auf der Ebene der Produktrezensionen. Um eine Analyse auf Ebene der Produkte durchführen zu können, müssen die Produktrezensionen zunächst einmal anhand der ASIN aggregiert werden. Da die Anzahl der Rezension pro ASIN stark variiert, müssen die aggregierten Aspekte zunächst normalisiert werden. Sprich, wenn ein Aspekt doppelt so häufig genannt wird im Zusammenhang eines bestimmten Produkts als zu einem anderen aber zu welchem ebenfalls doppelt soviel Rezensionen verfasst wurden, dann hat dieser Aspekt im Verhältnis die gleiche Bedeutung. Für die Normalisierung wird das TF-IDF-Maß (*term frequency – inverse document frequency*) Maß verwendet. Dieses Maß wird durch einen numerischen Wert ausgedrückt und in der Textverarbeitung dazu verwendet, um die Häufigkeit der einzelnen vorkommenden Wörter innerhalb eines Textes in das Verhältnis der Gesamtlänge, sprich aller Wörter innerhalb eines Textdokuments, zu setzen. Zusätzlich setzt das Maß das Vorkommen der einzelnen Wörter innerhalb eines Textdokuments ins Verhältnis des Vorkommens über die gesamte Sammlung der Dokumente. Je höher der TF-IDF Wert eines Wor-

Abb. 5.3 Top 20 Wörter nach Relevanz (TF-IDF-Maß) aus den Rezensionen für den Artikel ASIN = B000YXC2LI (eigene Darstellung)

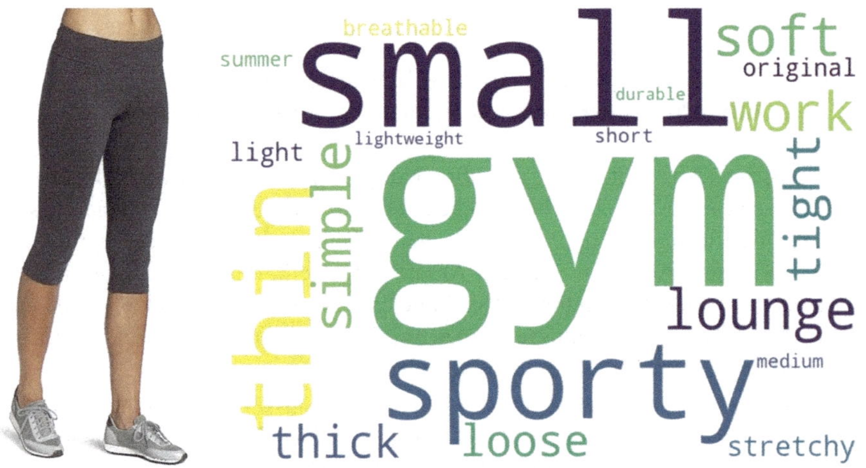

Abb. 5.4 Top 20 Wörter nach Relevanz (TF-IDF-Maß) aus den Rezensionen für den Artikel ASIN = B005GYGF5Y (eigene Darstellung)

tes, desto wichtiger ist das Wort für ein bestimmtes Dokument beziehungsweise in diesem Fall für ein bestimmtes Produkt.

In den Abb. 5.3 und 5.4 sind beispielhaft für zwei Produkte die jeweils 20 wichtigsten Wörter basierend auf deren TF-IDF Werte anhand einer Wortwolke dargestellt. Die Wörter in Abb. 5.3 beziehen sich auf eine Jeans und die in Abb. 5.4 auf eine Leggins für den Sport.

Das aggregierte Datenmodell auf Produktebene enthält für jeden der themenbezogenen Aspekte einen TF-IDF Wert, der die Wichtigkeit dieses einen Wortes für

Abb. 5.5 Top 3 Produkte, absteigend sortiert nach Ähnlichkeit (eigene Darstellung)

ein bestimmtes Produkt beschreibt. Insgesamt enthält das Datenmodell 538 verschiedene Aspekte über alle Themen hinweg. Um daraus im nächsten Schritt Produktähnlichkeiten identifizieren zu können, wird jedes Produkt von nun an als Vektor betrachtet, wobei jeder Aspekt eine Dimension darstellt und durch den jeweiligen TF-IDF repräsentiert wird. Dadurch lässt sich ähnlich zu den Wortvektoren des Word2Vec-Modells die Distanz der Vektoren anhand des Kosinus-Winkels berechnen. Das Ergebnis zeigt wie nahe die Vektoren zueinander liegen und damit lässt sich interpretieren, wie ähnlich sich zwei Produkte sind.

In Abb. 5.5 ist beispielhaft das Ergebnis der Berechnungen von Produktähnlichkeiten für vier Ausgangsprodukte abgebildet. Es sind jeweils die ähnlichsten drei Produkte abgebildet, wobei das ähnlichste Produkt den geringsten Kosinus-Winkel zum betrachteten Ausgangsprodukt aufweist.

5.5 Zusammenfassung und Ausblick

In diesem Beitrag wurde gezeigt, wie mithilfe von neuronalen Netzen, ohne vorherigem manuellen Anlernen, semantische Beziehungen zwischen einzelnen Wörtern automatisch erkannt werden können. In Kombination dieses Ansatzes mit menschlicher Expertise ist es möglich, strukturiert thematische Aspekte aus Produktrezensionen zu extrahieren. Unter Einsatz des SimLex-999 Datensatzes wurde demonstriert, wie die Güte von verschiedenen Varianten der Word2Vec Embeddings evaluiert werden kann, die aus unterschiedlichen Trainingsparametern entstehen.

Der vorgestellte hybride Ansatz ist besonders für die betriebswirtschaftliche Praxis interessant, da dem Verfahren relevante Themen vorgegeben werden können. Damit ist es möglich, für verschiedene Unternehmensbereiche wie beispielsweise der Produktentwicklung oder dem Marketing individuelle standardisierte Berichte anhand von den jeweils relevanten Themen automatisiert basierend auf den Produktrezensionen zu erzeugen. Zwar lassen sich mithilfe von Gruppierungs-Verfahren, wie LDA, komplett automatisiert Texte nach thematischen Kategorien gruppieren, jedoch erweisen sich diese Verfahren für die Anwendungsdomäne der Produktrezensionen als ungenau und deren Ergebnisse als nur schwer nachvollziehbar. Die Rezensionen werden beim LDA-Verfahren anhand von statistisch berechneter Verteilung der enthaltenen Wörter in einzelne Gruppen einsortiert. Selbst wenn diese Gruppen eindeutig interpretiert werden können, so ist es nicht möglich, einzelne thematische Aspekte herauszufiltern. Der hybride Kategorisierungsansatz extrahiert neben den zugeordneten Kategorien auch die dazugehörigen Aspekte beziehungsweise Begriffe. Die vorher definierten Themen lassen sich somit hierarchisch weiter in Unterthemen aufteilen, was eine noch detailliertere Analyse ermöglicht.

Zudem wurde anhand einer beispielhaften Analyse demonstriert, wie die resultierenden Kategorisierungen für die Bestimmung von ähnlichen Produkten genutzt werden kann. Für zukünftige Arbeiten stellen gerade diese Unterthemen großes Potenzial dar, um noch gezielter Inhalte aus den Texten zu extrahieren. So lassen sich für jedes dieser Unterthemen so genannte *Noun Phrases* herausfiltern. Dies sind beispielsweise Kombinationen aus Adjektiven und Nomen. Mithilfe einer Sentiment-Analyse würde sich dadurch erkennen lassen, ob eher positiv oder negativ über bestimmte thematische Aspekte gesprochen wird.

In zukünftigen Arbeiten könnte die entwickelten Produktähnlichkeiten für kundenspezifische Produktempfehlungen benutzt werden. Hierbei könnten zu dem Modell auch die bisherigen Käufe und Produktbetrachtungen integriert werden, beispielsweise durch den Einsatz von *Factorization Machines*, welche eine Methode der Klassifizierung im Zuge des überwachten Lernens darstellt (Freudenthaler et al. 2009). Außerdem könnte die vorgestellte automatisierte Reviewkategorisierung eine hilfreiche Komponente sein, um die gegebenen Produktempfehlungen dem Kunden erklärbar zu gestalten, angelehnt an das Konzept von (Donkers et al. 2018). Auch bei Interaktionselementen, wie der Produktsuche, könnte das entwickelte Datenmodell Suchanfragen intelligenter gestalten. So könnten nicht nur klassische Suchanfragen wie der Produktname oder eine konkrete Farbe berücksichtigt werden, sondern auch kundenorientierte Aspekte in Bezug auf Produkteigenschaften und Verwendung.

Literatur

Aggarwal CC, Zhai CX (2012) Mining text data. Springer Science & Business Media. Springer, New York

Bagheri A, Saraee M, de Jong F (2014) ADM-LDA: an aspect detection model based on topic modelling using the structure of review sentences. J Inf Sci 40(5):621–636

Bird S, Ewan K, Loper E (2009) Natural language processing with Python. O'Reilly Media, Sebastopol

Blei DM (2012) Probabilistic topic models. Commun ACM 55(4):77–84

Burton J, Khammash M (2010) Why do people read reviews posted on consumer-opinion portals? J Mark Manag 26:230–255

Büschken J, Allenby GM (2016) Sentence-based text analysis for customer reviews. Mark Sci 35(6):953–975

Cui G, Lui HK, Guo X (2012) The effect of online consumer reviews on new product sales. Int J Electron Commer 17(1):39–57

Davenport TH (2014) Big data at work: dispelling the myths, uncovering the opportunities. Harvard Business Review Press, Boston, MA

Donkers T, Loepp B, Ziegler J (2018) Explaining recommendations by means of user reviews. In: Proceedings of the 1st workshop on explainable smart systems, Tokyo

Eckmann M, Damhorst ML, Kadolph SJ (1990) Toward a model of the in-store purchase decision process: consumer use of criteria for evaluating women's apparel. Cloth Text Res J 8(2):13–22

Fang X, Zhan J (2015) Sentiment analysis using product review data. J Big Data 2(1):1–14

Floyd K, Freling R, Alhoqail SA, Hyun YC (2014) How online product reviews affect retail sales: a meta-analysis. J Retail 90(2):217–232

Freudenthaler C, Schmidt-Thieme L, Rendle S (2009) Factorization machines factorized polynomial regression models. IEEE International Conference on Data Mining, Sydney, NSW

Gluchowski P (2014) Empirische Ergebnisse zu Big Data. In: Springer (Hrsg). HMD Praxis Wirtschaftsinform 51(4):401–411

Goetz R, Piazza A, Bodendorf F (2019) Hybrider Ansatz zur automatisierten Themen-Klassifizierung von Produktrezensionen. In: Springer (Hrsg). HMD Prax Wirtschaftsinform 56:932–946

Guan C, Qin S, Ling W, Ding G (2016) Apparel recommendation system evolution: an empirical review. Int J Cloth Sci Technol 28:854–879

Guo L, Vargo CJ, Pan Z, Ding W, Ishwar P (2016) Big social data analytics in journalism and mass communication. J Mass Commun Q 93(2):332–359

Haddara M, Hsieh J, Fagerstrøm A, Eriksson N, Sigurðsson V (2020) Exploring customer online reviews for new product development: the case of identifying reinforcers in the cosmetic industry. Manag Decis Econ 41(2):250–273

Hernández-Rubio M, Cantador I, Bellogín A (2019) A comparative analysis of recommender systems based on item aspect opinions extracted from user reviews. User Model User-Adap Inter 29(2):381–441

Hill F, Reichart R, Korhonen A (2015) Simlex-999: evaluating semantic models with (Genuine) similarity estimation. Comput Linguist 41(4):665–695

Hu N, Liu L, Zhang JJ (2008) Do online reviews affect product sales? The role of reviewer characteristics and temporal effects. Inf Technol Manag 9(3):201–214

Krippendorff K (2006) The semantic turn a new foundation for design. CRC Press Taylor und Francis. Boca Raton, Florida

Lee K, Palsetia D, Narayanan R, Patwary MA, Agrawal A, Choudhary A (2011) Twitter trending topic classification. Proc IEEE Int Conf Data Min 11:251–258

May-Plumlee T, Little TJ (2006) Proactive product development integrating consumer requirements. Int J Cloth Sci Technol 18(1):53–66

McAuley JJ, Targett C, Shi Q, Van Den Hengel A (2015) Image-based recommendations on styles and substitutes. Int ACM SIGIR Conf Res Dev Inf Retr 38:43–52

Mikolov T, Chen K, Corrado G, Dean J (2013) Efficient estimation of word representations in vector space. In: International Conference on Learning Representations, S 1–12

Moody CE (2016) Mixing Dirichlet topic models and word embeddings to make lda2vec. ArXiv

Newcomb EA (2010) Apparel product development considerations for US Hispanic women: a study of evaluative criteria and fit preferences of 18–25 year-old females

Oelke D, Hao MC, Rohrdantz C, Keim DA, Dayal U, Huag L-E, Janetzko H (2009) Visual opinion analysis of customer feedback data. In: Proceedings IEEE Symposium on Visual Analytics Science and Technology, S 187–194

Perkins J (2014) Python 3 text processing with NLTK 3.0 cookbook. Packt Publishing, Birmingham

Po-Ying C, Li-Chieh C, Wan-Li W, Yu-hung C (2011) Identifying emotional factors for quantitative evaluation of perceived product values. Afr J Bus Manag 5:5698–5709

Raham O, Kharb D, Chen Z (2018) A study of emerging consumer markets through fashion selection and consumption. In: The NIFT International Conference ‚Rediscovering Culture: Transforming Fashion‘, New Delhi

Rahman O (2011) Understanding consumers' perception and behaviors: implications for denim jeans design. J Text Appar Technol Manag 7(1):1–16

Rong X (2014) word2vec parameter learning explained. ArXiv, S 1–21

Schneider MJ, Gupta S (2016) Forecasting sales of new and existing products using consumer reviews: a random projections approach. Int J Forecast 32(2):243–256

Statista (2020) E-commerce – Umsatz Nach Segmenten in Der Welt 2024. https://de.statista.com/prognosen/484965/prognose-der-umsaetze-im-e-commerce-nach-segmenten-in-der-welt. Erstellt 08. Juni 2020. Zugegriffen am 19.06.2020

Swinker ME, Hines JD (2006) Understanding consumers' perception of clothing quality: a multidimensional approach. Int J Consum Stud 30:218–223

Tan Y, Zhang M, Liu Y, Ma S (2016) Rating-boosted latent topics: understanding users and items with ratings and reviews. In: International Joint Conferences on Artificial Intelligence, S 2640–2646

Vinodhini G, Srisubha L, Chandrasekaran RM (2012) Feature based opinion mining for customer reviews. Int J Innov Trends Eng 3(1–2):73–78

Wogenstein F, Drescher J, Reinel D, Rill S, Scheidt J (2011) Evaluation of an algorithm for aspect-based opinion mining using a lexicon-based approach. In: Proceedings of the 8th international workshop on semantic evaluation, New York, S 27–35

Xu Z, Frankwick GL, Ramirez E (2016) Effects of big data analytics and traditional marketing analytics on new product success: a knowledge fusion perspective. J Bus Res 69(5):1562–1566

Zhu F, Zhang X (2010) Impact of online consumer reviews on sales: the moderating role of product and consumer characteristics. J Mark 74:133–148

Teil III

Machine Learning

Einsatzoptionen von Machine Learning im Handel

Reinhard Schütte, Felix Weber und Mohamed Kari

Zusammenfassung

Zwei der zentralen Technologietrends der Digitalisierung sind Big Data und Künstliche Intelligenz (KI), insbesondere Machine Learning. Es wird mitunter in der vor allem von Informatikern und Technologen dominierten Literatur der Eindruck erweckt, dass Technologien für Unternehmen unmittelbar einen Mehrwert stiften. Inwieweit allerdings ein Analogieschluss beispielsweise aus Googles Erfolgen mit AlphaGo bis MuZero auf primär betriebswirtschaftliche Problemstellungen zulässig ist, soll für die Domäne des Handels in dem vorliegenden Kapitel untersucht werden. Aufbauend auf einer grundsätzlichen Erörterung des Big-Data-Phänomens aus einer Entscheidungsperspektive werden Einsatzmöglichkeiten für das Marketing im Handel untersucht. Im letzten Abschnitt wird problematisiert, wie Machine Learning in ausgewählten Bereichen Mehrwerte für Unternehmen eröffnet.

Schlüsselwörter

Big Data · Einsatzmöglichkeiten · Handel · Machine Learning · Marketing · Potenziale · Vorteile

Überarbeiteter Beitrag basierend auf Kari M, Weber F, Schütte R (2019) Datengetriebene Entscheidungsfindung aus strategischer und operativer Perspektive im Handel. HMD – Praxis der Wirtschaftsinformatik Heft 329, 56(5):914–931.

R. Schütte (✉) · F. Weber · M. Kari
Lehrstuhl für Wirtschaftsinformatik und integrierte Informationssysteme,
Universität Duisburg-Essen, Essen, Deutschland
E-Mail: reinhard.schuette@icb.uni-due.de; felix.weber@icb.uni-due.de;
mohamed.kari@icb.uni-due.de

S. D'Onofrio, A. Meier (Hrsg.), *Big Data Analytics*, Edition HMD,
https://doi.org/10.1007/978-3-658-32236-6_6

6.1 Aktuelle und zukünftige Massendatenprobleme im Handel

„Big Data" (Bauer et al. 2018; Marz und Warren 2015; Marr 2016), „Data Analytics" (Wierse und Riedel 2017; Ng und Soo 2018) und „Machine Learning" (Maschinelles Lernen) (Jordan und Mitchell 2015; Ghahramani 2015; LeCun et al. 2015) repräsentieren Technologietrends, die Unternehmen unterstützen sollen, auf Basis von Daten „bessere" Entscheidungen zu treffen. Die Bewertung einer Entscheidung als einer anderen gegenüber vorziehenswürdig zu sein, setzt ein Evaluationskriterium voraus, welches in der Regel eine ökonomische Zielgröße ist. Es wird – zumeist implizit – unterstellt, dass weitere Daten auch eine verbesserte Entscheidungsqualität nach sich ziehen. Bei den Herausforderungen durch Big Data wird in der Literatur auf die 4Vs (Volume, Variety, Velocity und Veracity) verwiesen. Bei einer Fokussierung auf das „Volume" wird ein Zuwachs traditionell anhand der Maßeinheiten für (Daten-)Speichermengen, von Kilobyte bis Zeta- und Yotabyte als Indikation für das Wachstum gewertet. Die in den Maßeinheiten dokumentierten Datenspeichermengen geben aber keine Auskunft darüber, was Gegenstand der Speicherung ist. Damit gibt es auch keine Indikation über den möglicherweise realisierbaren betriebswirtschaftlichen Mehrwert. Zunächst gilt es dabei zu klären, was unter Daten zu verstehen ist.

Traditionell werden Daten in einem Zusammenhang betrachtet, „die aus einer Beobachtung der Realität heraus – unter Heranziehung einer Theorie oder auch nur eines anders gearteten sprachlichen Konzeptualisierungsrahmens – geschehen sind" (Schütte und Weber 2020, S. 133). In den drei Wissenschaftsdisziplinen Betriebswirtschaftslehre, Informatik und Wirtschaftsinformatik hat sich dieses konzeptionelle Verständnis nicht etabliert. Stattdessen wird aufbauend auf Zeichen, Syntax und Daten auf Informationen geschlossen. „Demnach basiert eine Information auf einem großen Vorrat verschiedener Zeichen, die vom Empfänger interpretiert werden können" (Leimeister 2015, S. 24). Die „Stufenlogik" beginnt mit Zeichen, die durch Kombination mit einer Syntax zu Daten werden und im Zusammenhang mit einem Kontext eine Semantik erhalten, so dass aus Daten Informationen werden (Rehäuser und Krcmar 1996). Daten werden in diesem Beitrag als Zeichen verstanden, die von einem Automaten verarbeitet werden können, das heißt es liegen in digitaler Form verfügbare Informationen vor (Schütte 1998, 1999). Somit ist es auch wichtig zu erkennen, dass die Daten stets eine Vorstrukturierung der Realität darstellen, denn Daten implizieren eine Verarbeitung, deren Regeln den Vorstellungen „eines Programmierers" folgen. Dabei setzt das Programm – ob bekannt bei nachvollziehbarer Programmlogik oder unbekannt beispielsweise bei Verfahren des Machine Learning – stets eine gewisse Struktur der Realität voraus beziehungsweise definiert eben eine solche Struktur. Die Daten sind nicht in der Welt existent, sondern werden von Subjekten konzeptualisiert in der Art und Weise, wie die konstruierte Maschine die Daten interpretieren soll (Schütte und Weber 2020).

Durch ein solches Datenverständnis wird erkennbar, worin der Mehrwert und damit der Ursprung von Big-Data-Überlegungen besteht. Es geht um die vorgedachte Erfassung von immer mehr Daten über reale Objekte. Die Erfassung und maschinelle Verarbeitung soll dabei stetig weitere Anwendungsszenarien der Datenverarbeitung ermöglichen, wie dies exemplarisch in einem Industrie-4.0-Ansatz (Kagermann et al. 2011; Steven 2016) zum Ausdruck kommt, bei dem von Mensch und Roboter verrichtete Arbeit gesteuert werden sollen (Wahlster 2013).

Dabei gilt es bei sämtlichen Anwendungsszenarien zu berücksichtigen, dass die beiden Säulen der Informatik, *Datenstrukturen* und *Algorithmen*, zusammen betrachtet werden müssen. In der Vergangenheit wurde das Datenwachstum (welches in technischen Systemen vorgehalten wurde) durch die gestiegenen Rechnerkapazitäten bewältigt, eine fundamentale Weiterentwicklung der Algorithmen hat nicht stattgefunden. Ungeachtet dieser faktischen Gegebenheit erscheint es wesentlich zu sein, dass mehr Datenmengen verarbeitet werden können. Diese Möglichkeit gibt noch keine Indikation über die Qualität der Datenverarbeitung. So haben sich in den letzten Jahren viele Erkenntnisse in der Machine-Learning-Disziplin ergeben, wonach sich mit weniger und dafür eindeutigen, besser zu interpretierenden Daten auch bessere Resultate ergeben haben. Bevor im Folgenden auf Einsatzszenarien bei betriebswirtschaftlichen Problemstellungen im Handel eingegangen wird, sollen daher die wesentlichen Präsuppositionen sinnvoller Big-Data-Anwendungen skizziert werden (Kari et al. 2019; Schütte und Weber 2020):

- Die Verfügbarkeit einer größeren Datenmenge zu einem beliebigen Problem führt dazu, dass eine andere und für die Lösung des Problems bessere Handlungsalternative ausgewählt wird (*Relevanzpräsupposition* von Big Data bei einem bestehenden Problem). Alternativ wäre die Relevanz dann gegeben, wenn ein Problem erstmals durch Big Data einer technischen Lösung zugeführt werden kann. Die in der Vergangenheit nicht im technischen Teil eines Informationssystems (dem Anwendungssystem) verfügbaren Daten hätten in diesem Fall Problemlösungen (und Entscheidungen) im Anwendungssystem verhindert (*Relevanzpräsupposition* von Big Data bei einem neuen Problem).
- Sofern viele Daten für die Lösung einer alten oder neuen Problemstellung relevant sind, stellt sich die Frage, ob die Relevanz auch faktisch zu einer anderen Wirkung in der Realität führt. Sofern beispielsweise die Verarbeitung der Daten einen so langen Zeitraum einnimmt, dass die faktische Wirkung nicht zu einer verbesserten Handlungsalternative beiträgt, wäre sie wirkungslos (*Wirkungspräsupposition* von Big Data).
- Sofern die Relevanz und Wirkung gegeben sind, bedarf es für die Nutzung von Big Data in Entscheidungskontexten auch der Wirtschaftlichkeit der Big-Data-Nutzung (*Wirtschaftlichkeitspräsupposition*). Der Einsatz von Big Data hat in Entscheidungssituationen zu einer wirtschaftlichen Entscheidungsfindung beizutragen, das heißt auch unter Berücksichtigung des Aufwandes für Big Data ergibt sich ein Mehrwert aus der besseren Entscheidung.

6.2 Daten im Handel – die strategische Bedrohung des Handels

Auf den Präsuppositionen aufbauend wird für die Domäne des Handels ein besonders datenaffiner Gegenstandsbereich identifiziert, denn Handelsunternehmen werden in der ökonomischen Literatur mit der Wahrnehmung von Überbrückungsfunktionen begründet. Die Funktionen der Raum,-, Zeit-, Mengen- und Qualitätsüberbrückung werden durch die Digitalisierung in erheblicher Art und Weise verändert (vgl. Schütte und Vetter 2017). Dabei gilt es im Kontext dieses Beitrags zwei wesentliche Herausforderungen zu beachten.

Plattformen nehmen zunehmend Überbrückungsfunktionen des Handels wahr und Handelsunternehmen scheinen erst seit kurzer Zeit den Charakter von Plattformen in ihren strategischen Handlungen zu berücksichtigen. Dabei geht es nicht darum, dass Plattformen vor allem selbst wie Handelsunternehmen aktiv werden, sondern dass sie in der Lage sind, das ökonomische Problem mehrseitiger Märkte in digitalen Zeiten so auszugestalten, dass die damit verbundenen ökonomischen Vorteile nachhaltig realisiert werden können (Schütte 2011). Digitale Plattformen, die in ihrer ausgeprägten Form auch als hyperskalierende Plattformen bezeichnet werden (Dawson et al. 2016), fokussieren besonders darauf, mit Hilfe von Daten die Effizienz- und Effektivitätspotenziale zu heben. Dabei werden Massendaten genutzt, um in bisher nicht analytisch durchdrungene Bereiche vorzudringen oder auch neue Probleme zu lösen (z. B. User-Interface-Design (UI) als Gestaltungsraum für den virtuellen Verkaufsraum, Kommissionierstrategien in Amazon-Lagern mit mehreren Items auf einem Lagerplatz).

Eine zweite traditionelle Bedrohung von Handelsunternehmen besteht in der Umgehung durch die Industrie, so dass die Überbrückungsfunktion von Handelsunternehmen hinfällig wird. Beispielsweise nutzen Unternehmen wie Vaillant die Entwicklung von Smart Homes zu einer Umgehung des Großhandels und suchen den direkten Endkundenkontakt. Viele traditionelle Wertschöpfungsketten könnten perspektivisch aufgebrochen werden, wenn die Industrie in die Hoheit der relevanten Daten von Endkunden kommt und logistische Strukturen etabliert, die eine Substitution gestatten. Selbst bei der Unmöglichkeit der logistischen Substitution wird es bei Kenntnis der Kundenbedürfnisse in unterschiedlichen Kontexten (bspw. beim skizzierten Smart-Home-Szenario) zu erheblichen Veränderungen des Machtgefüges in der Wertschöpfungskette kommen.

Handelsunternehmen haben somit einen hohen Wettbewerbsdruck, der sich in Zeiten der Digitalisierung dadurch ergibt, dass die traditionelle Gatekeeper-Funktion zum Kunden hin gefährdet werden kann. Der Prozess dürfte aber erstens noch nicht unumkehrbar sein und zweitens wäre nach Möglichkeiten des Handels zu suchen, wie dieser seine traditionelle Rolle ausbauen kann. So deuten die Überlegungen der digitalen Plattformen wie Amazon und Zalando an, dass im Einzelhandel das stationäre Geschäft weiterhin als wesentlich betrachtet wird, in dem diese Händler das Konsumentenverhalten nicht kennen, sondern traditionelle Händler viel weiter zu sein scheinen. Somit wäre dieser Bereich eine Möglichkeit, bei einer tieferen datenanalytischen Durchdringung die Gatekeeper-Rolle des Handels zu stärken, denn viele große Handelsunternehmen mit ihren Standorten in den Regionen und lokalen Gebieten dieser Welt würden ein Datenpotenzial ermöglichen, welches von den digitalen Plattformen aktuell noch nicht erschlossen werden kann. Die nachfolgenden Ausführungen sollen einen Eindruck vermitteln, welche Möglichkeiten Handelsunternehmen haben, um ihre Entscheidungen auf einer anderen Basis zu treffen; damit wäre aus einer strategischen Perspektive heraus auch eine einzigartige Möglichkeit aufgezeigt, wie Wettbewerbsvorteile aufgebaut werden können, die für digitale Plattformen und Industrieunternehmen schwer imitierbar sind.

6.3 (Massen-)datengetriebene Entscheidungsfindung im Handel

Zur Entfaltung der datengetriebenen Entscheidungsphänomenologie im Handel ist das Handelsmarketing ein zentrales Konzept. Dieses umfasst dabei alle Prozesse der Analyse, Zielformulierung, Strategieauswahl, Zusammensetzung und Kontrolle des Marketing-Mixes in einem Handelsunternehmen (Borden 1964). Das Marketing ist seit jeher eines der wichtigsten Tätigkeitsfelder im Einzelhandel (Müller-Hagedorn 2002).

Die zentralen Entscheidungen, die im Rahmen des Handelsmarketings zu treffen sind, ergeben sich aus den klassischen 4Ps von McCarthy (1960), die den Marketing-Mix in die vier Bereiche *Price* („Preis"), *Product* („Produkt"), *Placement* („Platzierung") und *Promotion* („Werbung") untergliedern.

Die Komponente *Preis* beinhaltet alle Entscheidungen, die den Transaktionspreis beeinflussen: Die Einstiegspreisgestaltung, die normalen Verkaufspreise, die Aktionspreise und die Mark-Down-Preise am Ende des Produktlebenszyklus. Das *Produkt* umfasst dabei alle Arten von Entscheidungen, sowohl operative als auch strategische, bezüglich des Sortiments. Von der ersten Auswahl des Sortiments über die Entscheidung, ein neues Produkt anzubieten, bis hin zur Entscheidung, einen Artikel aus dem Sortiment zu entfernen, sind die Entscheidungen Teil des betrachteten Objektbereichs. Unter der Komponente *Platzierung* werden alle Entscheidungen und Handlungen des Unternehmens im Zusammenhang mit dem Vertrieb eines Produkts oder einer Dienstleistung – vom Erstanbieter bis zum Verbraucher – betrachtet. Wichtige Entscheidungen im Rahmen der *Promotion* sind Entscheidungen über die Gestaltung und Verbreitung von produktbezogenen Informationen wie Unternehmenskommunikation, Werbung, Verkaufsförderung, Sponsoring oder Öffentlichkeitsarbeit (Ailawadi et al. 2006). Mit Blick auf die oben skizzierten Trends und den Handlungsspielraum im Marketing-Mix verspricht ein analytischer Ansatz zur datengetriebenen Entscheidungsfindung große Potenziale.

Die Einordnung der im folgenden aufgeführten Daten in das Big-Data-Phänomen lässt sich über die Komplexität und das Transaktionsvolumen der Systeme im Handel begründen. Die großen deutschen Einzelhändler Aldi, Lidl, Rewe und Edeka unterhalten beispielsweise etwa jeweils zwischen 3000 und 7000 Filialen. Bei durchschnittlich 5000 Filialen mit 1500 Transaktionen pro Tag und im Schnitt 13 gekauften Artikeln pro Kunde (vgl. zu den Annahmen EHI Retail Institute 2016), ergeben sich für einen Händler fast 100 Millionen Datenpunkten pro Tag nur für die Bondaten (Datenrepräsentation der Einkaufbelege). Unter der Annahme, dass nur die betriebswirtschaftlich zwingend notwendigen Felder (ID, Uhrzeit, Artikel, Menge, Filiale, etc.) mit etwa 50 Byte in den Systemen gespeichert würden, erzeugt das skizzierte Szenario bereits mehr als 5 Gigabyte an Bondaten pro Tag. In der Praxis dürfte aber ein Vielfaches dieser Feldanzahl gespeichert werden.

Die in den folgenden Abschnitten dargestellten Einflussfaktoren, Quellen und Nutzenbewertungen sind dabei im Rahmen eines Forschungsprojektes mit einem führenden deutschen Handelskonzern für eine Möglichkeitsanalyse und der Nutzenbewertung von Digitalisierungsoptionen im Handelsmarketing des Konzerns entstanden. Dazu wurden die bestehenden Prozesse und Datenquellen aufgenommen und mit den zuständige Fach- und IT-Entscheidungsverantwortlichen der Möglichkeitsraum für den Handel analysiert.

6.3.1 Preisentscheidungen (Price)

Preisentscheidung können artikel-, zeitpunkt-, standort- oder kundenbezogen getroffen werden. Gängig ist die zeit- und artikelbezogene Preisentscheidung. Weiterhin kann es gerade im Preismanagement von entscheidendem Vorteil sein, schnell auf Preisänderungen oder Promotions der konkurrierenden Einzelhändler zu reagieren.

Ebenfalls können Big-Data-getriebene Entscheidungen granularer als manuelle Entscheidungen getroffen werden. Werden manuelle Preis- und Sortimentsentscheidungen aus pragmatischen Gründen und in Ermangelung des nötigen Detail-Wissens für große geografische Regionen getroffen, so können datengetriebene Entscheidung auf Ebene der einzelnen Betriebsstätten getroffen werden. Tab. 6.1 zeigt, welche verschiedenen Einflussfaktoren in einer optimalen Preissetzung zu berücksichtigen sind und aus welchen Datenquellen diese Informationen extrahiert werden könnten.

Verschiedenste Daten über unterschiedliche Sachverhalte, die in verschiedenen IT-Systemen abgelegt oder am Markt erhoben oder erstanden werden können, können dabei helfen, Preisentscheidungen zu fundieren. Entscheidende Determinanten eines datengetrieben festgelegten Preises sind etwa die Zahlungsbereitschaft der Kunden und das Wettbewerberverhalten.

Ebenso sind manuell eingepflegte Daten über die Sortimentsarchitektur wie auch historische Abverkaufsdaten relevant, um Cross-Selling-Effekte[1] ermitteln zu können und so den Artikelpreis bezogen auf das Sortiment zu optimieren, indem Komplementäreffekte begünstigt und Kannibalisierungseffekte vermieden werden.

---

[1]Cross-Selling-Effekte bezeichnet den Vorgang zusätzlich zu einem nachgefragten Artikel weitere passende Produkte zu verkaufen.

Tab. 6.1 Datenquellen im Big-Data-Umfeld am Beispiel der „Preisänderungsentscheidung"

Einflussfaktor	Datenquellen	Nutzen
Marktstruktur und -verhalten	Marktforschungsinstitute, Panels, Selbsterhebungen	Durch Kenntnis des Marktwachstums, Positionierung der Marktteilnehmer, Preisstrategien und dem Wettbewerbsverhalten auf Preisänderungen und Promotions ist es möglich Reaktionen der Konkurrenten zu antizipieren.
Standort	Geotemporal-mikroökonomische Daten	Die Preissetzung kann standortindividuell erfolgen unter Berücksichtigung der Gegebenheiten vor Ort.
Zielgruppe	Kundenprofile, Social-Media	Ermöglicht die Berücksichtigung einzelner Kundensegmente und sogar eine individuelle Preisdifferenzierung.
Zahlungsbereitschaft	Transaktionsdaten, Preisexperimente	Bestimmung des maximalen Preises, zu dem ein Konsument bereit ist, eine Einheit eines Gutes zu kaufen.
Preisimage und psychologische Effekte	Marktforschungsinstitute, Befragungen	Abstrahleffekte und Auswirkungen der Entscheidungen auf das Gesamtunternehmen können berücksichtigt werden.
Produkteigenschaften	Interne und externe Stammdaten aus ERP-Systemen	Die Eigenschaften eines Produktes, wie Produktlebenszyklus, Markenzugehörigkeit, Qualitätseigenschaften, sind abbildbar.
Produkthistorie	Transaktions- und Stammdaten	Historische Preis-, Promotion- und Abverkäufe werden berücksichtigt.
Kosten	Börsendaten, Industrie und Hersteller	Veränderungen der Kostenstruktur können direkt oder innerhalb der Supply-Chain, wie Rohstoffkosten, Wechselkurs oder inflationsbedingte Änderungen der Herstellungskosten antizipativ in die Preisentscheidung berücksichtigt werden.
Sortimentsabhängigkeiten	Transaktionsdaten, Befragungen	Beziehung und Wechselwirkungen (Substitutionsprodukte) innerhalb des Sortiments sind ermittelbar.
Saisonale und externe Einflüsse	Transaktionsdaten, Drittanbieter	Ermöglicht die Erklärung von Abweichungen.
Wirkungszusammenhänge in der Entscheidungsmatrix	Transaktionsdaten	Die Wechselwirkungen zwischen Preisentscheidungen und Promotions werden berücksichtigt.

6.3.2 Produktentscheidungen (Product)

Die hohe Bedeutung der Produktpolitik im Handel ergibt sich aus der Wirkung auf den Absatzmarkt und auf die Kapitalbindung, die die Einzelhandelsunternehmen für das Inventar an Warenbestand aufbringen müssen (Möhlenbruch 2013).

Neben den sich ändernden Kundenanforderungen und einem deutlich dynamischeren Marktumfeld steht dem Händler ein umfangreiches Angebot von einer Vielzahl unterschiedlicher Lieferanten zur Verfügung. Dieses mögliche Angebot übersteigt dabei selbst die quantitativen Aufnahmekapazitäten im stationären Einzelhandel bei weitem, sodass mehrere Artikelalternative um den begrenzten Platz im Gesamtsortiment konkurrieren. Somit bedeutet jede Entscheidung über die Aufnahme eines Artikels in das Sortiment auch immer den Verzicht auf einen anderen Artikel.

Diverse weitere Datenquellen können als Grundlage der Sortimentsentscheidung dienen, die Tab. 6.2 zeigt einen Überblick. Durch den Einsatz von Big Data ist es

Tab. 6.2 Datenquellen im Big-Data-Umfeld am Beispiel der „Sortimentsbeschränkung"

Einflussfaktor	Datenquellen	Nutzen
Sortimentsabhängigkeiten	Transaktionsdaten	Entscheidungen innerhalb des Sortiments bleiben nicht nur singulär, sondern berücksichtigen auch Substitutions- und Komplementäreffekte.
Kapitalbindung	Transaktionsdaten	Genauere Bewertung der (Opportunitäts)kosten.
Wettbewerbersortimente	Marktforschungsinstitute, Panels, Selbsterhebungen	Kenntnis über die Auswirkungen von eigenen Entscheidungen auf die Konkurrenz und vice versa.
Marktanteile	Transaktionsdaten, Panels, Kundenbefragungen	Ermöglicht die Auswirkung der eigenen Aktivitäten auf den Gesamtmarkt zu bestimmen.
Produkteigenschaften	Interne und externe Stammdaten aus ERP-Systemen	Berücksichtigung produktspezifischer Eigenschaften bei der Entscheidungsfindung.
Kundenpräferenzen und -verhalten	Social-Media, Unstrukturierte Daten	Aus Emails, Videos, Facebook-Posts, Blogs oder Tweets lassen sich, mithilfe von Sentiment-Analysen, Kundenfeedback und -meinungen zu einzelnen Produkten und auch für Warengruppen und einzelne Filialen ermitteln.
Kosten	ERP-System, Selbsterhebungen, Externe Quellen	Die Kosten für die Ein- oder Auslistung werden transparent. Dies umfasst den benötigten Regalplatz und Opportunitätskosten, Markdownquoten (Anteil von Preissenkungen), Logistikkosten.

möglich Sortimentsentscheidungen zu treffen, die kundenorientierte und leistungs-
abgestimmte Produkte in den Fokus rücken.

6.3.3 Platzierungs- und Distributionsentscheidungen (Placement)

Im Rahmen des Distributionsmanagements sind besonders Entscheidungen für die
Standorteröffnung und -schließung oder den Ausbau oder Umbau von Standorten
zu berücksichtigen, wie Tab. 6.3 zeigt. Daneben ist aber auch die Strukturierung
innerhalb der einzelnen stationären Filialen ein betrachteter Teilbereich – hier wird
beispielsweise basierend auf Planogrammen über die (optische) Zusammenstellung
des Regallayouts entschieden.

6.3.4 Promotionentscheidungen

Datenbasierte Entscheidungsmodelle, die sich unterschiedlicher Daten bedienen,
können sowohl bei Entscheidungen zu allgemeinen Werbemaßnahmen als auch auf
kundenindividueller Ebene angewendet werden (siehe Tab. 6.4). So ist zum Beispiel
für einen wöchentlich erscheinenden Werbeprospekt ein Aktionssortiment zusam-
menzustellen und über Artikelaufnahme und -preis zu entscheiden.

Bei kundenindividuellem Targeting können Promotions auf Basis der Daten über
einen einzelnen Kunden erfolgen. So wäre es etwa denkbar Promotions auch im

Tab. 6.3 Datenquellen im Big-Data-Umfeld am Beispiel der „Standortentscheidung"

Einflussfaktor	Datenquellen	Nutzen
Verbundeffekte	Transaktionsdaten	Kenntnis über die Wechselwirkungen innerhalb des Gesamtsortiments.
Bestandssituation	Transaktionsdaten	Kenntnisse über Bestandsverläufe und Abweichungen (Out-of-Stock-Situationen).
Laufwege	Geotemporale Daten	Die Auswirkungen von Veränderungen innerhalb der Filiale werden systemisch abgebildet und können somit in die Entscheidung einfließen.
Verkehrsinformationen	GPS-Tracking, Kartendienste, Sensoren	Livetracking mit Bewegungstasten ermöglicht die automatische Veränderung und Optimierung von Auslieferungsprozessen (von GPS des LKWs bis zum RFID-Tag der einzelnen Produktinstanz).
Sozio-demografische Informationen	Marktforschung, eigene Erhebungen, Statistische Bundes- und Länderämter	Verständnis der Situation vor Ort und Abbildung dieser in der Entscheidungsfindung beispielsweise mit Einkommens- und Wettbewerbskennziffern.

(Fortsetzung)

Tab. 6.3 Fortsetzung

Einflussfaktor	Datenquellen	Nutzen
Zielgruppe	Kundenprofile, Social-Media	Individualisierung von Promotions durch individuelle Coupons oder Preisnachlässe oder Ermittlung eines Customer-Lifetime-Values zur Abschätzung des Kosten-Nutzens.
Produkteigenschaften	Interne und externe Stammdaten aus ERP-Systemen	Berücksichtigung produktspezifischer Eigenschaften bei der Entscheidungsfindung.
Kundenverhalten	Transaktionsdaten, Social-Media, unstrukturierte Daten	Verknüpfung von Werbeaktivitäten und Veränderungen im Kunden- und Kaufverhalten. Aus Emails, Facebook-Posts, Blogs oder Tweets lassen sich, mithilfe von Sentiment-Analysen, Kundenfeedback und -meinungen zu einzelnen Werbeaktionen ermitteln.
Wettbewerbsverhalten	Transaktionsdaten, Marktforschungsinstitute, Panels, Selbsterhebungen	Ermöglicht die Auswirkung der eigenen Aktivitäten auf den Wettbewerb zu bestimmen.
Verbundeffekte	Transaktionsdaten	Kenntnis über die Wechselwirkungen innerhalb des Gesamtsortiments.
Response-Rates und Engagement	Drittanbieter, Click- und Trackingdaten	Geografische Verbreitung und Ausspielung der Marketingaktivitäten steuern und analysieren (durch IP-Lokalisierung, WLAN-Tracking, Mobile-App-Tracking).

stationären Handel zu individualisieren, indem etwa auf den Bon Rabatt-Coupons mit einem individuell für den Kunden ausgewählten Artikel aufgedruckt werden.

6.4 Machine Learning bei Big Data-Phänomenen im Handel

6.4.1 Problemklassen und Methoden

Für State-of-the-Art-Analysen von Machine Learning sei auf die einschlägige Literatur verwiesen (Russell und Norvig 2016; Hochreiter und Schmidhuber 1997; LeCun et al. 2015; Ghahramani 2015), daher folgt hier keine weiteren Detailierung. In der Praxis liegt die Herausforderung in der Definition von Problem und der darauffolgenden Selektion von geeigneten Methoden noch bevor es zu einer Identifikation von relevanten Datensätzen und der Konzeptionierung und Entwicklung entsprechenden Modellen kommt. Exemplarische Problemklassen und ihre Umsetzbarkeit durch Methoden können der nachfolgenden Abbildung entnommen werden (Abb. 6.1).

Dabei ist die wohl verbreitetste Problemklasse im Handel die *Regression* und *Zeitreihenanalyse*. Dabei kann die Regression als eine Methode beschrieben werden, die die Beziehung zwischen unabhängigen und numerisch-kontinuierlichen

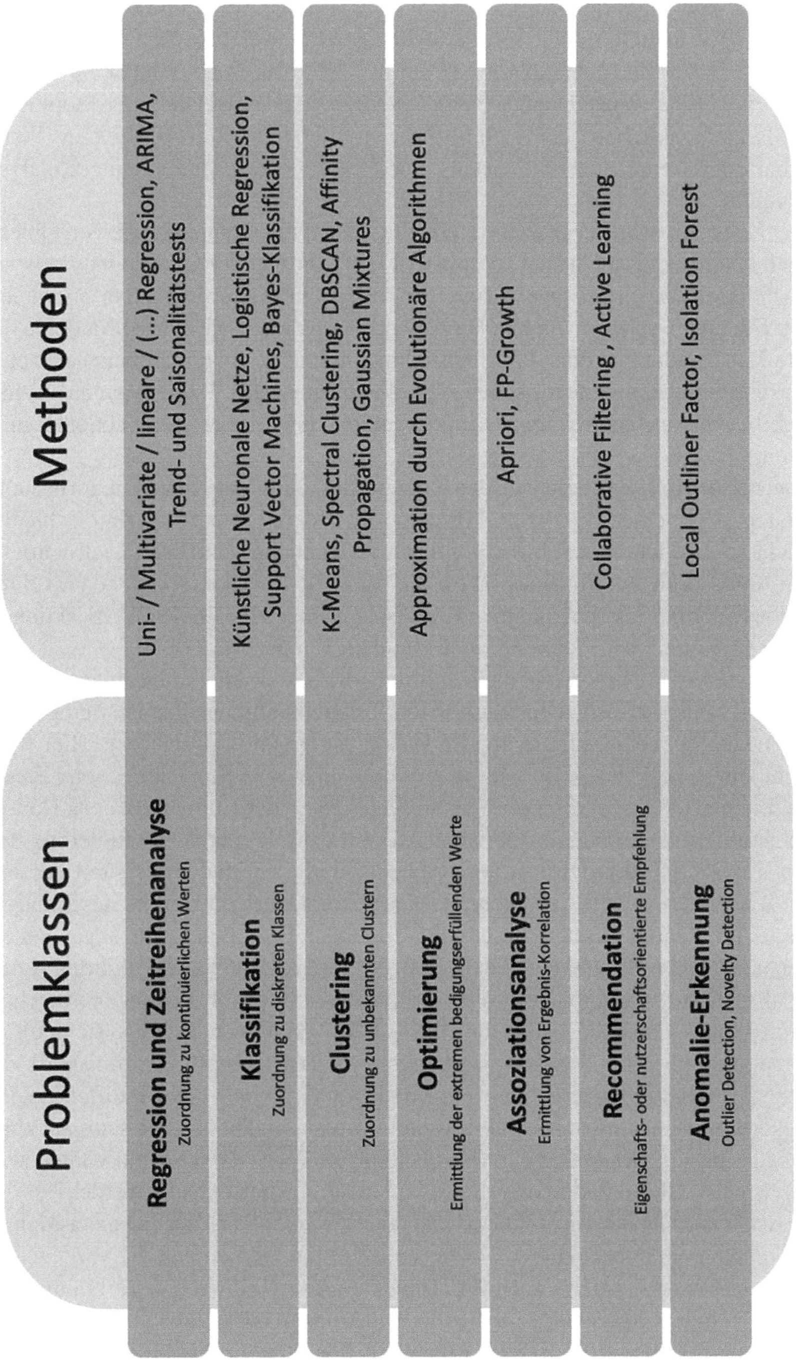

Problemklassen

Methoden

Regression und Zeitreihenanalyse
Zuordnung zu kontinuierlichen Werten
— Uni- / Multivariate / lineare / (...) Regression, ARIMA, Trend- und Saisonalitätstests

Klassifikation
Zuordnung zu diskreten Klassen
— Künstliche Neuronale Netze, Logistische Regression, Support Vector Machines, Bayes-Klassifikation

Clustering
Zuordnung zu unbekannten Clustern
— K-Means, Spectral Clustering, DBSCAN, Affinity Propagation, Gaussian Mixtures

Optimierung
Ermittlung der extremen bedigungserfüllenden Werte
— Approximation durch Evolutionäre Algorithmen

Assoziationsanalyse
Ermittlung von Ergebnis-Korrelation
— Apriori, FP-Growth

Recommendation
Eigenschafts- oder nutzerschaftsorientierte Empfehlung
— Collaborative Filtering, Active Learning

Anomalie-Erkennung
Outlier Detection, Novelty Detection
— Local Outliner Factor, Isolation Forest

Abb. 6.1 Übersicht der Problemklassen und zugehörigen Methoden des Machine Learnings (eigene Abbildung)

abhängigen Variablen bestimmt. Gerade im Bereich der Bedarfs- und Nachschubplanung hat vor allem die Zeitreihenanalyse eine lange Tradition im Handel. Die Bestimmung von zukünftigen Abverkaufsmengen basierend auf Transaktionsdaten (je nach Komplexitätsgrad angereichert um weitere Variablen) ist dabei die Grundlage für eine Reihe von anderen Entscheidungsproblemen im Handel: Preisoptimierung, Marketingaktionen oder auch die Auswirkung von externen Effekten (Wettbewerber oder Wetter) nutzen meistens eine Regressions- oder Zeitreiheneanalyse als Grundlage.

Clustering oder Clusteranalyse ist eine Technik, bei der eine Menge von Objekten nach Ähnlichkeit in Clustern gruppiert wird. Das Ziel der Clusteranalyse ist es Beobachtungsdaten in aussagekräftige Strukturen zu organisieren, um aus ihnen weitere Erkenntnisse zu gewinnen. Diese Strukturen dienen dabei als Grundlage für weitere Entscheidungen oder Problemstellungen. Hier könnte man beispielsweise Cluster von Filialen und historischen Abverkaufsdaten (also Reaktionen auf bisherige Werbeaktionen) bilden, um so eine Trennung zukünftiger Werbeaktionen umzusetzen.

Eine *Klassifikation* bezeichnet den Prozess des Sortierens und Kategorisierens von Daten in verschiedene Typen, Formen oder andere Formen von unterschiedlichen Klasse. Die Klassifikation ermöglicht die Trennung von Daten nach vordefinierten Anforderungen. Ein Beispiel für die Nutzung von Klassifikationen im Handel ist die Einordnung von Artikeln in Klassen von unterschiedlichen Werbeaktionen oder die Zuordnung von Coupons zu bestimmten Kundengruppen.

Eine *Optimierung* beschreibt die Ermittlung der besten Alternative unter gegebenen Restriktionen, die sich in klassischen Teilzielkonflikten manifestieren. Das klassische Beispiel der Optimierung im Handel ist die Preisoptimierung. Hier wird versucht unter gegebenen Restriktionen (Einkaufspreis, Kundenreaktion, Preisimage, Langzeiteffekten) die Preise so zu setzen, dass der Ertrag (meistens Rohertrag) maximiert wird. Es kann aber auch der optimale Zeitpunkt (Minimierung des Bestands als Ziel) für eine Disposition (Nachbestellung der Filialen) ermittelt werden.

Die *Assoziationsanalyse* ist ebenfalls eine schon länger im Umfeld des Handels bekannte Problemklasse und beschreibt diese die Ermittlung von sogenannten Assoziationsregeln. Basierend auf dem Konzept von „starken Regeln" führten Agrawal et al. (1993) Assoziationsregeln für die Entdeckung von Beziehungen zwischen Produkten in Transaktionsdaten an Point-of-Sale-Systemen (POS-Systemen) in Supermärkten ein. Zum Beispiel kann die Regel {Grillwurst, Kartoffelsalat} => {Holzkohle} darauf hinweisen, dass ein Kunde mit Grillwurst und Kartoffelsalat im Warenkorb, wahrscheinlich auch Holzkohle kaufen wird. Diese Informationen können wiederum als Grundlage für Entscheidungen über Marketingaktivitäten wie zum Beispiel Werbeverbünde oder Produktplatzierungen verwendet werden.

Recommendation oder auch Recommender Systems haben das Ziel einer Menge von bekannten oder unbekannten Nutzern auf das Individuum und die vorliegende Situation passende Empfehlungen für Elemente (Artikel, Produkte, Verbindungen, Services) zu geben. Vorschläge für Bücher auf Amazon oder Filme auf Netflix sind Beispiele aus der Praxis für die Funktionsweise von State-of-the-Art Empfehlungssystemen. Das Design von Recommender Systems hängt von der Domäne und den Merkmalen der verfügbaren Daten ab. So existieren grundsätzlich zwei Arten von Recommender Systems: Kollaborative Methoden nutzen ausschließlich in der Vergangenheit aufgezeichnete Interaktionen zwischen Nutzern und den Elementen, um neue Empfehlungen zu erstellen. Im Gegensatz dazu verwenden inhaltsbasierte Ansätze zusätzliche Daten über die Nutzer und die Elemente. Beispielweise werden Nutzer zu bestimmten Nutzergruppen klassifiziert, die ein ähnliches Verhalten zeigen. Im eCommerce ist diese Problemklasse omnipräsent, aber auch im stationären Handel lässt sich das Konzept übernehmen. So könnte die Platzierung der Artikel in den Filialen verändert werden, so dass zusätzliche Artikel (Empfehlungen) zusammen platziert werden. Ein plakatives Beispiel wäre hier der Aufsteller von Sauce Hollandaise direkt in der Abteilung Obst und Gemüse neben dem Spargel. Mit einem Big-Data-Algorithmus wären hier wesentlich wenig offensichtliche Empfehlungen möglich.

Anomalie-Erkennung ist die Identifizierung seltener Vorkommnisse, Gegenstände oder Ereignisse, die aufgrund ihrer von der Mehrzahl der verarbeiteten Daten abweichenden Merkmale Anlass zur Besorgnis geben. Anomalien, oder Ausreißer, wie diese Ereignisse auch genannt werden, können Sicherheitsfehler, strukturelle Mängel, Betrug oder medizinische Probleme darstellen. Im Handel kann hier, basierend auf Transaktionsdaten, beispielsweise eine Out-of-Shelf-Problematik erkannt werden (siehe auch folgenden Abschnitt). Heute findet man eine Anomalie-Erkennung im Handel schon in sogenannten „Loss Prevention Systems", die Abweichungen in Transaktionsdaten untersuchen, um Betrug durch Mitarbeiter oder Kunden zu erkennen. Zur weiteren Konkretisierung der Thematik wird die Vorhersage von Out-of-Shelf-Situationen als Beispiel herangezogen.

6.4.2 Out-of-Shelf-Situationen als Beispiel

Im Folgenden wird unter einer Out-of-Shelf-Situation ein Zustand in einer Filiale verstanden, bei dem Kunden einen bestimmten Artikel nicht mehr am Regalplatz vorfinden, sei es weil dieser in der gesamten Filiale ausverkauft ist (Out-of-Stock-Situation als Spezialfall der Out-of-Shelf-Situation), oder aber, der nicht im Regal verfügbar ist, obwohl er in der Filiale, beispielsweise im Lager oder am Werbe-Aufbau, verfügbar wäre (Papakiriakopoulos et al. 2008).

Ein klassischer Ansatz zur automatisierten Erkennung von Out-of-Stock-Situationen ist die kontinuierliche Bestandszählung durch Inkrement um vereinnahmten Menge und Reduktion um abverkaufte Mengen. Eine solche Delta-Logik beruht auf der Annahme, dass der Warenfluss in einem geschlossenen System stattfindet. Diese Annahme ist jedoch unter anderem aufgrund von Bruch, Verderb, Diebstahl, Falschinventur, falsche Wareneingangsbuchung oder falsche Etikettierung oftmals verletzt, sodass sich Fehler über die Zeit kumulieren, wenn nicht etwa bei Inventuren, Bestellungen oder Abverkäufen, die in einen negativen Bestand laufen, der Bestand manuell korrigiert wird. Weiterhin kann auf Basis der reinen Bestandszählung nicht zwischen Out-of-Stock und Out-of-Shelf unterschieden werden. Ein tatsächlicher, positiver Bestand kann etwa gelagert sein und wird damit von den Kunden dennoch nicht gekauft.

Der Einsatz smarter Regale, smarter Artikel, oder der Kombination beider, die etwa auf RFID-Tags und Tracking basieren, wird seit langem in der Praxis diskutiert. In der Idealvorstellung eines physischen Sensors (oder eine Menge solcher) wird ein weitgehend wirklichkeitsgetreues Abbild der Bestandssituation geliefert. Solche physischen Sensoren sind allerdings aufgrund von wirtschaftlichen und technischen Restriktionen vielfach nicht einsetzbar. Anstelle dessen kann versucht werden, einen „virtuellen Sensor" einzusetzen, der nicht den unmittelbaren Sachverhalt, also die Anzahl der Artikel im Regal, selbst beobachtet, sondern indirekt verbundene Variablen, aus denen auf den eigentlich interessierenden Sachverhalt geschlossen werden soll.

Eine Idee besteht etwa darin, den Bestand nicht ausschließlich als Summe aller Bestandsveränderungen zu bestimmen, sondern die Information über die Dauer seit der letzten verkauften Einheit – im Folgenden als Nichtverkaufsdauer bezeichnet – zu berücksichtigen. Ein Renner, der normalerweise sehr oft pro Stunde verkauft wird, von dem aber zu einem gegebenen Zeitpunkt seit Stunden keine Einheit verkauft wurde, ist wahrscheinlich vergriffen. Mit Hilfe von Machine Learning kann versucht werden, die andauernd generierten Daten über Abverkäufe zu nutzen, um „kontinuierlich" für jeden Artikel eine Out-of-Shelf-Bewertung beispielsweise in Form einer Wahrscheinlichkeit vorzunehmen.

Bei genauer Betrachtung zeigt sich, dass Machine Learning aber nicht auf formale Methoden, die von einem separierten Data-Science-Team mit dedizierten Tools zur Lösung eines vordefinierten oder fachlich isolierten Problems eingesetzt werden sollen, reduziert werden kann, sondern organisatorisch, technisch und fachlich integrativ zu verstehen ist und somit die Berücksichtigung diverser Facetten vonnöten ist, darunter *Realproblem, Datenlage, formale Methoden, IT-Infrastruktur und organisationale Einbettung*.

Realproblem
Zunächst ist der subjektive Charakter von Realproblemen anzuerkennen. Die skizzierte Out-of-Shelf-Problematik („Kunden stehen vor einem leeren Regal") etwa schlägt sich nicht in einem „universellen" Real-Problem nieder, sondern kann unterschiedlich ausgeprägt werden („Kein Artikel darf jemals Out-of-Shelf sein" oder „Eckartikel sollen niemals Out-of-Shelf sein, aber Langsamdreher mit niedrigem Deckungsbeitrag dürfen maximal 2 Tage ausverkauft sein"). Vor der Definition des Lösungsraumes muss zunächst das Realproblem in angemessener Konkretheit vorangestellt, und iterativ mit den Erkenntnissen aus der Problemformalisierung und -lösung angepasst werden (vgl. auch Zelewski et al. 2010, S. 338 ff.).

Datenlage
Für die Problemformulierung und -lösung ist weiterhin die Verfügbarkeit, Granularität und Qualität problemrelevanter Daten maßgeblich. Sofern Verfahren des Supervised Learnings („überwachtes Lernen") eingesetzt werden sollen, bei denen der Lernalgorithmus aus Beispielen von Input-Output-Paaren den zugrundeliegenden

Zusammenhang herstellen sollen (Jordan und Mitchell 2015), stellt sich die Frage, ob historische Daten über die Output-Variable situationsinhärent ebenfalls gesammelt werden können („convenience labels"), oder projektdediziert erworben werden müssen. Im Beispiel der Out-of-Shelf-Situation würde dies etwa die Fragen danach stellen, ob Daten über historische, tatsächliche Bestände vorliegen, sodass etwa ein Klassifikator trainiert werden kann, der einer Nichtverkaufsdauer eine Out-of-Shelf-Wahrscheinlichkeit zuordnet. Buchbestände sind hier offensichtlich nicht von Nutzen – sie liegen ja ohnehin vor und müssen nicht durch Machine Learning beschwerlich erlernt werden.

Die Kombinatorik der vielzähligen Einflussfaktoren führt dazu, dass eine einmalige und unsystematische Stichprobe über tatsächliche Bestände nicht ausreichen dürfte, da ihre Generalisierbarkeit in Frage steht. Eine Nichtverkaufsdauer von 3 Stunden kann nicht ohne weitere Information über den Artikel, die Filiale, Öffnungszeiten, Tageszeit, Wochentag, Wetter, Saison, gegebenenfalls auch Anzahl der Kunden im Laden, etc. erlernt werden. Da es ohne vertretbaren Aufwand kaum möglich sein wird, tatsächliche Bestände in der nötigen Diversität für die Modelltrainingsphase zu erheben, sind Verfahren des Unsupervised Learnings („unüberwachtes Lernen") besonders interessant, bei denen keine Labels verwendet werden (Jordan und Mitchell 2015). Da diesen Verfahren jedoch die „Supervision" fehlt und die Modellgüte nicht mithilfe einer eindeutig definierten Metrik, die die Abweichung von Ground Truth und Vorhersage misst, beziffert werden kann, sondern in der Regel manuell vom Entwickler bewertet werden muss, erfordern sie meist wesentlich mehr manuellen Aufwand durch den Entwickler, um problemrelevante Zusammenhänge zu offenbaren. Der Trend der AutoML-Verfahren etwa stellt auf die Situation des Supervised Learnings ab (Feurer et al. 2015).

Besonders interessant im Zusammenhang mit der Out-of-Shelf-Prädiktion sind auch Verfahren des Active Learnings, bei denen der Algorithmus unter der Restriktion eines „Labelling Budgets" Beispiele auswählt, für die ein manuelles Labelling wertvoll sein kann. Beim Active Learning wird also für manche Vorhersagen ein Feedback Loop eingeführt, der künftige Prädiktionen verbessern soll, ohne dass eine vollständige Annotation aller Beispiele in den Daten vonnöten wäre (Zhu et al. 2003).

Im Out-of-Shelf-Beispiel wäre es etwa möglich, dass Filialmitarbeiter etwa per Monitor auf Out-of-Shelf-Situationen aufmerksam gemacht werden, und der Mitarbeiter danach die Vorhersage als zutreffend oder unzutreffend bewerten kann. Das Unsupervised-Learning-Problem wird damit graduell in ein Semi-Supervised-Learning-Problem überführt, bei dem manche Beobachtungen Labels aufweisen, und andere nicht, wobei der Algorithmus die zu annotierenden Situationen vorgibt.

Formale Methode
Abhängig vom Realproblem und der Datenlage lässt sich dann jeweils auf unterschiedliche Formal-Probleme abstrahieren („binäre Vorhersage des Regalstandes (= 0 vs. > 0)", „Vorhersage von Wahrscheinlichkeiten über Out-of-Shelf-Situationen", oder in Kombination mit den Buchbeständen „kardinale Vorhersage des Regalbestandes, 0, 1, 2, 3, …", „Vorhersage eines Ausverkaufszeitpunkts"), die wiede-

rum mit unterschiedlichen Lösungstechniken („Binäre Klassifikation mithilfe von Decision Trees" vs. „Regression mithilfe von Support Vector Machines") bearbeitet werden können. Soll eine Bestandsvorhersage auch für einen Auto-Dispositionsprozess verwendet werden, kann eine Regression von Interesse sein; soll nur das Regalauffüllen mit Lagerbeständen durch einen Filialmitarbeiter ausgelöst werden, genügt gegebenenfalls eine binäre Klassifikation. Real-Problem, Formal-Problem und Lösungstechnik sind also eng miteinander verwoben, bedingen einander und sind – in der Praxis iterativ – wechselseitig zu berücksichtigen. Eine besonders aggressive Vorhersage mit hoher Sensitivität (und niedrigerer Spezifizität) kann beispielsweise bei Eckartikeln angebracht sein, wohin gegen eine Vorhersagetechnik mit hoher Spezifizität (und niedrigerer Sensitivität) bei Langsamdrehern passender ist.

Eine weitere zentrale Frage, die es zu klären gilt, ist, ob ein rein datenbasierter Ansatz verwendet oder, ob Wissen der Domänenexperten explizit im Modell-Design berücksichtigt wird. Während die Verfahren des Deep Learnings etwa im Bereich des Natural Language Processing und der Computer Vision herausragende Ergebnisse mit rein datengetriebenen Ansätzen – gleichwohl mit dedizierten Architekturen und Details – erzielen (LeCun et al. 2015; Schmidhuber 2014), kann es in anderen Settings sinnvoller sein, bestehendes Wissen explizit im Modell zu berücksichtigen, anstelle darauf zu vertrauen, dass ebendieses Wissen zusätzlich zur Unbekannten vom Algorithmus erlernt werden muss. Es handelt sich um einen Trade-Off, bei dem unter anderem zwischen der Schwierigkeit Annahmen und Wissen angemessen zu modellieren gegen die Schwierigkeit gegebenenfalls komplizierte Zusammenhänge aus gegebenenfalls unzureichenden Daten zu erlernen, abgewogen werden muss (vgl. auch Karpathy 2017).

Ein Methodendogmatismus, bei denen Methoden unreflektiert forciert, und andere Methoden unreflektiert abgelehnt werden, ist dagegen schädlich. Im Falle des Out-of-Shelf-Problems, insbesondere in einer Formulierung als Unsupervised Learning, erscheinen hinlänglich erforschte Zeitreihenanalysen oder ein Parameter Fitting mit vorgegebenen Verteilungen mindestens so vielversprechend wie Verfahren des Deep Learnings.

IT-Infrastruktur
Um einerseits Daten für eine Explorations- oder Trainingsphase zu erlangen, andererseits kontinuierlich Daten über Nichtverkaufsdauern pro Artikel bereitzustellen, die für eine Out-of-Shelf-Bewertung verwendet werden, ist die IT-Infrastruktur zu würdigen. Idealisiert wird davon ausgegangen, dass

- Abverkaufsdaten von den Kassensystemen oder deren Backend im Stream in einen Event Store, wie etwa Apache Kafka, geschrieben wird,
- von dort mit einem geeigneten Stream-Processing-System, etwa Apache Spark, verarbeitet werden, indem pro Artikel Nichtverkaufsdauern berechnet und mit ebenfalls kontinuierlich aktualisierten Verteilungen bewertet werden,
- erkannte Out-of-Shelf-Situationen als Alerts mit End-to-End-Latenz im Sekundenbereich in den Event Store zurückgeschrieben werden,

- Out-of-Shelf-Alerts in einem Store Management System als Push Notification getriggert und vom Filialmitarbeiter nach Prüfung im Laden als zutreffend oder unzutreffend bewerten werden können,
- Modellentwickler die Modell-Performance durch ein Monitoring beobachten können,
- mit neuen Daten und Feld-Erkenntnissen veränderte Modellversionen oder gänzlich andere Modelle entwickeln, evaluieren und beispielsweise im Canary-Release-Ansatz[2] deployen können.

Zwar dürfte in der betrieblichen Praxis wohl vielfach eine andere Realität herrschen, die von proprietären Kassensystemen, Nachtläufen, Dispersion relevanter Daten über viele IT-Systeme, und Involvierung von Legacy-Systemen, für die eine Weiterentwicklung mit wirtschaftlich untragbarem Aufwand, geprägt ist. Doch die vorstehende Auflistung zeigt, dass Machine Learning in vielerlei Perspektive ein Infrastruktur-Problem ist, um Daten mit den richtigen Features in der richtigen Qualität und Granularität zu akkumulieren, validieren, versionieren, und verfügbar zu machen, um Modelle parallelisiert auf Cluster-Systemen zu trainieren, hyperparametrisieren, evaluieren und versionieren, um das Deployment auf die Endgeräte oder in die Serving-Infrastruktur zu ermöglichen, ein Monitoring zu erlauben, und um die beteiligte Software iterativ in kurzen Zyklen weiterzuentwickeln (Modi et al. 2017; Sculley et al. 2015). In diesen Aktivitäten manifestiert sich, ob ein Unternehmen eine leistungsfähige und flexible IT-Systemlandschaft aufweist oder nicht. Daher darf bezweifelt werden, dass Unternehmen ohne eine solche Systemlandschaft in der Lage sind, Machine Learning mit positivem Wertbeitrag einzusetzen.

Organisationale Einbettung
So grundlegend die vorstehende Anerkenntnis der Verwobenheit von Real-Problem, Formal-Problem und Lösung, sowie die Verwobenheit von IT-Infrastruktur, Machine-Learning-Modellentwicklung und -Modellbetrieb ist, so bedeutsam ist sie auch für die Ausgestaltung der formalen Organisationsstruktur. Bei Unternehmen, bei denen eine funktionale IT-Abteilung vor allem als Cost Center ausgeprägt ist und deren wesentliche Aufgabe die Steuerung von IT-Dienstleistern ist, ist fraglich, inwieweit Real-Problem, Formal-Problem und Lösung überhaupt in der Hand eines mit Entscheidungskompetenzen ausgestatteten Teams liegen. Ebenso fragwürdig sind die Erfolgsaussichten für Strukturen, bei denen Data Platform Engineering, Machine Learning Platform Engineering und Machine Learning Model Develop-

---

[2] Bei einem Canary Release löst ein neuer Softwarestand nicht einen alten ab, sondern wird *zusätzlich* produktiv geschaltet (Sato 2014). Anfragen werden dann nach einer definierten Gewichtung auf das neue System und das alte System verteilt. Fehler im neuen Softwarestand wirken sich somit nicht auf alle User aus, sondern nur auf einen Anteil. Durch eine 0/100-Prozent-Gewichtung oder 100/0-Prozent-Gewichtung im Routing kann das Roll-out sehr einfach vervollständigt oder rückgängig gemacht werden.

ment über viele Individuen, Teams und Entscheider dispergiert und isoliert voneinander sind, sodass organisationale Grenzen zu technischen Grenzen werden.

6.5 Fazit

Als Antwort auf die Frage, welche Datenstrategie angesichts von Big Data von einem Einzelhändler zu verfolgen ist, wurden verschiedene Teilbereiche und Maßnahmen innerhalb dieser Teilbereiche identifiziert und ausgearbeitet. Es wurde gezeigt, dass integrierte und kohärente Maßnahmen auf organisationaler und technologischer Ebene für die Sammlung, Speicherung, Verarbeitung, Verwendung, Steuerung und Transformation von Big Data im Unternehmen nötig sind.

Eine wiederkehrende Beobachtung, angefangen von der Data Collection bis hin zur Value Generation ist, dass der Variety-Eigenschaft besondere Bedeutung zukommt. Während dies in der Regel die technisch größte Herausforderung sein dürfte, verspricht die Zusammenschau von Daten unterschiedlichster Quellen ein ganzheitliches Bild und macht erst dann die Phänomene der Realität sichtbar. Eine Umfrage unter 44 Fortune-1000-Unternehmen bestätigt diesen Eindruck und zeigt auf, dass Variety als größter Treiber für Big-Data-Investitionen wahrgenommen wird (Bean 2016).

Als Antwort auf die Frage, welchen betriebswirtschaftlichen Beitrag Big Data für Handelsunternehmen bieten kann, wurden vier im Einzelhandel zentrale Entscheidungsprobleme im Rahmen des Handelsmarketings präsentiert, denen allesamt gemein ist, dass datengetrieben eine Steigerung der Entscheidungsqualität möglich ist. Dabei wirken sich die Entscheidungen hier primär auf die vertriebsseitigen Aspekte der Unternehmung aus. Die exemplarische Analyse der Entscheidungen im Rahmen des Marketing-Mixes und den vier Teilbereichen erfordern eine Kenntnis über die Kunden und die eigenen Distributionskanäle, im stationären Einzelhandel sind dies vor allem die Filialen. Die Nutzung von Big Data und die Verknüpfung und Integration der unterschiedlichsten Datenquellen ermöglicht dabei ein nahezu holistisches Modell von Kunde und Filiale, was in dieser Form bisher in keinem IT-System abbildbar war.

Auch wenn die in Abschn. 6.3 aufgezeigten Möglichkeiten zur Einbindung neuer Einflussfaktoren auf die Entscheidungsfindung nicht zwangsläufig zu einer Verbesserung der Entscheidungsqualität führen müssen, so ist das betriebswirtschaftliche Potenzial aber enorm. Allein das Preismanagement hat einen enormen und zum Teil direkten Einfluss auf den Unternehmensgewinn (Meffert et al. 2015). Die Auswirkungen, auch nur geringerer Verbesserung von Entscheidungen im Marketing-Mix zeigen Marn et al. (2004) auf: Entscheidung im Preismanagement über eine Preiserhöhung um 1 %, bei konstantem Absatz können zu einer Steigerung des Betriebsergebnisses von 15 % führen. Die Steigerung des Absatzes durch gute Promotionsentscheidungen um 1 %, bei konstanten Preisen kann zu einer Verbesserung des Ergebnisses von 9 % führen. Reduzieren sich die Kosten des unverkauften Sortiments und führen damit zu einer Fixkostenreduktion von 1 % im Rahmen der Sortimentsentscheidungen, so führt dies zu einer Ergebnissteigerung von 7 %. Neben der

Verbesserung der Entscheidungsqualität ist es aber auch möglich die Entscheidungen deutlich schneller und differenzierter durchzuführen.

Mit Erfüllung der notwendigen Vorrausetzungen für Big Data im Rahmen der Datenstrategie ist es dabei möglich nicht nur die hier aufgezeigte Absatzseite der Unternehmung zu optimieren. Durch die zwingende Verzahnung der Prozessbereiche übergreifend über das gesamte Handelsunternehmen hinweg bilden die Datenquellen auf der Absatzseite ebenfalls die Grundlage für die anderen Prozessbereiche. So muss die Steigerung des Absatzes auch von Seiten der Logistik abgefangen werden können.

Eine Datenstrategie und die damit einhergehende Zielsetzung die Entscheidungsfindung im Unternehmen datengetrieben zu gestalten, kann als zentraler Baustein zur erfolgreichen digitalen Transformation der Einzelhändler angesehen werden. Während die technologische Seite zwar mit großen Investitionen verbunden ist, ist die organisationale Fortentwicklung zur Datengetriebenheit aber ebenso wichtig. Gleichzeitig ist Big Data und dessen Handhabung auch eine notwendige Bedingung, um etwa Folge-Entwicklungen wie Machine Learning und Künstliche Intelligenz erfolgreich einsetzen zu können (Beck und Libert 2018).

Literatur

Agrawal R, Imieliński T, Swami A (1993) Mining association rules between sets of items in large databases. In: Proceedings of the 1993 ACM SIGMOD international conference on management of data – SIGMOD '93, S 207–212

Ailawadi KL, Harlam BA, Cesar J, Trounce D (2006) Promotion profitability for a retailer: the role of promotion, brand, category, and store characteristics. J Mark Res 43:518–535

Bauer T, Breidenbach P, Schaffner S (2018) Big Data in der wirtschaftswissenschaftlichen Forschung. In: König C, Schröder J, Wiegand E (Hrsg) Big data. Springer, Wiesbaden, S 129–148

Bean R (2016) Big data executive survey 2016. http://newvantage.com/wp-content/uploads/2016/01/Big-Data-Executive-Survey-2016-Findings-FINAL.pdf. Erstellt 11.02.2016. Zugegriffen am 09.08.2020

Beck M, Libert B (2018) The machine learning race is really a data race. Sloan Management Review. https://sloanreview.mit.edu/article/the-machine-learning-race-is-really-a-data-race/. Erstellt 14.12.2018. Zugegriffen am 11.08.2020

Borden NH (1964) The concept of the marketing mix. J Advert Res 4(2):2–7

Dawson A, Hirt M, Scanlan J (2016) The economic essentials of digital strategy. McKinsey Quarterly. March 2016. https://www.mckinsey.de/~/media/McKinsey/Business%20Functions/Strategy%20and%20Corporate%20Finance/Our%20Insights/The%20economic%20essentials%20of%20digital%20strategy/The%20economic%20essentials%20of%20digital%20strategy.pdf

EHI Retail Institute (2016) handelsdaten.de – Supermärkte. https://www.handelsdaten.de/branchen/superm%C3%A4rkte. Erstellt 20.10.2016. Zugegriffen am 12.08.2020

Feurer M, Klein A, Eggensperger K, Springenberg JT, Blum M, Hutter F (2015) Efficient and robust automated machine learning. In: Advances in neural information processing systems, S 2755–2763

Ghahramani Z (2015) Probabilistic machine learning and artificial intelligence. Nature 521:452–459

Hochreiter S, Schmidhuber J (1997) Long short-term memory. Neural Comput 9(8):1735–1780

Jordan MI, Mitchell TM (2015) Machine learning: trends, perspectives and prospects. Science 349(6245):255–260

Kagermann H, Lukas WD, Wahlster W (2011) Industrie 4.0: Mit dem Internet der Dinge auf dem Weg zur 4. industriellen Revolution. VDI-Nachrichten. April 2011. http://www.vdi-nachrichten.com/Technik-Gesellschaft/Industrie-40-Mit-Internet-Dinge-Weg-4-industriellen-Revolution

Kari M, Weber F, Schütte R (2019) Datengetriebene Entscheidungsfindung aus strategischer und operativer Perspektive im Handel. HMD 56:914–931. https://doi.org/10.1365/s40702-019-00530-9

Karpathy A (2017) Software 2.0. https://medium.com/@karpathy/software-2-0-a64152b37c35. Erstellt 11.11.2017. Zugegriffen am 08.08.2020

LeCun Y, Bengio Y, Hinton G (2015) Deep learning. Nature 521(7553):436–444

Leimeister JM (2015) Einführung in die Wirtschaftsinformatik. Springer Gabler, Berlin/Heidelberg. https://doi.org/10.1007/978-3-540-77847-9

Marn MV, Roegner EV, Zawada CC (2004) The price advantage. Wiley, Hoboken

Marr B (2016) Big data in practice: how 45 successful companies used big data analytics to deliver extraordinary. Wiley, West Sussex

Marz N, Warren J (2015) Big data: principles and best practices of scalable real-time data systems. Manning, Shelter Island

McCarthy E (1960) Basic marketing: a managerial approach. Irwin, Indiana

Meffert H, Burmann C, Kirchgeorg M (2015) Marketing: Grundlagen marktorientierter Unternehmensführung Konzepte – Instrumente – Praxisbeispiele, 12. Aufl. Springer Fachmedien, Wiesbaden

Modi AN, Koo CY, Foo CY, Mewald C, Baylor DM, Breck E, Cheng HT, Wilkiewicz J, Koc L, Lew L, Zinkevich MA, Wicke M, Ispir M, Polyzotis N, Fiedel N, Haykal SE, Whang S, Roy S, Ramesh S, Jain V, Zhang X, Haque Z (2017) TFX: A TensorFlow-Based Production-Scale Machine Learning Platform. In: Proceedings of ACM SIGKDD Conference on Knowledge Discovery and Data Mining (KDD 2017), Halifax

Möhlenbruch D (2013) Sortimentspolitik im Einzelhandel: Planung und Steuerung. Springer, Berlin

Müller-Hagedorn L (2002) Handelsmarketing. Kohlhammer-Edition Marketing, 3., vollst überarb u erw Aufl. Kohlhammer, Stuttgart

Ng A, Soo K (2018) Data Science – Was ist das eigentlich. Algorithmen des maschinellen Lernens verständlich erklärt. Springer, Berlin

Papakiriakopoulos D, Pramatari K, Doukidis G (2008) A decision support system for detecting products missing from the shelf based on heuristic rules. Decis Support Syst 46(3):685–694

Rehäuser J, Krcmar H (1996) Wissensmanagement in Unternehmen. In: Schreyögg G, Conrad P (Hrsg) Managementforschung. Walter de Gruyter, Berlin, S 1–40

Russell S, Norvig P (2016) Artificial intelligence: a modern approach. Pearson, Harlow

Sato D (2014) CanaryRelease. https://martinfowler.com/bliki/CanaryRelease.html. Erstellt 25.05.2014. Zugegriffen am 31.08.2020

Schmidhuber J (2014) Deep learning in neural networks: an overview. Technical report. arxiv:1404.7828

Schütte R (1998) Grundsätze ordnungsmäßiger Referenzmodellierung, Konstruktion konfigurations- und anpassungsorientierter Modelle. Gabler, Wiesbaden

Schütte R (1999) Wissen und Information: Antinomie oder Integration zweier Grundbegriffe der Wirtschaftsinformatik. Scheer A, Rosemann M, Schütte R (Hrsg) Arbeitsberichte des Instituts für Wirtschaftsinformatik, Münster, S 144–161

Schütte R (2011) Modellierung von Handelsinformationssystemen. Habilitationsschrift. Westfälische Wilhelms-Universität Münster, Münster

Schütte R, Vetter T (2017) Analyse des Digitalisierungspotentials von Handelsunternehmen. Handel 4.0. Springer, Berlin, S 75–113

Schütte R, Weber F (2020) Big-Data und Echtzeitverarbeitung in Handelsunternehmen – Betriebswirtschaftliche Einsatzfelder zur Optimierung von Aufgaben und Entscheidungen. In: Steven

M, Klünder T (Hrsg) Big Data Anwendung und Nutzungspotenziale in der Produktion. Kohlhammer, Stuttgart
Sculley D, Holt G, Golovin D, Davydov E, Phillips T, Ebner D, Chaudhary V, Young M, Crespo JF, Dennison D (2015) Hidden technical debt in machine learning systems. In: Proceedings of Advances in Neural Information Processing Systems 28 (NIPS 2015), Montreal
Steven M (2016) Industrie 4.0. Grundlagen – Teilbereiche – Perspektiven. Kohlhammer, Stuttgart
Wahlster W (2013) SemProM. Foundation of semantic product memories for the internet of things. Springer, Berlin
Wierse A, Riedel T (2017) Smart Data Analytics. Mit Hilfe von Big Data Zusammenhänge erkennen, Potenziale nutzen, Big Data verstehen. de Gruyter, Berlin
Zelewski S, Hohmann S, Hügens T (2010) Produktionsplanungs- und -steuerungssysteme: Konzepte und exemplarische Implementierungen mithilfe von SAP R/3. Oldenbourg, München
Zhu X, Lafferty J, Ghahramani Z (2003) Combining active learning and semi-supervised learning using gaussian fields and harmonic functions. In: Proceedings of the International Conference of Machine Learning (ICML 2003), Washington, DC

Automatisierte Qualitätssicherung via Image Mining und Computer Vision – Literaturrecherche und Prototyp

Sebastian Trinks

Zusammenfassung

Systeme zur Defekterkennung und Qualitätssicherung in der Produktion verfolgen das Ziel, Ausschussraten zu minimieren und Qualitätsstandards einzuhalten. Die dadurch angestrebte Reduktion der Produktionskosten folgt dem übergeordneten Ziel, der Maximierung der Wertschöpfung. Zu diesem Zweck lassen sich bildbasierende- sowie analytische Methoden und Techniken kombinieren. Die Konzepte Computer Vision und Image Mining bilden hierbei die Grundlage, um aus Bilddaten einen Wissensgewinn im Hinblick auf die Produktqualität zu generieren. Im Rahmen dieses Beitrages wurde ein Design Artefakt in Form eines Prototyps zur Defekterkennung und Qualitätssicherung im Bereich der Additiven Fertigung mittels eines gestaltungsorientierten Forschungsansatzes entwickelt. Die Wissensbasis für diesen Ansatz wurde innerhalb einer strukturierten Literaturanalysen erarbeitet. Der Fokus hierbei liegt auf der Identifikation und Analyse von besagten Systemen in den verschiedenen Bereichen und Branchen der Produktion. Dabei ließen sich eine Reihe von Techniken und Methoden identifizieren, die sich in den Sektor der Additiven Fertigung übertragen und gewinnbringend einsetzen lassen. Es handelt sich dabei um Methoden aus den Bereichen der Bildaufnahme, der Vorverarbeitung sowie der algorithmischen Analyse. Es konnten zudem keine Barrieren für den Einsatz von Computer-Vision- und Image-Mining-Techniken identifiziert werden, die einen Einsatz auf bestimmte Bereiche der Produktionen und Produktionsszenarien begrenzen. Die Ergebnisse

Vollständig überarbeiteter und erweiterter Beitrag basierend auf Trinks S, Felden C (2019) Smart Factory – Konzeption und Prototyp zum Image Mining und zur Fehlererkennung in der Produkion, HMD – Praxis der Wirtschaftsinformatik Heft 329, 56:1017–1040.

S. Trinks (✉)
Institut für Wirtschaftsinformatik, TU Bergakademie Freiberg, Freiberg, Deutschland
E-Mail: sebastian.trinks@bwl.tu-freiberg.de

dieses Beitrags stellen somit grundlegende Erkenntnisse für die Entwicklung anwendungsbezogener Defekterkennungs- und Qualitätssicherungssysteme in verschiedenen Branchen und Bereichen der Produktion dar.

Schlüsselwörter

Additive Fertigung · Computer Vision · Defekterkennung · Image Mining · Qualitätssicherung · Produktion

7.1 Ausgangspunkt und Motivation

Die nächste Generation der Fertigung, die durch den Begriff der Industrie 4.0 umrissen wird, zielt auf die zunehmende Automatisierung der Produktionsprozesse ab (Dao et al. 2017). Die Grundlage bilden, neben der ständigen Vernetzung aller Geräte und Maschinen innerhalb der Smart Factory, die Daten, die innerhalb des Produktionsprozesses durch eine Vielzahl an Sensoren erhoben werden (Dais 2017). Eine gezielte Auswertung und Analyse dieser Daten ermöglicht es nicht nur, Informationen über die aktuellen Zustände der Prozesse, Produkte oder Aufträge zu gewinnen, sondern bilden auch die Basis zur Berechnung zukünftiger Zustände verbunden mit deren Eintrittswahrscheinlichkeiten (Klinkenberg et al. 2018). In diesem Kontext bringen eine automatisierte Defekterkennung und eine Qualitätssicherung in Echtzeit das Potenzial mit sich, die Ausschussrate, die Produktionszeit aber auch den Energieverbrauch zu mindern und somit die Effizienz zu steigern. Um dies zu erreichen, lassen sich, basierend auf den erhobenen Daten, analytische Methoden und Techniken einsetzen. In diesem Spannungsfeld nutzen Computer Vision und Image Mining Bilder aus der Produktion als Datenbasis. Dabei wird das Ziel verfolgt, einen Wissensgewinn im Hinblick auf die Produktqualität zu generieren. Die angestrebte Reduktion der Produktionskosten kann ein Beitrag zur Maximierung der Wertschöpfung einer Organisation leisten (Trinks und Felden 2019b). Um diese Vorteile in den Anwendungsbereich der physischen Prototypenherstellung mittels der Verfahren der Additiven Fertigungsverfahren zu überführen, ist es zunächst notwendig den Status Quo der wissenschaftlichen Diskussion im Bereich Defekterkennung und Qualitätssicherung zu analysieren.

Dieser Beitrag zielt daher darauf ab, die durch eine strukturierte Literaturanalyse gewonnenen Erkenntnisse in ein Design Artefakt einfließen zu lassen. Der Fokus liegt dabei auf der Identifikation und dem Einsatz von Techniken und Methoden, die es ermöglichen, die Prognosegenauigkeit der eingesetzten überwachten Lernverfahren zu erhöhen und gleichzeitig die Latenz der Anwendung zu minimieren. Im Rahmen von Serienproduktionen lassen sich die Konzepte von Computer Vision und Image Mining bereits zuverlässig einsetzen. Die Herausforderung stellt hierbei die Produktion von Prototypen dar, da Defekte und/oder mindere Qualitäten in diesem Zusammenhang schwieriger automatisiert zu bewerten sind. Ein Modell kann hierbei nicht mit einem Vergleichsprodukt trainiert werden, wodurch verschiedene verbreitete analytische Techniken und Methoden sich nicht gewinnbringend einsetzen lassen (Trinks und Felden 2019a). Daher werden im Rahmen dieses Beitrages folgende Forschungsfragen im dargestellten Spannungsfeld untersucht:

1) *Wie stellt sich der Status Quo der wissenschaftlichen Diskussion im Bereich der Qualitätssicherungs- und Defekterkennungs-Anwendungen via Image Mining und Computer Vision in der Produktion dar?*
   a) *In welchen Branchen und Bereichen findet dies Einsatz?*
   b) *Welche Techniken und Methoden werden eingesetzt?*
   c) *Welche Rolle spielt die Verarbeitung in Echtzeit?*
2) *Welche in der wissenschaftlichen Diskussion verbreiteten Techniken und Methoden bieten einen Mehrwert für die Herstellung von physischen Prototypen via Additiver Fertigungsverfahren?*

Mit dem Ziel der Bearbeitung der aufgestellten Forschungsfragen, teilt sich dieser Beitrag in sechs Abschnitte. Zunächst werden die grundlegenden Konzepte Computer Vision, Image Mining sowie die Additive Fertigung erläutert. Es folgt die Darstellung der angewandten wissenschaftlichen Methodik im dritten Abschnitt sowie die Präsentation und Diskussion der erzielten Ergebnisse im vierten und fünften Abschnitt. Der Artikel schließt mit Fazit und Ausblick.

7.2 Grundlegende Konzepte und Anwendungsbereiche

Um den Untersuchungsgegenstand zu schärfen, erfolgt zunächst die Erläuterung grundlegender Konzepte und Methoden. Zu diesen zählen die Konzepte Computer Vision und Image Mining, die mittels analytischer Methoden und Algorithmen einen Wissensgewinn auf Grundlage von Bilddaten generieren können. Da die meisten Anwendungen im beschriebenen Spannungsfeld latenzkritisch sind, wird zudem in das Konzept der analytischen Echtzeitdatenverarbeitung – Real Time Analytics – eingeführt, bevor die Besonderheiten der Additiven Fertigung im Hinblick auf die Defekterkennung und Qualitätssicherung erläutert werden.

7.2.1 Bildbasierende Defekterkennung und Qualitätssicherung in der Produktion

Die Verarbeitung von Bildern mittels analytischer Methoden und Techniken ist in deren Grundformen nicht ohne weiteres möglich. Es sind zunächst Schritte zur Vorverarbeitung und Transformation der Bilder notwendig, um durch den Einsatz von Algorithmen neues Wissen abzuleiten. Um Defekte und mindere Qualitäten innerhalb der Produktion zu identifizieren, werden zunächst mittels bildgebender Sensoren Bilder während der Produktion erzeugt. Diese werden anschließend in Echtzeit mittels Methoden und Techniken aus den Bereichen Computer Vision oder Image Mining untersucht, wodurch eine Fehlerwahrscheinlichkeit berechnet wird.

7.2.2 Computer Vision und Image Mining

Das Konzept Computer Vision, umfasst verschiedene Methoden zur Erfassung, Verarbeitung, Analyse und Interpretation von Bildern. Es ist ein Teilgebiet der Computervisualistik, die auch die Computergrafik und die Visualisierung komplexer Daten umfasst. Dazu gehören sowohl Theorie als auch Technologie der Bilderfassung, -speicherung, -verarbeitung und -analyse (Priese 2015). Ein Computer-Vision-System besteht daher grundlegend aus einem bildgebenden Sensor, eine Schnittstelle zur Übertragung des Bildes sowie einer Recheneinheit zur Verarbeitung und Analyse (Nixon und Aguado 2019). Der Computer-Vision-Ansatz folgt einem Prozess, der darauf zielt einen Wissensgewinn in Bezug auf ein einzelnes Bild oder ein Objekt innerhalb eines Bildes zu erlangen (Shukla und Vala 2016). Dabei nutzt Computer Vision auch Techniken, um ein Verständnis für ein einzelnes Bildes aus einer Menge von Bildern abzuleiten (Kulkarni et al. 2019). Abb. 7.1 beinhaltet die Prozessschritte des Computer-Vision-Ansatzes, welcher in der Produktion unter anderem in der Bestückung, Sortierung, Überwachung, Qualitätskontrolle sowie der Defekterkennung Einsatz findet (Priese 2015).

Das Konzept des Image Mining unterscheidet sich von Computer Vision und anderen Bildverarbeitungstechniken, da der Schwerpunkt des Image Mining in der Extraktion von Mustern aus einer großen Sammlung von Bildern liegt, wohingegen der Schwerpunkt der Computer Vision im Verständnis und/oder der Extraktion spezifischer Merkmale aus einem einzelnen Bild liegt (Shukla und Vala 2016). Image Mining ist eine Kombination aus Data Mining[1] und Bildverarbeitungstechnologien, die es ermöglicht, Datenmuster und Beziehungen in digitalen Bildsammlungen zu erkennen und so Wissen zu generieren (Parihar et al. 2017). Identifizierte Muster und Strukturen werden in den Bilddatensätzen verwendet, um semantische Schlussfolgerungen zu ziehen. Der Schwerpunkt liegt dabei auf der Erkennung von Mustern oder anderen Beziehungen, die auf den ersten Blick nicht sichtbar und somit nicht erkennbar sind (Syed und Srinivasu 2017). Abb. 7.2 stellt den Prozess des

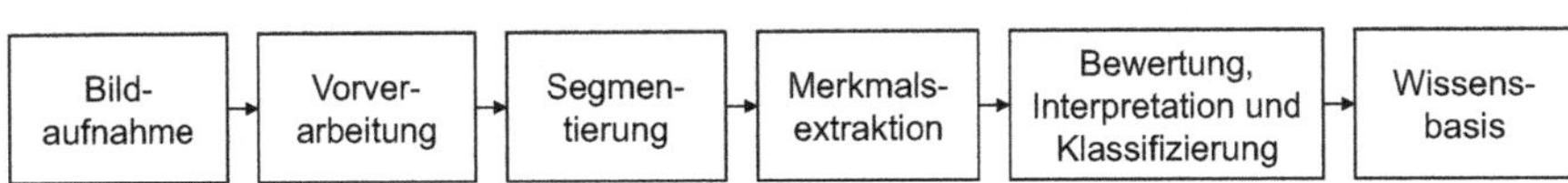

Abb. 7.1 Computer Vision Prozess (Sanghadiya und Mistry 2015)

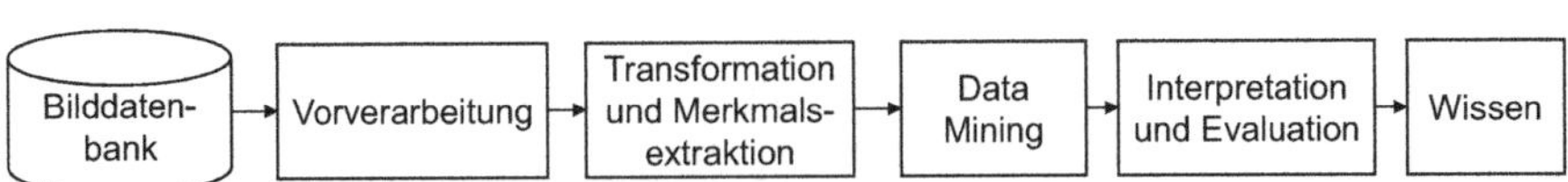

Abb. 7.2 Image Mining Prozess (Ennouni et al. 2017; Syed und Srinivasu 2017)

---

[1] Data Mining beschreibt den Teilschritt der Datenanalyse, die dem Zweck der Wissensentdeckung in großen Datenbeständen dient. In der Praxis wird teilweise der gesamte Prozess der Wissensaufdeckung, welcher darauf zielt implizit vorhandene, gültige, neuartige und potenziell nützlicher Muster aufzudecken, als Data Mining bezeichnet (Haneke et al. 2018).

Image Mining dar, der aus den Schritten Vorverarbeitung, Transformation und Merkmalsextraktion, der Anwendung der Algorithmen aus dem Bereich des Data Mining sowie Interpretation und Auswertung besteht. Der Prozess folgt dabei dem Ziel, implizit vorhandenes Wissen aufzudecken. Dieses Wissen lässt sich anschließend auf ein Einzelbild anwenden, wodurch Schlussfolgerungen und Interpretationen möglich werden (Ennouni et al. 2017). Im Kontrast zu Computer Vision beinhaltet der Image Mining Prozess keine Methoden zur Bildaufnahme. Somit lässt sich nicht der gesamte Prozess der Defekterkennung via Image Mining abdecken. Vielmehr lässt sich das Image Mining in den Computer Vision Prozess integrieren, wie in Abb. 7.3 zu erkennen ist.

7.2.3 Defekterkennung und Qualitätssicherung in Echtzeit als Real Time Analytics Anwendung

Nicht erkannte Defekte oder Produkte mit geringen Qualitäten können Ausschuss oder in einem schlechteren Fall sogar Defekte an der Produktionseinheit zur Folge haben. Wird das qualitativ minderwertige Produkt anschließend ausgeliefert, kann dies zu Reklamationen führen, was wiederum eine Minderung der Kundenzufriedenheit zur Folge haben kann. All das mindert die Wertschöpfung eines produzierenden Unternehmens. Mit Hilfe von bildbasierenden Defekterkennungs- und Qualitätssicherungssystemen können solche wertschöpfungsmindernden Szenarien vermieden werden. Werden Defekte in Echtzeit erkannt, geht beispielsweise weniger Produktzeit und Material verloren. Aber auch eventuelle Reparaturkosten für Maschinen und Anlagen können verringert werden. Eine Implementierung als Real-Time-Analytics-Anwendung (RTA) kann sich daher positiv auf die Wertschöpfung eines Unternehmens auswirken. RTA charakterisiert sich unabhängig von der Domäne oder dem Anwendungsbereich lediglich durch die Ausführung einer analytischen Aufgabe in Echtzeit. Deshalb ist es entscheidend, dass die Latenzzeit zwischen dem auslösenden Ereignis und der abschließenden Ergebnisübermittlung so gering wie möglich zu halten ist. Die Gesamtlatenz einer analytischen Applikation lässt sich dabei in *Datenlatenz*, *Analyselatenz* und *Entscheidungslatenz* unterteilen (Abb. 7.3).

Abb. 7.3 zeigt die Bereiche innerhalb eines Defekterkennungs- oder Qualitätssicherungssystems, in welchen die entsprechenden Latenzzeiten anfallen. Die Da-

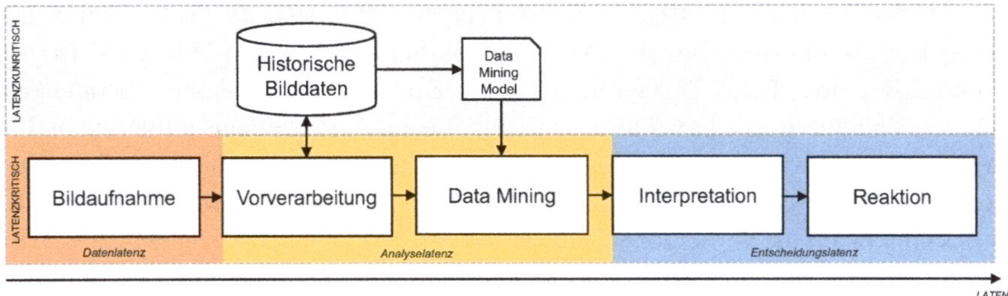

Abb. 7.3 Latenzzeiten bildbasierter Defekterkennungs- und Qualitätssicherungssysteme (eigene Abbildung)

tenlatenz beschreibt hierbei die notwendige Zeit, bis die Bilddaten zur Ausführung der analytischen Verarbeitung bereitstehen. Die Zeit, welche für die Ausführung der Vorverarbeitungsschritte sowie der algorithmischen Verarbeitung notwendig ist, wird als Analyselatenz bezeichnet. Die Latenz der anschließenden notwendige Entscheidungsfindung, die auf der Interpretation der Ergebnisse basiert, wird unter dem Begriff Entscheidungslatenz subsummiert (Trinks und Felden 2017). Damit die Daten, die vom bildgebenden Sensor direkt an der Produktionseinheit erhoben werden, möglichst schnell zur Verfügung stehen, sind diese zunächst an den Ort der Analyse zu übertragen. Um die nötigen Übertragungszeiten zu minimieren, können entsprechende geeignete Netzwerkarchitekturen zur dezentralen Datenverarbeitung eingesetzt werden. So kann der Einsatz einer Edge Computing Netzwerkarchitektur die Gesamtlatenz entsprechende verringern. Edge Computing beschreibt eine Erweiterung des Cloud Computing. Im Gegensatz zu diesem werden Daten jedoch dezentral an der Ecke des Netzwerkes – der Edge – gespeichert (Trinks und Felden 2018).

7.2.4 Defekterkennung und Qualitätssicherung in der Additive Fertigungsverfahren

Die Entwicklung neuer physischer Produkte erfolgt in vielen Fällen durch die Anwendung von Prototyping-Ansätzen. Ein Prototyp ist hilfreich, um einen Gesamteindruck eines möglichen neuen Produktes zu erhalten (Straub 2015) und bildet zudem die Grundlage, um die Verbesserungspotenziale zu erkennen. Additive Fertigungsverfahren stellen in diesem Zusammenhang einen Ansatz dar, um physische Prototypen kostengünstig herzustellen. In einem ersten Schritt wird dabei zunächst ein digitales 3D-Modell konstruiert. Dies geschieht in der Regel durch Computer Aided Design (CAD)-Ansätze, welche die Konstruktion sowie die damit verbundenen Aufgaben bei der Entwicklung von digitalen 3D-Modellen unterstützen (Wong und Hernandez 2012). Anschließend wird das 3D-Modell innerhalb des Slicing-Prozesses in eine druckbare Datei umgewandelt, die schließlich mithilfe eines 3D-Druckers produzierbar ist (Pawar et al. 2019). Abb. 7.4 veranschaulicht diesen Prozess sowie die üblichen Prozessschritte, die sich mittels eines bildbasierenden Qualitätssicherungsansatzes (blaue Markierung) überwachen lassen. Diese Prozessschritte sind in der Abbildung grau markiert. Es bestehen unterschiedliche Ausprägungen der Additiven Fertigung. Stellvertretend dafür sind an dieser Stelle das Fused Deposition Modeling (FDM) sowie das Selective Laser Melting (SLM) zu nennen. Bei dem FDM-Verfahren wird ein Kunststoffmaterial zum Schmelzen gebracht und durch eine Druckdüse schichtweise auf das Erzeugnis aufgetragen. Im Gegensatz dazu wird beim SLM-Verfahren ein Laser zum Schmelzen und Bedrucken von Metall eingesetzt. Alle diesen Methoden haben gemeinsam, dass eine Druckschicht auf die vorhergehende gedruckt wird (Wong und Hernandez 2012). In der Regel sind Additive Fertigungssysteme von sich aus nicht in der Lage, die Qualität des Produkts zu messen oder zu beurteilen. Viele 3D-Drucker setzen beispielsweise den Druckvorgang fort, obwohl kein Material mehr aus der Düse gefördert wird. Solche Fehler werden daher nicht automatisch erkannt und führen

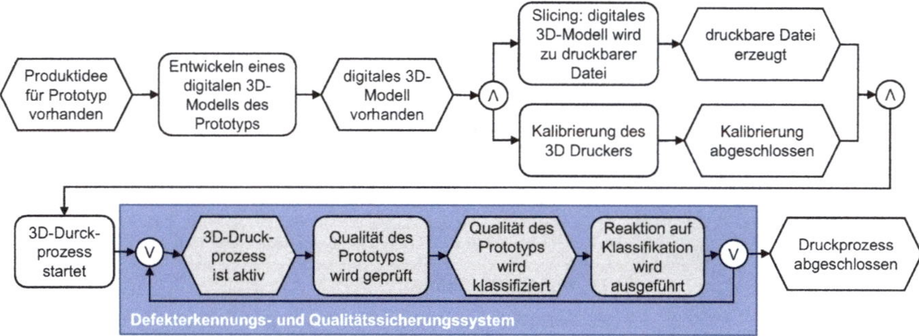

Abb. 7.4 Prozess der Qualitätssicherung im Prototyping via Additiver Fertigungsverfahren (Trinks und Felden 2019b)

zu einer Verschwendung von Zeit und Ressourcen (Straub 2015). Für ein qualitativ hochwertiges Ergebnis ist der 3D-Drucker korrekt zu kalibrieren und das 3D-Modell mit den richtigen Parametern zu konfigurieren. Auch eine Überwachung des Prozesses, der Düse oder anderer Komponenten des 3D-Druckwerks ist unerlässlich, da diese Quellen für Fehler und unterschiedliche Qualitäten darstellen (Bikas et al. 2016). Dies gilt insbesondere beim Prototyping, da ein Produkt zumeist nur einmal gedruckt wird. An dieser Stelle bieten Defekterkennungs- und Qualitätssicherungs-Anwendungen das Potenzial, unterstützend einzugreifen zu können (Abb. 7.4).

7.3 Wissenschaftliche Methodik

Zur Betrachtung der eingangs formulierten Forschungsfragen wird ein gestaltungsorientierter Forschungsansatz gewählt, um ein tragfähiges Design Artefakt in Form eines Prototyps einer Qualitätssicherungs- und Defekterkennung-Applikation für Additive Fertigungsverfahren zu entwickeln. Der Beitrag orientiert sich dabei an dem Forschungsansatz nach Hevner und Chatterjee (2010). Dabei fußt die Entwicklung des Design Artefakts auf einer durchgeführten Literatustudie hinsichtlich bildbasierender Qualitätssicherung sowie Defekterkennung in der Produktion. Die strukturiert durchgeführte Analyse orientiert sich dabei an dem Vorgehen nach Cooper (1988). Das Ziel der Untersuchung besteh darin, die Potenziale der identifizierten Methoden und Techniken für den Bereich der physischen Prototypenherstellung mittels Additiver Fertigungsverfahren zu analysieren.

7.3.1 Literaturanalyse

Zur Schaffung der Wissensbasis für den gestaltungsorientierten Forschungsansatz wurden bereits drei Literaturanalyse durchgeführt, siehe hierzu Trinks (2018) für RTA, Trinks und Felden (2018) für Edge Computing und Trinks und Felden (2019a, b) für Image Mining (Abb. 7.5).

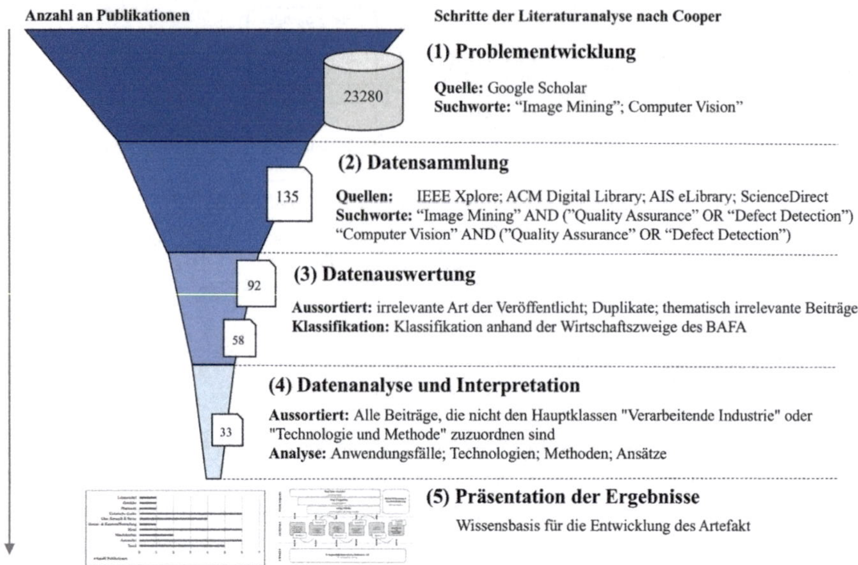

Abb. 7.5 Ablauf der durchgeführte Literaturanalyse in Anlehnung an den methodischen Ansatz nach Cooper (1988) (eigene Abbildung)

Um zu untersuchen, welche Techniken und Methoden aus anderen Produktionssektoren und Branchen für die Weiterentwicklung des Artefakts einsetzbar sind und somit zur Beantwortung der Forschungsfragen beitragen, wurde ein weitere strukturierte Literaturanalyse durchgeführt. Diese legt den Fokus auf die Konzepte Computer Vision und Image Mining im Bereich der Qualitätssicherung und Defekterkennung. Laut Cooper (1988) umfasst eine strukturierte Literaturübersicht die folgenden fünf Schritte: *1) Problementwicklung, 2) Datensammlung, 3) Datenauswertung, 4) Datenanalyse und Interpretation* sowie die *5) Präsentation der Ergebnisse*. Abb. 7.5 zeigt den Prozess der durchgeführten Literaturanalyse.

Im ersten Schritt wurde zunächst die Problemstellung anhand vorhandener Grundlagenbeiträge erarbeitet und identifiziert. Es folgte die Datenerhebung, nach welcher 135 Publikationen identifiziert und anschließend ausgewertet wurden. Dabei wurden Dubletten, thematisch nicht relevante Arbeiten und irrelevante Publikationstypen entfernt. Die verbleibenden 92 Beiträge wurden zur Klassifizierung der Wirtschaftszweige anhand der Klassifizierung des Bundesamtes für Wirtschaft und Ausfuhrkontrolle (BAFA 2008) unterteilt. Anschließend fanden nur noch die Beiträge Berücksichtigung, die sich der verarbeitenden Industrie zuordnen ließen und den Fokus auf die technischen und methodischen Aspekte legten. Dadurch reduzierte sich die Zahl der relevanten Beiträge weiter. Da die durchgeführte Untersuchung auf die Anwendungsbereiche und deren Übertragbarkeit in den Bereich der Additiven Fertigung abzielt, wurde der Fokus auf die 35 anwendungsorientierten Veröffentlichungen gelegt. Zwei dieser Veröffentlichungen wiesen bei der genaueren Betrachtung keine Relevanz auf und wurden daher aussortiert. Letztendlich flossen daher 33 Publikationen in die Analyse ein.

7.3.2 Gestaltungsorientierter Forschungsansatz

Zur grundlegenden Betrachtung des Forschungsgegenstandes wurde ein gestaltungsorientierter Forschungsansatz gewählt. Das Ziel besteht dabei darin, ein Design Artefakt in Form eines Prototyps zur Defekterkennung und Qualitätssicherung für die Additive Fertigung zu entwickeln. Der genutzte Forschungsansatz fußt einerseits auf der Wissensbasis und andererseits auf der Umwelt des definierten Anwendungsfalles (Hevner und Chatterjee 2010). Die Analyse der aktuellen wissenschaftlichen Diskussion im Bereich RTA, Edge Computing und Image Mining wurde bereits in Trinks (2018); Trinks und Felden (2018) und Trinks und Felden (2019b) betrachtet. Hinzukommt die in diesem Beitrag vorgestellte vierte Literaturanalyse, die dadurch gemeinsam die Wissensgrundlage für das Design Artefakt, also den Prototyp, bilden. Dieser wurde mittels eines experimentellen Prototyping-Ansatzes entwickelt. Einer Problemanalyse des Anwendungsfalls folgte dabei die Spezifikation der Architektur sowie die der einzelnen Komponenten. Anschließend wurden diese prototypisch implementiert und stellten somit die Basis für die spezifische Betrachtung und Evaluation des Untersuchungsgegenstandes dar (Buchenau und Suri 2000). Die Entwicklung des Design Artefakts durchlief bereits die in Abb. 7.6 ersichtlichen ersten fünf Iterationen. Dieser Beitrag stellt dabei die sechste Iteration dar, die in dieser Abbildung als *Aktuelle Iteration* dargestellt ist.

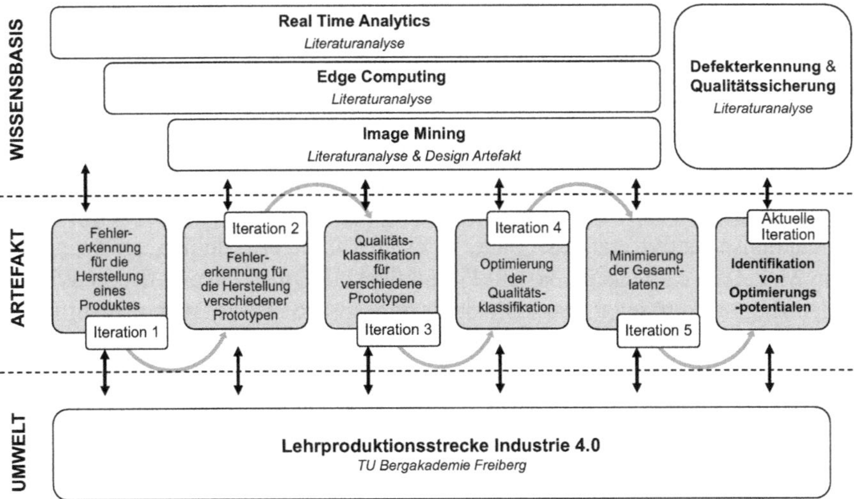

Abb. 7.6 Entwicklung des Artefakts mit Hilfe des gestaltungsorientierten Forschungsansatzes (eigene Abbildung)

7.4   Defekterkennungs- und Qualitätssicherungs-Anwendungen in der Produktion

In diesem Abschnitt werden die erzielten Ergebnisse der durchgeführten Untersuchungen dargestellt. Es wird zunächst der aktuelle Stand der Entwicklung des Artefakts, dem Prototyp zur Fehlererkennung in der Additiven Fertigung, erläutert. Anschließend werden die Ergebnisse der durchgeführten Literaturanalyse beschrieben, welche als Wissensbasis für die Weiterentwicklung des Artefakts dient.

7.4.1   Prototyp für die Additive Fertigung

Mittels eines gestaltungsorientierten Forschungsansatzes wurde ein Prototyp zur Fehlererkennung und Qualitätssicherung entwickelt. Der zur Fertigung verwendete 3D Drucker ist im Industrie 4.0 Labor der TU Bergakademie Freiberg platziert, das im folgenden Anwendungsfall die Smart Factory repräsentiert. Die Produktion eines physischen Produkts mit dem genannten 3D Drucker, der mittels des FDM-Verfahrens arbeitet, dauert abhängig von der Größe des Produkts mehrere Stunden. Es ist daher ökonomisch nicht sinnvoll, diesen Prozess dauerhaft manuell von einem Mitarbeiter überwachen zu lassen. Zwischen dem Startvorgang und der Entnahme des fertigen Erzeugnisses läuft der Produktionsvorgang daher ohne Überwachung. Auftretende Produktionsfehler, die beispielsweise durch eine verstopfte Druckdüse oder ähnliches ausgelöst sein können, können somit erst nach Ablauf der Gesamtproduktionszeit entdeckt werden und führen so zu unnötigem Ressourcenverbrauch. Um an dieser Stelle Abhilfe zu schaffen, findet ein bildgebender Sensor Einsatz, der in regelmäßigen Abständen Bilder aus der Produktion erstellt. Abb. 7.7 zeigt exemplarisch vier ausgewählte Bilder des Produktionsprozesses eines Prototyps. Diese Bilder werden anschließend anhand eines entwickelten Image-Mining-Modells in Echtzeit auf Produktionsfehler überprüft. Wird ein solcher Fehler prognostiziert, führt dies zunächst zu einem Produktionsstopp. Abweichungen werden zudem an einen Mitarbeiter übermittelt, damit dieser über mögliche Fehler informiert ist und entsprechend reagieren kann. Für den Fall, dass die Prognose fehlerhaft war, besteht die Möglichkeit zur Produktionsfortsetzung. Sollte jedoch ein Produktionsfehler ersichtlich sein, wird die Entnahme des Produktes durch einen Roboterarm und der Produktionsneustart veranlasst. Daher ist es im Vorfeld erforderlich, ein Image-Mining-Modell zu entwickeln, das mit Produktionsbildern zu fehlerhaften und fehlerfreien Zuständen trainiert wird. Die dafür notwendigen Bilder stammen aus einem Datenbestand früherer durchgeführter Produktionen (Abb. 7.8).

Der hier genutzte RapidMiner, als ein mögliches Applikationsbeispiel, unterstützt alle Schritte des analytischen Prozesses und macht diese mittels einer grafischen Benutzeroberfläche konfigurierbar. Es wird dadurch möglich, den gesamten Prozess mittels vordefinierter und konfigurierbarer Operatoren zu erstellen. Für den Bereich des Image Mining bietet das Werkzeug zusätzliche Operatoren durch die Erweiterung IMage MIning (IMMI) an, die im entwickelten Prototyp eingesetzt sind. Sowohl der Trainings- als auch der Testprozess ist in der Abb. 7.8 innerhalb

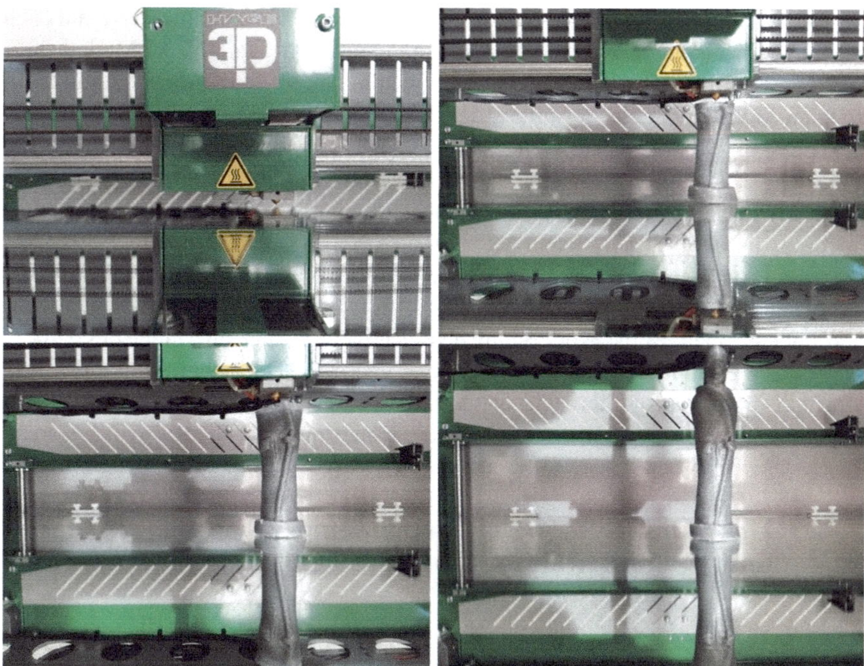

Abb. 7.7 Exemplarische ausgewählte Bilder der Produktion eines Prototyps mittels 3D Drucker (eigene Abbildung)

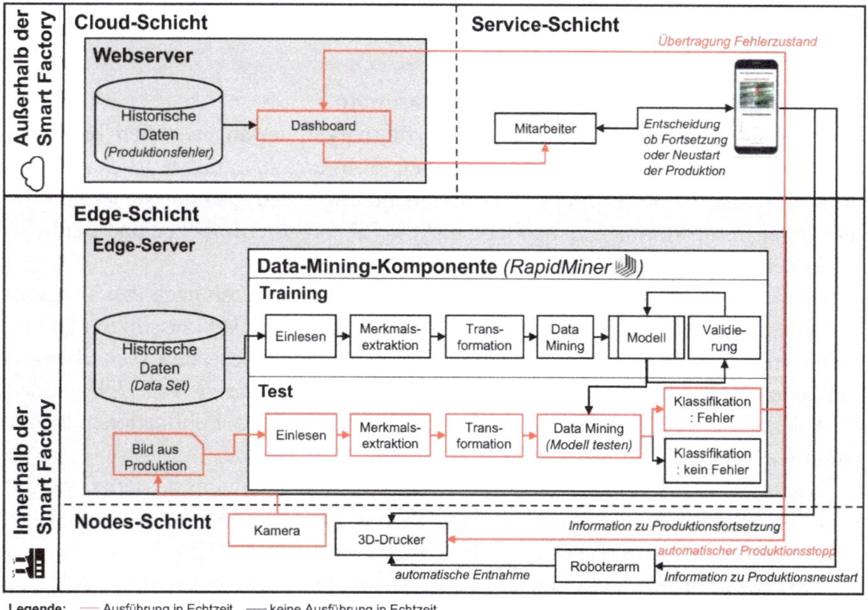

Abb. 7.8 Architektur des entwickelten Prototyps zur Defekterkennung (eigene Abbildung)

der Data-Mining-Komponente dargestellt. Um eine Klassifizierung der erhobenen Bilder vorzunehmen ist es notwendig, einen Prozess zum Training der Modelle aufzubauen. Anschließend lässt sich jedes aufgenommene Bild, basierend auf dem erzeugten Modell, in Echtzeit mittels des Testprozesses klassifizieren. Das verwendete Edge-Computing-Architekturschema des entwickelten Prototyps ist in Abb. 7.8 dargestellt. Die 3-Ebenen-Architekturen von Edge Computing bestehen in der Regel aus Nodes-, Edge- und Cloud-Schicht (Ashjaei und Bengtsson 2017; Escamilla-Ambrosio et al. 2018). Dabei befinden sich Nodes- und Edge-Schichten innerhalb der Produktionsumgebung. Als Produktionseinheit wird der 3D Drucker mit der Modellbezeichnung HAGE FDM 3Dp-AS verwendet. Die Nodes-Schicht enthält zudem einen Bildsensor, der in regelmäßigen Abständen Bilder des Druckprozesses aufnimmt und an den Edge-Server überträgt. Der Image-Mining-Prozess wird auf diesem ausgeführt und die Ergebnisse anschließend in die Cloud übertragen. Dort werden dies in einem Dashboard angezeigt.

7.4.2 Literaturanalyse zu Defekterkennung- und Qualitätssicherungssystemen

Die durchgeführte Literaturanalyse folgt dem Ziel, Potenziale für die entwickelte Applikation aus bestehenden Defekterkennungs- und Qualitätssicherungssystemen anderer Bereiche und Branchen abzuleiten. In diesem Zusammenhang ließen sich durch ein strukturiertes Vorgehen 33 potenziell relevante Publikationen identifizieren. In diesem Abschnitt wird die Analyse dieser Beiträge aus folgenden drei Sichtpunkten analysiert: *1) Anwendungsgebiete- und Bereiche, 2) Techniken und Methoden* sowie *3) Ausführung in Echtzeit.* Die Ergebnisse der Analyse sind nachstehend dargelegt.

7.4.2.1 Anwendungsgebiete und – Bereiche

Um einen besseren Überblick auf die Überführbarkeit der angewandten Techniken und Methoden in dem Bereich der Additiven Fertigung zu erhalten, ist es zunächst notwendig, die Gebiete, in denen Defekterkennungs- und Qualitätssicherungssystem zum Einsatz kommen zu betrachten. Abb. 7.9 zeigt die Branchen und Bereiche, die in den Publikationen thematisiert werden.

Die Anwendungen sind nach den entsprechenden Sektoren nach den Vorgaben des Bundesamtes für Wirtschaft und Ausfuhrkontrolle (BAFA) klassifiziert (BAFA 2008). Im weiteren Verlauf des Abschnittes werden die eingesetzten Techniken und Methoden in den einzelnen Sektoren dargestellt. Zudem zeigt Abb. 7.9 auf, wie stark der Bezug zur Verarbeitung in Echtzeit innerhalb dieser Publikationen thematisiert wird.

Lebensmittel und Getränke: Bildbasierte Defekterkennungssysteme werden ebenso bei der Produktion von Lebensmittel- sowie Getränkeverpackungen und -behältern eingesetzt. Kulkarni et al. (2019) diskutieren ein System für die Flaschenverschlussinspektion auf Basis von Computer Vision. Darüber hinaus verwenden Laucka et al. (2016) den Computer-Vision-Ansatz für die Inspektion der Produktqualität

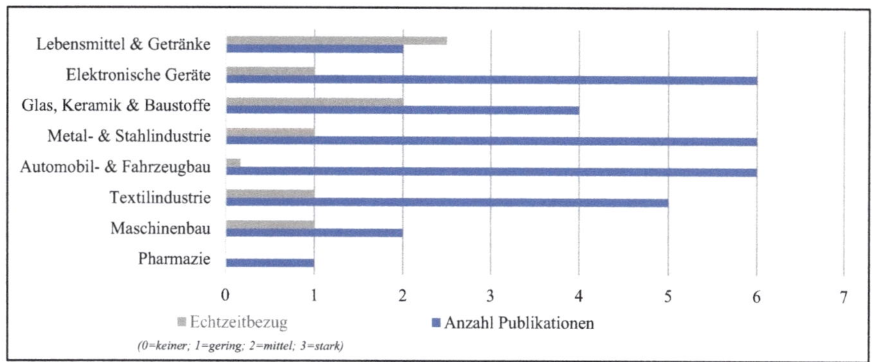

Abb. 7.9 Einsatzgebiete von Qualitätssicherung und Defekterkennung innerhalb der wissenschaftlichen Diskussion (eigene Abbildung)

von Lebensmittelbehältern. Der vorgestellte Ansatz erkannte Fehler innerhalb der Produktion mit einer Genauigkeit zwischen 95 und 99,25 %.

Elektronische Geräte und Datenverarbeitung: Computer Vision stellt sich ebenso als Alternative für die automatische Inspektion bei der Herstellung von Leiterplatten dar. Damit lassen zahlreiche visuelle Defekte während der Produktion identifizieren und fehlerhafte Teile herausfiltern (Ma 2017). Raihan und Ce (2017) nutzen in diesem Spannungsfeld Funktionalitäten des Werkzeugs OpenCV, um zum einen die Vorverarbeitung der aufgenommenen Bilder und zum anderen die algorithmische Defekterkennung durchzuführen. Dabei wird jedes aufgenommene Bild mit einem Referenzbild verglichen und auf Fehler überprüft. Ebenso finden Computer-Vision-Methoden Einsatz bei der Fehlererkennung innerhalb der Produktion von Liquid Crystal Display (LCD). Dabei werden Defekte durch Gammakorrektur und Schwellenwertsegmentierung von Differenzbildern erkannt (Ma und Gong 2019). Tan et al. (2016) setzt Computer Vision zur Defekterkennung bei der Phosphorbeschichtung von LCD-Displays ein.

Glas, Keramik und Baustoffen: Auch im Bereich der Herstellung von Glas, Keramik und Baustoffen finden bildbasierte Defekterkennnungssysteme Einsatz. Birlutiu et al. (2017) stellen beispielsweise ein Defektmanagementsystem für die Porzellanproduktion vor. Das System basiert auf den Konzepten des maschinellen Lernens und Computer Vision und inspiziert die Qualität der Produkte in Echtzeit. Auch Kadar et al. (2017) betrachten dieses Anwendungsszenario mit dem Schwerpunkt auf Cyber-Physical Systems (CPS). Hocenski et al. (2016) stellen ein Computer-Vision-System zur Echtzeiterkennung von Defekten in Keramikfliesen vor. Während des Herstellungsprozesses wurden Fliesen mit Kanten-, Ecken- oder Oberflächenfehlern als defekt klassifiziert, während Fliesen ohne Fehler als korrekt klassifiziert wurden. Als Ergebnis beschreiben die Autoren eine Fehlererkennungseffizienz von 98 % und eine maximale Ausführungszeit von weniger als 900 ms. Eine weitere Anwendung innerhalb dieser Industrieklasse wird von Sa et al. (2017) mit der Fehlerdetektion in Quarzstäben in Betracht gezogen.

Metall- und Stahlindustrie: Die Material- und Oberflächeneigenschaften bei der Herstellung von Metall und Stahl machen den Einsatz eines Fehlererkennungssystems sinnvoll. Dabei ist es in der Regel die Echtzeitausführung eines solchen Systems von Relevanz. Andernfalls wird das Potenzial einer Fehlererkennung nicht ausgeschöpft, da entsprechende fehlerhafte Erzeugnisse dennoch weiterverarbeitet werden (Luo et al. 2020). Als Beispiel verwenden Xiaodong et al. (2015) einen Computer-Vision-Ansatz, um Defekte wie Flecken, Kratzer oder Streifen innerhalb des Herstellungsprozesses von Stahlkugeln zu erkennen und zu klassifizieren. Auch im Herstellungsprozess von Flach- oder Bandstahl werden bildbasierte Fehlererkennungssysteme eingesetzt (Luo et al. 2020; Wang et al. 2018). Neben der viel diskutierten Defekterkennung im Oberflächenbereich nutzen Wang et al. (2019) die Bildverarbeitungstechnologie zur Erkennung von Montagefehlern. Darüber hinaus verwenden Yan et al. (2017) Computer Vision zur automatischen Prüfung der Qualität von Schweißnähten.

Automobil- und Fahrzeugbau: Wie auch bei anderen Produktionen steht der Inspektionsprozess im Automobilbau vor der Herausforderung den zeitlichen und personellen Aufwand und somit die Kosten zu minimieren. Der Einsatz von Ansätzen der autonomen Bildverarbeitung, der Computer Vision oder des Image Mining verfolgt den Zweck, diese Problematik zu unterstützen (Trakulwaranont et al. 2019). Beispielsweise werden visuellen Inspektionsmethoden verwendet, um die Oberfläche von Gummireifen auf Defekte zu überprüfen (Funahashi et al. 2015). Weiterhin verwenden Edris et al. (2015) 3D-Bilder von der Produktion als Input zur Erkennung von Oberflächendefekten in Karosserieteilen. Die Oberflächeneigenschaften und die Aufdeckung von Anomalien spielen in der Automobilindustrie eine entscheidende Rolle, aber auch bei der Produktion von Präzisionsteilen wird die bildbasierte Fehlererkennung vorteilhaft eingesetzt (Tandiya et al. 2018). Die beschriebenen Ansätze zur Fehlererkennung finden jedoch nicht nur im Bereich der Automobilherstellung Beachtung. Beispielsweise wird der Computer Vision Ansatz auch zur Erkennung von Oberflächendefekten im Schiffsbau eingesetzt (Jalalian et al. 2018).

Textil: Nahezu zwanzig Prozent der identifizierten Publikationen diskutieren Anwendungsfälle aus der Textilindustrie. In diesem Kontext haben Divyadevi und Kumar (2019) eine Übersicht der automatisierten Stoffinspektionssysteme veröffentlicht. Daraus geht hervor, dass auf Computer Vision basierende Systeme eine entscheidende Rolle in diesem Sektor darstellen. Dies begründet sich in der Minimierung der Latenz sowie der Überwindung von Fehlern bei einer manuellen Überwachung durch Mitarbeiter. Insbesondere Fehler, die unter Langeweile, Müdigkeit und niedrigen Fehlererkennungsraten bei der Qualitätsprüfung durch den Menschen leiden, können durch Computer-Vision- und Image-Mining-Ansätze verhindert werden (Hamdi et al. 2017). Hier betrachten die Autoren häufigen Gewebefehler wie Maschen, Schiefstellung, Fettflecken, Fehlstiche oder Knoten (Divyadevi und Kumar 2019).

Weitere Anwendungsbereiche: Die verschiedenen Anwendungsgebiete und Bereiche, in denen Computer-Vision- oder Image-Mining-Techniken zur automatisierten Qualitätsprüfung- oder Defekterkennung eingesetzt werden sind vielfältig. So konnten neben den dargestellten Anwendungsgebieten auch vereinzelte Publikationen in der Literaturstudie identifiziert werden, welche Anwendungsgebiete sich aus dem Bereich der Pharmazie (Tsay und Li 2019), der Additiven Fertigung (Trinks und Felden 2019b) oder aus dem Maschinenbau identifizieren lassen (Zhou et al. 2017; Han und Huang 2016). Aus dem breiten Spektrum an Anwendungsgebieten lassen sich keine Einschränkung des Einsatzes von Defekterkennungs- und Qualitätssicherungssystemen ableiten. Die Systeme weisen je nach Anwendungsgebiet Besonderheiten und Spezifizierungen auf. Es wurden jedoch keine Barrieren identifiziert, die aufzeigen, dass Defekterkennungs- und Qualitätssicherungssysteme nicht in beliebige Produktionsszenarien übertragbar sind und dort einen Mehrwert erzeugen können.

7.4.2.2 Techniken und Methoden

Neben der Ausführung der Ergebnisse der durchgeführten Literaturanalyse anhand der Branchen ist es zudem nötig den Fokus auf die genutzten Techniken und Methoden zu legen. Dies wird in diesem Abschnitt anhand der *Bildaufnahme*, der *Datenvorverarbeitung und Transformation* sowie der eingesetzten *Algorithmen* vorgenommen.

Bildaufnahme: Ein erster entscheidender Schritt, um Defekte oder mindere Qualitäten in der Produktion automatisiert zu identifizieren ist die Bildaufnahme. Dafür sind bildgebende Sensoren notwendig. Diese wandeln optische in elektrische Energie um und machen diese dadurch speicher- und bearbeitbar. Die einfachste Form hierbei besteht bei einem Schwarz-Weiß-Bild. Dabei handelt es sich um ein Binärbild, welches für jedes Pixel nur zwei Zustände speichert (Schwarz: 0; Weiß: 1). In einem Grauwert-Bild werden hingegen verschiedene Grauwerte verwendet. Dabei handelt es sich in der Regel um 8-Bit Varianten, welche 256 Werte abbilden können. Farbbilder setzen sich hingegen aus mehreren Kanälen zusammen, um die verschiedenen Farbbereiche und -Spektren darstellen zu können. Für die Produktion sind besonders Zeitreihenbilder interessant, welche eine Sequenz von Bildern speichert und mit einen Zeitstempel versieht. Hierbei ist vor allem die Geschwindigkeit der Produktionsanlage entscheidend. Je schneller die Produktion läuft, umso schneller müssen die Sensoren das Produkt fokussieren, erfassen und speichern. Es ist also von der Produktion abhängig, wie viele Bilder pro Sekunde aufgenommen werden und welche Auflösung die Bilder haben müssen (Priese 2015). Hamdi et al. (2017) nutzen im Bereich der Textilerstellung eine Kamera, die 30 Bilder pro Sekunde mit einer Auflösung von 1024x768 Pixel aufnehmen kann. Um Bilder in geeigneter Qualität aufnehmen zu können, sollten neben der geeigneten Auflösung auch ein geeignetes Beleuchtungssystem vorhanden sein. Zudem ist es entscheidend den richtigen Abstand zwischen Kamera und dem zu fokussierenden Produkt zu konfigurieren (Ma 2017).

Für die bildbasierte Defekterkennung und Qualitätssicherung ist relevant, welche Fehler bei der Produktion auftreten können, um sichtbare Oberflächendefekte oder nicht korrekt montierte Teile durch Bildaufnahmen gut zu visualisieren. Um ein ganzheitliches Bild des Produktes zu erhalten bietet sich auch der Einsatz multipler bildgebender Sensoren an. Werden mehr als ein Sensor für die Bildaufnahme genutzt, ist eine Kopplung beziehungsweise Synchronisation der Bilder nötig, um diese gemeinsam verarbeiten zu können. Tsay und Li (2019) verwenden für diesen Schritt ein Convolutional Neural Network (CNN). Bei Defekten innerhalb von Produkten und Werkstoffen können auch Ultraschall- oder Röntgentechniken für die Bildaufnahme genutzt werden. So lassen sich beispielsweise Lufteinschlüsse in Werkstoffen identifizieren. Aber auch dreidimensionale Bilder der Produktion lassen sich als Input für die weitere Verarbeitung verwenden (Edris et al. 2015). Ist das Bild aufgenommen, ist es anschließend wichtig, dieses mit einer möglichst geringen Latenz an den Ort zu transferieren, an dem die weitere Verarbeitung stattfindet. Dafür bieten sich Netzwerkarchitekturen wie die des Edge Computing an, welche die dezentrale Datenverarbeitung unterstützen und somit die Latenz des Datentransfers minimieren können (Luo et al. 2020).

Datenvorverarbeitung und Transformation: Nachdem die aufgenommenen Bilder aus der Produktion zu der Recheneinheit transferiert wurden, wo die Verarbeitung stattfinden soll, kann die Vorverarbeitung beginnen. Um die Genauigkeit der aufgestellten Prognosen zu erhöhen und die Gesamtlatenz der Durchführung zu minimieren sind entsprechende Vorverarbeitungsschritte vonnöten. Entscheidend dabei ist, dass sich die möglichen Defekten und Qualitätsstufen im Anschluss möglichst einfach, präzise und mit geringem Zeitaufwand prognostizieren lassen. In den untersuchten Veröffentlichungen werden verschiedene Ansätze genutzt und diskutiert. Diese Vorverarbeitungstechniken lassen sich grundsätzlich in die Bereiche der Transformation (Tab. 7.1), der Segmentierung (Tab. 7.2) sowie der Merkmalsextraktion (Tab. 7.3) einordnen und sind in den folgenden Tabellen einzusehen.

Tab. 7.1 Eingesetzte Transformationstechniken und -Methoden

Vorgehen	Beschreibung	Einsatzbeispiele
Gray Scaling	Gray Scaling beschreibt einen Prozess, welcher die farbigen Pixel eines Bildes so transformiert, dass diese anschließend mit Hilfe von Grautönen abgebildet werden können. Dadurch lassen sich eventuelle, durch die Farbgebung entstandene, Ablenkungen im Vorfeld des Modelltraining eliminieren, wodurch sich die Gewichtung von Oberfläche und Struktur erhöhen lässt (Sakhare et al. 2015).	Leiterplatten (Ma 2017); Porzellan (Birlutiu et al. 2017); Textil (Sakhare et al. 2015); LCD-Displays (Ma und Gong 2019);
Resizing	Resizing benennt die Anpassung der Bildgröße und somit der Pixelanzahl des aufgenommenen Bildes. Eine Reduzierung der Pixel kann im weiteren Prozess Zeit und Ressourcen sparen (Birlutiu et al. 2017).	Porzellan (Birlutiu et al. 2017);
De-Noising	De-Nosing bezeichnet ein Transformationsverfahren zur Unterdrückung von unerwünschten Rauscheffekten. Zu diesem Zweck werden Filter eingesetzt, um das Rauschen, das beim Aufnahmeschritt entsteht, zu entfernen oder zu minimieren (Hamdi et al. 2017).	Textil (Hamdi et al. 2017);

(Fortsetzung)

Tab. 7.1 (Fortsetzung)

Vorgehen	Beschreibung	Einsatzbeispiele
Gamma-korrektur	Die Gammakorrektur ist eine Korrekturfunktion, welche die Grauintensität des Originalbildes dahingehend anpasst, dass nichtlineare Verzerrungen vermieden werden (Trakulwaranont et al. 2019).	Automobil (Trakulwaranont et al. 2019);
Fourier-Transformation	Die Fourier-Transformation oder Spektralfunktion ist eine mathematische Methode, mit der sich ungleichmäßige Signale in ein kontinuierliches Spektrum zerlegen lassen. So lassen sich Hintergrundrauschen, Risse oder Längsstreifen erkennen und eliminieren (Luo et al. 2020).	Textil (Sakhare et al. 2015); Stahl (Luo et al. 2020)
Diskrete Kosinus-trans-formation	Die Diskrete Kosinustransformation beschreibt die verlustbehaftete Kompression von Bilddaten. Sie wird beispielsweise beim Kompressionsverfahren JPEG eingesetzt (Sakhare et al. 2015).	Textil (Sakhare et al. 2015)
Wavelet Trans-formation	Die Wavelet Transformation beschreibt eine linearen Zeit-Frequenz-Transformation. Sie kann effektiv Informationen aus Bildsignalen extrahieren und durch Skalierungs- und Verschiebungsoperationen eine Multiskalenanalyse durchführen (Luo et al. 2020).	Textil (Sakhare et al. 2015); Stahl (Luo et al. 2020)
Optimized FIR Filters	Der Filteroptimierungsprozess mit endlicher Impulsantwort (FIR) besteht im Wesentlichen darin, die Frequenzen der defektfreien Textur mit niedriger Signalenergie und der defekten Textur mit hoher Signalenergie effektiv zu trennen. So entsteht ein Anwendungspotenzial bei der Erkennung von Defekten auf flachen Oberflächen (Luo et al. 2020).	Stahl (Luo et al. 2020)
Gabor-Filter	Der Gabor-Filter wird für die Texturanalyse von Bildern eingesetzt. Dabei wird analysiert, ob in einer lokalisierten Region um die Analyseregion herum ein bestimmter Frequenzgehalt im Bild in bestimmten Richtungen vorhanden ist (Luo et al. 2020).	Textil (Sakhare et al. 2015); Stahl (Luo et al. 2020)
Hough-Trans-formation	Die Hough-Transformation ist ein leistungsstarkes Transformationstool bei der Identifikation von definierten Linienmerkmalen, wie Geraden, Kreisen oder anderen geometrischen Formen. Daher bilden sich Einsatzpotenziale bei der Erkennung von Defekten wie Löchern, Kratzern, Spulenbrüchen oder Rost auf Objektoberflächen (Sa et al. 2017).	Stahl (Luo et al. 2020); Automobil (Tandiya et al. 2018); Quarzstäbe (Sa et al. 2017)
Illumination Equalization	Die Illumination Equalization dient zum Ausgleich der inhomogenen Beleuchtung innerhalb eines Bildes. Dabei wird der lokale Mittelwert der Bildregionen durch den globalen Bildmittelwert ersetzt (Hamdi et al. 2017).	Textil (Hamdi et al. 2017)
Mittelwert-filterung	Die Mittelwertfilterung dient der Glättung von Bildern. Dabei wird Mittelwert einer definierten Eigenschaft einer ausgewählten Bildregion für die benachbarten Pixel angewandt (Trakulwaranont et al. 2019).	Automobil (Trakulwaranont et al. 2019)

Tab. 7.2 Eingesetzte Segmentierungstechniken und -Methoden

Vorgehen	Beschreibung	Einsatzbeispiele
Kantenerkennung (*Edge Detection*)	Der Zweck der Kantenerkennung besteht darin, Punkte mit offensichtlichen Helligkeitsänderungen in digitalen Bildern als Kanten zu identifizieren. Diese Erkennung stellt einen Teilprozess der Segmentierung dar, da Bildflächen und -bereiche entlang dieser Kanten getrennt werden können, wenn diese sich ausreichend in Farb- oder Grauwert, Helligkeit oder Textur unterscheiden (Kulkarni et al. 2019).	Flaschenverschlüsse (Kulkarni et al. 2019); Stahl (Luo et al. 2020)
Objekterkennung	Die Objekterkennung beschreibt eine Herangehensweise zur Identifikation von bekannten Objekten innerhalb eines Bildes. Neben der Bestimmung des Vorhandenseins eines Objektes, werden zudem Lage und Position identifiziert. Zu diesem Zweck werden Algorithmen, wie beispielsweise Künstliche Neuronale Netze (NN) eingesetzt. Die gewonnenen Informationen dienen anschließend der Segmentierung des Bildes (Kulkarni et al. 2019).	Flaschenverschlüsse (Kulkarni et al. 2019)
Schwellenwertverfahren	Schwellwertverfahren beinhalten eine Gruppe an Algorithmen, welche zur Trennung der fehlerhaften Bereiche und darauf basierender Segmentierung verwendet werden. Der Ansatz des Schwellwertwertverfahrens sieht vor, dass mittels eines definierten globalen oder lokalen Schwellenwert gesuchte Objekte, wie beispielsweise Defekte, vom Hintergrund und anderen Bildbereichen separiert werden können (Luo et al. 2020; Trakulwaranont et al. 2019).	Flaschenverschlüsse (Kulkarni et al. 2019); Stahl (Luo et al. 2020); Automobil (Trakulwaranont et al. 2019); Leiterplatten (Ma 2017; Laucka et al. 2016)
Bereich von Interesse (*Region of Interest*)	Die Bestimmung der Region of Interest mittels verschiedener Algorithmen dient der Bildsegmentierung. Dabei kann die Region of Interest beliebig groß definiert, aber ebenso bis zu einem Pixel klein sein. Daher eignet sich diese Methode auch zur Identifikation von Defekten (Laucka et al. 2016; Ma und Gong 2019).	Leiterplatten (Laucka et al. 2016); LCD-Displays (Ma und Gong 2019)
Aktives Konturmodell	Die Idee des Aktiven Konturmodells besteht darin, eine kontinuierliche Kurve zu verwenden, um die Kante des Objekts oder Defekts durch Kurvenentwicklung auszudrücken und zu lokalisieren. Durch die Identifikation von Objektgrenzen ist das Aktive Konturmodell im Bereich der Bildsegmentierung einsetzbar (Luo et al. 2020).	Stahl (Luo et al. 2020)

(Fortsetzung)

Tab. 7.2 (Fortsetzung)

Vorgehen	Beschreibung	Einsatzbeispiele
Morphologische Operation	Die Morphologie ist ein arithmetisches Werkzeug zur Änderung der Bildstruktur durch Verschieben von Strukturelementen in Bildbereichen. Die mathematische Morphologie lässt sich aufgrund ihrer Fähigkeit zur globalen Beschreibung in fast allen Aspekten der Bildverarbeitung, einschließlich Bildsegmentierung, Merkmalsextraktion, Kantenerkennung, Bildfilterung und -verbesserung einsetzen (Trakulwaranont et al. 2019, Luo et al. 2020).	Stahl (Luo et al. 2020); Automobil (Trakulwaranont et al. 2019)

Tab. 7.3 Eingesetzte Merkmalsextraktionstechniken und -Methoden

Vorgehen	Beschreibung	Einsatzbeispiele
Graustufen-Koinzidenzmatrix	Die Graustufen-Koinzidenzmatrix stellt ein Verfahren zur Beschreibung der Korrelation von Graustufen innerhalb eines Bildes dar. Dabei wird eine Matrix der Beziehung der benachbarten Pixel eines Bildes erstellt (Luo et al. 2020).	Stahl (Luo et al. 2020)
Haupt-komponenten-analyse	Die Hauptkomponentenanalyse (Principal Component Analysis, PCA) ist ein Verfahren der multivariaten Statistik und eine verbreitete Technik zur Reduktion der linearen Dimensionalität innerhalb von Bildern. So lässt sich der Grad der Komplexität von Bildern reduzieren und durch eine möglichst aussagekräftige Hauptkomponente beschreiben (Birlutiu et al. 2017).	Porzellan (Birlutiu et al. 2017)
Fraktale Dimension	Die Fraktale Dimension stellt eine Generalisierung von Dimensionen dar. Sie basiert auf der Grundannahme, dass die Gesamtinformation eines Bildes durch Teilmerkmale ausgedrückt werden. In diesem Zusammenhang wird von der Selbstähnlichkeit gesprochen wird. Diese Selbstähnlichkeit wird beispielsweise bei statistischen Grauwerten von Defektbilder für die Erkennung von Defekten verwendet (Luo et al. 2020).	Stahl (Luo et al. 2020)
Graustufen-Statistik	Durch die statistische Analyse und Auswertung von Graustufen eines Bildes lassen sich in Rückschlüsse auf Defekte schließen. Dafür werden Merkmale wie Mittelwert oder Verteilung der Pixel berechnet. Auch die Grauwertverteilung, welche mittels eines Graustufenhistogramms beschrieben wird, kann für die weitere Verarbeitung genutzt werden (Luo et al. 2020; Ma 2017).	Stahl (Luo et al. 2020); Leiterplatten (Ma 2017)

(Fortsetzung)

Tab. 7.3 (Fortsetzung)

Vorgehen	Beschreibung	Einsatzbeispiele
Local-Binary-Pattern	Als klassischer Operator wird das Local-Binary-Pattern (LBP) zur Charakterisierung lokaler Texturmerkmale von Bildern verwendet. Es hat sich als ein leistungsstarkes Vorgehen für die Textur-Klassifikation erwiesen (Luo et al. 2020).	Stahl (Luo et al. 2020)
Weibull-Verteilung	Eine mögliche Lösung zur Bewältigung der Erkennungsaufgabe von Defekten besteht darin, die relativ vollständig beschreibende Überlegenheit in Bezug auf Texturkontrast, Maßstab und Form der Weibull-Verteilung zu nutzen. Diese ist eine nichtparametrische und effiziente Defektdetektionsmethode, bei der zwei Parameter eines für die Verteilung von Bildgradienten in lokalen Regionen berechnet werden (Luo et al. 2020).	Stahl (Luo et al. 2020)

Algorithmische Verarbeitung: In der untersuchten Literatur machen überwachte Lernverfahren aus den Bereichen der 1) Klassifikation den größten Anteil an identifizierten Verfahren aus. In diesem Bereich findet eine breite Palette an Algorithmen Anwendung. Ein etwas kleinerer Teil der Publikationen diskutiert 2) Clustering-Ansätze aus dem Sektor des unüberwachten Lernen. Beide Bereiche werden in diesem Abschnitt dargelegt.

1) *Klassifikation*
   Da die potenziell auftretenden Fehler in den verschiedenen Produktionsanlagen zumeist zuvor bekannt sind, wird in vielen Fällen eine Zuordnung des während der Produktion aufgenommenen Bildes zu einer bereits definierten Klasse vorgenommen. In dem einfachsten Fall einer Fehlererkennung können dies die Klassen „Fehler" und „kein Fehler" sein. Um die Qualität des Erzeugnisses in der Produktion einzuordnen, werden aber auch mehrere Qualitätsklassen verwendet (Trinks und Felden 2019a). Hierfür werden bekannte und verbreitete Klassifikationsalgorithmen eingesetzt und untersucht. So findet beispielsweise die Support Vector Machine (SVM) bei der Erkennung von Fehlern in Schweißnähten in der Stahlindustrie Anwendung (Yan et al. 2017), aber auch im Rahmen der Textil- (Ouyang et al. 2019) oder Porzellanherstellung (Birlutiu et al. 2017). Auch Entscheidungsbäume und der Random-Forest-(RF)-Algorithmus finden in diesen Bereichen Anwendung (Birlutiu et al. 2017; Ouyang et al. 2019). Bei der Erkennung von Oberflächenfehlern in Fahrzeugkarosserieteilen werden NN verwendet (Edris et al. 2015). Weit verbreitet stellt sich zudem der Einsatz von CNN zur Fehlerklassifikation in der Literatur dar. Tsay und Li (2019) setzen diese beispielsweise zur Defekterkennung im Spannungsfeld der Pharmazie ein. Dabei konnten bis zu 90 % der aufgetretenen Fehler identifiziert werden. Aber auch zur Erkennung von Montagefehlern von Zerstäubern (Wang et al. 2019), in der Textilindustrie (Ouyang et al. 2019) oder im Bereich der Porzellanproduktion (Birlutiu et al. 2017) werden CNN zur Fehlerklassifikation eingesetzt.

Tab. 7.4 zeigt die Klassifikationsalgorithmen, die im Bereich von Image Mining und Computer Vision Einsatz finden.

2) *Clustering*

Im Gegensatz zur Klassifikation sind beim Clustering keine Fehler- oder Qualitätsklassen bekannt, denen sich ein aufgenommenes Bild aus der Produktion automatisiert zuordnen lässt. Daher werden Clustering-Algorithmen auch in die Gruppe der unüberwachten Lernverfahren eingeordnet. Dennoch, oder gerade deswegen, bilden Clustering-Algorithmen die Möglichkeit, unbekannte Fehlerquellen aufzudecken und zu erkennen. Clustering-Verfahren werden beispielsweise bei der Inspektion von Flaschenverschlüssen bei der Getränkeherstellung eingesetzt. Defekte, wie lose aufgesetzte Verschlüsse, Kratzer oder gebrochene Kappen, lassen sich so identifizieren. Durch den Einsatz des K-Means-Algorithmus entsteht eine bestimmte Zusammensetzung von Clustern, die es ermöglicht zu erkennen, ob eine Flasche fehlerfrei verschlossen ist (Kulkarni et al. 2019). Tulala et al. (2018) setzt einen Clustering-Ansatz zur Defekterkennung innerhalb des Halbleiter-Herstellungsprozessen ein. Dabei werden sowohl der Distanzbasierte- als auch Hierarchische-Agglomerativen-Clustering-Verfahren diskutiert. Aber auch im Bereich der Stahlherstellung werden Clustering-Ansätze genutzt, um durch Ähnlichkeiten in der Texturstruktur Defekte zu identifizieren zu können (Luo et al. 2020).

7.4.2.3 Ausführung in Echtzeit

Eine Ausführung eines Defekterkennungs- oder Qualitätssicherungssystem in Echtzeit bedingt, dass die Zeit zwischen der Aufnahme des Bildes und vorgenommenen Reaktion minimiert werden muss. Im Rahmen der durchgeführten strukturierten Literaturanalyse wurden 18 Publikationen identifiziert, welche die Ausführung in Echtzeit thematisierten. In den 15 verbleibenden Veröffentlichungen wurde hingegen kein solcher Bezug hergestellt oder thematisiert. Sechs der untersuchten Veröffentlichung beinhaltenden einen hohen Bezug zur Echtzeitausführung. Deren Fokussierung wird im Folgenden zusammengefasst.

Birlutiu et al. (2017) diskutieren ein Defekterkennungssystem für die Porzellanherstellung. Dieses ermöglicht es, den kompletten Prozess in Echtzeit durchzuführen. Dafür wird eine Roboter-Computer-Vision-Architektur eingesetzt und neben der Hochgeschwindigkeitsverarbeitung der Bilder sorgt ein autonomes Selbst-Lernsystem für eine Reaktion mit minimaler Latenz (Birlutiu et al. 2017). Ein Computer-Vision-System zur Fehlererkennung bei der Herstellung von Keramikfliesen ist ebenfalls für die Ausführung in Echtzeit konzipiert. Die Autoren geben an, dass Defekte durch dieses System mit einer Gesamtlatenz von weniger als 900 ms und einer Genauigkeit von 98 % erkennbar sind (Hocenski et al. 2016). Auch ein System zur Defekterkennung in LED-Oberflächen weist eine Gesamtlatenz von etwa einer Sekunde auf (Tan et al. 2016). Das von Kulkarni et al. (2019) entwickelte System zur Defekterkennung von Flaschenverschlüssen ist ebenfalls dahingehend konzipiert, in Echtzeit ausgeführt werden zu können. In Bezug auf Hardware und Netzwerkarchitekturen von und für Defekterkennungs- oder Qualitätssicherungssysteme bietet das Konzept des Edge Computing Potenziale zur Verringerung der Übertragungslatenz und ermöglicht es dadurch die Ausführung des gesamten Prozesses zu beschleunigen (Luo et al. 2020).

7.5 Diskussion der Ergebnisse

Nach der Darstellung und Betrachtung der erhaltenen Ergebnisse in Abschn. 7.4, gilt es, diese jetzt anhand der aufgestellten Forschungsfragen zu diskutieren. Dabei wird zunächst die erste formulierte Fragestellung aufgegriffen:

Tab. 7.4 Klassifikationsalgorithmen im Bereich von Image Mining und Computer Vision (Trinks und Felden 2019b)

Algorithmus	Beschreibung
Support Vector Machine (SVM)	Die SVM ist ein Klassifikationsverfahren, die Hyperebenen als Klassengrenzen verwendet. Diese werden an der Stelle in die Datensammlung eingefügt, an welcher der größte Abstand zwischen den einzelnen Datensätzen gemessen wird (Felden 2016b).
Convolutional Neural Networks (CNN)	CNN zählen zu den biologisch inspirierten Verfahren und lässt sich in den Bereich des Deep Learning[a] einordnen. Dabei werden die zu untersuchenden Datensätze durch mehrere Schichten übergeben und darin mittels Filter aufgefaltet (Krizhevskky et al. 2012).
K-Nearest Neighbour (K-NN)	K-NN ist ein Klassifikationsverfahren, das ein Objekt mit einem gegebenen Merkmalsvektor zur Klasse des Trainingsobjekts mit ähnlichen Merkmalsvektor zuordnet (Runkler 2013).
Entscheidungsbaum	Entscheidungsbäume nutzen eine baumartige Struktur zur Klassifikation. Dabei repräsentieren die Blätter die Klassen, in welche die Daten klassifiziert werden. Der Aufbau des Baumes resultiert aus Testvorgängen, durch die die Gewichte für die Datensätze bestimmt werden (Felden 2016b).
Künstliche Neuronale Netze (NN)	NN lassen sich in unüberwachte und überwachte Netze unterteilen. Dabei lernen überwachte NN im Gegensatz zu unüberwachten NN bestimmte Sachverhalte dadurch, dass sie auf deren Fehlklassifikation hingewiesen werden und beim nächsten Durchlauf Parameter ändern. Dadurch lässt sich die Fehlklassifikation minimieren (Felden 2016b).
Random Forest (RF)	Der RF stellt ein Klassifikationsverfahren dar, das aus einer Menge an Entscheidungsbäumen besteht. Zur Klassifikation wird in jedem dieser Bäume eine Entscheidung bezüglich der Aufteilung getroffen. Die höchste Gesamtanzahl entscheidet über die endgültige Klassifikation (Liaw und Wiener 2002).
Naïve Bayes (NB)	NB Verfahren basieren auf der Annahme, dass ein Datensatz mit einer bestimmten Wahrscheinlichkeit durch einen spezifizierten Vektor repräsentiert wird und das dieser mit einer bestimmten Wahrscheinlichkeit in eine entsprechende Klasse eingeordnet werden kann (Felden 2016b).

[a]Deep Learning stell einen Teilbereich des Maschinellen Lernens dar, welcher große Datenmenge durch den Einsatz von NN analysieren. Im Gegensatz zu Maschinellen Lernen, werden beim Deep Learning weitestgehend Rohdaten als Input verwendet, wodurch der gesamte Prozess unabhängiger von Domäne und Aufgabenstellung wird (Dorer 2018)

1. Wie stellt sich der Status Quo der wissenschaftlichen Diskussion im Bereich der Qualitätssicherungs- und Defekterkennungs-Anwendungen via Image Mining und Computer Vision in der Produktion dar?

   a) *In welchen Bereichen/Branchen findet dies Einsatz?*

   In einer Vielzahl an verschiedenen Branchen und Bereichen konnten wissenschaftliche Publikationen zum Thema Qualitätssicherung und Defekterkennung in der Produktion identifiziert werden. Dabei konnten keine Einschränkungen auf bestimmte Bereiche oder Branchen ausgemacht werden. Es war jedoch zu erkennen, dass die meisten Publikationen aus den Bereichen der Textil-, der Metall- und Stahl-, der Automobilindustrie sowie bei der Herstellung von Leiter- und Halbleiterplatten stammen. In diesen Bereichen haben die Defekterkennung und Qualitätssicherung durch die hohen Stückzahlen in der Produktion einen entsprechenden Stellenwert und auch weitreichende Tradition. So wurde die Defekterkennung zuvor in vielen Fällen manuell von Mitarbeitern durchgeführt. Daher lässt sich vermuten, dass hier das Ziel der Erhöhung der Qualität der Defekterkennung sowie die Reduktion der Mitarbeiterkosten Treiber für die Entwicklung der Computer-Vision- und Image-Mining-Systeme sind.

   b) *Welche Techniken und Methoden werden eingesetzt?*

   Im Rahmen der durchgeführten Literaturanalyse ließen sich hauptsächlich Techniken und Methoden aus den Bereichen der Bildaufnahme, der Vorverarbeitung und Transformation sowie den analytischen Algorithmen identifizieren. Dabei bildet die Aufnahme der Bilder von dem Produktionsobjekt den Startpunkt des Prozesses. Das aufgenommene Bild hat bereits entscheidende Auswirkungen auf die Prognosegenauigkeit einer möglichen Klassifikation. Dabei ist vor allem der Abstand zwischen dem bildgebenden Sensor und dem Objekt ein wichtiges Konfigurationselement. Weiterhin ist der Einsatz mehrerer bildgebender Sensoren möglich. Auch 3D-Bilder und Röntgentechniken werden für die Aufnahme der Bilder eingesetzt. Es verbleibt festzuhalten, dass die Wahl der Bildaufnahme sehr stark vom Anwendungsfall, also von dem Produkt und der Produktionsstrecke, abhängig ist. An dieser Stelle ließen sich nur wenig generalisierte Punkte identifizieren. Vielmehr sind die Bildaufnahme, die Auswahl der Techniken und Methoden sowie die Algorithmen für jede Produktionsstrecke individuell zu konfigurieren. Im Bereich der Vorverarbeitung nehmen Techniken zur Segmentierung einen hohen Stellenwert ein, da diese eine Eingrenzung des Untersuchungsbereiches bewirken und somit auch potenzielle Störquellen vor dem Modelltraining ausschließen können. Bei den Algorithmen liegt der Fokus zumeist auf überwachten Lernverfahren, da die potenziell auftretenden Defekte und Qualitäten zumeist im Vorfeld bekannt sind. Heraus sticht hierbei die große Verbreitung von CCN aus dem Bereich des Deep Learning. Jedoch werden in einigen Publikationen auch unüberwachte Verfahren zur Identifikation von unbekannten Fehlerquellen eingesetzt und diskutiert.

c) *Welche Rolle spielt die Verarbeitung in Echtzeit?*

Die Latenz des gesamten Prozesses spielt eine entscheidende Rolle bei der bildbasierten Defekterkennung und Qualitätssicherung. In etwa der Hälfte der untersuchten Publikationen wurden das Thema Echtzeitverarbeitung adressiert. Allerding in nur sechs Veröffentlichung fand eine eindringliche Diskussion statt. Daraus resultierend, lassen sich zwei Vermutungen anstellen. Zum einen könnte angenommen werden, dass Echtzeitverarbeitung in Defekterkennungs- und Qualitätssicherungssystemen nur in einigen Fällen eine besondere Rolle zukommt und für den anderen Teil nur eine mindere Relevanz aufweist. Zum anderen lässt sich nicht ausschließen, dass die Ausführung in Echtzeit bereits als selbstverständlich gilt und daher nicht weiter spezifiziert adressiert wird. So statieren Luo et al. (2020) in ihrem Beitrag, dass Echtzeitverarbeitung eine Grundvoraussetzung bei der industriellen Defekterkennung darstellt (Luo et al. 2020). Um diesen Sachverhalt abschließend bewertet zu können sind daher weitere Untersuchungen notwendig. Neben der Betrachtung der vorhandenen Herausforderungen, ist die durchgeführte Forschung zudem von folgender Frage geleitet:

2. Welche in der wissenschaftlichen Diskussion verbreiteten Techniken und Methoden bieten einen Mehrwert für die Herstellung von physischen Prototypen via Additiver Fertigungsverfahren?

Um diese Forschungsfrage diskutieren zu können, ist die Betrachtung notwendig, welche Prozessschritte einer Defekterkennung und Qualitätssicherung durch identifizierte Techniken und Methoden Unterstützung findet. Es lässt sich an dieser Stelle festhalten, dass der Prozess der bildbasierten Qualitätssicherung mit der Aufnahme eines Bildes vom dem sich in der Herstellung befindlichen Produkts beginnt. Es folgt die Transformation und Vorverarbeitung sowie der Einsatz von Algorithmen zur analytischen Untersuchung, bevor als Reaktion auf das erzielte Ergebnis in den Produktionsprozess eingegriffen werden kann.

Als erster Punkt ist zu konstatieren, dass der Abstand zwischen dem bildgebenden Sensor und dem Objekt bei der Bildaufnahme ideal konfiguriert sein sollte, um ein Rauschen und andere Störquellen zu minimieren. Zudem gilt es für das entwickelte Artefakt zu überprüfen, ob durch die Nutzung multipler bildgebender Sensoren eine Erhöhung der Prognosegenauigkeit erzielbar ist. Weitere Potenziale bieten die Aufnahme von 3D-Bildern sowie der Einsatz von Röntgen- oder Ultraschalltechnik, um Fehler im Inneren des Produktes zu visualisieren und dadurch identifizieren zu können. Es lässt sich jedoch vermuten, dass hierbei speziell für Ultraschall- und Röntgenaufnahmen kein angemessenes Kosten-Nutzen-Verhältnis entsteht. Im Bereich der Vorverarbeitung und Transformation ließen sich vor allem im Bereich der Segmentierung eine Vielzahl an Wirkungsfähigkeiten identifizieren, die sich in den Bereich der Additiven Fertigung und somit für das entwickelte Design Artefakt gewinnbringend überführen lassen sollten. Dabei ist die Identifikation der Region of Interest sowie die Edge Detection von besonderem Interesse, da diese Ansätze den Fokus auf das zu produzierende Objekt vergrößern und Störquellen ausschließen können. Im aktuellen Prototyp wird der relevante Teil des Bildes vor der Anwendung der Klassifikationsalgorithmen nicht identifiziert und eingeschränkt. Dadurch erhöht sich die Latenz, da das komplette Bild und nicht nur Teile aus diesem einbezogen werden. Zudem lassen sich Potenziale für die Erhöhung der Prognosewahrscheinlichkeit feststellen, da der Fokus der Verarbeitung nur auf dem interessanten Teil des Bildes liegt. Zu diesem Zweck können auch die Methoden der Objekterkennung oder das Schwellenwertverfahren eingesetzt werden. Weiterhin ließen sich Methoden aus dem Bereich der Merkmalsextraktion ausmachen, die für den entwickelten Prototyp einen Nutzen bringen können. Stellvertretend lassen sich an dieser Stelle die Graustufen-Koinzidenzmatrix und die Hauptkomponentenanalyse nennen. Da die Einsatzpotenziale jedoch stark vom individuellen Anwendungsfall abhängen, können auch die anderen identifizierten Verfahren in diesem Bereich einen Mehrwert für die Additive Fertigung bereithalten.

Im Gebiet der Algorithmen wurden die Anwendung der bereits untersuchten Klassifikationsalgorithmen bestätigt. Auffällig ist jedoch, dass der Einsatz von CNN in den untersuchten Publikationen einen großen Verbreitungsgrad aufweisen und teilweise im Ergebnis sehr hohe Prognosegenauigkeiten erzeugt. Aufgrund der aktuell hohen Verbreitung und Beliebtheit von CNN, sollten diese im vorliegenden Einsatzszenario kritisch reflektiert und evaluiert werden, um so deren Potenziale zu identifizieren. Neben dem überwachten Lernverfahren ließen sich jedoch ebenso unüberwachte Lernverfahren aus dem Bereich des Clustering für die Defekterkennung ausmachen. Diese gilt es jetzt ebenfalls am entwickelten Design Artefakt zu evaluieren.

7.6 Fazit

Das Ziel der durchgeführten Untersuchung war es, den Status Quo der wissenschaftlichen Diskussion im Bereich der Qualitätssicherungs- und Defekterkennungs-Anwendungen mittels Image Mining und Computer Vision in der Produktion zu identifizieren und darzustellen, um daraus Potenziale für die Additive Fertigung abzuleiten. Zu diesem Zweck wurde einerseits eine Literaturanalyse durchgeführt, andererseits mittels eines gestaltungsorientierten Forschungsansatzes ein Artefakt in Form eines Prototyps entwickelt. Dadurch ließen sich Potenziale für ein Computer Vision oder Image Mining basierendes Defekterkennungs- und Qualitätssicherungssystem in der Literatur identifizieren und für den Bereich der Additiven Fertigung ableiten. Es konnte zudem der aktuelle Status Quo der wissenschaftlichen Diskussion dargestellt werden. Dabei stellte sich heraus, dass entsprechende Systeme in verschiedensten Branchen und Bereichen Einsatz finden. Einschränkungen für bestimmte Branchen oder Bereiche ließen sich hingegen nicht ausmachen. Interessanterweise konnten die meisten Publikationen in den Bereichen Textil-, Metall- und Stahl-, Automobilindustrie sowie bei der Herstellung von Leiter- und Halbleiterplatten ausgemacht werden.

Was die Techniken und Methoden betrifft, so ließen sich die Bereiche der Bildaufnahme, Vorverarbeitung und Transformation sowie der Einsatz der analytischen Algorithmen für die Additive Fertigung als Prozessschritte identifizieren, die sich durch Computer Vision und Image Mining unterstützen lassen. Im Fokus stehen dabei die identifizierten Techniken zur Segmentierung, die sich im Bereich der Vorverarbeitung einordnen lassen. Diese gilt es, im weiteren Verlauf der Forschung anhand des entwickelten Artefakts zu evaluieren. Auch konnte festgestellt werden, dass die Ausführung in Echtzeit eine Wichtigkeit in diesem Zusammenhang einnimmt. Etwa die Hälfte der relevanten Veröffentlichungen adressieren diese Thematik. Ob die andere Hälfte der Publikationen diesen Sachverhalt nicht adressiert, weil dies in den beschriebenen Anwendungsfällen nicht relevant ist oder ob dies bereits einen selbstverständlichen Charakter innehat, lässt sich nicht abschließend beurteilen und stellt daher eine Limitierung dar. Weiterhin ist die durchgeführte Untersuchung durch die Ein- und Beschränkungen innerhalb der Literaturanalyse sowie bei der Entwicklung des Artefakts beschränkt. Speziell im Bereich des entwickelten Prototypen ist die Generalisierbarkeit des entwickelten Vorgehens für die Additive Fertigung noch nicht vollständig untersucht. Abschließend gilt es festgehalten, dass die gewonnenen Ergebnisse eine Relevanz für die weitere Forschung in diesem Gebiet aufweisen. Jedoch sind die erhaltenen Ergebnisse auch für Praktiker relevant und können bei der Entwicklung einer bildbasierender Defekterkennungs- und Qualitätssicherungssystemen unterstützen.

Literatur

Ashjaei M, Bengtsson M (2017) Enhancing smart maintenance management using fog computing technology. In: Industrial Engineering and Engineering Management (IEEM). IEEE international conference on IEEE, Singapore, S 1561–1565

BAFA (2008) Kurzanleitung Wirtschaftszweigklassifikation. https://www.bafa.de/SharedDocs/Downloads/DE/Wirtschafts_Mittelstandsfoerderung/unb_kurzanleitung_wirtschaftszweigklassifikation.pdf?__blob=publicationFile&v=3. Zugegriffen am 12.06.2020

Bikas H, Stavropoulos P, Chryssolouris G (2016) Additive manufacturing methods and modelling approaches: a critical review. Int J Adv Manuf Technol 83(1–4):389–405

Birlutiu A, Burlacu A, Kadar M, Onita D (2017) Defect detection in porcelain industry based on deep learning techniques. In: 2017 19th international symposium on Symbolic and Numeric Algorithms for Scientific Computing (SYNASC), Timisoara

Buchenau M, Suri J F (2000). Experience prototyping. In Proceedings of the 3rd conference on Designing interactive systems: processes, practices, methods, and techniques, S 424–433

Cooper HM (1988) Organizing knowledge syntheses: a taxonomy of literature reviews. Knowl Soc 104(1):104

Dais S (2017) Industrie 4.0 – Anstoß, Vision, Vorgehen. In: Handbuch Industrie 4.0, Bd 4. Springer, Berlin, S 261–277

Dao NN, Lee Y, Cho S, Kim E, Chung KS, Keum C (2017) Multi-tier multi-access edge computing: the role for the fourth industrial revolution. In: Information and Communication Technology Convergence (ICTC), 2017 international conference, Jeju

Divyadevi R, Kumar BV (2019) Survey of automated fabric inspection in textile industries. In: 2019 international conference on Computer Communication and Informatics (ICCCI), Coimbatore

Dorer K (2018) Deep learning. In: Haneke U, Trahasch S, Zimmer M, Felden C (Hrsg) Data science. dpunkt.verlag GmbH, Heidelberg, S 101–120

Edris MZB, Jawad MS, Zakaria Z (2015) Surface defect detection and neural network recognition of automotive body panels. In: 2015 IEEE International Conference on Control System, Computing and Engineering (ICCSCE). IEEE, George Town

Ennouni A, Filali Y, Sabri MA, Aarab A (2017) A review on image mining. In: Intelligent Systems and Computer Vision (ISCV). IEEE, Fez, S 1–7

Escamilla-Ambrosio PJ, Rodríguez-Mota A, Aguirre-Anaya E, Acosta-Bermejo R, Salinas-Rosales M (2018) Distributing computing in the internet of things: cloud, fog and edge computing overview. In: NEO 2016. Springer, Berlin, S 87–115

Felden C (2016b) Klassifikation, statistische Methoden. Enzyklopaedie der Wirtschaftsinformatik. Enzyklopaedie der Wirtschaftsinformatik. 28.11.2016. https://www.enzyklopaedie-der-wirtschaftsinformatik.de/wi-enzyklopaedie/lexikon/technologien-methoden/Statistik/Klassifikation/index.html/?searchterm=Klassifikation. Zugegriffen am 12.06.2020

Funahashi T, Taki K, Koshimizu H, Kaneko A (2015) Fast and robust visual inspection system for tire surface thin defect. In: 2015 21st Korea-Japan joint workshop on Frontiers of Computer Vision (FCV). IEEE, Mokpo

Hamdi AA, Fouad MM, Sayed MS, Hadhoud MM (2017) Patterned fabric defect detection system using near infrared imaging. In: 2017 eighth international conference on Intelligent Computing and Information Systems (ICICIS). IEEE, Cairo

Han L, Huang X (2016) A study on defect detection of magnetic tile based on the machine vision technology. In: Proceedings of the 5th international conference on mechatronics and control engineering. Shanghai

Haneke U, Trahasch S, Zimmer M, Felden C (2018) Data science. dpunkt, Heidelberg

Hevner A, Chatterjee S (2010) Design research in information systems: theory and practice. Springer Science & Business Media, Berlin

Hocenski Ž, Matić T, Vidović I (2016) Technology transfer of computer vision defect detection to ceramic tiles industry. In: 2016 international conference on Smart Systems and Technologies (SST). IEEE, Osijek

Jalalian A, Lu WF, Wong FS, Ahmed SM, Chew CM (2018) An automatic visual inspection method based on statistical approach for defect detection of ship hull surfaces. In: 2018 IEEE 14th international conference on Automation Science and Engineering (CASE). IEEE, Munich

Kadar M, Jardim-Gonçalves R, Covaciu C, Bullon S (2017) Intelligent defect management system for porcelain industry through cyber-physical systems. In: 2017 International Conference on Engineering, Technology and Innovation (ICE/ITMC). IEEE, Funchal

Klinkenberg R, Schlunder P, Klapic E, Lacker T (2018) Zukunftsweisende Informations-und Kommunikations-Technologien. In: Industrie 4.0 für die Praxis. Springer Gabler, Wiesbaden, S 129–146

Krizhevskky A, Sutskever I, Hinton GE (2012) ImageNet classification with deep convolutional neural networks. In: International conference on neural information processing systems. Lake Tahoe, Nevada

Kulkarni R, Kulkarni S, Dabhane S, Lele N, Paswan RS (2019) An automated computer vision based system for bottle cap fitting inspection. In: 2019 twelfth international conference on contemporary computing (IC3). IEEE, Noida

Laucka A, Andriukaitis D, Markevicius V, Zilys M (2016) Research of the defects in PET preform. In: 2016 21st international conference on Methods and Models in Automation and Robotics (MMAR). IEEE, Miedzyzdroje

Liaw A, Wiener M (2002) Classification and regression by random forest. R News 3(4):18–22

Luo Q, Fang X, Liu L, Yang C, Sun Y (2020) Automated visual defect detection for flat steel surface: a survey. In: IEEE transactions on instrumentation and measurement. Ottawa

Ma J (2017) Defect detection and recognition of bare PCB based on computer vision. In: 2017 36th Chinese Control Conference (CCC). IEEE, Dalian

Ma Z, Gong J (2019) An automatic detection method of Mura defects for liquid crystal display. In: 2019 Chinese Control Conference (CCC). IEEE, Guangzhou, S 7722–7727

Nixon M, Aguado A (2019) Feature extraction and image processing for computer vision. Academic Press, Camebridge

Ouyang W, Xu B, Hou J, Yuan X (2019) Fabric defect detection using activation layer embedded convolutional neural network. IEEE Access 7:70130–70140

Parihar VR, Nage RS, Dahane AS (2017) Image analysis and image mining techniques: a review. J Image Process Artif Intell 3(2/3):1

Pawar AC, Rokade PP, Nikam TT, Purane DA, Kulkarni KM (2019) Optimization of 3D printing process. Int Adv Res J Sci Eng Technol 6(3):5–8

Priese L (2015) Computer Vision – Einführung in die Verarbeitung und Analyse digitale Bilder. Springer Vieweg, Berling/Heidelberg

Raihan F, Ce W (2017) PCB defect detection USING OPENCV with image subtraction method. In: International conference on Information Management and Technology (ICIMTech). IEEE, Yogyakarta

Runkler TA (2013) Information Mining: Methoden, Algorithmen und Anwendungen intelligenter Datenanalyse. Springer, Berlin/Heidelberg

Sa J, Gong Y, Shi L, Xu J, Li H (2017) The determination of the circular boundary in quartz rods detection. In: 2017 4th International Conference on Systems and Informatics (ICSAI). IEEE, Hangzhou

Sakhare K, Kulkarni A, Kumbhakarn M, Kare N (2015). Spectral and spatial domain approach for fabric defect detection and classification. In: 2015 international conference on industrial instrumentation and control (ICIC). IEEE, Pune

Sanghadiya F, Mistry D (2015) Surface defect detection in a tile using digital image processing: Analysis and evaluation. Int J Comput Appl 116(10)

Shukla VS, Vala JA (2016) Survey on image mining, its techniques and application. Int J Comput Appl 133(9):12–15

Straub J (2015) Initial work on the characterization of additive manufacturing (3D printing) using software image analysis. Machines 3:55–71

Syed K, Srinivasu SVN (2017) A review of web image mining tools, techniques and applications. Int J Comput Trends Technol (IJCTT) 49(1):36–43

Tan J, Li L, Wang Y, Mo F, Chen J, Zhao L, Xu Y (2016) The quality detection of surface defect in dispensing dack-end based on HALCON. In: 2016 international conference on Cybernetics, Robotics and Control (CRC). IEEE, Hong Kong

Tandiya A, Akthar S, Moussa M, Tarray C (2018) Automotive semi-specular surface defect detection system. In: 2018 15th conference on Computer and Robot Vision (CRV). IEEE, Toronto

Trakulwaranont D, Cooharojananone N, Kruachottikul P, Pitak P, Gongsri N, Aitphawin S (2019) Automobile cluster pointer defect detection system using adaptive intensity adjustment. In: 2019 IEEE 6th international conference on Industrial Engineering and Applications (ICIEA). IEEE, Tokyo

Trinks S (2018) A classification of real time analytics methods – an outlook for the use within the smart factory. Scientific papers of Silesian University of Technology, Organization and Management Series, Gliwice

Trinks S, Felden C (2017) Real time analytics – state of the art: potentials and limitations in the smart factory. In: IEEE international conference on big data. Boston, USA

Trinks S, Felden C (2018) Edge computing architectures to support real time analytic applications – a state of the art within the application area of smart factory and industry 4.0. In: IEEE international conference on big data, Seattle, USA

Trinks S, Felden C (2019a) Image mining for real time quality assurance in rapid prototyping. In: 2019 IEEE international conference on big data (big data), Los Angeles, USA

Trinks S, Felden C (2019b) Smart Factory – Konzeption und Prototyp zum Image Mining und zur Fehlererkennung in der Produktion. HMD 56:1017–1040

Tsay C, Li Z (2019) Automating visual inspection of lyophilized drug products with multi-input deep neural networks. In: 15th international conference on Automation Science and Engineering (CASE). IEEE, Vancouver

Tulala P, Mahyar H, Ghalebi E, Grosu R (2018) Unsupervised wafermap patterns clustering via variational autoencoders. In: 2018 International Joint Conference on Neural Networks (IJCNN). IEEE, Rio de Janeiro

Wang H, Zhang J, Tian Y, Chen H, Sun H, Liu K (2018) A simple guidance template-based defect detection method for strip steel surfaces. IEEE Trans Indl Inf 15(5):2798–2809

Wang J, Hu H, Chen L, He C (2019) Assembly defect detection of atomizers based on machine vision. In: Proceedings of the 4th international conference on automation, control and robotics engineering. Shenzhen

Wong KV, Hernandez A (2012) A review of additive manufacturing. ISRN Mech Eng 2012(4):10

Xiaodong L, Weijie M, Wei J (2015) Image recognition for steel ball's surface quality detecting based on kernel extreme learning machine. In: 2015 34th Chinese Control Conference (CCC). IEEE, Hangzhou

Yan K, Dong Q, Sun T, Zhang M, Zhang S (2017) Weld defect detection based on completed local ternary patterns. In: Proceedings of the international conference on video and image processing. New York

Zhou M, Wang G, Wang J, Hui C, Yang W (2017) Defect detection of printing images on cans based on SSIM and chromatism. In: 3rd IEEE International Conference on Computer and Communications (ICCC). IEEE, Chengdu, S 2127–2131

Deep Learning in der Landwirtschaft – Analyse eines Weinbergs

8

Patrick Zschech, Kai Heinrich, Björn Möller, Lukas Breithaupt, Johannes Maresch und Andreas Roth

Zusammenfassung

Der ubiquitäre Einsatz moderner Informations- und Kommunikationstechnologie verändert sämtliche Wirtschaftszweige und revolutioniert somit auch die Landwirtschaft. Der vorliegende Beitrag präsentiert dahingehend eine Big-Data-Analytics-Fallstudie aus dem Bereich des Weinanbaus, wo mithilfe von mobilen Aufnahmegeräten umfangreiches Bildmaterial aufgezeichnet wurde, um eine automatisierte Objekterkennung zur Unterstützung von operativen Winzertätigkeiten realisieren zu können. Dazu gehören zum Beispiel das Zählen von Reben, die Identifikation von Rebfehlstellen und die Prognose von potenziellem Erntegut. Hierbei besteht die Herausforderung unter anderem darin, landwirtschaftlich relevante Weinobjekte wie Reben, Trauben und Beeren über die einzelnen Hierarchieebenen hinweg erkennen zu können und diese auch in Bezug auf bewegtes Bildmaterial folgerichtig zu zählen. Zur Realisierung werden einige Lösungsansätze vorgestellt, die auf modernen Deep-Learning-Verfahren der bildbasierten Objekterkennung aufbauen. Der Beitrag wird abgerundet mit einer

Überarbeiteter Beitrag basierend auf Heinrich K, Zschech P, Möller B, Breithaupt L, Maresch J (2019) Objekterkennung im Weinanbau – Eine Fallstudie zur Unterstützung von Winzertätigkeiten mithilfe von Deep Learning. HMD – Praxis der Wirtschaftsinformatik 56:964–985.

P. Zschech (✉)
Juniorprofessur für Intelligent Information Systems, Friedrich-Alexander-Universität Erlangen-Nürnberg, Nürnberg, Deutschland
E-Mail: patrick.zschech@fau.de

K. Heinrich · B. Möller · L. Breithaupt · J. Maresch · A. Roth
Lehrstuhl für Wirtschaftsinformatik, Technische Universität Dresden, Dresden, Deutschland
E-Mail: kai.heinrich@tu-dresden.de; bjoern.moeller@mailbox.tu-dresden.de; lukas.breithaupt@mailbox.tu-dresden.de; johannes.maresch@mailbox.tu-dresden.de; andreas.roth@mailbox.tu-dresden.de

S. D'Onofrio, A. Meier (Hrsg.), *Big Data Analytics*, Edition HMD,
https://doi.org/10.1007/978-3-658-32236-6_8

Diskussion und Implikationen für analytische Anwendungen in der landwirtschaftlichen Praxis.

Schlüsselwörter

Agrarwirtschaft · Deep Learning · Tiefe Neuronale Netzwerke · Maschinelle Bildverarbeitung · Maschinelles Lernen · Objekterkennung · Objektverfolgung · Objektzählung · Weinanbau

8.1 Der digitale Wandel in der Landwirtschaft

Die rasanten Entwicklungen in IT-gestützten Bereichen wie Sensortechnik, Datenverarbeitung, Internettechnologie und künstlicher Intelligenz führen dazu, dass sich sämtliche Wirtschaftszweige revolutionär verändern und neue Geschäftsmodelle entstehen. In zunehmend digitalisierten Unternehmensprozessen stehen dabei nicht mehr nur die ursprünglich angebotenen Produkte und Dienstleistungen im Fokus, sondern es erfolgt zunehmend ein Ausbau der Wertschöpfungstätigkeiten auf Basis digitaler Zusatzleistungen (Hemmerling et al. 2015; Zschech et al. 2017). Derartige Umbrüche lassen sich auch im Landwirtschaftssektor beobachten, wo beispielsweise intelligente Systeme die fahrerlose Steuerung von Erntemaschinen übernehmen, moderne Futter- und Melkroboter die Viehhaltung unterstützen oder Wetter-Apps und Drohnen dabei helfen, Verfahren zur Ernte und Bodenpflege zu optimieren (BMEL 2017). Die in diesem Zuge entstehenden Datenmengen, die aufgrund ihrer Größe, Erzeugungsgeschwindigkeit, Komplexität und Medienvielfalt auch häufiger unter dem Schlagwort *Big Data* subsumiert werden, bilden an dieser Stelle einen entscheidenden Wettbewerbsfaktor. Datengetriebene Unterstützungspotenziale ergeben sich zum Beispiel aufgrund einer transparenteren Leistungsmessung zur Aufdeckung von Missständen oder einer Ablösung ressourcenintensiver, manueller Tätigkeiten auf Basis automatisierter Algorithmen (Wamba et al. 2015; Zschech et al. 2018).

Um jene Big-Data-Potenziale bergen zu können, kommen vorzugsweise Verfahren aus dem Gebiet des maschinellen Lernens („machine learning") zum Einsatz, die darauf abzielen, verborgene Zusammenhänge und komplexe Muster auf Basis von empirischen Lerndaten zu erkennen (Bishop 2006). Insbesondere bei Aufgaben im Zusammenhang mit hochdimensionalen Daten wie beispielsweise bei Klassifikations-, Regressions- und Clusteranalysen zeigen derartige Ansätze ihre Vorzüge. Durch das Lernen aus früheren Berechnungen und das Extrahieren von Gesetzmäßigkeiten aus umfangreichen Datenbeständen lassen sich zuverlässige und wiederholbare Entscheidungen treffen. Aus diesem Grund finden maschinelle Lernverfahren bereits Anwendung in vielfältigen Einsatzgebieten, wie zum Beispiel der Erkennung von Betrugsfällen, der Klassifikation von DNA-Sequenzen, der Verarbeitung natürlicher Sprache auf Basis von Audio- und Textdaten oder der Auswertung von Bildern und Videos (Liu et al. 2017).

Im Bereich der Landwirtschaft ist vor allem das Gebiet der maschinellen Bildverarbeitung („computer vision") von besonderem Interesse, welches sich mit der Entwicklung von Modellen und Methoden zur Erfassung, Verarbeitung und Auswertung von Bildmaterial beschäftigt (Szeliski 2010). Ein Teilgebiet adressiert hierbei die automatisierte Erkennung von Bildobjekten („object detection, OD), auf dessen Basis sich beispielsweise Nutzflächen und Landschaftselemente klassifizieren lassen (Ritter et al. 2012; Völker und Müterthies 2008) oder Ankoppelvorgänge zwischen Traktoren und Anbaugeräten unterstützt werden können (Blume et al. 2018). Eine weitere vielversprechende Anwendung verbirgt sich hinter dem Ansatz des automatisierten Zählens von Erntegütern, um darüber beispielsweise genauere Prognosen für Ertragsrechnungen erhalten zu können (Heinrich et al. 2019a, b).

Während für derartige Anwendungsszenarien bereits vielfältige Unterstützungswerkzeuge in Form von Softwareanwendungen und Frameworks zur Verfügung stehen, gestaltet sich der Implementierungsprozess nicht selten als eine herausfordernde Aufgabe mit verschiedenen Stolpersteinen. Vor diesem Hintergrund beschäftigt sich der vorliegende Beitrag mit der Vorstellung einer Fallstudie im Bereich des Weinanbaus, wo das Ziel verfolgt wurde, ausgehend von umfangreichem Videomaterial mobiler Aufnahmegeräte eine automatisierte Unterstützung von Winzertätigkeiten zu realisieren. Dies umfasst zum Beispiel das Zählen von Reben, die Identifikation von Fehlstellen oder die Prognose von potenziellem Erntegut. Hierbei bestand die Herausforderung nicht nur darin, relevante Weinobjekte wie Reben, Trauben und Beeren über die einzelnen Hierarchieebenen hinweg zu erkennen, sondern diese auch in Bezug auf bewegtes Bildmaterial folgerichtig zu zählen und somit für eine automatisierte Ertragsprognose zugänglich zu machen. Außerdem galt es beispielsweise im Rahmen der Rebenzählung, die richtigen Rebenzeilen zu erkennen, korrekt zwischen Pflanzen und Holz- beziehungsweise Metallpflöcken zu unterscheiden sowie Reben zu verfolgen, die aufgrund der Kameraführung temporär von Laubwänden verdeckt wurden.

Der weitere Aufbau der Arbeit gliedert sich wie folgt: Im nachfolgenden Abschn. 8.2 wird der methodische Hintergrund der Fallstudie vorgestellt. Dazu erfolgt zunächst eine Darstellung der relevanten Grundlagen, indem auf die Objekterkennung mithilfe von Deep-Learning-Verfahren im Allgemeinen eingegangen wird. Anschließend wird die Vorgehensweise für den vorliegenden Anwendungsfall im Speziellen erläutert. Die Vorgehensweise unterteilt sich dabei in die zwei Phasen der Modellerstellung (Abschn. 8.3) und Modellanwendung (Abschn. 8.4), die auch zur Strukturierung der Fallstudienpräsentation dienen. Im darauffolgenden Abschn. 8.5 erfolgt die Diskussion der Ergebnisse, während gleichzeitig Handlungsempfehlungen für die Praxis abgeleitet werden. Abschließend wird in Abschn. 8.6 ein Fazit gezogen und ein Ausblick für weiterführende Arbeiten skizziert.

8.2 Methodischer Hintergrund

8.2.1 Objekterkennung auf Basis von Deep Learning

Voraussetzung für das automatisierte Erkennen und Zählen von Weinobjekten ist die korrekte Erfassung von korrespondierenden Bildelementen innerhalb der umgebenden Videosequenzen. Hierfür lassen sich Modelle zur Objekterkennung (OD-Modelle), aus dem interdisziplinären Gebiet von Computer Vision und Machine Learning einsetzen, die in der Lage sind, anhand von Trainingsdaten visuelle Strukturen und Eigenschaften von Objekten zu erlernen, um sie anschließend auf bisher unbekannte Eingabebilder anzuwenden. Werden auf einem neuen Eingabebild diese Strukturen dann wiedergefunden, kann daraus das Vorhandensein eines gelernten Objektes abgewogen werden. Somit ermöglichen es Objekterkennungsmodelle, mehrere Objekte eines Eingabebilds zu lokalisieren und klassifizieren. Abb. 8.1 zeigt exemplarisch die visualisierten Ergebnisse einer solchen Erkennung mithilfe des Open Source Frameworks TensorFlow von Google. Das Modell zum linken Bildausschnitt erkennt Personen und Kites im Strandabschnitt und kennzeichnet die vermuteten Positionen mit einem farbigen Rahmen. Das rechte Bild zeigt die Ergebnisse eines auf Weinreben trainierten Modells.

Aktuelle OD-Modelle basieren in der Regel auf sogenannten *Deep-Learning-Architekturen*. Dies sind künstliche neuronale Netze[1] mit komplexen, tief-verschachtelten Netzwerkarchitekturen, um interne Datenrepräsentationen über mehrere Abstraktionsebenen hinweg besser erkennen und verarbeiten zu können. Eine spezielle Architekturvariante, die in der Bilderkennung eine zentrale Rolle einnimmt, sind *Convolutional Neural Networks* (CNN). Hierbei wird jedes Eingabebild anhand seiner Pixel als Matrix der Dimension Höhe × Breite repräsentiert, wobei die Zellen der Matrix den RGB-Werten eines Pixels entsprechen. Diese Matrizen werden dann mithilfe einer Faltungsfunktion in kleine Bereiche unterteilt und abgetastet, für die sich wiederum wichtige (visuelle) Merkmale („features") extrahieren lassen. Dabei können in einem solchen neuronalen Netz verschiedene dieser Abtastfunktionen („filter kernel") in mehreren Schichten („convolutional layer") hintereinander organisiert sein, um dafür zu sorgen, dass immer abstraktere Merkmale extrahiert und für die nächste Schicht als eine Art Ansammlung („feature map") gespeichert werden. Typische, einfache Merkmale der vorderen Schichten sind etwa Kanten oder Ecken, während nachgelagerte Schichten eher komplexere Formen repräsentieren können wie zum Beispiel Umrisse oder spezielle Merkmale eines Objektes (z. B. Rüssel eines Elefanten). Da es zudem in der Regel sehr viele hochdimensionale Feature Maps gibt, können zur Komplexitätsreduktion zwischen den einzelnen Convolutional Layern sogenannte *Pooling Layer* im Sinne von zusammenfassenden Schichten eingesetzt werden. Diese komprimieren dann extrahierte Bildinformationen, um den Berechnungsaufwand eines CNN zu reduzieren. Der erste Teil eines CNN wird auch als Feature-Extraktor bezeichnet, da er

---

[1] Künstliche neuronale Netze sind Modelle des maschinellen Lernens, deren Aufbau dem biologischen Vorbild von neuronalen Vernetzungen im Gehirn nachempfunden ist.

Abb. 8.1 oben: Erkennung von Personen und Kites. (Quelle: TensorFlow 2020), unten: Erkennung von Weinreben (eigene Abbildung)

dafür verantwortlich ist, repräsentative Variablen zur Beschreibung eines Bildes zu extrahieren. Der zweite Teil funktioniert wie ein klassischer Klassifikationsalgorithmus, wo die vorher extrahierten Variablen als Eingabegrößen für eine einfache Klassifikationsfunktion benutzt werden. Dabei sorgt ein sogenannter *Fully-Connected Layer* dafür, dass die verarbeiteten Informationen der vorangegangenen Schichten wieder zusammengeführt werden. Die Anzahl der Neuronen in diesem Layer korrespondiert dann üblicherweise mit der Anzahl an (Objekt-) Klassen, die das Netz unterscheiden soll (LeCun et al. 2015). Der Aufbau eines klassischen CNN ist in Abb. 8.2 skizziert. Darüber hinaus sind CNN je nach Architekturvariante mit verschiedenen Tiefen und Abtastfunktionen ausgestattet.

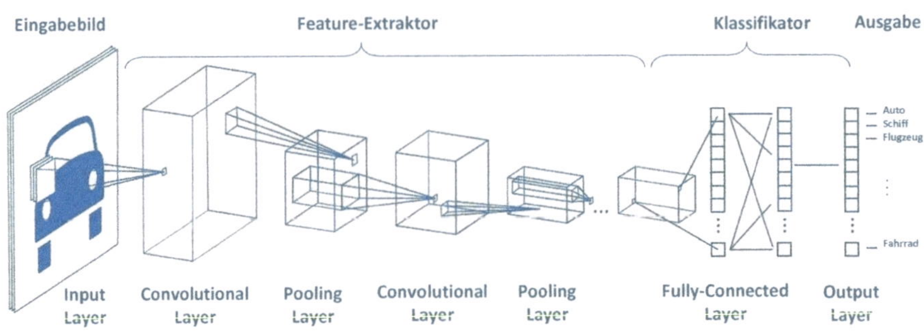

Abb. 8.2 Allgemeiner Aufbau eines CNN in Anlehnung an MathWorks (2017)

Bekannte OD-Architekturen, die auf dieser beschriebenen Funktionsweise basieren, sind zum Beispiel *Region-Based Convolutional Neural Networks* (R-CNN), in denen Objekte schrittweise detektiert werden. Zunächst werden Bildregionen ermittelt, die aufgrund ihrer Bildstruktur potenziell Objekte beinhalten. Mittels CNN werden die Features dieser Bildregionen dann extrahiert und zur Objektbestimmung genutzt. Darauf aufbauend werden gleichklassifizierte Regionen zur algorithmischen Bestimmung der Positionen dieser Objekte genutzt. Recheneffizientere Implementierungen dieses Konzepts sind als Fast R-CNN, Faster R-CNN und Region-Based Fully-Convolutional Network (R-FCN) bekannt (Dai et al. 2016; Ren et al. 2017).

8.2.2 Vorgehensweise zur Modellerstellung und -anwendung

Zur Strukturierung der technischen Implementierung wurde das Vorgehen in zwei übergeordnete Phasen untergliedert, die sich jeweils aus weiteren Teilschritten zusammensetzten (vgl. Abb. 8.3).

Die erste Phase beschäftigte sich mit der Erstellung eines geeigneten OD-Modells und orientierte sich am groben Aufbau des Vorgehensmodells nach Fayyad et al. (1996) für die Entwicklung datenzentrierter Modelle, bestehend aus den Teilaspekten *Datenauswahl, Vorverarbeitung, Transformation, Modellauswahl* und *-training* sowie *Evaluation*. Gemäß dieser Schrittfolge erfolgte zunächst eine Einschränkung des relevanten Bildmaterials auf Basis zuvor festgelegter Auswahlkriterien (vgl. Abschn. 8.3.1), gefolgt von der Vorverarbeitung und der Überführung der Daten in eine für die Erstellung der Modelle benötigte Datenstruktur (vgl. Abschn. 8.3.2). Im Anschluss daran wurden geeignete CNN-Varianten für das Modelltraining ausgewählt (vgl. Abschn. 8.3.3), deren Ergebnisse im Rahmen der Evaluation hinsichtlich ausgewählter Qualitätskriterien bewertet wurden (vgl. Abschn. 8.3.4).

Die zweite Phase beschäftigte sich anschließend mit der Modellanwendung, wo die Ergebnisse der Objekterkennung für die nachgelagerte Weinberganalyse zur operativen Unterstützung von Winzertätigkeiten verwendet wurden. Das Vorgehen

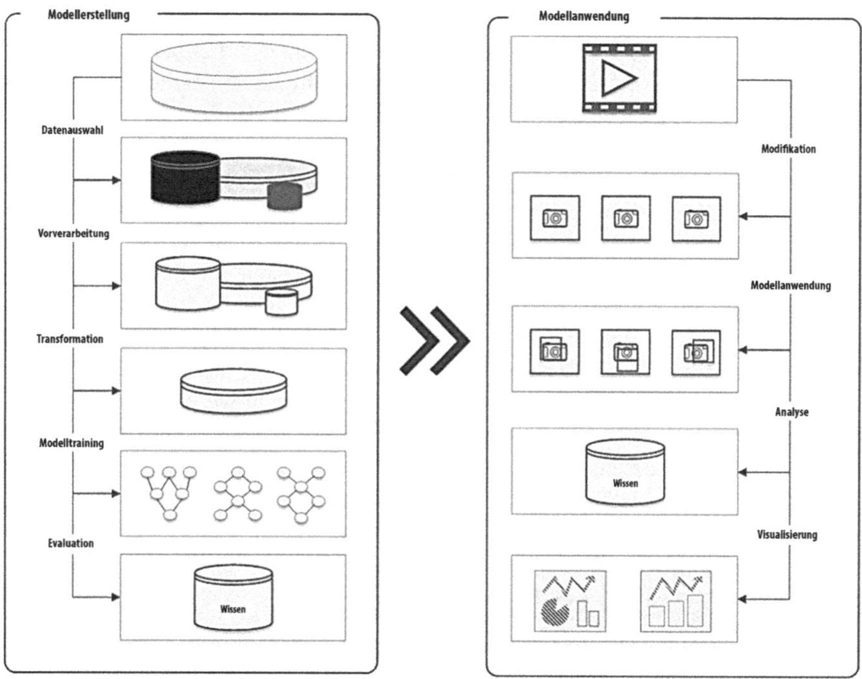

Abb. 8.3 Gesamtvorgehen zur Modellentwicklung und Modellanwendung (eigene Abbildung)

setzte sich dabei aus den Schritten *Modifikation*, *Modellverwendung*, *Analyse* und *Visualisierung* zusammen, die gemeinsam in Abschn. 8.4 für vier Teilszenarien betrachtet werden. Die Teilszenarien umfassen das Zählen von Weinreben mittels Motion Tracking (vgl. Abschn. 8.4.1), die Ermittlung von Abständen zwischen Reben und die daraus abgeleitete Erkennung von Fehlstellen (vgl. Abschn. 8.4.2), die Unterstützung der Ernteprognose auf Basis feingranularer Objekterkennungen von Weintrauben und -beeren (vgl. Abschn. 8.4.3) sowie die Ergebniseinbettung in den erforderlichen Kontext mithilfe einer Geovisualisierung (vgl. Abschn. 8.4.4).

8.3 Modellerstellung

8.3.1 Datenauswahl

Die zugrunde liegenden Daten der Fallstudie wurden von Winzern eines deutschen Weinbergs bereitgestellt, die während der Durchführung ihrer regulären Rebarbeiten das Bild- und Videomaterial mithilfe von an Fahrzeugen montierten Kameras aufzeichneten. Insgesamt standen für den Anwendungsfall etwa 1200 Bilder sowie 3 Stunden Videomaterial im Umfang von circa 50 GB zur Verfügung. Das Bildmaterial setzte sich zu großen Teilen aus Bildern in Full-HD-Auflösung sowie rund 400 Bildern in Ultra-HD-Auflösung zusammen. Die zur Verfügung gestellten Videos verfügten maximal über eine Full-HD-Auflösung. Die Bildwiederholrate der Videos lag zwischen 30 und 60 Bildern pro Sekunde. Die Bildfrequenz spielte insofern eine wichtige Rolle, da die späteren OD-Modelle auf einzelne Bilder (auch als *Frames* bezeichnet) angewandt wurden und somit mehr Bilder einem höheren Informationsgehalt entsprachen. Eine hohe Bildfrequenz ist somit von Vorteil, um Objektbewegungen zwischen aufeinanderfolgenden Frames präziser messen zu können. Weiterhin standen GPS-Informationen für einen Großteil der Daten zur Verfügung.

Da der Informationsgehalt und die Qualität der Daten für das Training von OD-Modellen von zentraler Bedeutung sind, wurde zu Beginn das verfügbare Datenmaterial gesichtet und anhand verschiedener Kriterien ausgewählt. Prinzipiell lag der Fokus der Vorauswahl darauf, die Bildausschnitte für das Training so auszuwählen, dass sie dem späteren Anwendungskontext gerecht werden, um eine möglichst hohe Modellperformance zu gewährleisten. Das bedeutet zum Beispiel, dass Reben im Trainingsdatensatz in einem ähnlichen Winkel und Abstand zueinander stehen müssen, wie es bei einem zu analysierenden Videomaterial der Fall sein wird. Im Detail wurden für diesen Zweck nach der Sichtung des gesamten Datenmaterials die folgenden drei Auswahlkriterien definiert, die zusätzlich zur Veranschaulichung in Abb. 8.4 dargestellt werden.

- **1. Kriterium – keine Fluchten:** Die Kameralinse sollte möglichst parallel zur Rebenzeile ausgerichtet sein. Damit wurde sichergestellt, dass weite Fluchten vermieden und somit unterschiedliche Größen und Perspektiven auf Reben ausgeschlossen wurden.
- **2. Kriterium – Sichtbarkeit:** Es wurden nur Bilder mit klar erkennbaren Rebstämmen berücksichtigt.
- **3. Kriterium – keine Jungreben:** In den anfänglichen Wachstumsmonaten sind die Jungreben mit speziellen Schutzmaßnahmen in Form einer Ummantelung geschützt. Winzer verwenden dabei Ummantelungen unterschiedlicher Form und Materialien. Neben den hier abgebildeten Schutzgittern werden beispielsweise auch Pappkartons und Röhren zum Schutz eingesetzt. Da in der verfügbaren Datengrundlage jedoch lediglich Jungreben mit Schutzgitter vorkamen, würden die Modelle sich auf Jungreben mit diesem Ummantelungstyp spezialisieren und somit ihre universelle Einsetzbarkeit verlieren. Folglich wurden alle Bilder mit Jungreben aussortiert.

8.3.2 Vorverarbeitung und Transformation

Im nächsten Schritt mussten die selektierten Bilder aufbereitet werden, damit sie für das Training der OD-Modelle verwendet werden konnten. Da es sich beim vorliegenden Typ der Modellerstellung um einen sogenannten überwachten Lernansatz („supervised learning") handelt, wo Trainingsdaten mit Klassenzugehörigkeiten für jeden Datensatz vorliegen, galt es, sämtliche Reben auf den Bildern im Sinne von

Abb. 8.4 Veranschaulichung der Auswahlkriterien zur Datenselektion (eigene Abbildung)

Label-Informationen zu markieren. Hierzu wurde die Position einer Rebe auf dem Bild durch eine sogenannte *Bounding-Box* in Form eines Rechtecks beschrieben, welches die Rebe umschließt. Im Rahmen der Modellbewertung wird diese gelabelte Box auch als *Ground-Truth-Box* bezeichnet, da sie das tatsächliche Auftreten eines realweltlichen Objekts im Sinne der anzunehmenden Grundwahrheit repräsentiert. Die Koordinaten der Eckpunkte einer Bounding-Box wurden gemeinsam mit der Kennung des Bildes beziehungsweise Frames sowie der Klasse des gelabelten Objekts in einer CSV-Datei abgelegt. Insgesamt wurden für den Anwendungsfall der Rebenerkennung drei verschiedene Objektklassen gelabelt, da neben den Rebstöcken zusätzlich noch Holz- und Metallpflöcke in Rebenzeilen detektiert werden sollten. Das Labeln der beiden zusätzlichen Objekte sollte dabei verhindern, dass diese später nicht fälschlicherweise als Rebstöcke klassifiziert werden. Insbesondere bei Holzpflöcken, die über das gleiche Farbschema und eine ähnliche strukturelle Beschaffenheit verfügen, besteht andernfalls Verwechslungsgefahr. Im Anschluss an das Labeln wurden zudem verschiedene Techniken zur Hervorhebung der Rebstöcke getestet, mit dem Ziel, diese später leichter identifizieren zu können. Die getesteten Verfahren zur Kantenhervorhebung konnten jedoch aufgrund der unterschiedlichen Boden- und Lichtverhältnisse im späteren Verlauf keine erheblichen Verbesserungen erzielen.

Für die Erstellung der Modelle wurde das Open Source Deep Learning Framework TensorFlow von Google verwendet. TensorFlow bietet den Vorteil, dass mit der TensorFlow Object Detection API (OD-API) ein explizites Framework zur Erstellung von OD-Modellen genutzt werden kann. Da für die Verwendung der OD-API jedoch ein spezielles Datenformat vorausgesetzt wird, mussten die Daten in einem zusätzlichen Schritt noch transformiert werden. Hierzu wurden die Daten in einem speziellen Dateiformat (.Record-Dateiarchiv) zusammengeführt, welches sowohl die Bilder als auch die in der CSV-Datei abgelegten zugehörigen Label-Informationen auf den Frames beinhaltet. Weiterhin wurden die Daten im Rahmen der Transformation in Trainings-, Validierungs- und Testdaten in einem Verhältnis von 75:20:5 aufgeteilt. Trainingsdaten wurden für die Modellerstellung und Parameteranpassung verwendet. Mithilfe der Validierungsdaten wurde die Modellperformance während des Trainings überprüft und anhand dessen die Modellauswahl durchgeführt. Auf Basis der Testdaten wurde schließlich die finale Evaluation vollzogen und die Performance der Modelle bestimmt (Raykar und Saha 2015).

8.3.3 Auswahl und Training der OD-Modelle

Die TensorFlow OD-API erleichtert das Vorgehen für Modellauswahl und -training, indem bereits vortrainierte und evaluierte Modellarchitekturen zur Modellerstellung genutzt werden können. Der Einsatz dieser Modelle im Sinne des sogenannten *Transfer Learnings* erlaubt es, in kürzester Zeit maßgeschneiderte Modelle für spezielle Problemstellungen zu erstellen. Transfer Learning steht dabei für das Wiederverwenden der Modellparameter bereits vortrainierter Modelle, statt diese vollständig neu zu erlernen. Im Speziellen bedeutet dies, dass die Modelleinstellungen eines Modells von einem Bestehenden übernommen werden, statt diese zufällig zu wählen. Im weiteren Trainingsprozess werden die Modelle dann für die Erkennung der neuen Objekte angepasst. Transfer Learning eignet sich dabei insbesondere bei geringen Datenmengen, da durch die Anpassung der vortrainierten Parameter das Defizit an Trainingsbeispielen kompensiert werden kann. Zum Vergleich: Die Bildanzahl zur Erstellung der vortrainierten Modelle lag zwischen Dreihunderttausend und mehreren Millionen. Für die Erstellung der Rebenmodelle standen demgegenüber nach Selektion und Transformation lediglich circa tausend Bilder zur Verfügung. Weiterhin kann durch den Einsatz des Transfer Learnings die benötigte Trainingszeit um ein Vielfaches reduziert werden, was es erlaubt in kürzester Zeit leistungsstarke Modelle zu erstellen (Oquab et al. 2014).

Nach einer anfänglichen Konfiguration der Modelle wurde der Trainingsprozess auf Basis der Trainingsdaten gestartet. Während des Trainings wurde der Fortschritt mithilfe einer Gütefunktion, dem sogenannten *Total Loss*, überwacht. Der Total Loss wird während des Trainings auf Basis der Validierungsdaten bestimmt und repräsentiert die Modellgüte zum jeweiligen Trainingsfortschritt. Neben der korrekten Klassifizierung der Objekte wurde dabei auch die Position erkannter Objekte zur gelabelten Ground-Truth-Box berücksichtigt. Der Trainingsprozess eines Modells wurde beendet, nachdem eine vorgegebene Güte für dieses erreicht werden konnte. Zur Erreichung dieses Abbruchkriteriums wurde eine reine Trainingszeit von 30 bis 60 Stunden mit einer NVIDIA GTX 1080Ti benötigt.

Der Trainingsprozess wurde für insgesamt drei Modelle ausgeführt, die auf den beiden Datensätzen *Common Objects in Context* (COCO) oder *Open Images Dataset* (OID) vortrainiert wurden. Der COCO-Datensatz beinhaltet über 200.000 gelabelte Bilder mit Objekten in ihrer natürlichen Umgebung (Lin et al. 2014), während die OID-Sammlung mit 9 Millionen gelabelten Bildern den größten und gleichzeitig vielseitigsten Datensatz hinsichtlich der unterstützten Anzahl an erkennbaren Objektklassen bietet (Kuznetsova et al. 2018). Zwei der drei vortrainierten Modelle basierten auf der Faster R-CNN-Architektur (Ren et al. 2017) und für das dritte Modell wurde eine R-FCN-Architektur (Dai et al. 2016) verwendet. Alle drei Weinrebenmodelle basierten somit auf aktuellsten Architekturen, deren vortrainierte Modelle von TensorFlow zur Verfügung gestellt wurden.

8.3.4 Evaluation der Modellergebnisse

Die Modellevaluation sollte die Güte der Klassifikation sowie Lokalisation der OD-Modelle bewerten. Dazu wurde jedes der OD-Modelle auf die Testdaten angewandt und das Ergebnis ausgewertet. Anhand der folgenden Bewertungskriterien konnten Aussagen über die Eignung eines Modells getroffen und die Modellperformance untereinander verglichen werden. Zunächst wurde der Modelloutput für jedes Testbild geprüft und als richtig („true") oder falsch („false") eingestuft. Jedes vom Modell ermittelte Objekt wurde hierzu mit der zugehörigen Ground-Truth-Box verglichen. Stimmten Position und Klassen-Label überein, wurde das Objekt korrekt klassifiziert. Lag ein falsches Klassen-Label für ein Objekt vor, da zum Beispiel

Abb. 8.5 Links: Ground-Truth- und Detection-Box (eigene Abbildung), rechts: Intersection over Union (IoU) (eigene Abbildung)

eine Rebe als Holzbalken eingestuft wurde, wurde das Objekt falsch klassifiziert und die Rebe als *False-Negative*-Fehler gewertet. Lag demgegenüber einem erkannten Objekt keine passende Ground-Truth-Box zugrunde, wurde dieser Modellfehler als *False Positive* eingestuft. Dies kann beispielsweise der Fall sein, wenn das Modell hochgewachsenes Unkraut als Rebe detektiert. Abb. 8.5 zeigt in Schwarz die Ground-Truth-Box einer Rebe und in Weiß die vom Modell berechnete *Detection-Box* mit Klassen-Label und Erkennungsrate („detection score").

Während das erkannte Klassen-Label direkt mit dem Ground-Truth-Label verglichen werden konnte, wurde für die Bewertung der Lokalisation ein weiteres Kriterium benötigt. Dazu wurde der Überschneidungsgrad zwischen Ground-Truth-Box und Detection-Box herangezogen, welcher auch als *Intersection over Union (IoU)* bekannt ist. Dieser berechnet sich als Verhältnis der Schnittmenge der Flächeninhalte der jeweiligen Boxen zu ihrer Gesamtfläche (vgl. Abb. 8.5). Im Rahmen der *PASCAL Visual Object Classes Challenge*, einem etablierten Benchmark-Ansatz innerhalb der OD-Community, wurde beispielsweise ein IoU-Grenzwert von 50 % als Standard definiert (Everingham et al. 2010). Dies bedeutet, dass ein korrekt klassifiziertes Objekt erst dann als *True Positive* eingestuft wird, wenn die zugehörige Detection-Box sich zu 50 % mit der Ground-Truth-Box überschneidet. Andernfalls muss das ermittelte Objekt als *False Negative* eingestuft werden, also aufgrund ungenauer Lokalisation verworfen werden. Auf Basis dieses IoU-Grenzwerts konnte somit ein Bewertungskriterium zur Modellevaluation berechnet werden, welches sowohl die Güte der Klassifikation als auch der Lokalisation einer Objektklasse einbezieht. Everingham et al. (2010) definieren dieses Kriterium als *Average Precision* (AP), welches die Precision- und Recall-Metriken einer Klasse in Beziehung setzt. Es kann außerdem zwischen der Average Precision pro Objektklasse und der durchschnittlichen Average Precision über alle Objektklassen, sprich der *Mean Average Precision* (MAP), unterschieden werden.

Da die vom OD-Modell bestimmten Positionen im nächsten Schritt von einem Motion-Tracking-Verfahren weiterverwendet wurden (siehe Abschn. 8.4.1), welches von einer präzisen Positionsbestimmung profitiert, wurden die Weinberg-OD-

Tab. 8.1 Evaluation der erstellten OD-Modelle (eigene Darstellung)

ID	Modell (Architecture/Feature Extractor/Data)	AP@IoU = 0,75 per Class			MAP@ IoU = 0,75
		Vine	Woodenstick	Metalstick	
1	F.R-CNN/resnet101/coco	0,9085	1	0,8850	**0,9312**
2	F.R-CNN/IncResnetV2/oid	0,8461	0,8865	0,7623	**0,8317**
3	R-FCN/resnet101/coco	0,9154	0,9702	0,9041	**0,9299**

Modelle jedoch mit einem strengeren Lokalisationskriterium von IoU = 75 % evaluiert. Die daraus resultierenden AP- und MAP-Werte sind in Tab. 8.1 aufgeführt. Die höchsten MAP-Werte erreichten die Modelle 1) und 3), welche sich folglich am besten für die Modellanwendung im nachfolgenden Analyseschritt eigneten. Darüber hinaus sind in praktischen Anwendungsszenarien durchaus auch weitere Bewertungskriterien wie Inferenzzeit und Modellgröße von Interesse, diese spielten allerdings im Rahmen der vorliegenden Modellevaluation keine Rolle.

Nach Abschluss der Evaluation und Vollendung des Modellerstellungsprozesses konnte als Zwischenfazit festgehalten werden, dass die bereits vortrainierten Modelle von TensorFlow erfolgreich auf den Weinanbaudatensatz angepasst werden konnten und somit das Transfer Learning solide Ergebnisse erzielte. Die dadurch erzeugten OD-Modelle waren demnach in der Lage, Reben sowie die dazugehörigen Positionen zu erkennen. Darauf aufbauend wird im nächsten Abschnitt die Anwendung des Modells zur Analyse des Weinbergs vorgestellt.

8.4 Modellanwendung

In der zweiten Phase bildete die Anwendung des trainierten OD-Modells die Grundlage zur Auswertung von Videosequenzen, in denen die zu analysierenden Rebenzeilen in ihrer Gesamtheit angezeigt wurden. Hierzu wurde das bewegte Bildmaterial schrittweise analysiert, um relevante Informationen zur Auswertung des Weinbergs zu extrahieren (vgl. Abb. 8.6).

Zunächst wurde das OD-Modell mit der besten Performance auf den Videoausschnitt angewandt und dessen Output mittels Motion Tracking verknüpft. Das Verfahren ermöglichte eine Identifizierung der Reben und ihrer Positionen. Anhand der Positionsdaten der Pflanzen konnten die Rebenabstände berechnet werden. Sie wur-

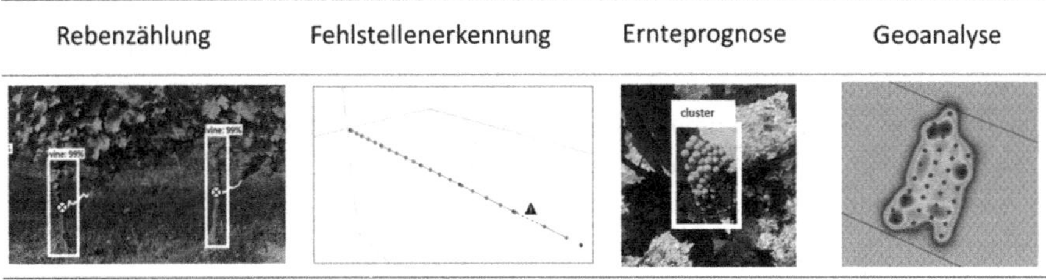

Abb. 8.6 Schritte der Weinberganalyse (eigene Abbildung)

den in einem Koordinatensystem eingetragen, um Fehlstellen aufzuzeigen. Im Anschluss daran wurde eine feingranulare Objekterkennung auf Trauben- und Beerenebene angestrebt, um die Prognose von Erntemengen gewährleisten zu können. Die gewonnenen Informationen wurden schließlich mit den verfügbaren Geodaten angereichert, um sie exemplarisch auf einer Heatmap des Weinbergs zu visualisieren und somit den Winzern ein Werkzeug zur operativen Entscheidungsunterstützung bereitzustellen. Nachfolgend wird auf die methodischen und technischen Details zur Realisierung der einzelnen Analyseschritte näher eingegangen.

8.4.1　Rebenzählung mittels Motion Tracking

Eine wesentliche Herausforderung beim Zählen von Objekten in bewegten Bildern ist dadurch gegeben, dass OD-Modelle im Videomaterial jeweils nur einen Frame pro Durchlauf verarbeiten können und dabei die dazugehörigen Kontextinformationen bezüglich vor- oder nachgelagerter Frames fehlen. Aus diesem Grund musste für den vorliegenden Fall eine frameübergreifende Logik entwickelt werden, um die OD-Ergebnisse der einzelnen Bilder miteinander zu verknüpfen und nicht mehrfach zu zählen.

Während hierzu gezielt einige Gegebenheiten des Weinanbaus genutzt wurden, wie zum Beispiel die Vorgabe eines gewissen Mindestabstands zwischen zwei Reben, brachte die Anwendungsdomäne demgegenüber auch einige Hürden mit sich, die es bei der Videoanalyse zu berücksichtigen galt. Beispielsweise konnten im Gegensatz zu Holzpflöcken und Metallstangen einige unregelmäßigere beziehungsweise seltener auftretende Objekte nicht vorsorglich gelabelt werden, wodurch es zu Klassifikationsfehlern kam. Insbesondere hochgewachsenes Unkraut und Schatten wurden gelegentlich fälschlicherweise als Reben im Sinne von *False Positives* erkannt und mussten daher nachträglich herausgefiltert werden. Zudem werden Reben auf Weinbergen in der Regel in parallel verlaufenden Zeilen angepflanzt. In Abhängigkeit von Laubdichte und Kamerawinkel konnte es somit zu Erkennungen von Reben der hinteren Zeile kommen. Da jedoch jeweils nur die vorderste Zeile ausgewertet werden sollte, musste festgelegt werden, welche der Detection-Boxen in die Auswertung eingehen. Eine weitere Hürde ergab sich aufgrund der Laubbedeckung von Reben. Durch die Bewegung der Kamera an den Reben vorbei waren einige Reben für mehrere Frames gänzlich durch eine Laubwand verdeckt, während sie auf späteren Frames wieder sichtbar wurden. In solchen Situationen musste ebenfalls eine Mehrfachzählung verhindert werden.

Um die geschilderten Hürden entsprechend zu adressieren, wurde ein *Motion-Tracking*-Verfahren mit frameübergreifender Logik entwickelt, welches in der Lage war, die Position einer einmal erkannten Rebe über einen Videoausschnitt zu verfolgen. Dadurch konnten Reben eindeutig identifiziert und Mehrfachzählungen vermieden werden. Die Grundidee des Ansatzes besteht in der Zuordnung von Detection-Boxen zu physisch vorhandenen Reben bei gleichzeitigem Erkennen und Auflösen von Fehlern des trainierten OD-Modells. In Abb. 8.7 ist das Ergebnis des Motion-Tracking-Verfahrens dargestellt. Die weißen Boxen sind die erkannten

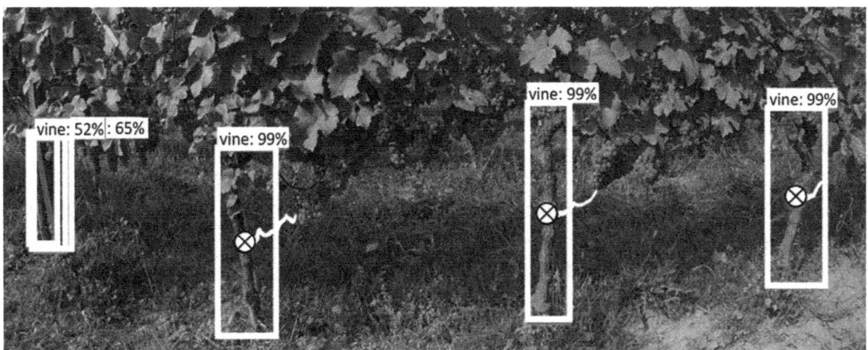

Abb. 8.7 Einsatz des Motion-Tracking-Verfahrens zur Vermeidung von Mehrfachzählungen (eigene Abbildung)

Detection-Boxen des aktuellen Frames. Die weiße Spur stellt die letzten 20 Positionen einer Rebe dar. Das Kreuz markiert die berechnete erwartete Position der Rebe. Die Abbildung veranschaulicht, wie sich die einzelnen Reben über den Videoausschnitt verfolgen lassen.

Für das Motion Tracking wurde jeder Frame eines Videos in drei Schritten verarbeitet: Im ersten Schritt erfolgte die Anwendung des trainierten OD-Modells zur Rebenerkennung, wodurch als Output die jeweils erkannten Detection-Boxen ausgegeben wurden. Da die Anzahl der ausgegebenen Detection-Boxen nicht immer der tatsächlichen Objektanzahl im Frame entsprach, wurden im zweiten Schritt nicht benötigte Detection-Boxen auf Basis vordefinierter Regeln herausgefiltert. Einerseits wurden hierfür Boxen in den oberen 30 % des Bildes ignoriert, um eventuell erkannte Reben der hinteren Reihe auszuschließen. Andererseits wurden nur Detection-Boxen verwendet, die Reben mit mindestens 70 % Detection Score identifizieren. Dadurch konnten wiederum viele *False-Positive*-Erkennungen wie zum Beispiel hoch gewachsenes Unkraut aussortiert werden. Anschließend wurden im dritten Schritt die übrigen Detection-Boxen den Reben zugewiesen. Tauchte eine Rebe zum ersten Mal im Video auf und wurde vom OD-Modell erkannt, wurde für sie ein neues Objekt angelegt und die dazugehörigen Datenattribute gespeichert. Dazu zählten die Koordinaten der Detection-Box sowie die zugehörige Frame-Nummer. Der Mittelpunkt einer Detection-Box wurde dabei als Position der Rebe festgehalten. Diese Position diente als Grundlage für die Zuordnung weiterer Detection-Boxen derselben Rebe zu diesem Objekt. Aus der letzten Position und der Geschwindigkeit wurde die erwartete Position für das aktuelle Frame bestimmt und mit den vorhandenen Detection-Boxen verglichen. Die Berechnung der Geschwindigkeit erfolgte dabei als durchschnittliche, in Pixel gemessene Bewegung über vorangegangenen Positionsänderungen. Befand sich eine Detection-Box innerhalb eines Toleranzbereichs um die erwartete Position einer Rebe, wurde die Box dem Objekt zugewiesen. So wurden alle Detection-Boxen auf zugehörige Objekte aufgeteilt. Die erwartete Position wurde auch dann berechnet, wenn einem Objekt keine neue Box zugewiesen wurde. Dadurch konnten auch Reben verfolgt werden, die über mehrere Frames von der Laubwand verdeckt waren und folglich nicht erkannt werden konnten. Wurde die Rebe wieder sichtbar, ließen sich somit ihre Detection-Boxen demselben Objekt zuordnen.

Sobald der Videoausschnitt der zu analysierenden Rebenzeile vollständig verarbeitet wurde, konnte die Rebenanzahl über die Menge der Objekte ermittelt werden. Durch die Zuordnung der Detection-Boxen zu den angelegten Objekten konnte das Problem der Mehrfachzählung gelöst werden. Zusätzlich gingen nur Objekte mit mindestens zehn zugewiesenen Detection-Boxen in die Zählung ein. Dieser Schwellwert diente ebenfalls der Absicherung gegenüber hartnäckigeren *False-Positive*-Fällen, bei denen anderweitige Objekte beispielsweise aufgrund besonderer Lichtverhältnisse als Reben erkannt wurde. Diese Fehler traten meist nur für wenige Frames auf und konnten so herausgefiltert werden. Das beschriebene Motion-Tracking-Verfahren auf Basis einer frameübergreifenden Logik war somit in der Lage, die erkannten Objekte des OD-Modells zuverlässig den tatsächlichen Reben zuzuordnen.

8.4.2 Rebenabstände und Fehlstellenerkennung

Neben der Rebenerkennung und -zählung wurde zusätzlich das Ziel verfolgt, die Abstände zwischen den Reben zu ermitteln und darüber auf mögliche Fehlstellen zu schließen. Der Rebenabstand beschreibt allgemein die Distanz zwischen zwei aufeinanderfolgenden Reben in einer Reihe. In der Regel ist diese Distanz innerhalb einer Reihe konstant, da die Weinreben in einem gleichmäßigen Abstand angepflanzt werden. Dennoch kann es vorkommen, dass Pflanzen absterben beziehungsweise durch äußere Einflüsse zerstört werden, wodurch es zu einer Fehlstelle kommen kann. Hierfür sollte eine automatisierte Erkennung auf Basis des Videomaterials ermöglicht werden, um dem Winzer eine Empfehlung zu geben, an welchen Stellen auf dem Weinberg neue Reben gepflanzt werden sollten.

Hierzu wurde der Ansatz verfolgt, immer dann eine solche Fehlstelle zu markieren, wenn der Rebenabstand zwischen zwei Reben überdurchschnittlich groß war. Die Grundlage dafür stellte die Analyse aus dem vorherigen Schritt dar, wo Reben über mehrere Frames hinweg verfolgt und deren Position ermittelt wurden. Der Abstand wurde somit anhand der Pixeldistanz zwischen zwei benachbarten Reben gemessen. Da diese Distanz jedoch aufgrund von Verzerrungen des Bildes durch die Kameralinse über mehrere nacheinander folgende Video-Frames hinweg leicht variiert, wurde zur genaueren Berechnung der Pixeldistanz ein Mittelwert gebildet.

Für die Visualisierung der Rebenpositionen wurden die Daten in ein Koordinatensystem überführt, wobei die erste Rebe einer Reihe im Koordinatenursprung eingetragen wurde und alle nachfolgenden Pflanzen sich anhand ihrer ermittelten Distanzen einordneten. Abb. 8.8 zeigt exemplarisch die Einordnung von Reben einer Reihe. Durch die hellgrauen Punkte werden einzelne Reben repräsentiert, während die dunkelgrauen Punkte verschiedene Stützpflöcke darstellen. Des Weiteren wurden auch die Distanzen zwischen den Reben bewertet. Somit erhalten zwei Reben eine durchgezogene Verbindung, wenn ein normaler Rebenabstand vorliegt, und

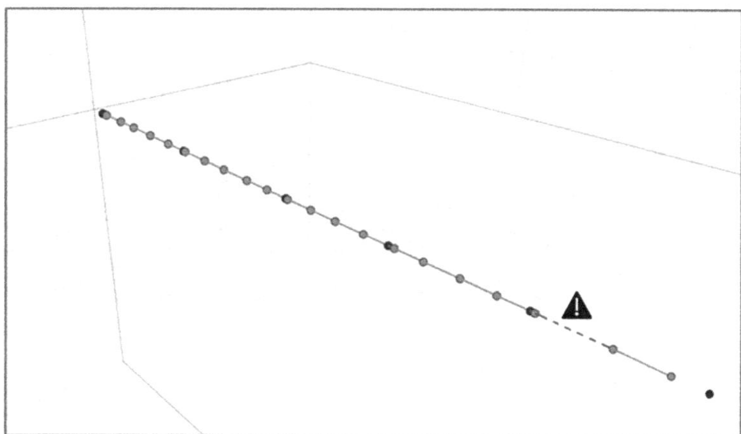

Abb. 8.8 Veranschaulichung der Rebenpositionen in einem Koordinatensystem (eigene Abbildung)

eine gestrichelte Verbindung, sobald die Distanz überdurchschnittlich hoch ist, wodurch sich schnell Fehlstellen (vgl. Symbol Ausrufezeichen) feststellen lassen. Da diese Abbildung eine modellhafte Darstellung der Realwelt ist, können diese Positionen auch auf GPS-Koordinaten übertragen werden (siehe Abschn. 8.4.4).

8.4.3 Ernteprognose durch erweiterte Modelle zur Trauben- und Beerenzählung

Ausgehend von der initialen Problemstellung der Rebenzählung wurde im nächsten Schritt die Zählung von potenziellem Erntegut untersucht, um entsprechende Ertragsprognosen zu ermöglichen. Hierzu wurde zwischen zwei Aggregationsebenen unterschieden. Dies umfasste einerseits Trauben als größere Ansammlung von Weinbeeren und andererseits einzelne Beeren als feingranulare Objekte. Sowohl für die Trauben- als auch die Beerenzählung mussten neue Modelle für die Detektion der gewünschten Objekte erstellt werden, wobei rote und grüne Pflanzen als einzelne Varianten betrachtet wurden.

Die Modellerstellung zur Traubenzählung folgte dabei im Wesentlichen der erläuterten Vorgehensweise aus Abschn. 8.3, während die Beerenzählung eigene Modelltypen erforderte, welche stärker auf das Zählen von Objekten in dichtbesetzten Umgebungen abgestimmt sind (Heinrich et al. 2019b). Das Vorgehen analog zum vorgestellten Verfahren des Motion Trackings war wiederum in beiden Fällen nicht direkt möglich. Aufgrund der geringen räumlichen Distanzen einzelner Objekte bis hin zur Überlappung lassen sich die verhältnismäßig kleinen Objekte nicht exakt über einzelne Frames hinweg verfolgen, um sie korrekt zählen zu können. Stattdessen wurde als Hilfsmittel eine Art Panorama der Videosequenzen erstellt, um darüber den gesamten Inhalt des Bildmaterials ohne Überschneidungen abzubilden.

Abb. 8.9 Panoramaerstellung (eigene Abbildung)

Tab. 8.2 Evaluation der erstellten OD-Modelle für Traubenerkennung (eigene Darstellung)

ID	Modell (Architecture/Feature Extractor/Data)	AP@IoU = 0,75
1	F.R-CNN/resnet101/coco	1
2	F.R-CNN/IncResnetV2/oid	0,9811

Zur Erstellung eines solchen Panoramas wurde der Ansatz verfolgt, auf den Frames in Abspielrichtung eine imaginäre Linie mit der durchschnittlichen Geschwindigkeit des Videos mitlaufen zu lassen. Als Geschwindigkeiten wurden Durchschnittswerte der bereits zuvor ermittelten Pixelgeschwindigkeiten der erkannten Objekte des Motion Trackings angesetzt (vgl. Abschn. 8.4.1). Sobald die imaginäre Linie den gesamten Bildausschnitt einmal überquerte, wurde der aktuelle Frame als Bilddatei gespeichert und die Linie wieder auf die Ausgangsposition am Bildrand zurückgesetzt. Dieses Vorgehen wurde für das gesamte Video ausgeführt, um eine Folge an überschneidungsfreien Frames zu erhalten. Abb. 8.9 zeigt exemplarisch den Durchlauf der imaginären Linie bei der Erstellung einer Panoramafolge. Die dadurch erzeugten Panoramabilder wurden im nächsten Schritt für das Zählen von Trauben und Beeren genutzt, da sie die gesuchten Objekte im Idealfall einmalig abbildeten und somit der Problematik der Mehrfachzählung entgegengewirkt wurde.

Zur Schätzung der potenziellen Erntemenge wurden die Ergebnisse auf Trauben- und Beerenebene in Kombination zueinander untersucht. Auf Traubenebene wurde hierzu der Flächeninhalt der erkannten Trauben ermittelt, da die Größe der Traubenfläche mit der Anzahl enthaltener Weinbeeren einhergeht. Tab. 8.2 fasst die Evaluationsergebnisse der Modelle zur Erkennung von Trauben zusammen. Weiterhin bestand die Möglichkeit, Ernteprognosen auf Basis der Traubenfläche durch den Einsatz der sogenannten *Object Segmentation* zu verfeinern. Verfahren dieser Art werden auch als semantische Objektsegmentierung bezeichnet und zielen darauf ab, einzelne Objekte vom Hintergrund und benachbarten Objekten pixelgenau zu unterscheiden, was eine präzisere Berechnung der Traubenfläche ermöglichte (He et al. 2017). Abb. 8.10 zeigt exemplarisch die Unterschiede der Objekterkennung zwischen *Object Detection* und *Object Segmentation* am Beispiel einer Traube.

Die zusätzliche Modellerstellung auf Beerenebene weist demgegenüber einige Unterschiede zur vorherigen Vorgehensweise auf. So wurden mithilfe einer La-

Abb. 8.10 Object Detection vs. Object Segmentation (eigene Abbildung)

Abb. 8.11 Annotierte Beeren mit unterschiedlichen Belichtungsverhältnissen (eigene Abbildung)

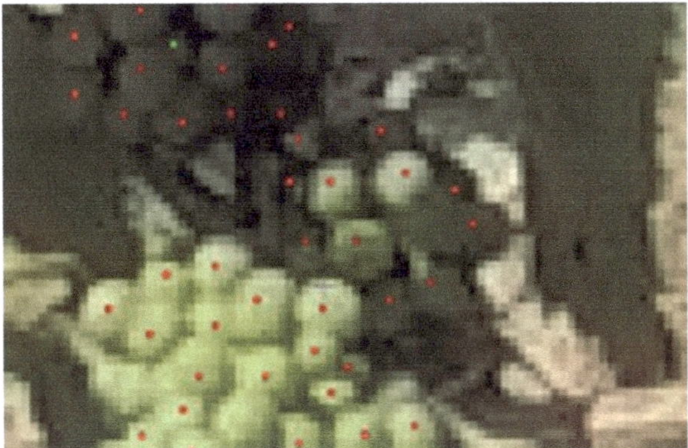

beling-Software exemplarisch 100 Bildausschnitte annotiert und die Beeren jeweils mit einem zentralen roten Punkt gekennzeichnet (Heinrich et al. 2019b). Die Bildabschnitte des Panoramas weisen im Gegensatz zur Rebstockzählung einige Probleme für das Zählen der Beeren auf. Zunächst wurde der Bildausschnitt im Panorama so gewählt, dass der Weinstock in seiner gesamten Höhe abbildbar ist, damit neben der Anzahl der Weinbeeren auch andere Auswertungen durchgeführt werden könnten. Da die eigentlichen Trauben aber immer im unteren Teil der Pflanze hängen, würde für diese Aufgabe auch ein kleinerer Ausschnitt genügen, wodurch die einzelnen Beeren wesentlich größer sichtbar sein würden. In dem gegebenen Video messen die Beeren beispielsweise nur wenige Pixel (ca. 5–20) im Durchmesser, wodurch eine Zählung nach Verkleinerung der Bilder schwieriger wird. Als weiteres Problem tritt die unterschiedliche Belichtung der Objekte auf. Wie in Abb. 8.11 zu sehen ist, sind einige der Beeren der Sonne ausgesetzt, während sich andere im

Tab. 8.3 Evaluation der erstellten Modelle zur Beerenzählung (eigene Darstellung)

ID	Modell	MAE	NMAE	Inferenzzeit
1	Wang et al. (2015)	64,2 (57,8; 61,4; 73,4)	19,4 % (15,2 %; 19,3 %; 23,7 %)	1,9 ms
2	Marsden et al. (2018)	64,4 (59,0; 84,1; 50,2)	18,7 % (17,0 %; 24,6 %; 14,5 %)	4,9 ms
3	Cohen et al. (2017)	75,5 (63,7; 81,2; 81,6)	22,0 % (13,6 %; 29,2 %; 23,2 %)	56 ms

Schatten befinden. Dies führt zu stark unterschiedlichen Helligkeiten und Farbtönen und erschwert somit die korrekte Erkennung und Zählung der Objekte.

Zur Lösung der Aufgabe der Beerenzählung wurden drei Modelle mit dem expliziten Fokus des Zählens der Objekte trainiert. Es sind an die Problematik angepasste CNN-Modelle. Dabei kommt zunächst ein aus der Domäne des sogenannten *Crowd Countings* angewandtes Modell von Wang et al. (2015) zum Einsatz, welches darauf spezialisiert ist, Objekte in unübersichtlichen großen Objektmengen mit starker Überlappung zu erkennen und damit eine große Ähnlichkeit in Art und Weise der Aufgabenstellung zur Beerenzählung aufweist. Weiterhin kommt ein CNN-Modell von Marsden et al. (2018) zum Einsatz, welches den Vorteil hat, auf Bildern jeglicher Dimension trainiert zu werden und so auch für verschiedene Größen von Bildausschnitten mit Beeren geeignet erscheint. Im Gegensatz zum ersten Modell verfolgt das zweite Modell nicht den Ansatz eine Gesamtanzahl für das gesamte Bild auszugeben, sondern durch Pixeldichteschätzung der einzelnen Bildbereiche eine Gesamtanzahl zu schätzen. Das dritte Modell bildet einen hybriden Ansatz zwischen diesen beiden Vorgehensweisen ab und stammt von Cohen et al. (2017). Die Ergebnisse zur Beerenzählung sind in Tab. 8.3 abgebildet. Zur Evaluation werden zwei Metriken genutzt. Der *Mean Absolute Error* (MAE) gibt die durchschnittliche Abweichung zwischen der wahren Anzahl der Objekte (= Beeren) und der durch das Modell geschätzten Anzahl an. Der *Normalized Mean Absolute Error* (NMAE) berücksichtigt dabei ebenfalls die Anzahl der wahren Objekte und stellt eine relative Version des MAE dar. Die Evaluation wurde durch 3-fold Cross-Validation durchgeführt, um die Modelle zusätzlich auf Stabilität zu prüfen. Die Ergebnisse der drei einzelnen Durchläufe sind ebenfalls in Tab. 8.3 abgebildet.

Es ist deutlich zu erkennen, dass die Aufgabe der Beerenzählung eine größere Herausforderung darstellt und diese Aufgabe nicht mit der gleichen Validität wie die Objekterkennung im Bereich der Rebstock- und Traubenzählung erledigt werden kann. Es gibt bei den Abweichungen allerdings keine generellen Tendenzen zur Über- oder Unterschätzung. Abb. 8.12 zeigt die Anwendung des Modells von Wang et al. (2015) auf zwei Beispielbilder. Zusätzlich schwanken die Modellergebnisse pro Durchlauf relativ stark, so dass die Modelle im Sinne der Reliabilität eher als mittelmäßig eingestuft werden müssen. Dennoch sind die Modelle insbesondere in Kombination mit den Ergebnissen der Traubenzählung gut geeignet, um die potenzielle Erntemenge grob zu approximieren. Die exemplarischen Inferenzzeiten der Beerenmodelle liegen zudem Millisekunden-Bereich, was es ermöglicht, die Reben in einem aufwandsarmen „Drive-By-Verfahren" (z. B. mit einem Traktor) zu zählen.

Abb. 8.12 Anwendung und Schätzungsergebnisse des Modells von Wang et al. (2015) auf zwei Beispielbilder (eigene Abbildung)

8.4.4 Geoanalyse

Zur Generierung eines Mehrwerts für den Winzer wurden die bisher erlangten Erkenntnisse schließlich adressatengerecht aufbereitet und in den erforderlichen Kontext gestellt. Wie bereits in Abschn. 8.4.2 veranschaulicht, ließen sich allein auf Basis von Videoaufzeichnungen der Rebenzeilen die Positionen der Reben in ein Koordinatensystem übertragen. Durch die zusätzliche Anreicherung mit GPS-Daten war es zudem möglich, die Positionen auf einer Karte des Weinbergs einzuzeichnen. Das Ergebnis ist in Abb. 8.13 veranschaulicht.

Der Winzer kann somit die genaue Position sämtlicher Reben einsehen und gezielte Maßnahmen treffen, um seinen Ertrag zu maximieren. So können beispielsweise Fehlstellen behoben werden, die ebenfalls auf der Karte markiert werden können. Der wesentliche Mehrwert liegt jedoch in der Kombination der Rebenpositionen mit den Daten aus der Beeren- beziehungsweise Traubenzählung. Durch die Veranschaulichung der potenziellen Erntemengen auf einer Heatmap lassen sich so besonders fruchtbare Bereiche hervorheben. In ertragsschwächeren Gebieten könnte der Winzer dann gezielt Düngungs- und Bewässerungstechniken einsetzen, um die Fruchtbarkeit zu steigern und den Ertrag zu maximieren. Weiterhin ist es denkbar, dass sich durch die kontinuierliche Aufnahme neuer Daten und deren Auswertung die zeitliche Entwicklung des Weinbergs darstellen lässt. Hierdurch könnten zum Beispiel Rückschlüsse auf die Wirksamkeit von getroffenen Maßnahmen wie Düngungs- oder Bewässerungsstrategien geschlossen werden. Der vorgestellte Ansatz zur visuellen Darstellung der Analyseergebnisse bietet somit eine solide Ausgangsbasis zur Überwachung und Steuerung von Winzertätigkeiten auf dem Weinberg.

 Veranschaulichung
der potenziellen
Erntemengen mithilfe einer
Heatmap (eigene
Abbildung)

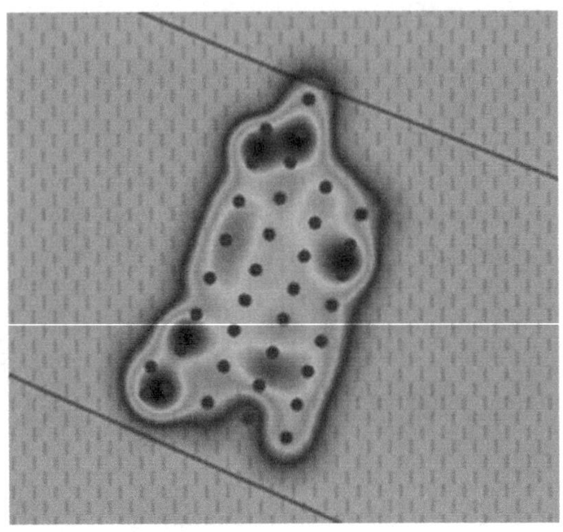

8.5 Diskussion und Handlungsempfehlungen

Deep Learning wird aktuell in der betrieblichen Praxis noch weitestgehend als komplexes Anwendungsgebiet aufgefasst, dessen Bestandteile zunächst nur von Fachexperten durchdrungen werden können. Der vorgestellte Anwendungsfall demonstriert jedoch, dass schon nach einer kurzen Einarbeitungsphase und mit minimalen Vorkenntnissen vielversprechende Ergebnisse bei der Anwendung erzielt werden können. Das Framework TensorFlow setzt keine tief greifenden Programmierkenntnisse für die Erstellung eigener Modelle voraus und erleichtert die Anwendung dieser. Darüber hinaus bietet das Framework bereits vordefinierte Architekturen, welche sich mithilfe von Transfer Learning schnell auf den eigenen Anwendungsbereich anpassen lassen. Dennoch gibt es wichtige Faktoren, die für ein optimales Ergebnis des vorgestellten Ansatzes beachtet werden sollten.

Zunächst ist es wichtig, dass die Daten eine hohe Qualität aufweisen. Hierzu zählt unter anderem der Aufnahmewinkel der Kamera. Er sollte so gewählt werden, dass die Stämme der Reben und die Trauben möglichst gut zu erkennen sind. Die Laubwand oberhalb der Traubengrenze ist nicht von Interesse, wodurch sich eine Kameraneigung von rund 45 Grad ergibt. Die Kamera sollte sich außerdem parallel zur Rebenzeile bewegen, um Fluchten am Bildrand zu vermeiden. Einen weiteren Faktor stellt die Bewegungsgeschwindigkeit dar. Die Kamera sollte mit einer möglichst gleichbleibenden Geschwindigkeit bewegt werden. Dieses Vorgehen verhindert unscharfe Aufnahmen und verbessert somit die Identifikation, die Lokalisation und das Motion Tracking der Reben. Weiterhin sollte die gewählte Aufnahmequalität berücksichtigt werden. Während der Modellerstellung fiel auf, dass eine Full-HD-Auflösung für die Erkennung von Reben ausreichend ist. Die Ernteprognose hingegen profitiert von einer höheren Auflösung und erzielt folglich bessere Ergebnisse auf einer Ultra-HD-Auflösung. Neben der Auflösung spielt die Bitrate der aufgenommen Videos eine wichtige Rolle. Bei schnellen Bewegungen kann eine niedrige Bitrate zu unscharfen Einzelbildern führen, was sich wiederum negativ auf die Ergebnisse des Modells auswirkt.

Neben der Optimierung der Aufnahmetechnik können auch innerhalb des Weinbergs Vorkehrungen getroffen werden, um die Analysen zu verbessern. Für die Vermeidung von *False Positives* gilt es, mögliche Störfaktoren zu beseitigen. Hierzu zählen unter anderem hochwachsendes Unkraut sowie andere Objekte, die eine ähnliche Struktur zu den Stämmen der Reben aufweisen. Die Sichtbarkeit von Reben und Beeren ist ein wichtiger Faktor. Da Reben und Beeren in einigen Fällen durch die Laubwand verdeckt sind, empfiehlt es sich, die Sichtbarkeit dieser durch eine gezielte Entlaubung zu verbessern.

Zuletzt sollten bei der Modellerstellung auch Maßnahmen zur Verbesserung der Objekterkennung berücksichtigt werden. Hierbei sollten eigene Klassen für Holz- und Metallpflöcke angelegt werden, damit diese bei der Identifizierung nicht mit Weinreben verwechselt werden. Außerdem kann die Genauigkeit der Modelle durch eine Vergrößerung der Datenbasis weiter optimiert werden. Durch eine große Vielfalt an Reben, Bodenbeschaffenheiten sowie Wetterbedingungen lassen sich somit robustere Modelle erstellen.

8.6 Fazit und Ausblick

Das Ziel des Beitrags war es, einen Überblick über den praktischen Einsatz von Methoden des Deep Learnings und der Objekterkennung im Weinanbau zu geben sowie die damit verbundenen Herausforderungen aufzuzeigen. Dazu wurde ein System zur Weinberganalyse gestaltet, welches das automatische Zählen von Weinreben auf Basis von visuellen Erkennungsmodellen ermöglicht. Zunächst wurden Bilder und Videos von Rebenzeilen gesichtet und aufbereitet, um eine Grundlage für die Anwendung der datengestützten Objekterkennung zu schaffen. Auf dieser Basis wurden mit TensorFlow geeignete OD-Modelle erstellt. Für die Erstellung dieser Modelle konnte erfolgreich das Konzept des Transfer Learnings unter der Verwendung bereits vortrainierter Modelle eingesetzt werden. Auf diesen OD-Modellen aufbauend wurde anschließend ein System zur Analyse von Videos aufgebaut, welches mit einer frameübergreifenden Logik die OD-Ergebnisse verknüpft. Das Verfahren ermöglichte dadurch eine Identifizierung von Reben und ihrer Positionen. Neben der Erfassung und Zählung von Reben wurde die Objekterkennung zudem an Beeren und Trauben verprobt und die Ergebnisse unter Einbezug von GPS-Daten visualisiert.

Das System bietet einen Ansatz zur automatisierten Analyse einer Rebenzeile. Es übernimmt Aufgaben der Rebinventur wie zum Beispiel das Zählen von Pflanzen zur Überwachung des Bestands und gewährleistet die Erfassung von Fehlstellen, um eine optimale Bepflanzung der Rebenzeilen zu ermöglichen. Außerdem konnte die Erkennung von Trauben und Beeren zur Unterstützung von Ernteprognosen und Fruchtbarkeitsanalysen in das System integriert werden. Während das vorgestellte System somit bereits verschiedenste Szenarien der Weinberganalyse zur Unterstützung von Winzertätigkeiten abdeckt, bleiben noch einige weitere Herausforderungen sowie fortführende Forschungspotenziale für eine vollautomatische Analyse bestehen. Dazu zählen beispielsweise eine präzisere Erkennung und Isolierung von Objekten auf Beerenebene, die Identifikation von Jungreben auf Basis unterschiedlicher Farben und Formen der Schutzmaßnahmen oder auch das Erkennen eines Rebenzeilenwechsels innerhalb eines Videos. Zudem ergeben sich noch weitere Automatisierungspotenziale durch die Verwendung alternativer Aufnahmegeräte, wie zum Beispiel den Einsatz von Drohnen, die beim autonomen Abfliegen des Weinbergs das erforderliche Videomaterial aufnehmen könnten.

Hinsichtlich der Evaluation wurde das entwickelte System bisher dahingehend ausgewertet, dass es den Winzern des betroffenen Weinbergs als Prototyp vorgestellt wurde und eine erste qualitative Einschätzung erfolgte. Dabei stieß der Prototyp in seinem aktuellen Stadium insgesamt auf sehr positive Resonanz. Hervorgehoben wurde vor allem die einfache Handhabung, da die implementierte Anwendungslogik ohne größere Eingriffe im Hintergrund die eingehenden Videosequenzen automatisch auswertet, die darin erkannten Weinobjekte mittels Bounding Boxes und Detection Scores annotiert, das Auftreten der Objekte im bewegten Videomaterial folgerichtig zählt und die ermittelten Analyseergebnisse zum Beispiel in Form einer leicht verständlichen Heatmap ausgibt. In zukünftigen Arbeiten ist es zudem geplant, das entwickelte System hinsichtlich verschiedener quantitativer Evaluationsaspekte auszuwerten. Dazu soll beispielsweise in der nächsten Fruchtbarkeitsperiode die Genauigkeit der Objekterkennung und -zählung großflächig mit tatsächlichen Werten überprüft werden und es ist eine Messung der zeitlichen und finanziellen Einsparpotenziale im Vergleich zu manuellen Rebinventuren geplant.

Das in der vorliegenden Fallstudie aufgezeigte Vorgehen lässt sich ohne größere Modifikationen auch auf weitere landwirtschaftliche Anwendungen mit ähnlicher Thematik übertragen. Die Deep-Learning-Modelle könnten auf eine nahezu beliebige Objektdomäne trainiert werden und somit beispielsweise beim Anbau von Apfelbäumen oder Hopfen Einsatz finden. Darüber hinaus ist aber auch eine Übertragung auf gänzlich neue Disziplinen denkbar. Das Vorgehen ist dahingehend ausreichend generisch, um es für beliebige Anwendungsszenarien wiederzuverwenden, in denen Objekte über verschiedene Hierarchieebenen hinweg in bewegtem Bildmaterial erkannt und folgerichtig gezählt werden müssen. Mögliche Anwendungsszenarien ergeben sich beispielsweise im Verkehrswesen im Zusammenhang mit autonomen Fahrzeugen (Friederich und Zschech 2020) oder in der Fertigungsindustrie, wo bildgebende Sensoren zur Qualitätsprüfung zum Einsatz kommen (Zschech et al. 2021).

Mit Blick auf die Zukunft der erstellten Lösung lässt sich anmerken, dass der Bereich der Objekterkennung ein aktives Forschungsfeld ist. Die im Verfahren genutzten Modelle sind State of the Art und problemlos durch neuere Modelle austauschbar. TensorFlow veröffentlicht beispielsweise stets neue vortrainierte Modelle aktueller OD-Architekturen, die mittels Transfer Learning für den individuellen Anwendungsfall angepasst werden können. Das Transfer Learning erlaubt dabei in kurzer Zeit und mit verhältnismäßig kleinen Datensätzen die Erstellung leistungsstarker Modelle. Dies spielt vor allem für die Unternehmenspraxis eine große Rolle, da der Prozess der Aufbereitung großer Datenbestände in der Regel sehr zeitaufwendig und mit einem hohen manuellen Arbeitsaufwand verbunden ist.

Literatur

Bishop C (2006) Pattern recognition and machine learning. Springer, New York

Blume T, Stasewitsch I, Schattenberg J, Frerichs L (2018) Objekterkennung und Positionsbestimmung in der Landwirtschaft am Beispiel eines Ankoppelassistenten. LANDTECHNIK Agric Eng 73(1):1–9. https://doi.org/10.15150/lt.2018.3176

BMEL (2017) Digitalisierung in der Landwirtschaft: Chancen und Risiken. Bundesministerium für Ernährung und Landwirtschaft (BMEL). https://www.bmel.de/DE/Landwirtschaft/_Texte/Digitalisierung-Landwirtschaft.html. Zugegriffen am 25.01.2019

Cohen JP, Boucher G, Glastonbury CA, Lo HZ, Bengio Y (2017) Count-ception: counting by fully convolutional redundant counting. In: 2017 IEEE International Conference on Computer Vision Workshops (ICCVW), S 18–26. https://doi.org/10.1109/ICCVW.2017.9

Dai J, Li Y, He K, Sun J (2016) R-FCN: object detection via region-based fully convolutional networks. In: Advances in neural information processing systems, S 379–387. https://dl.acm.org/doi/10.5555/3157096.3157139

Everingham M, Van Gool L, Williams CKI, Winn J, Zisserman A (2010) The pascal visual object classes (VOC) challenge. Int J Comput Vis 88(2):303–338. https://doi.org/10.1007/s11263-009-0275-4

Fayyad U, Piatetsky-Shapiro G, Smyth P (1996) From data mining to knowledge discovery in databases. AI Mag 17(3):37–54. https://doi.org/10.1609/aimag.v17i3.1230

Friederich J, Zschech P (2020) Review and systematization of solutions for 3D object detection. In: Proceedings of the 15th international conference on Wirtschaftsinformatik (WI). GITO, Potsdam, S 1699–1711. https://doi.org/10.30844/wi_2020_r2-friedrich

He K, Gkioxari G, Dollár P, Girshick R (2017) Mask R-CNN. In: IEEE International Conference on Computer Vision (ICCV). Venice, Italy, S 2980–2988. https://doi.org/10.1109/ICCV.2017.322

Heinrich K, Roth A, Breithaupt L, Möller B, Maresch J (2019a) Yield prognosis for the Agrarian Management of Vineyards using deep learning for object counting. In: Tagungsband 14. Internationale Tagung Wirtschaftsinformatik, Siegen

Heinrich K, Roth A, Zschech P (2019b) Everything counts: a taxonomy of deep learning approaches for object counting. In: Proceedings of the 27th European conference on information systems. Stockholm, Schweden

Hemmerling U, Pascher P, Naß S, König A, Gaebel C (2015) Situationsbericht 2015/16: Trends und Fakten zur Landwirtschaft. Deutscher Bauernverband e.V. https://www.bauernverband.de/situationsbericht-2015-16. Zugegriffen am 25.01.2019

Kuznetsova A, Rom H, Alldrin N et al (2018) The open images dataset V4: unified image classification, object detection, and visual relationship detection at scale. http://arxiv.org/abs/1811.00982. Zugegriffen am 25.01.2019

LeCun Y, Bengio Y, Hinton G (2015) Deep learning. Nature 521:436–444. https://doi.org/10.1038/nature14539

Lin TY, Maire M, Belongie S et al (2014) Microsoft COCO: common objects in context. In: 13th European conference on computer vision. Zürich, S 740–755. https://doi.org/10.1007/978-3-319-10602-1_48

Liu Y, Zhao T, Ju W, Shi S (2017) Materials discovery and design using machine learning. J Mater 3(3):159–177. https://doi.org/10.1016/j.jmat.2017.08.002

Marsden M, McGuinness K, Little S, Keogh CE, O'Connor NE (2018) People, penguins and petri dishes: adapting object counting models to new visual domains and object types without forgetting. In: 2018 IEEE/CVF conference on computer vision and pattern recognition. IEEE, Salt Lake City, UT, S 8070–8079. https://doi.org/10.1109/CVPR.2018.00842

MathWorks (2017) Introduction to deep learning: what are convolutional neural networks? MathWorks Videos and Webinars. https://www.mathworks.com/videos/introduction-to-deep-learning-what-are-convolutional-neural-networks%2D%2D1489512765771.html. Zugegriffen am 15.02.2019

Oquab M, Bottou L, Laptev I, Sivic J (2014) Learning and transferring mid-level image representations using convolutional neural networks. In: Proceedings of the IEEE conference on computer vision and pattern recognition, S 1717–1724. https://doi.org/10.1109/CVPR.2014.222

Raykar VC, Saha A (2015) Data split strategies for evolving predictive models. In: Joint European conference on machine learning and knowledge discovery in databases. Porto, Portugal, S 3–19. https://doi.org/10.1007/978-3-319-23528-8_1

Ren S, He K, Girshick R, Sun J (2017) Faster R-CNN: towards real-time object detection with region proposal networks. IEEE Trans Pattern Anal Mach Intell 39(6):1137–1149. https://doi.org/10.1109/TPAMI.2016.2577031

Ritter M, Möller M, Schellmann G (2012) Objektbasierte Klassifikation landwirtschaftlicher Nutzflächen. In: Beiträge zum 2. Symposium für Angewandte Geoinformatik4. Salzburg, S 72–77

Szeliski R (2010) Computer vision: algorithms and applications. Springer Science & Business Media, Berlin

TensorFlow (2020) GitHub TensorFlow object detection API. https://github.com/tensorflow/models/tree/master/research/object_detection. Zugegriffen am 10.08.2020

Völker A, Müterthies A (2008) Landschaftsökologische Modellierung und automatisierte Erfassung von Landschaftselementen für das Monitoring und die Bewertung einer nachhaltigen Kulturlandschaft. In: 28. Wissenschaftlich-Technische Jahrestagung der DGPF. Oldenburg, S 161–170

Wamba SF, Akter S, Edwards A, Chopin G, Gnanzou D (2015) How ‚big data‘ can make big impact: findings from a systematic review and a longitudinal case study. Int J Prod Econ 165:234–246. https://doi.org/10.1016/j.ijpe.2014.12.031

Wang C, Zhang H, Yang L, Liu S, Cao X (2015) Deep people counting in extremely dense crowds. In: Proceedings of the 23rd ACM international conference on multimedia. ACM, New York, NY, S 1299–1302. https://doi.org/10.1145/2733373.2806337

Zschech P, Heinrich K, Pfitzner M, Hilbert A (2017) Are you up for the challenge? Towards the development of a big data capability assessment model. In: Proceedings of the 25th European conference on information systems. Guimarães, Portugal, S 2613–2624

Zschech P, Fleißner V, Baumgärtel N, Hilbert A (2018) Data Science Skills and Enabling Enterprise Systems: Eine Erhebung von Kompetenzanforderungen und Weiterbildungsangeboten. HMD Praxis der Wirtschaftsinformatik 55(1):163–181. https://doi.org/10.1365/s40702-017-0376-4

Zschech P, Sager C, Siebers P, Pertermann M (2021) Mit Computer Vision zur automatisierten Qualitätssicherung in der industriellen Fertigung: Eine Fallstudie zur Klassifizierung von Fehlern in Solarzellen mittels Elektrolumineszenz-Bildern. HMD Praxis der Wirtschaftsinformatik 58(2). https://doi.org/10.1365/s40702-020-00641-8

Data Pipelines in Big Data Analytics – Fallbeispiel Religion in der US Politik

Ulrich Matter

Zusammenfassung

Am Anfang jeder Datenanalyse steht die Beschaffung und Aufbereitung der Daten in ein Format, welches für statistische Verfahren geeignet ist. Mit dem starken Zuwachs an digitalen Datenbeständen und der Vielfalt an digitalen Datenquellen und der damit verbundenen Vielfalt an hochdimensionalen Datenstrukturen ist dieser erste Teil einer Datenanalyse herausfordernder geworden. Die saubere Planung und Implementierung von Data Pipelines hilft in der Praxis mit diesen Herausforderungen umzugehen. Während Data Pipelines heutzutage im Data Engineering die Grundlage vieler Datenanwendungen sind, ist das Konzept in der wirtschafts- und sozialwissenschaftlichen Forschung noch wenig verbreitet. Dieser Beitrag diskutiert das Potenzial von Data Pipelines für die angewandte empirische Forschung mit dem Fokus auf die sozialwissenschaftliche Datenanalyse (im Kontrast zur Datenapplikationsentwicklung) basierend auf Big Data aus dem programmable Web. Anhand eines Fallbeispiels mit Daten aus der US Politik wird das Data Pipeline Konzept für Big Data Analytics in der wirtschafts- und sozialwissenschaftlichen Forschung Schritt für Schritt aufgezeigt.

Überarbeiteter Beitrag basierend auf Matter (2019) Big Public Data aus dem programmable Web: Chancen und Herausforderungen, *HMD – Praxis der Wirtschaftsinformatik*, 56(5):1068–1081.

U. Matter (✉)
School of Economics and Political Science (SEPS-HSG)/SIAW, Universität St. Gallen, St. Gallen, Schweiz
E-Mail: ulrich.matter@unisg.ch

S. D'Onofrio, A. Meier (Hrsg.), *Big Data Analytics*, Edition HMD,
https://doi.org/10.1007/978-3-658-32236-6_9

Schlüsselwörter

API · Big Data · Data Engineering · Data Pipeline · Programmable Web ·
US Politik

9.1   Einleitung: Daten unser alltägliches Gut

Mit der Verbreitung des Internets und der Mobilfunktechnologie sind digitale Daten
über jegliche Aspekte menschlichen Verhaltens allgegenwärtig geworden. Die
wissenschaftliche Verarbeitung dieser großen Datenmengen verlangt in vielen
Wissenschaftsbereichen ein Umdenken bezüglich technischer Infrastruktur und
Prozessen. Die Ausgangslage, um mit diesen Entwicklungen umzugehen, fällt je
nach Wissenschaftsbereich anders aus. So sind universitätseigene Rechenzentren
schon länger ein integraler Bestandteil der naturwissenschaftlichen Forschung,
womit sorgfältig geplante Abläufe und Standards bei der Vorbereitung und Durchführung aufwändiger Datenverarbeitungsprozesse bereits Teil des wissenschaftlichen Arbeitsalltages sind. Im Gegensatz dazu ist in den Wirtschafts- und Sozialwissenschaften die Verarbeitung großer Datenmengen und die damit verbundene
intensive Verwendung aufwändiger IT-Infrastruktur eher neu (Lazer et al. 2009).

Jedoch gibt es auch in den Wirtschaftswissenschaften schon länger Bemühungen,
die Abläufe computergestützter Datenanalysen zu optimieren. Die Motivation dazu
ist aber weniger durch die Verwendung spezialisierter IT-Infrastruktur bedingt, sondern rührt daher, die rechengestützte Datenanalyse möglichst übersichtlich und einfach nachvollziehbar zu gestalten. Damit soll einerseits die Reproduzierbarkeit empirischer Forschungsresultate erhöht werden.[1] Andererseits zielen Praktiken wie die
klare Definition von Datenstrukturen und Standards bei der programmatischen Implementierung von Datenanalysen auch darauf ab, die Qualität der eigenen empirischen Arbeit zu sichern, insbesondere wenn mehrere Projektmitarbeiter in die
Durchführung der Datenarbeit involviert sind.[2] Im Kern geht es dabei also um die
Frage, wie wir mittels computergestützten Verfahren von den Rohdaten zum finalen
Output einer empirischen Analyse kommen. Eine Frage, die im Zeitalter von Big
Data noch mehr an Bedeutung gewonnen hat.

Dieser Beitrag diskutiert eine mögliche Weiterentwicklung und Konsolidierung
der traditionell üblichen Schritte in der empirischen wirtschaftswissenschaftlichen
Forschung, aufbauend auf das im Data Engineering zentrale Konzept der Data Pipeline. Der Fokus liegt dabei insbesondere auf der Verarbeitung von Web-basierten
Daten für die wirtschafts- und sozialwissenschaftliche Forschung. Dazu wird zuerst
das (programmable) Web als wichtige aber technisch anspruchsvolle Datenquelle
diskutiert. Darauf aufbauend wird das Konzept Data Pipeline eingeführt und zwei

---

[1] Siehe bspw. (Christensen und Miguel 2018) für eine detaillierte Übersicht über vergangene und
aktuelle Praktiken und Empfehlungen hinsichtlich der Reproduzierbarkeit volkswirtschaftlicher
Forschung.

[2] Siehe bspw. die Empfehlungen/Standards für Projektmitarbeiter/Assistierende des Gentzkow
Shapiro Lab (GSLAB): https://github.com/gslab-econ/ra-manual/wiki.

Perspektiven aufgezeigt: Die herkömmliche Data Engineering Perspektive und die Verwendung einfacher Data Pipelines für die sozialwissenschaftliche Forschung. Eine Fallstudie im Kontext der politökonomischen Forschung über die Rolle von Religion in der US Politik, zeigt dann Schritt-für-Schritt die Anwendung des Data Pipeline Konzeptes für die Wirtschafts- und Sozialwissenschaften auf. Abschließend werden die Grenzen des präsentierten Ansatzes diskutiert sowie eine Vision für die Weiterentwicklung präsentiert.

9.2   Kontext: Das Web als Datenquelle

Während Big Data (d. h., große, komplexe, und meist ungewohnt/schwach strukturierte Datenmengen) in den Naturwissenschaften oft aufgrund besserer Messinstrumente, wie leistungsfähigeren Teleskopen (Feigelson und Babu 2012; Zhang und Zhao 2015; Wolf et al. 2018) und neuer Messmethoden wie der modernen DNS-Sequenzierung (Luo et al. 2016) Einzug gehalten hat, geht die heutige Bedeutung von Big Data in den Sozialwissenschaften zu einem großen Teil auf die erhöhte Internetverbreitung und die Weiterentwicklung des World Wide Web (WWW) zurück. Dies hat wichtige Implikationen für den Anfang vieler empirischen Forschungsarbeiten, die auf Web-basierte Big Data setzen wollen, insbesondere für die Beschaffung und Aufbereitung der Rohdaten. Diese wichtigen ersten Arbeitsschritte sind im Kontext von Big Data aus Web-Quellen oft nicht nur durch die große Masse an Rohdaten geprägt, sondern ebenfalls durch in der sozialwissenschaftlichen Forschung eher ungewohnten Datenstrukturen und Datenformaten.

Die Einführung und Verbreitung von Web 2.0-Technologien wie JSON (JavaScript Object Notation) und AJAX (Asynchronous JavaScript and XML) hat die Speicherung und den Austausch von Daten über das Web deutlich vereinfacht, was zu einer Vielfalt an dynamischen Webseiten, Webanwendungen, und weit verbreiteten Sozialen Medien geführt hat. Das WWW wird damit zusehends zum *programmable Web*[3] in welchem Daten nicht nur in der Form von HTML-basierten Webseiten (optimiert für das menschliche Auge) publiziert werden, sondern ebenfalls in standardisierten, maschinenlesbaren Formaten. Dabei bilden sogenannte Web Application Programming Interfaces (APIs) die zentralen Knotenpunkte im programmable Web über welche diese standardisierten Daten transferiert werden (Matter 2018).

Mit der Entwicklung von APIs ist der Transfer von digitalen Daten zwischen Webanwendungen sowie das Einbetten dieser Daten in dynamischen Webseiten für den Webentwickler technisch einfacher umsetzbar. Damit wird die Entwicklung von datengetriebenen Webseiten viel effizienter was wiederum Unternehmen als Grundlage für neuartige Geschäftsmodelle dienen kann.[4] Die rasch fortschreitende Weiterentwicklung und Verbreitung des programmable Web eröffnet zudem For-

---

[3] Die Begriffe programmable Web, Web of Data, und Semantic Web werden hier synonym und im Sinne von Swartz (2013) verwendet.

[4] Siehe bspw. (Stocker et al. 2010) für eine Betrachtung neuer Geschäftsmodelle im programmable Web.

schern indirekt einen Zugang zu hochdetaillierten Daten, welche unabhängig von spezifischen Forschungsfragen generiert und systematisch gesammelt werden können.

Während die Sammlung von Daten aus dem programmable Web via APIs grundsätzlich in diversen Bereichen möglich ist, wird der Zugang in der Praxis in vielen Fällen eingeschränkt. Je nach API sind die Daten kostenpflichtig oder unterliegen dem Persönlichkeitsschutz.[5] Ein für die sozialwissenschaftliche Forschung interessantes Anwendungsgebiet von APIs, in welchem diese Einschränkungen jedoch kaum vorhanden sind, ist der Öffentliche Sektor, sprich Politik und öffentliche Verwaltung (Matter und Stutzer 2015a). Technisch gesehen, sind APIs somit sowohl für datenintensive Webanwendungen (Datenanwendungen), wie auch für sozialwissenschaftliche Forschungsprojekte eine wichtige Datenquelle. Für beide Bereiche sind Data Pipelines ein hilfreiches Konzept für die technische Planung und Umsetzung der Beschaffung und Analyse großer Datenmengen. Im Folgenden wird das Konzept Data Pipeline aus Sicht des Data Engineering und als Teil der Entwicklung von Datenanwendungen eingeführt.

9.3 Data Pipelines im Data Engineering

Einfach ausgedrückt ist eine Data Pipeline ein rechengestützter Prozess in welchem Daten aus einer oder mehreren Quellen den Input darstellen, dieser Input in mehreren Stufen weiterverarbeitet wird und am Ende ein Output ausgegeben wird, wobei die Form des Outputs vielfältig sein kann (bspw. eine Datenbank, ein Modell des maschinellen Lernens („machine learning"), eine statistische Analyse, oder eine Datenvisualisierung).

Die einzelnen Schritte in der Data Pipeline sind je nach Kontext und angestrebten Output durchaus unterschiedlich, beinhalten aber generell die in Abb. 9.1 als Flussdiagram dargestellten Aufgaben, welche heute oft als die Kernaufgaben der Data Science genannt werden.

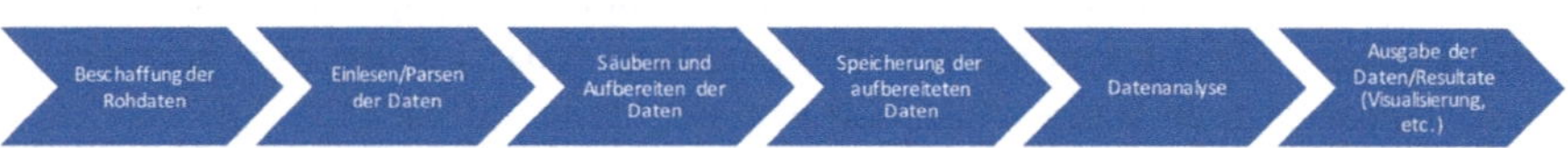

Abb. 9.1 Data Pipeline als Flussdiagram (eigene Abbildung)

---

[5] Siehe bspw. den Bericht der Stiftung Datenschutz zur praktischen Umsetzung des Rechts auf Datenübertragbarkeit (https://stiftungdatenschutz.org/fileadmin/Redaktion/Datenportabilitaet/studie-datenportabilitaet.pdf): Im Rahmen der Digitalisierungsbemühungen im Gesundheitswesen, wird unter anderem mittels APIs versucht, die Portabilität von Behandlungsdaten zu erhöhen. Der Zugang zu solchen APIs ist entsprechend den geltenden Regeln zu Patientendaten stark eingeschränkt.

Das Konzept der Data Pipeline ist bereits in manchen Wirtschaftszweigen etabliert.[6] Insbesondere bei der Entwicklung datenintensiver Webanwendungen (Datenanwendungen) spielen sie eine zentrale Rolle. Viele ‚Best Practices', spezialisierte Software (wie bspw. Apache Airflow[7]) und konzeptionelle Überlegungen (bspw. ETL – Extract, Transform, Load) für Data Pipelines kommen daher aus dem Data Engineering. Die Data Engineering Perspektive auf Data Pipelines soll uns hier als Referenzpunkt dienen, um in einem zweiten Schritt das Nutzenpotenzial eines vereinfachten Data Pipeline Konzeptes für die wirtschafts- und sozialwissenschaftlichen Forschung hervorzuheben.

Data Engineering befasst sich als Teil der modernen Data Science primär damit, wie Big Data für die darauf aufbauenden Anwendungen effizient gesammelt, aufbereitet, gespeichert, und geladen werden kann. In der Praxis beinhaltet dies oft auch die Planung und Instandhaltung für grosse Datenmengen optimierte IT-Infrastruktur. Data Pipelines (so wie in Abb. 9.1 als Flussdiagram dargestellt) zeigen somit alle zentralen Bestandteile einer Datenanwendung auf und sind die konzeptionelle Grundlage für datengetriebene Geschäftsmodelle. Data Pipelines beinhalten entsprechend jeden Schritt der Datenverarbeitung, von Input bis Output, insbesondere auch die Transformation von Rohdaten mit unterschiedlichen Datenstrukturen und -formate in einheitliche, für die Weiterverarbeitung (meist Datenanalyse) geeignete Formate (wobei die einzelnen Bestandteile der Data Pipeline ständig aktiv sind). Die auf der Data Pipeline basierenden Anwendungen sind dynamisch und verarbeiten laufend neue Daten (welche entsprechend zuerst die Data Pipeline durchlaufen müssen). Diese dynamische Perspektive kann im hier betrachteten Kontext – Big Data aus dem programmable Web – einfach illustriert werden.[8]

API-Methoden zur Abfrage von Daten sowie die verwendeten Datenstrukturen und Formate sind für die Einbettung der Daten in Webanwendungen optimiert (bspw. via Django/Python im Backend oder JavaScript im Frontend), jedoch nicht für die systematische Sammlung und Aufbereitung der Daten für Analysezwecke. Die Verwendung von APIs als Datenquelle setzt somit grundlegende Kenntnisse der verwendeten Webtechnologien voraus und kann je nach API wieder anders ausfallen. Folgende grundlegende Aufgaben sind jedoch für praktisch jede Datenbeschaffung von APIs relevant:

1. Handling der HTTP-Kommunikation mit dem Server (API): Das Senden einer großen Anzahl an GET-requests und das Handling der HTTP-responses (inkl. Handling potenzieller HTTP-Fehlermeldungen und Führen einer Log-Datei).
2. Parsen der Daten im HTTP-body: Einlesen der meist hierarchisch strukturierten Daten, typischerweise in XML- oder JSON-Format.

---

[6] Siehe bspw. (Ismail et al. 2019) für eine Übersicht über die Anwendung von Data Pipelines in der verarbeitenden Industrie.

[7] https://airflow.apache.org/

[8] Die folgende Illustration ist absichtlich einfach gehalten. In der Praxis können professionell aufgesetzte Data Pipelines für moderne Datenanwendungen selbstverständlich viel mehr und komplexere Schritte bei der Sammlung und ersten Verarbeitung der Rohdaten beinhalten.

3. Aufbereitung und Speicherung der relevanten Werte in einer flachen Repräsentation (in Form einer/mehrerer Tabellen: Dateiformat CSV, relationale Datenbank, etc.).

Abb. 9.2 illustriert die letzten zwei Punkte im Detail. Panel A zeigt ein rohes XML-Dokument wie es von einer API im HTTP-body versendet wird. Das Beispiel zeigt die biographischen Daten von Nancy Pelosy (Sprecherin des US-Repräsentantenhauses) und basiert auf der API, die auch in der Fallstudie im Abschn. 9.5 verwendet wird. Die Daten sind hierarchisch (in verschachtelten XML-Tags) strukturiert. In Panel B sind die darin enthaltenen Variablen und Variablengruppen in einem Baumdiagramm dargestellt, um die hierarchische Struktur zu verdeutlichen. Die einzelnen Variablen und deren Werte sind einer von drei übergeordneten Gruppen zugeordnet: ‚generalInfo‘ (allgemeine Angaben zu diesem Dateneintrag) ‚candidate‘ (Angaben zur Person, Kandidatin), sowie ‚office‘ (Angaben zum Amt/den Ämtern dieser Person). Diese Gruppen bilden gemeinsam das gesamte Dokument und sind somit dem ‚root‘-Element zugeordnet. Die gesamte hierarchische Gliederung oder einzelne Teile davon können für den Zweck der Datenanalyse in eine flache, tabellenartige Repräsentation (eine oder mehrere Tabel-

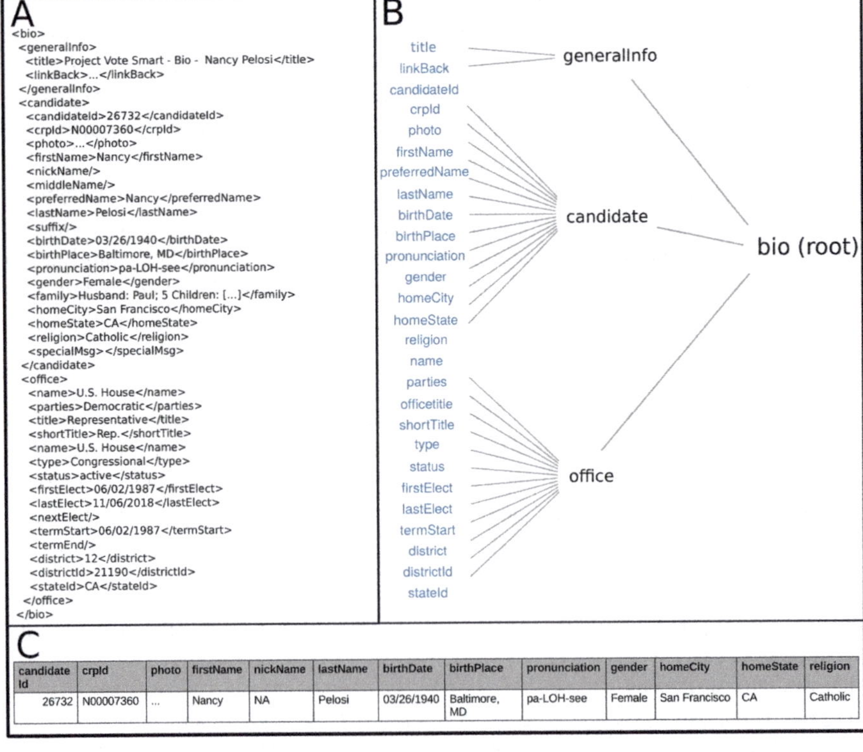

candidateId	crpId	photo	firstName	nickName	lastName	birthDate	birthPlace	pronunciation	gender	homeCity	homeState	religion
26732	N00007360	...	Nancy	NA	Pelosi	03/26/1940	Baltimore, MD	pa-LOH-see	Female	San Francisco	CA	Catholic

Abb. 9.2 Hierarchische vs. flache Repräsentation von API-Daten (eigene Abbildung)

len/Matrizen) übersetzt werden. Panel C zeigt dies für den Zweig/die Variablengruppe ,candidate'.

9.4 Data Pipelines „light" für die Wirtschafts- und Sozialwissenschaften

Das Potenzial des Data Pipeline Konzeptes für die sozialwissenschaftliche Forschung geht einher mit den bereits beschriebenen, durch die zunehmende Digitalisierung rasant wachsenden Datenmengen. Inhaltlich bieten diese Daten viele Chancen für die sozialwissenschaftliche Forschung, während die systematische Beschaffung und Aufbereitung solcher Daten technische Herausforderungen darstellen. Diese können mit einem vereinfachten Data Pipeline Konzept gemeistert werden.

9.4.1 Motivation: Chancen von Big Data aus dem programmable Web

Viele Bereiche der sozialwissenschaftlichen Forschung sind in der Praxis auf Beobachtungsdaten zu menschlichem Verhalten und menschlichen Eigenschaften angewiesen. Die Beschaffung von Beobachtungsdaten kann schwierig und kostspielig sein, da die Forscher eine geeignete Auswahl an Probanden über längere Zeit im für die Forschungsfrage relevanten sozialen Kontext beobachten müssen. Wenn beispielsweise in der politökonomischen Forschung etwas über die Einstellungen und Eigenschaften von Politikern in Erfahrung gebracht werden soll, spielt es potenziell eine Rolle, ob dies im Zuge einer Umfrage geschieht (bei der die Politiker genau wissen, dass sie von Forschern befragt werden), oder Politiker direkt gegenüber ihren Wählern und Geldgebern Auskunft geben.

Genau hier ist das programmable Web als Datenquelle spannend, da die Aufzeichnung menschlichen Verhaltens und menschlicher Eigenschaften in einem klar definierten Rahmen/Kontext, jedoch unabhängig von den Forschern und der jeweiligen Forschungsfrage, geschieht. Stattdessen geschieht die Generierung der Rohdaten typischerweise über die Benutzerschnittstelle einer Webanwendung, deren Zweck für die Nutzer klar definiert ist. Nutzer verwenden die Applikation aus eigenen Stücken und im dafür vorgesehenen Rahmen (bspw. das Verfassen einer Kurznachricht auf Twitter oder das Hochladen eines Fotos auf Facebook). Dabei generieren sie automatisch Daten, die über APIs zugänglich sind, welche wiederum im Hintergrund einen zentralen Bestandteil der jeweiligen Webanwendung darstellen. Seitens der Nutzer ist die Bereitstellung der eigenen Daten ein natürlicher Teil der Nutzung dieser Webanwendung, seitens der Applikations-Entwickler ist die API ein zentraler Teil der Applikationsarchitektur respektive des zugrunde liegenden Geschäftsmodells. APIs vereinfachen die Arbeit der Frontend-Entwickler sowohl intern (bspw. basieren gewisse Funktionen der Facebook-Webseite und Facebook-Apps für iOS- und Android-Geräte auf den gleichen APIs) wie auch extern

(Entwickler außerhalb von Twitter können über die Twitter-API einfach Tweet-Feeds in ihrer eigenen Webseite integrieren). Die Motivation für die Entwicklung von APIs als Teil eines Geschäftsmodells können vielseitig sein und reichen von direktem Absatz (bspw. kostenpflichtige APIs von Google, wie die Google-Places-API), strategischen Überlegungen hinsichtlich Marktdominanz mittels offenen APIs (Bodle 2010), bis zu Effizienzsteigerungen mittels rein internen APIs (Richardson und Amundsen 2013).

Web-Entwickler verwenden APIs somit in ihrer eigentlich vorgesehenen Funktion, um Dienstleistungen und Daten aus verschiedenen Quellen in Webanwendungen/Webseiten zu verbinden (sog. „Mashups"), wodurch wiederum mehr Endnutzer auf die Daten zugreifen können (vgl. Abschn. 9.3). Gleichzeitig können Forscher über die gleiche Art von Zugang die APIs dazu verwenden, die Daten systematisch zu sammeln und für Forschungszwecke aufzubereiten, ohne dabei in irgendeiner Weise die Generierung der Rohdaten zu beeinflussen. Dies bietet Forschern in den Sozialwissenschaften einen Zugang zu hochdetaillierten Beobachtungsdaten, stellt sie jedoch auch vor technische Herausforderungen.

9.4.2 Data Pipelines „light"

Um diese technischen Herausforderungen zu meistern können wir die in Abschn. 9.3 dargelegte Data Engineering Perspektive zur Hilfe nehmen, und daraus ein vereinfachtes Data Pipeline „light" Konzept ableiten. Ein zentraler Unterschied zum herkömmlichen Data Pipeline Konzept ist dabei, dass die dargelegten Chancen für die sozialwissenschaftliche Forschung auch ohne den Anspruch, eine dynamische Datenanwendung zu entwickeln, wahrgenommen werden können. Wir müssen in diesem Kontext nicht den Anspruch haben, konstant neue Daten einzuspeisen, zu verarbeiten, und in einer interaktiven Anwendung auszugeben. Stattdessen nehmen wir primär eine statische Sicht auf die Data Pipeline ein: Wir wollen zu einem bestimmten Zeitpunkt Daten auf eine einfach nachvollziehbare Weise aus einer API sammeln, säubern, aufbereiten, statistisch analysieren und in einer für ein wissenschaftliches Publikum üblichen Form (Tabellen/Abbildungen als Teil eines wissenschaftlichen Aufsatzes) ausgeben.

Im Folgenden wird anhand einer einfachen Fallstudie erläutert, wie dieses vereinfachte Data Pipeline Konzept Schritt für Schritt umgesetzt werden kann.

9.5 Fallstudie: Religion in der US Politik

Um die Verwendung von einfachen Data Pipelines für die sozialwissenschaftliche Forschung zu verdeutlichen, fokussiert sich die Fallstudie auf einen Forschungsbereich, in welchem die traditionelle Datenbeschaffung für wissenschaftliche Zwecke an klare Grenzen stößt: Die Rolle von Religion in der US Politik.

9.5.1 Hintergrund

Gewählte Politiker bringen auch ihre persönliche Weltsicht und Wertehaltung in ihr Amt ein, was sich wiederum auf den politischen Prozess und politische Entscheide auswirken kann. In der Politischen Ökonomie wurde persönlichen Eigenschaften von Politikern jedoch lange kaum Aufmerksamkeit geschenkt. Stattdessen wurde versucht, das Verhalten von Politikern im Amt ausschliesslich mit den durch das institutionelle Regelwerk gesetzten Anreizen (Wiederwahlrestriktionen, Wahlsystem, Transparenzregeln, etc.) zu erklären. Wenn nun diese Regelwerke dazu führen, dass Politik für gewisse Kandidaten mehr oder weniger attraktiv wird (im Vergleich zu alternativen Beschäftigungsfeldern) und zugleich realistischerweise kein Regelwerk das Handeln der Politiker perfekt entsprechend den Bedürfnissen der Bürger lenken kann, dann wird politische Selektion (d. h. wer/welche Persönlichkeiten in die Politik gehen) relevant (Besley 2005; Burden 2007; Mansbridge 2009). Eine relativ neue politökonomische Literatur zeigt auf, wie relevant politische Selektion in der Praxis tatsächlich ist. Dabei wird unter anderem untersucht, inwiefern der Berufshintergrund von gewählten Politikern eine Rolle für deren Politikentscheide spielt. Matter und Stutzer (2015b) zeigen beispielsweise auf, dass Abgeordnete mit einem beruflichen Hintergrund als Rechtsanwalt im US Kongress und in US Bundesstaatsparlamenten systematisch mit einer höheren Wahrscheinlichkeit gegen Reformen im Haftpflichtrecht stimmen, welche darauf abzielen, die Höhe von Schadensersatzzahlungen gesetzlich einzuschränken (solche Schadensersatzzahlungen sind eine wichtige Einnahmequelle für Rechtsanwälte in den USA).

Religiöse Ansichten spielen in diesem Kontext der politischen Selektion ebenfalls eine potenziell wichtige Rolle, die sich sowohl in durch die religiöse Wertehaltung getriebene Entscheide wie auch durch strategisches Verhalten von Politikern, um religiösen Wählerschichten und Geldgebern zu gefallen, widerspiegeln kann. Trotz dieses potenziell wichtigen Faktors in der US Politik, gibt es relativ wenig empirische Studien, welche den Einfluss von Religion auf politische Entscheide in der US Politik systematisch untersuchen.[9] Sozialwissenschaftler in diesem Forschungsbereich nennen einen simplen Grund, um den Mangel an empirischen Studien zu erklären: Die mühsame (und kostspielige) Beschaffung von qualitativ hochstehenden Daten über die religiöse Identität von Politikern (Smidt et al. 2009).

Die praktischen Herausforderungen bei der Erfassung der Rohdaten für die empirischen Sozialwissenschaften gehen hier insbesondere auf zwei Faktoren zurück:

1. *Die Komplexität der Messung* aufgrund der Vielfalt an religiösen (insb. protestantischen) Denominationen in den USA („complexity of subject and measurement" in (Wald und Wilcox 2006, S. 526)).
2. *Die praktische Erfassung der Rohdaten.*

---

[9] Siehe die Literaturübersicht in (Oldmixon 2009). Beispiele für Beiträge in diesem Bereich sind (McTague und Pearson-Merkowitz 2013); (Guth 2014); (Newman et al. 2016) und (Oldmixon 2017).

Letzterer Punkt wird durch die Tatsache erschwert, dass religiöse Zugehörigkeit als etwas Persönliches wahrgenommen wird und Politiker insbesondere dann mit Auskunft über ihre Religiosität zurückhaltend sind, wenn sie von Forschern direkt danach gefragt werden. Erhebungen mittels klassischer Umfragen können daher auch für kleine Stichproben aufwendig sein. Ein Beispiel dafür liefern Richardson und Fox (1972), welche viel Zeit aufwenden mussten, um über diverse Kommunikationskanäle (persönliche Treffen, Kontaktaufnahme per Telefon und per Brief) die Religionszugehörigkeit von 68 Abgeordneten in nur einem US Bundesstaats-Parlament zu erfassen (Richardson und Fox 1972, S. 352): „Difficulty was encountered in securing data on the religious affiliation of the legislators. Personal interviews with religious and political leaders furnished most of the information, and the rest was gathered through the use of personal phone calls and letters to legislators. After extensive and time-consuming efforts, we were able to secure information on [...] 68 of 70 members." Studien über die Rolle von Religion in US Bundesstaats-Parlamenten basieren daher oft auf kleinen Stichproben oder Umfragen mit tiefen Antwortraten (Yamane und Oldmixon 2006) und sind meist nur auf einen Bundesstaat eingeschränkt. Demgegenüber basieren Studien über die Religionszugehörigkeit von Kongressabgeordneten meist auf mehreren Sekundärquellen, wie beispielsweise dem *Congressional Yellow Book* (siehe bspw. (Duke und Johnson 1992)), dem *Congressional Quarterly Almanac*, dem *Congressional Directory*, dem *Almanac of American Politics*, oder dem *Who's Who in America* (siehe bspw. (Fastnow et al. 1999)). Dies erschwert selbstverständlich die Reproduzierbarkeit/Verifizierung der Resultate. In weiteren Studien sind die Quellen für die Religionszugehörigkeit von Politikern nicht einmal klar deklariert (siehe bspw. (Oldmixon 2002) oder (Green und Guth 1991)), was eine Reproduktion der Resultate praktisch unmöglich macht.

Kurz: Die bisherigen Ansätze zur Datenbeschaffung sind kostspielig, wenig vereinheitlicht, schwer reproduzierbar, und oft eingeschränkt auf kleine Stichproben. Im Folgenden wird aufgezeigt, wie mittels der oben eingeführten Konzepte und frei verfügbarer Software ein einheitlicher, umfassender, und reproduzierbarer Ansatz zur systematischen Erfassung der Religionszugehörigkeit, respektive dem religiösen Konservatismus in der US Politik implementiert werden kann.

9.5.2 Datenquelle

Kompetitive Wahlen für politische Ämter haben in einer repräsentativen Demokratie unter anderem die Funktion, dass Kandidaten sich der Öffentlichkeit präsentieren müssen und dabei Information generiert wird, welche die Wähler bei Ihrem Entscheid berücksichtigen können. In den USA hat die Civic Technology NGO *Project Votesmart (PVS)* früh erkannt, wie dieser Prozess mittels Webtechnologien potenziell verbessert werden kann und stellt seit 2002 die Webseite www.votesmart.org als Plattform für Kandidaten und gewählte Beamte jeglicher öffentlichen Ämter in den

USA zu Verfügung (vom County-Sheriff bis zum US Präsidenten).[10] Die Logik hinter der Plattform ist einfach: Mittels der Suchfunktionen können Bürger kostengünstig detaillierte Informationen über Kandidaten und ihre gewählten Vertreter abfragen, gleichzeitig haben Kandidaten aufgrund des großen Erfolgs von votesmart. org starke Anreize, möglichst detaillierte und akkurate Informationen über sich auf der Plattform zu veröffentlichen. Um die Verbreitung der eigenen Daten zu vereinfachen, stellt PVS Webentwicklern eine API zur Verfügung. Damit können alle auf votesmart. org sichtbaren Daten einfach in andere Webanwendungen eingebettet werden.

Die API bildet somit den Dateninput für unsere Data Pipeline. Der geplante Output ist eine Visualisierung der Daten zur Religionszugehörigkeit von US Politikern auf allen Ebenen (lokal, Bundesstaaten, national) welche die geographische Verteilung von religiösem Konservatismus in der US Politik illustriert. Dazu werden über mehrere API-Methoden die biographischen Daten (inkl. Angaben zur Religionszugehörigkeit) aller gewählten Beamten in den USA gesammelt, um sie dann mit einer Liste aller in den USA üblichen Religionsdenominationen abzugleichen und mit dem jeweiligen Wert des religiösen Konservatismus-Indexes zu ergänzen. Der verwendete Index von Green und Guth (1991) mit Ergänzungen nach Duke und Johnson (1992) richtet sich nach einer 8-Punkte Skala und indexiert verschiedene Denominationen anhand ihrer protestantischen Orthodoxie. Die Skala geht von religionslos/keine Zugehörigkeit (0) bis zu den theologisch konservativsten protestantischen Denominationen wie die „Fundamentalists" und „Charismatics" (7). Der Index ermöglicht somit eine inhaltlich sinnvolle Aggregation der über 100 unterschiedlichen protestantischen Denominationen. Abb. 9.3 illustriert die wichtigsten Komponenten dieser Data Pipeline. Alle Bestandteile der Data Pipeline wurden in *R* (R Core Team 2018) implementiert.

9.5.3 Datenbeschaffung

Die Beschaffung der Daten ist mit Hilfe der PVS API Client-Software *pvsR* (Matter und Stutzer 2015a) implementiert worden, welche die HTTP-Kommunikation und das Parsen der XML-Daten für einzelne Anfragen an die genutzten API-Methoden handhabt. Weil mit der PVS API jedoch keine Batch-Abfragen möglich sind, muss die Beschaffung der biographischen Daten aller gewählter Beamten über mehrere Schritte geschehen:

1. Zuerst wird über die API-Methode *State.getStateIDs* eine Liste aller PVS-internen Bundesstaaten-IDs generiert.
2. Iterativ werden dann für jede dieser IDs mittels der *Officials.getStatewide*-Methode Listen mit den Personen-IDs aller gewählten Beamten pro Bundesstaat gesammelt.

---

[10] Ähnliche Plattformen gibt es seither auch im deutschsprachigen Raum; bspw. der *Wahl-O-Mat* in Deutschland (http://www.bpb.de/politik/wahlen/wahl-o-mat/) oder *smartvote* in der Schweiz (www.smartvote.ch).

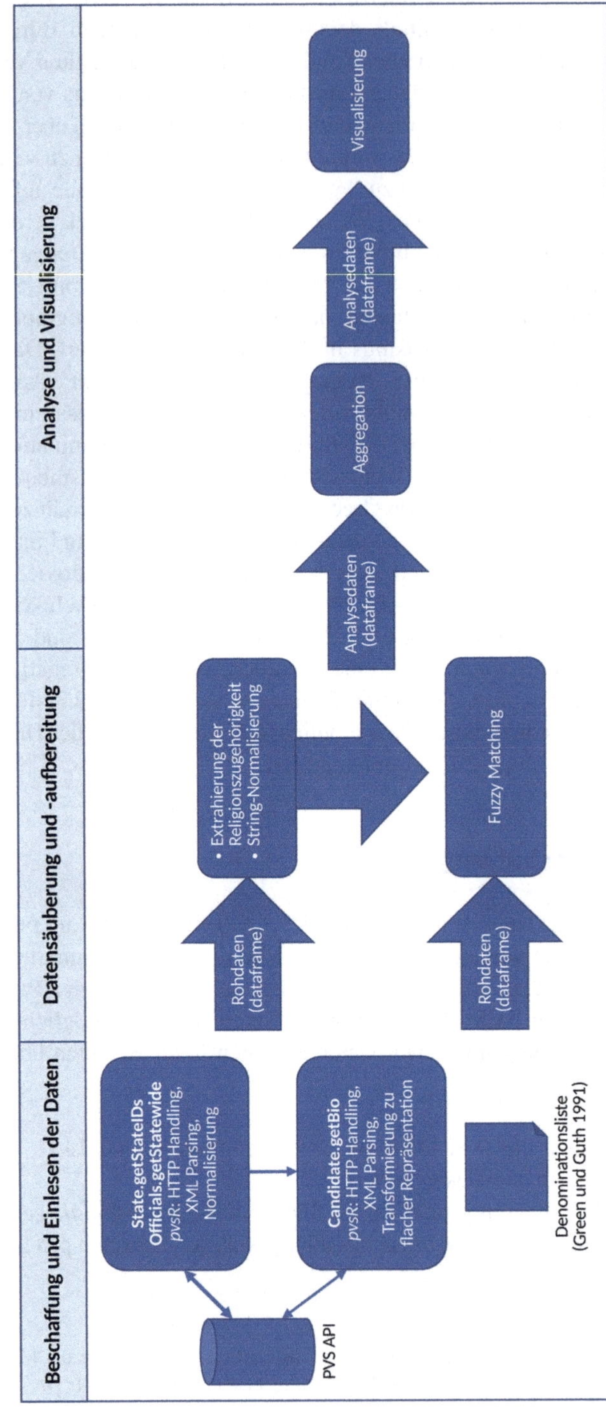

Abb. 9.3 Komponenten der Data Pipeline für die Analyse der Religion in der US Politik (eigene Abbildung)

3. Mit der *Candidate.getBio*-Methode werden dann iterativ die biographischen
   Daten zu allen Personen IDs erfasst. Dies beinhaltet für jede ID einen HTTP-
   Request sowie das Parsen und Transformieren der XML-Daten in eine flache
   Repräsentation. Dieser Teil der Data Pipeline ist so implementiert, dass die von
   der API gesendeten Daten laufend auf der Harddisk zwischengespeichert wer-
   den, um zu vermeiden, dass allfällige Netzunterbrüche oder API-Fehler die Data
   Pipeline brechen.

9.5.4 Datenaufbereitung

Aus den so erfassten biographischen Daten werden im nächsten Teil der Data Pipeline die Strings zur selbstdeklarierten Religionszugehörigkeit extrahiert, gesäubert,
normalisiert, und mittels Fuzzy-Matching mit der Denominationsliste abgeglichen,
wodurch die PVS-Daten mit dem religiösen Konservatismus Index (Green und Guth
1991) verbunden werden können. Konkret wird an dieser Stelle ein String-Matching-
Verfahren basierend auf der Levenshtein-Distanz eingesetzt. Die Levenshtein-
Distanz wird berechnet als die minimale Anzahl nötiger Änderungen (Löschen, Ein-
fügen, Ersetzen) der jeweiligen Zeichenkette aus der Denominationsliste, um mit der
Zeichenkette der selbstdeklarierten Religionszugehörigkeit eines Politikers überein-
zustimmen. Die Denominations-Zeichenkette mit der kleinsten Levenshtein-Distanz
zur Zeichenkette der selbstdeklarierten Religionszugehörigkeit eines Politikers gilt
dann jeweils als übereinstimmend mit dieser Religionszugehörigkeit.

Der resultierende Datensatz bildet dann die Grundlage für den dritten und letzten
Teil der Data Pipeline: Datenauswertung und -visualisierung. Die Ausführung der
ersten zwei Teile der Data Pipeline dauert etwa acht Stunden mit einer schnellen
Internetverbindung und einem handelsüblichen Desktopcomputer und beinhaltet
die Sammlung von hochdetaillierten biographischen Daten über mehrere tausend
US Beamte auf allen Regierungsebenen und aus allen Bereichen (Exekutive, Legislative, Justiz).[11]

9.5.5 Datenanalyse und Ergebnisse

Basierend auf dem so gewonnenen Analysedatensatz wird im letzten Teil der Data
Pipeline der durchschnittliche Index-Wert über alle Beamten pro Bundesstaat be-

---

[11] Die hier verwendete Data Pipeline zur Beschaffung und Aufbereitung der Daten könnte auch
parallel implementiert werden, was den Prozess um ein Vielfaches beschleunigen würde. Darauf
wurde hier bewusst verzichtet, da die benutzte API ursprünglich nicht für diesen Verwendungszweck konzipiert wurde. Zu viele Anfragen von der gleichen Maschine in zu kurzer Zeit würden
den Web Server, auf welchem die API läuft, langsamer machen und somit die Qualität der API als
Dienstleistung für andere Web-Anwendungen schmälern. Dies ist ein weiterer Hinweis darauf, wie
wichtig es ist, bei der Nutzung des programmable Web als Datenquelle für sozialwissenschaftliche
Forschungsprojekte, den Hintergrund und ursprünglichen Zweck der verwendeten APIs zu verstehen und zu respektieren.

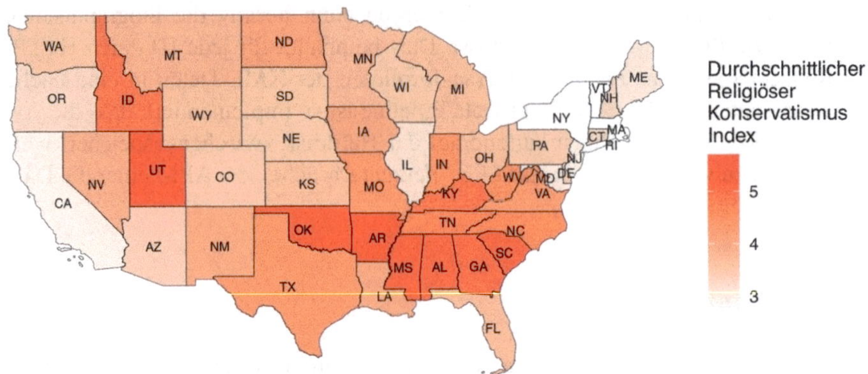

Abb. 9.4 Religiöser Konservatismus in öffentlichen Ämtern (US Bundesstaaten 2019, eigene Abbildung)

rechnet und als Landkarte des religiösen Konservatismus in der US Politik visualisiert.

Abb. 9.4 präsentiert das Ergebnis basierend auf der Ausführung im Januar 2019. Daraus wird (nicht überraschend) deutlich ersichtlich, wie in den Bundesstaaten des sogenannten *Bible Belts*[12] sowie im Mormonenstaat Utah (UT) mehr politische Entscheidungsträger aus konservativen Denominationen in politische Ämter selektioniert werden.

Abb. 9.4 illustriert die Repräsentation von religiösen Ansichten in der US Politik insgesamt und reflektiert somit, wie reichhaltig die durch den hier präsentierten Ansatz gesammelten Daten sind. Durch die Aggregation ignoriert die obige Analyse jedoch die Granularität der gewonnenen Daten. Für spezifischere Forschungsfragen, insbesondere hinsichtlich der Rolle von Religion bei politischen Entscheiden von Abgeordneten, sind die Daten auf Individuen-/Wahlkreis -Ebene relevant. Abb. 9.5 zeigt genau diesen Aspekt der gewonnenen Daten anhand des Bundesstaates Mississippi (MS) auf. Die Abb. 9.5 basiert auf dem Subsample an Beobachtungen für alle Repräsentanten des Bundesstaats-Parlaments von Mississippi („Mississippi State House"). Die Karte zeigt die Index-Werte der einzelnen Abgeordneten mit der Schattierung der jeweiligen Wahlkreise (Wahlkreise mit fehlenden Daten sind grau eingezeichnet).

Abb. 9.5 zeigt, dass die Abgeordneten im Mississippi State House meist zu eher stark konservativen protestantischen Religionsgruppen gehören. Gleichzeitig ist jedoch auch ersichtlich, dass es innerhalb des, gemäss der vorherigen Analyse (Abb. 9.4), insgesamt eher religiös konservativen Staates durchaus Variation gibt. Insbesondere in den Wahlkreisen der Küstenregion scheinen sich die Abgeordneten eher mit moderaten Denominationen zu identifizieren.

---

[12]Zum Bible Belt werden üblicherweise die Südstaaten gezählt; insb. Alabama (AL), Mississippi (MS), Tennessee (TN), Missouri (MO), Kentucky (KY), West Virginia (WV) und Virginia (VA).

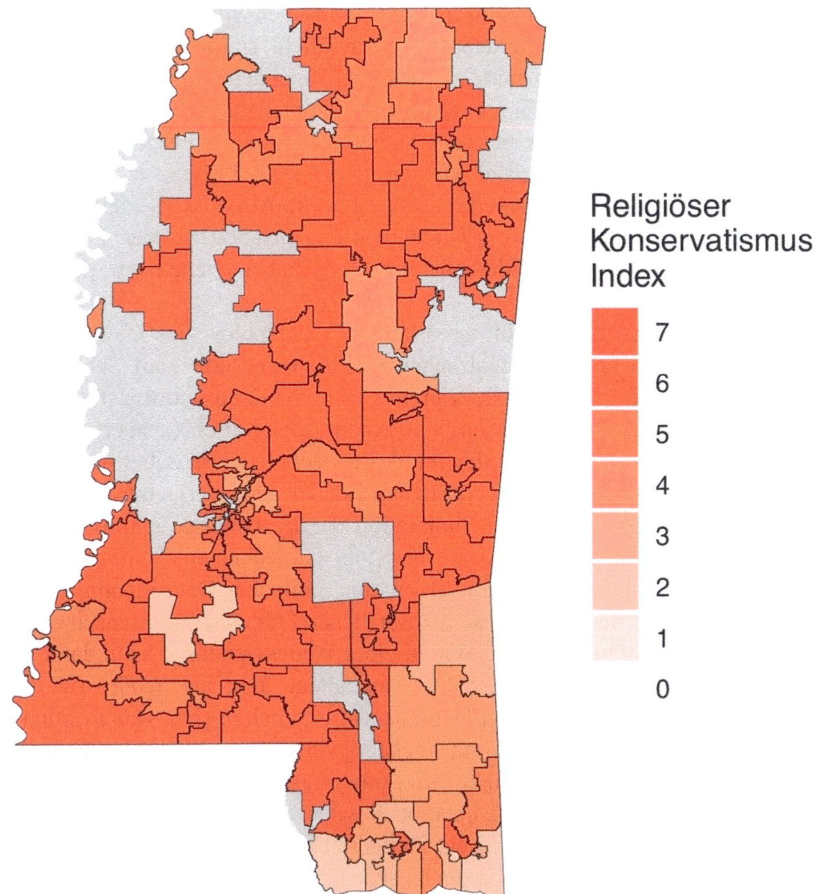

Abb. 9.5 Religiöser Konservatismus im Mississippi State House (eigene Abbildung)

9.6 Diskussion und Ausblick

Der aufgezeigte Ansatz kommt auch mit relevanten Einschränkungen. Die Data Pipeline ist – wie auf APIs basierende Webanwendungen auch – auf die Funktionsweise der zugrunde liegenden APIs als Datenquellen angewiesen. Der aufgezeigte Ansatz ist somit direkt auf die Weiterführung der API seitens der Anbieter (hier PVS) angewiesen. Wie im Data Engineering Bereich, müssen solche vereinfachten Data Pipelines daher gewartet werden, um mit der Weiterentwicklung der genutzten APIs mitzuhalten.

Gleichwohl bietet die Data-Pipeline-basierte Integration von APIs in sozialwissenschaftliche Forschungsprojekte Potenzial weit über die hier vorgestellte Anwendung hinaus. So können beispielsweise in der Politischen Ökonomie mit der Kombination mehrerer APIs in einer Data Pipeline die Eigenschaften von Politikern mit deren Verhalten im Amt, sowie mit den politischen Präferenzen von Wählern und Geldgebern verbunden werden. Dies ermöglicht empirische Forschung zur Frage wie Interessengruppen mittels politischen Spenden Einfluss auf politische Entscheide nehmen können. Ein weiterer vielversprechender Anwendungsbereich ist die Verknüpfung von Daten über das Verhalten und die Eigenschaften von Politikern mit deren Nutzung Sozialer Medien sowie deren Präsenz in traditionellen Medien. Solche Daten sind entweder direkt über die APIs der (Sozialen) Medien zugänglich oder über APIs von Civic-Tech-Organisationen oder Forschungsinstituten, die sich auf digitale Medien spezialisiert haben (siehe bspw. das Media-Cloud-Projekt am MIT[13]).

Die hier dargestellte Sicht auf vereinfachte Data Pipelines als integrativer Teil wirtschafts- und sozialwissenschaftlicher Forschung erlaubt zum Schluss auch einen Ausblick, eine Vision, zu skizzieren. Das archivieren und transferieren von Wissen mittels Aufsätzen in wissenschaftlichen Zeitschriften („papers", „journal articles") ist seit langem ein zentraler Teil des wirtschaftswissenschaftlichen Arbeitens. Erst seit vergleichbar kurzer Zeit, wird dabei auch vermehrt Wert auf die gleichzeitige Dokumentation und Publikation der Bestandteile empirischer Aufsätze (Rohdaten, Computercode zur Aufbereitung der Rohdaten, Computercode zur Datenanalyse, etc.) gelegt. Mit der Verwendung einfacher Data Pipelines, wie in diesem Beitrag illustriert, wird diesem zusätzlichen Output des wissenschaftlichen Prozesses mehr Struktur gegeben. Wie in einer Webanwendung, kann dann sogar auch der im wissenschaftlichen Aufsatz enthaltene Text als ‚Code' (in einem LaTeX-, HTML-, oder Markdown-Dokument) festgehalten sein. Das Resultat der wissenschaftlichen Arbeit (der Output eines Projektes) ist somit im Grunde die Data Pipeline mit all ihren Bestandteilen (als Code erfasst) und der wissenschaftliche Aufsatz ist eine momentane Repräsentation dieser Arbeit (Resultate der Ausführung der Pipeline), welche für den Druck auf Papier optimiert ist. Mit den heute üblichen Tools wie Markdown[14] in Kombination mit Pandoc[15] könnte praktisch ohne Zusatzaufwand auch ein anderes Ausgabeformat gewählt werden, wie beispielsweise eine Webseite. Von dort, sind wir nur noch wenige Schritte von der dynamischen Webanwendung entfernt.

Literatur

Besley T (2005) Political selection. J Econ Perspect 19(3):43–60
Bodle R (2010) Regimes of sharing. Inf Commun Soc 14(3):320–337
Burden BC (2007) Personal roots of representation. Princeton University Press, Princeton
Christensen G, Miguel E (2018) Transparency, reproducibility, and the credibility of economics research. J Econ Lit 56(3):920–980
Duke JT, Johnson BL (1992) Religious affiliation und congressional representation. J Sci Study Relig 31(3):324–329

[13] https://mediacloud.org/

[14] https://daringfireball.net/projects/markdown/

[15] https://pandoc.org/

Fastnow C, Tobin GJ, Rudolph TJ (1999) Holy roll calls: religious tradition and voting behavior in the U.S. house. Soc Sci Q 80(4):687–701

Feigelson ED, Babu GJ (2012) Big data in astronomy. Significance 9:22–25

Green JC, Guth JL (1991) Religion, representatives, and roll calls. Legis Stud Q 16(4):571–584

Guth JL (2014) Religion in the American Congress: the case of the US house of representatives, 1953–2003. Relig State Soc 42(2-3):299–313

Ismail A, Truong HL, Kastner W (2019) Manufacturing process data analysis pipelines: a requirements analysis and survey. J Big Data 6(1):1

Lazer D, Pentland A, Adamic L, Aral S, Barabási AL, Brewer D, Christakis N, Contractor N, Fowler J, Gutmann M, Jebara T, King G, Macy M, Roy D, Van Alstyne M (2009) Computational social science. Science 323(5915):721–723

Luo J, Wu M, Gopukumar D, Zhao Y (2016) Big data application in biomedical research and health care: a literature review. Biomed Inform Insights 8:1

Mansbridge J (2009) A "selection model" of political representation. J Polit Philos 17(4):369–398

Matter U (2018) RWebData: a high-level interface to the programmable web. J Open Res Softw 6(1):1–12

Matter U, Stutzer A (2015a) pvsR: an open source interface to big data on the American political sphere. PLoS ONE 10(7):e0130501

Matter U, Stutzer A (2015b) The role of lawyer-legislators in shaping the law: evidence from voting on tort reforms. J Law Econ 58(2):357–384

McTague J, Pearson-Merkowitz S (2013) Voting from the pew: the effect of senators' religious identities on partisan polarization in the US senate. Legis Stud Q 38(3):405–430

Newman B, Guth JL, Cole W, Doran C, Larson EJ (2016) Religion und environmental politics in the US house of representatives. Environ Polit 25(2):289–314

Oldmixon EA (2002) Culture wars in the congressional theater: how the U.S. house of representatives legislates morality, 1993–1998. Soc Sci Q 83(3):775–787

Oldmixon EA (2009) Religion and legislative politics. In: Guth JL, Kellstadt LA, Smidt CE (Hrsg), The Oxford handbook of religion and American politics. Oxford University Press, Oxford

Oldmixon EA (2017) Religious representation und animal welfare in the U.S. senate. J Sci Study Relig 56(1):162–178

R Core Team (2018) R: a language and environment for statistical computing. R Foundation for Statistical Computing, Vienna, Austria

Richardson JT, Fox SW (1972) Religious affiliation as a predictor of voting behavior in abortion reform legislation. J Sci Study Relig 11(4):347–359

Richardson L, Amundsen M (2013) RESTful web APIs. O'Reilly, Sebastopol

Smidt CE, Kellstedt LA, Guth JL (2009) The role of religion in American politics: explanatory theories and associated analytical and measurement issues. In: Guth JL, Kellstadt LA, Smidt CE (Hrsg) The Oxford handbook of religion and American politics. Oxford University Press, Oxford

Stocker A, Tochtermann K, Scheir, P (2010) Die Wertschöpfungskette der Daten: Eine Basis für zukünftige wirtschaftswissenschaftliche Betrachtungen des Web of Data. HMD Prax Wirtsch inform 47(5): 94–104

Swartz A (2013) Aaron Swartz's a programmable web: an unfinished work. In: Hendler J, Ding Y (Hrsg) Synthesis lectures on the semantic web: theory and technology. Morgan & Claypool Publishers, San Rafael

Wald KD, Wilcox C (2006) Getting religion: has political science rediscovered the faith factor? Am Polit Sci Rev 100(4):523–529

Wolf C, Luvaul LC, Onken CA, Smillie JG, White MC (2018) Developing data processing pipelines for massive sky surveys – lessons learned from SkyMapper. In Astronomical Society of the Pacific Conference Series, 512, S 289

Yamane D, Oldmixon EA (2006) Religion in the legislative arena: affiliation, salience, advocacy, und public policymaking. Legis Stud Q 31(3):433–460

Zhang Y, Zhao Y (2015) Astronomy in the big data era. Data Sci J 14:11

Self-Service Data Science – Vergleich von Plattformen zum Aufbau von Entscheidungsbäumen

10

Daniel Badura, Alexander Ossa und Michael Schulz

Zusammenfassung

Um das Potenzial der stetig wachsenden Datenmengen in verschiedenen Geschäfts- und Gesellschaftsbereichen verstärkt zur Erkenntnisgewinnung und Entscheidungsunterstützung nutzen zu können, wäre es hilfreich, Big-Data-Analysemethoden für einen größeren Anwenderkreis zugänglich zu machen. Dies kann entweder durch eine stärkere Vermittlung von Datenkompetenzen aus Anwendersicht oder durch eine Vereinfachung der Methoden, insbesondere durch weitere Automatisierung der Prozesse oder Algorithmen mit geringer Komplexität aus Anwendungssicht geschehen. Zu letzteren gehören unter anderem Entscheidungsbäume, da sie leicht nachvollziehbar und die Analyseergebnisse zudem grafisch darstellbar sind. Für die in dieser Arbeit vorgestellte Versuchsreihe wurden sie daher als Anhaltspunkt für die Etablierbarkeit von Self-Service Data Science verwendet. In den Plattformen IBM SPSS Modeler, RapidMiner, KNIME und Weka wurden auf einer einheitlichen Datengrundlage Klassifikationsmodelle erstellt und diese in Bezug auf ihre Genauigkeit und

Überarbeiteter Beitrag basierend auf Badura D, Schulz M (2019) Kleine Barrieren für große Analysen – Eine Untersuchung der Eignung aktueller Plattformen für Self-Service Data Mining, HMD – Praxis der Wirtschaftsinformatik 56:1053–1067.

D. Badura (✉)
valantic Business Analytics, Hamburg, Deutschland
E-Mail: daniel.badura@ba.valantic.com

A. Ossa
Gruner + Jahr GmbH, Hamburg, Deutschland
E-Mail: ossa.alexander@guj.de

M. Schulz
valantic Business Analytics, Hamburg und NORDAKADEMIE, Elmshorn, Deutschland
E-Mail: michael.schulz@nordakademie.de

S. D'Onofrio, A. Meier (Hrsg.), *Big Data Analytics*, Edition HMD,
https://doi.org/10.1007/978-3-658-32236-6_10

Komplexität miteinander verglichen. Die Ergebnisse deuten darauf hin, dass die Plattformen im Hinblick auf diese beiden Punkte unterschiedliche Stärken und Schwächen im Analyseprozess aufweisen. Gegenwärtig gibt es bereits vielversprechende Ansätze zur Erweiterung des potenziellen Nutzerkreises von Big-Data-Analysen, jedoch sind Entwicklungen in diesem Bereich noch lange nicht abgeschlossen. Um den Prozess weiter voranzutreiben, müssen die Kompetenzen von Anwendern stärker in die Analyse eingebunden werden. In dieser Arbeit soll daher zusätzlich und beispielhaft ein Verfahren vorgestellt werden, um das Wissen von Domänenexperten zur Verbesserung von Entscheidungsbaummodellen einzusetzen.

Schlüsselwörter

Big Data Analytics · Datenexperten · Domänenexperten · Entscheidungsbäume · Klassifikation · Self-Service Data Science · wissensbasierte Komplexitätsreduzierung

10.1 Einleitung

Mit den stetig wachsenden Mengen an verfügbaren Daten wachsen auch die Möglichkeiten, sie zu analysieren und aus ihnen Erkenntnisse zu gewinnen (Provost und Fawcett 2013). Diese Möglichkeiten sind allerdings häufig so komplex, dass sie nur für einen kleinen Kreis von Fachleuten anwendbar sind, da sie fortgeschrittene Kenntnisse in Mathematik und/oder Informatik voraussetzen (Chen et al. 2014). Seit einigen Jahren wird jedoch auch Software mit dem Ziel entwickelt, den Zugang zu solchen Analysemethoden zu vereinfachen. Dabei sollen vor allem Personengruppen, deren Expertise in spezifischen Anwendungsdomänen liegt (fortan bezeichnet als Domänenexperten), angesprochen werden. Treiber dieser Entwicklung ist auf der einen Seite der Wunsch von Unternehmen, mehr Entscheidungen datengetrieben zu treffen, auf der anderen Seite die fehlende Bereitschaft von Domänenexperten, in ihren Entscheidungsprozessen einen Zeitverzug durch die Einbeziehung von Datenwissenschaftlern zu akzeptieren (Viaene 2013). Waren diese Self-Service-Analysen zunächst auf einfaches Ad-hoc-Reporting beschränkt, wird vor allem seitens verschiedener Softwarehersteller vermehrt auch die Möglichkeit der eigenständigen Anwendung komplexer Methoden durch Gelegenheitsnutzer, die Self-Service Data Science (SSDS), betrachtet.

Es scheint einerseits unstrittig, dass Datenwissenschaftler nicht unabhängig von Domänenexperten arbeiten können, da es ihnen an einem ausreichenden Verständnis des Untersuchungsgegenstandes mangelt. Dass Domänenexperten andererseits Aufgaben von Datenwissenschaftlern übernehmen können, wird jedoch vermehrt angenommen (Alpar und Schulz 2016; Banker 2018). Ein Argument, das für einen solchen Self-Service-Ansatz spricht, ist, dass fundierte Datenkompetenz zwar hilfreich, aber nicht für jede Form der Mustererkennung zwingend erforderlich ist (Halper 2017). Datenkompetenz („data literacy") wird als „die Fähigkeit des planvollen Umgangs mit Daten" definiert und beinhaltet die Kompetenzen, Daten erfassen, erkunden, managen, kuratieren, analysieren, visualisieren, interpretieren, kontextualisieren, beurteilen und anwenden zu können. Die dafür nötigen Kenntnisse gewinnen in vielen Gebieten des öffentlichen Lebens und der Geschäftswelt an Relevanz (Gesellschaft für Informatik e.V. 2018, S. 4).

Die Einbeziehung von Domänenexperten in die Analyseprozesse könnte zur intensiveren Nutzung analytischer Informationssysteme und somit einer weiteren Verbreitung von datengetriebenen Entscheidungen im Organisationsalltag führen. Inwieweit aktuelle Softwareplattformen bereits für SSDS geeignet sind, soll mit der vorgestellten Versuchsreihe untersucht werden. Dabei werden die Produkte IBM SPSS Modeler, RapidMiner, KNIME und Weka sowie die Programmiersprachen Python und R untersucht. Python und R dienen hierbei als Vergleichsmaßstab, um die Komplexität und Qualität der Modelle von Plattformen mit grafischen Oberflächen im Kontext zu betrachten.

Im Anschluss wird eine mögliche Herangehensweise für die Entwicklung von Analysesoftware vorgestellt, bei der Domänenexperten ihre Expertise zur Verbesserung von SSDS-Modellen nutzen können: Die wissensbasierte Komplexitätsreduzierung. Der Ansatz zeigt, wie Domänenexperten in einer effektiven, informationserhaltenden- sowie nachvollziehbarenweise bei der Vereinfachung ihrer Modelle, in dieser Arbeit am Entscheidungsbaummodelle demonstriert, unterstützt werden können.

Bevor auf den SSDS-Komplex im Speziellen eingegangen wird, erfolgt auf den nächsten Seiten eine kurze Einführung in die Grundlagen der Data Science und die verwendeten Softwareplattformen.

10.2 Klassifikationsmethoden als Form der Data Science

Data Science kann als „interdisziplinäres Fachgebiet, in welchem mit Hilfe eines wissenschaftlichen Vorgehens, semiautomatisch und unter Anwendung bestehender oder zu entwickelnder Analyseverfahren Erkenntnisse aus teils komplexen Daten extrahiert und unter Berücksichtigung gesellschaftlicher Auswirkungen nutzbar gemacht werden" definiert werden (Schulz et al. 2020, S. 6). Häufig werden für die Durchführung von Data-Science-Vorhaben Techniken des maschinellen Lernens („machine learning") eingesetzt. Maschinelles Lernen zeichnet sich dadurch aus, dass Algorithmen anhand der verfügbaren Trainingsdaten Regeln ableiten oder Muster erkennen und steht damit im Gegensatz zur regelbasierten Programmierung, bei der diese Regeln von den Entwicklern vorgegeben werden und die Programme sich nicht durch neue Daten selbst verbessern können (Hayes-Roth 1985). Werden Modelle anhand bereits bekannter Daten und gewünschter Ausgaben gebildet, dessen Erkenntnisse sich auf unbekannte Daten generalisieren lassen, handelt es sich um überwachtes Lernen („supervised learning"), das die Grundlage für Klassifikationsanalysen bildet.[1] Klassifikation ist die Vorhersage von kategorialen (diskreten) Klassenzugehörigkeiten einzelner Datensätze. Diese können unter anderem in der Betrugserkennung, in der Identifikation abwanderungswilliger Kunden (Churn-Vermeidung) und in der Früherkennung von Krankheiten eingesetzt werden (Han et al. 2012).

10.2.1 Partition

Bei der Bildung eines Modells wird das Datenset häufig zunächst in zwei Partitionen aufgeteilt. Dies erfolgt meist durch eine zufällige Auswahl von Daten. Manchmal ist aber auch Stratifizierung nötig. Das bedeutet, dass darauf geachtet wird, genügend Beispiele mit bestimmten Features in beiden Partitionen zu verteilen, damit sie repräsentativ bleiben. Anhand der (meist größeren) Trainingspartition lernt der Algorithmus die Muster in den Daten. Es wird eine Funktion $y = f(X)$ an die Daten angepasst, die einen Tupel X als Input nimmt und eine Vorhersage y als Output gibt. Daraufhin wird mit der Testpartition evaluiert, wie genau das Modell die unbekannten abhängigen Variablen vorhersagen kann. Dieser Schritt ist wichtig, da die Genauigkeit bei der Vorhersage der bereits bekannten Zielvariablen oft sehr hoch ist, da sie zur Konstruktion des Modells verwendet wurden. Die Genauigkeit eines Klassifikationsmodells ist der Anteil der korrekt vorhergesagten Labels (Merz 1996).

Der Nachteil dieser Partitionierungsmethode ist, dass das Testset nur einmal verwendet werden darf, da sonst das Modell nicht nur an die Trainingsdaten, sondern auch an die Testdaten angepasst wird, was zu Überanpassung („overfitting") führt. Deswegen eignet sie sich nicht zum Prüfen verschiedener Konfigurationen während der Konstruktionsphase, sondern nur für die Schätzung der Genauigkeit des letztendlich gewählten Modells. Zum Testen unterschiedlicher Modelle mit veränderten Parametern wird deswegen Kreuzvalidierung („cross-validation") eingesetzt. Unter dem Begriff wird meistens k-fache Kreuzvalidierung verstanden. Dabei werden die Daten in k Teilmengen aufgeteilt. Eine übliche Zahl für k ist zehn. In diesem Fall werden die ersten neun Teilmengen für die Bildung des Modells verwendet, woraufhin dieses an der zehnten getestet wird. Dieser Vorgang wird zehnmal wiederholt, sodass jede Teilmenge einmal als Testset fungiert. Das Ergebnis der Kreuzvalidierung ist dann der Durchschnitt der Genauigkeiten der zehn Testläufe (Kohavi 1995).

10.2.2 Auswahl von Attributen

Ein wesentlicher Bestandteil des Klassifikationsprozesses ist die Auswahl der besten Untergruppe von Attributen. Nicht alle in einem Datenset enthaltenen Spalten besitzen Aussagekraft in Bezug auf die Vorhersage einer Klassenzugehörigkeit.

---

[1] Eine Betrachtung unüberwachter Lernverfahren steht an dieser Stelle nicht im Fokus.

Manche Attribute sind pures Rauschen, das heißt, sie stehen in keinem Verhältnis zur Zielvariable. Andere sind zwar mit dieser korreliert, tragen jedoch trotzdem nicht zu einer höheren Genauigkeit, also des Anteils richtig eingeordneter Datensätze, bei. Alle Attribute bei der Erstellung eines Modells zu verwenden, hat deswegen in den meisten Fällen eine negative Auswirkung. Die genaue Art des Effekts hängt neben den Eigenschaften des spezifischen Datensets teilweise auch vom benutzten Algorithmus ab (Witten et al. 2017). Die Genauigkeit von Entscheidungsbäumen nimmt zum Beispiel in vielen Fällen ab, wenn irrelevante Attribute enthalten sind. Naïve Bayes, ein anderer Klassifikationsalgorithmus, wird dagegen durch diese weniger beeinträchtigt, dafür allerdings durch miteinander korrelierte Attribute, selbst wenn diese relevant sind (Kohavi und John 1997). Datensets aus Bereichen wie der Genforschung und der Texterkennung können zudem zehntausende von Attributen besitzen. Eine solch hohe Dimensionalität überfordert nicht nur die menschliche Intuition, sondern auch viele Klassifikationsalgorithmen. Außerdem kann es vorkommen, dass die vorhandenen Attribute in nicht aufbereiteter Form für Data-Science-Analysen ungeeignet sind (Domingos 2012). Die Selektion der geeigneten Untergruppe ist deswegen eine weitere Hürde für SSDS, da der Prozess hierdurch komplexer wird.

Das Ziel des Auswahlprozesses von Attributen ist es somit, eine Kombination zu finden, mit der die höchste Klassifikationsgenauigkeit erreicht werden kann, wobei es durchaus möglich ist, dass mehrere optimale Kombinationen existieren. Da die, den Daten zugrunde liegende Verteilungsfunktion für gewöhnlich nicht bekannt ist, kann die Genauigkeit in der Regel nur geschätzt werden, was die Konstruktion eines optimalen Klassifikationsmodells zu einem Problem macht, das NP-vollständig ist (Hyafil und Rivest 1976). Dies ist ein Begriff aus der Komplexitätstheorie, der bedeutet, dass es höchstwahrscheinlich keine optimale Lösung gibt, sondern nur Heuristiken für nahezu optimale Modelle. Dieser Sachverhalt unterstreicht, wie komplex der Data-Science-Prozess teilweise sein kann, und wie herausfordernd die Implementierung von SSDS deswegen ist.

Im Laufe der Zeit haben sich drei grundlegende Ansätze zur Auswahl von Attributen etabliert: *Filter*, *Wrapper* und *Embedded Methods*. Filter untersuchen die Korrelationen der Attribute mit der Zielvariablen und wählen auf diese Weise eine Untergruppe für die Analyse aus. Wrapper beziehen einen lernenden Algorithmus mit ein, für gewöhnlich den gleichen, der später auch für die Klassifikation verwendet wird. Dabei wird eine Suche im Raum aller möglichen Attributkombinationen durchgeführt, bei der die Ergebnisse mithilfe des gewählten Algorithmus evaluiert werden. Embedded Methods sind Filter, Wrapper oder andere Ansätze, die bereits in den Lernalgorithmus integriert sind (Guyon und Elisseeff 2003).

10.2.3 Entscheidungsbäume

Entscheidungsbäume sind Algorithmen die für Klassifikations- oder Regressionsanalysen eingesetzt werden können (Breiman et al. 1984). Die Struktur eines Entscheidungsbaumes ähnelt der eines Flowcharts. An jedem internen Knoten werden die Trainingsdaten auf ein Attribut getestet. Die Zweige beziehungsweise Kanten sind die Ergebnisse dieser Tests. Die Knoten am unteren Ende des Baumes, von denen keine weiteren Zweige mehr ausgehen, nennen sich Blätter. Sie repräsentieren die Klassen, in welche die Daten eingeordnet werden.

Entscheidungsbäume haben gegenüber anderen Verfahren einen Vorzug, der sie zu einer häufig genutzten Art von Algorithmen macht: Sie lassen sich visuell darstellen. Ein Schaubild des fertigen Baumes ist für Menschen leichter zu verstehen als mathematische Formeln oder Tabellen. Es gibt Aufschluss darüber, welche Attribute an welcher Stelle für welche Entscheidungen verwendet wurden. Dieser Vorteil grenzt simple (Machine-Learning-)Algorithmen wie Entscheidungsbäume insbesondere von neuronalen Netzwerken ab, die zwar häufig komplexere Zusammenhänge aufdecken können, für Menschen allerdings oft als „Blackbox" wahrgenommen werden, da schwer und nur mit hohem Aufwand nachzuvollziehbar ist, was in ihnen vorgeht (Witten et al. 2017). Auch andere Methoden wie logistische Regression und Naïve Bayes sind für Menschen ohne mathematische Affinität schwerer nachzuvollziehen, da die resultierenden Modelle für gewöhnlich als Formeln dargestellt werden.

Die Daten, auf deren Basis Entscheidungsbäume aufgebaut werden (sog. Trainingsdaten), werden rekursiv in immer kleinere Untergruppen aufgespalten, um so die Strukturen in den Daten zu finden (Han et al. 2012). Für die Festlegung der Abzweigungen gibt es verschiedene Entscheidungskriterien. Allen ist gemein, dass sie darauf aus sind, möglichst „reine" Zweige und Blätter zu erzeugen. Ein Blatt ist vollständig rein, wenn es nur Exemplare einer Klasse enthält. Abzweigungen können binär sein oder mehrere Zweige erzeugen. Dies hängt vom jeweiligen Algorithmus und dessen Entscheidungskriterium ab. Die rekursive Aufteilung in weitere Zweige und Blätter hört im einfachen Fall dann auf, wenn alle Beispiele klassifiziert sind, oder wenn es keine Attribute mehr gibt, durch welche noch weitere Aufteilungen vorgenommen werden können. In diesem Fall wird ein unreines Blatt gebildet, das durch „Mehrheitsvotum" die Bezeichnung seiner am häufigsten vertretenen Klasse erhält. Die Größe von Bäumen kann außerdem durch *Pruning* (Stutzen) eingeschränkt werden. Dies ist in vielen Fällen nötig, um Überanpassung zu verhindern (Witten et al. 2017). Abb. 10.1 zeigt ein Beispiel für die Vorhersage von Kaufentscheidungen anhand der Merkmale Geschlecht und Alter. Der Baum deckt anhand der, den fiktiven Daten zugrunde liegenden Struktur auf, dass Frauen und jüngere Männer wahrscheinlich etwas kaufen werden, ältere Männer jedoch nicht.

10.2.4 Typen von Entscheidungsbäumen

Im Folgenden werden die drei in diesem Beitrag hauptsächlich genutzten Algorithmen beschrieben. Sie wurden ausgewählt, weil sie am weitesten verbreitet und deswegen am relevantesten sind und sich am besten für Vergleiche eignen. Es handelt sich dabei um die Quinlan-Classifier (C4.5 und C5.0), sowie CART (Classification and Regression Trees) und CHAID (Chi-square Automatic Interaction Detector).

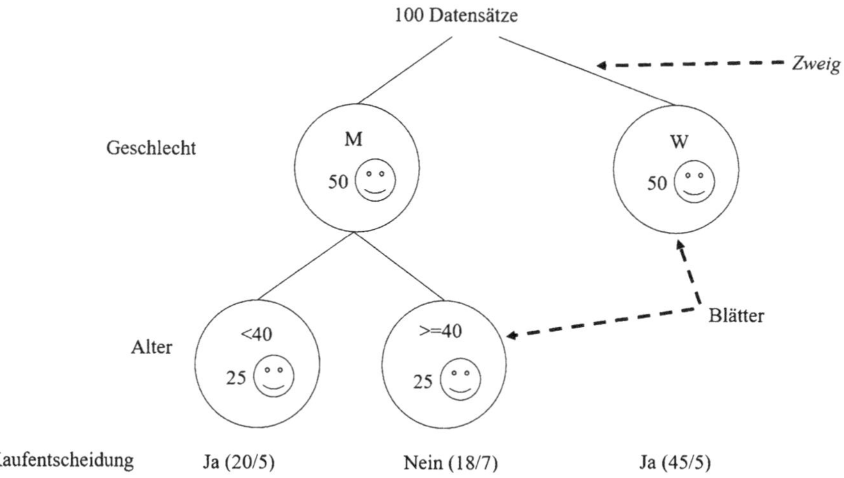

Abb. 10.1 Vereinfachtes Beispiel eines Entscheidungsbaumes

Mindestens eine dieser Varianten ist in jedem der in dieser Arbeit betrachteten Softwareprodukte enthalten.

Zu den bekanntesten Entscheidungsbaum-Programmen gehören ID3 (Iterative Dichotomiser 3) und seine Nachfolger, C4.5 und C5.0. Sie wurden von John Ross Quinlan entwickelt und dienen zur Klassifikation (Quinlan 1986). C4.5 ermöglicht Pruning sowie das Erstellen von Regelwerken anstelle eines Baumes. Die neueste Variante, C5.0, enthält einige Verbesserungen bei der Berechnungsweise der Modelle und bietet zudem die Option, diese zu boosten. Dies bedeutet, dass mehrere Bäume erstellt und ihre besten Elemente kombiniert werden (Quinlan 1993, 2017).

Zeitgleich zum ID3 wurde derweil der CART-Algorithmus entwickelt, der sowohl für Klassifikations- als auch für Regressionsprobleme geeignet ist (Breiman et al. 1984) Er verfügt über besondere Stärken beim Umgang mit fehlenden Werten und setzt eine spezielle Pruning-Methode ein, die Kosten-Komplexität genannt wird. Dabei handelt es sich um eine Funktion der Anzahl der Blätter des Baumes und des Anteils der falsch klassifizierten Tupel, bei der sowohl Fehler als auch unnötige Komplexität bestraft werden.

Der dritte betrachtete Algorithmus ist der CHAID. Bei diesem werden die Werte der unabhängigen Variablen zusammengefasst und Chi-Quadrat-Tests durchgeführt, um Unterschiede zwischen den Wertpaaren und den Werten der abhängigen Variablen zu überprüfen (Kass 1980). Wenn der Test nicht signifikant ist, werden die beiden Kategorien zusammengeführt und der Test wird mit dem nächsten Kategorienpaar durchgeführt. Diese Kategorien können nun auch zusammengeführte Kategorien sein. Wenn der Test signifikant ist, wird ein Bonferroni-korrigierter p-Wert berechnet. Das Attribut mit dem kleinsten p-Wert wird für die Abzweigung ausgewählt. Ist der p-Wert an einer Stelle höher als ein festgelegter alpha-Wert, gibt es keinen weiteren Split mehr und der Knoten wird zu einem Blatt. Die dadurch entstehenden Verzweigungen sind oft nicht binär, weshalb CHAID-Bäume meist flacher und breiter sind als CART oder C4.5/C5.0.

10.3 Untersuchung verschiedener Data-Mining-Plattformen

Es werden die Softwareplattformen IBM SPSS Modeler, RapidMiner, WEKA und KNIME betrachtet, da sie alle den Anspruch haben, große Datenmengen verarbeiten zu können und trotzdem für SSDS geeignet zu sein (Berthold et al. 2009; IBM 2017; RapidMiner 2018; Witten et al. 2017). Um zu überprüfen, ob durch die grafischen Benutzeroberflächen Flexibilität oder Genauigkeit verloren gehen, wurden die Modelle aus der Versuchsreihe zusätzlich auch in den Programmiersprachen Python und R konstruiert. Diese sind seit einigen Jahren die am meisten verbreiteten Programmiersprachen im Data-Science-Bereich und bieten viele vorgefertigte Module, welche die Arbeit mit statistischen Verfahren erleichtern (Wallace et al. 2012). Da sie ein gewisses Maß an Informatikkenntnissen voraussetzen, eignen sich R und Python weniger für SSDS.

10.3.1 Versuchsreihe

Ziel der vorgestellten Versuchsreihe ist ein Vergleich der oben genannten Software-plattformen im Hinblick auf ihre Eignung für SSDS. Dazu wurden in jeder von ihnen auf einer einheitlichen Datengrundlage Entscheidungsbäume konstruiert und anschließend ausgewertet. Jeder Entscheidungsbaum wurde zweimal erstellt; einmal mit einem hohen Maße an Datenvorbereitung und Parameter-Finetuning (Kategorie 1) und einmal mit der unveränderten Standardkonfigurationen der jeweiligen Plattform (Kategorie 2). Auf diese Weise sollte untersucht werden, welche Rolle Datenkompetenzen im Prozess spielen, beziehungsweise was für Ergebnisse Laien erzielen könnten.

Die verwendeten Daten stammen aus einer Studie von Fehrman et al. (2017) und enthalten zum einen demografische Informationen von 1885 Umfrageteilnehmern und zum anderen Angaben zu deren Konsum verschiedener Substanzen wie Schokolade, Kaffee, Cannabis und LSD (Lysergsäurediethylamid). In der Studie wurden umfangreiche Bemühungen betrieben, den besten Entscheidungsbaum zu identifizieren, weshalb sie sich gut als Benchmark für die vorliegende Versuchsreihe eignet. Ein Teil der Datenvorbereitung wurde außerdem von den Autoren der Studie übernommen. Alle Attribute waren zunächst kategorisch (z. B. Geschlecht: Weiblich od. Altersgruppe: 35–44) und wurden mithilfe von polychorischer Korrelation für ordinale Variablen und *nonlinearer CatPCA* (Categorical Principal Component Analysis) für nominale Variablen quantifiziert. Nach diesen Vorbereitungsschritten lagen alle Attribute in reellem Zahlenformat vor, wodurch sie leichter miteinander in Relation gesetzt werden konnten. Die Beschreibung dieser umfassenden Datenvorbereitung unterstreicht, wie wichtig Datenkompetenzen und tiefgehende Statistikkenntnisse für diesen Teil des Data-Mining-Prozesses sein können.

Auch in der beschriebenen Versuchsreihe wurden weitere Maßnahmen zur Vorbereitung der Daten vorgenommen. So wurden unter anderem die detaillierten Angaben zum Konsum der Substanzen der Einfachheit halber in binäre Werte umgewandelt, wodurch die Umfrageteilnehmer in die Gruppe Konsumenten beziehungsweise Nichtkonsumenten eingeteilt werden konnten. Daneben wurden ungeeignete Attribute eliminiert und die Daten in eine Trainings- und eine Testpartition aufgeteilt, mit einem Verhältns von 70/30. Diese Partitionen wurden als CSV-Dateien exportiert und für alle Modelle verwendet, um die Vergleichbarkeit zu wahren.

Da die Daten zwölf mögliche Prädiktoren zur Klassifikation enthalten, wurde im Vorfeld mithilfe verschiedener Verfahren versucht, die bestmögliche Untergruppe zu finden. Unter anderem wurde *Recursive Feature Elimination* in Python eingesetzt, sowie verschiedene Wrapper-Methoden in WEKA. Am effektivsten war der *Brute-Force*-Operator in RapidMiner, bei dem alle möglichen Kombinationen getestet wurden. Dieses Verfahren beansprucht allerdings viel Rechenleistung, weshalb bei größeren Datensets eher andere, auf Heuristiken basierende Methoden gewählt werden sollten. Auch die gründlichste Arbeit bei der Attributauswahl garantiert jedoch nicht das bestmögliche Modell. Um dieses zu finden, müssten nicht nur alle Untergruppen von Attributen für sich alleine ausprobiert werden, sondern auch jeweils in Kombination mit jeder möglichen Konfiguration der restlichen Parameter des Baumes, also mit verschiedenen Pruning-Methoden, Entscheidungskriterien, etc. Dazu kommt noch die Frage, wie die Modelle bewertet werden sollen. Es wäre möglich, dass Genauigkeit und Komplexität (gemessen an der Tiefe und der Anzahl der Blätter) ausreichen. Eventuell sollte jedoch auch die Verständlichkeit des Modells mit einbezogen werden. In diesem Fall ergibt sich die zusätzliche Frage, wie diese gemessen werden kann. Letztendlich ist die Konstruktion eines Entscheidungsbaumes deswegen ein Optimierungsproblem, das nicht eindeutig gelöst werden kann.

Die Klassifikationsprozesse verliefen in allen Softwareplattformen nach einem ähnlichen Schema, das in Abb. 10.2 gezeigt wird. Zunächst wurden die Trainings- und Testdaten in Unterprozessen extrahiert, transformiert und geladen („extract, transform and load", ETL), woraufhin mit den Trainingsdaten ein Modell gebildet

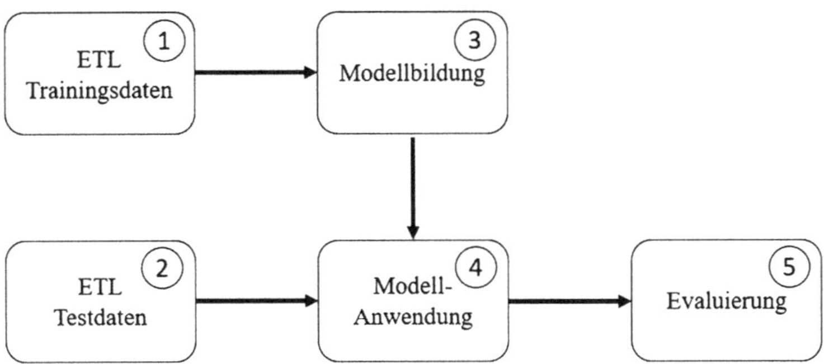

Abb. 10.2 Schematische Darstellung des Klassifikationsprozesses

und auf die Testdaten angewendet wurde. Die Genauigkeit bei der Vorhersage der unbekannten Daten wurde anschließend ausgewertet.

Die folgenden Screenshots zeigen Beispiele der Prozesse in den einzelnen Plattformen. Die Ziffern geben an, welche Schritte zu welchem Abschnitt des Schemas gehören (Abb. 10.3, 10.4, 10.5 und 10.6).

Auf der Detailebene unterscheiden sich die Prozesse in den einzelnen Plattformen jedoch: Der Entscheidungsbaum in RapidMiner ist beispielsweise eine Mischung aus C4.5 und CART, weshalb Konfigurationsmöglichkeiten wie Entscheidungskriterium und Pruning-Methode frei wählbar sind. Im IBM SPSS Modeler müssen die partitionierten Daten wieder zusammengefügt werden, im Programm wird allerdings abgespeichert, welche Datensätze zu welcher Partition gehören. Die Plattform bietet außerdem die größte Auswahl an Entscheidungsbaumalgorithmen, allerdings keine einfache Möglichkeit zur Kreuzvalidierung. In WEKA kann der Prozess entweder in der Knowledge-Flow-Oberfläche ähnlich wie in den anderen Plattformen gestaltet werden, oder in der Explorer-Oberfläche auf eine weniger grafische Art, allerdings auch mit weniger erforderlichen Klicks. Der Explorer ist aus diesem Grund eine gute Alternative für SSDS, zumal im Knowledge-Flow mehr zusätzliche Schritte nötig sind als in den anderen Plattformen.

Eine zusätzliche Besonderheit von RapidMiner ist die Option *Auto Model*, die eine schrittweise Anleitung zur Erstellung prädiktiver Modelle und Clusteranalysen bietet. Im ersten Schritt werden die Daten ausgewählt und Informationen dazu angezeigt. Daraufhin kann als Aufgabe entweder Klassifikation, Clustering oder das Überprüfen von Ausreißern ausgewählt werden. Wird die erste Alternative gewählt, muss eine Spalte als Zielvariable deklariert werden. Ist diese numerisch, kann im nächsten Schritt entschieden werden, ob eine Regressionsanalyse ausgeführt oder die Variable zur Klassifikation in einen nominalen Wert umgewandelt werden soll. Daraufhin ist es möglich, die Attribute auszuwählen. Dazu werden viele hilfreiche Informationen zu den einzelnen Variablen angezeigt. Im letzten Schritt sind schließ-

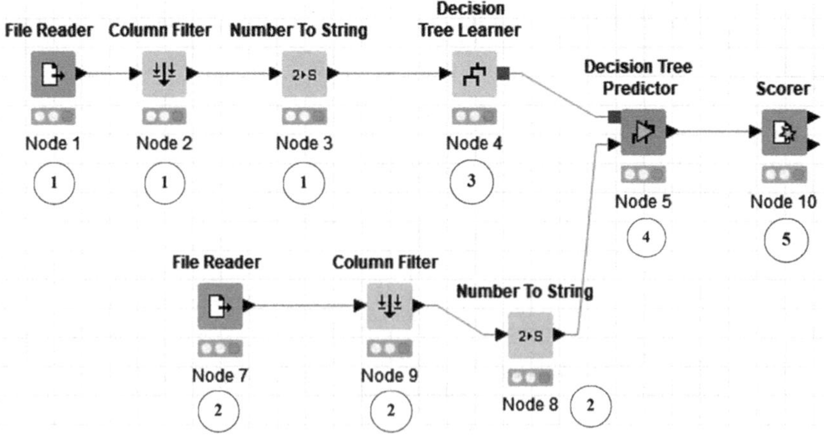

Abb. 10.3 Prozess in KNIME

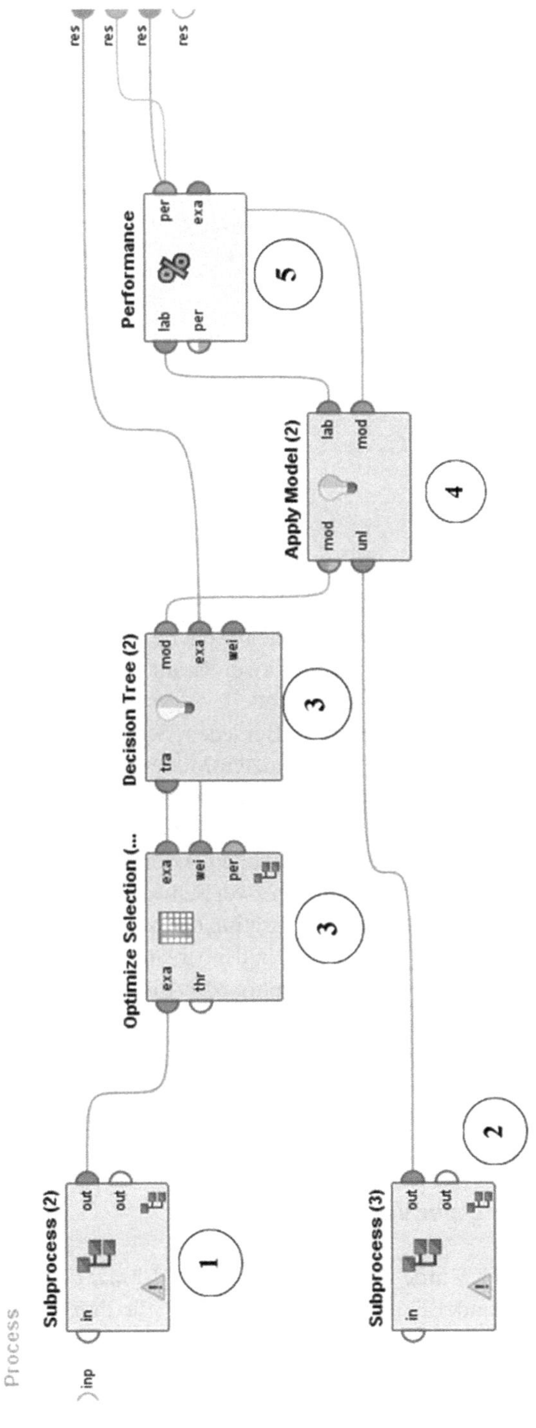

Abb. 10.4 Prozess in RapidMiner

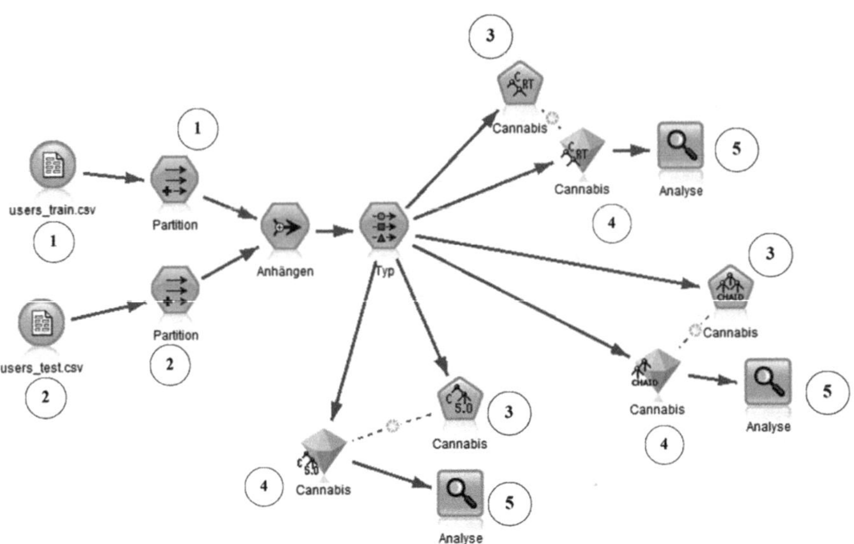

Abb. 10.5 Prozess im IBM SPSS Modeler

lich die Algorithmen auszuwählen, mit denen Modelle gebildet werden sollen. Teilweise lassen sich bei diesen auch ein oder zwei Parameter festlegen. Nach der Ausführung des Prozesses werden dann die Modelle in Bezug auf ihre Genauigkeit und Berechnungszeit miteinander verglichen. Bei jedem Schritt werden zudem ausführliche Anleitungen angezeigt. Die so gebildeten Modelle lassen sich danach in der normalen Streamansicht begutachten und weiterbearbeiten. Dazu werden zu jedem Knoten außerdem Erklärungen angefügt. Mithilfe der Auto-Model-Funktion wurden Modelle gebildet, die bessere Genauigkeiten erzielten als alle anderen in dieser Arbeit generierten Modelle. Sie hat jedoch zwei Schwächen: Zum einen gibt es nur eingeschränkte Möglichkeiten zur Konfiguration der Modelle. Dies kann allerdings nach der ersten Konstruktion des Modells in der Streamansicht nachgeholt werden. Zum anderen gibt es jedoch auch keine Option zur Auswahl eines Wrappers für die zu testenden Modelle. Das bedeutet, dass die Algorithmen selbst die nützlichsten Attributkombinationen identifizieren müssen, was häufig in einer geringeren Genauigkeit resultiert. Trotzdem ist Auto Model eine gute Option für Anwender, die im Vorfeld nicht auf eine bestimmte Art von Modellen festgelegt sind.

10.3.2 Auswertung der Versuchsreihe

Neben der Genauigkeit wurde auch die Komplexität der erzeugten Bäume, also die Anzahl der Ebenen und Blätter, als eine Kennzahl für ihre Qualität verwendet. Diese beiden Metriken sind bei der Bewertung von Klassifikationsbäumen weit verbreitet. Dass ein einfaches Modell bei gleicher Leistung einer komplexeren Alternative vorzuziehen ist, ist eine Maxime der Wissenschaft, die unter anderem auf

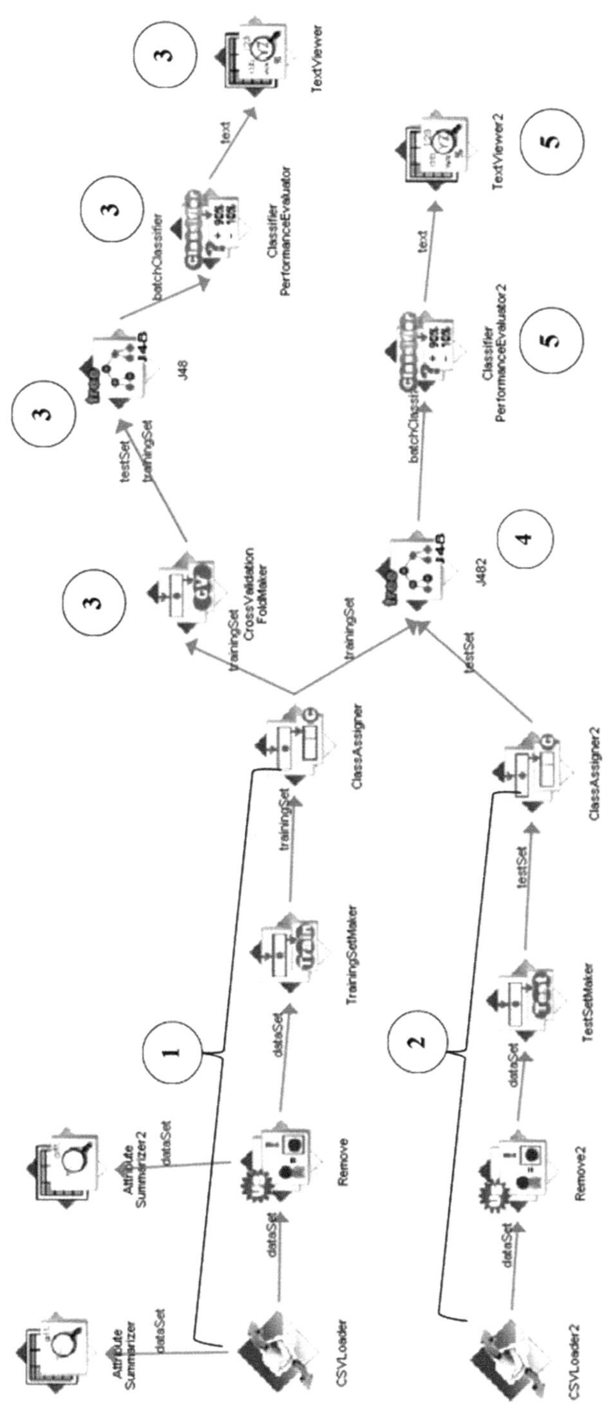

Abb. 10.6 Prozess in WEKA

Ockhams Rasiermesser (Gibbs und Hiroshi 1997), der *Millerschen Zahl* (Miller 1956) und dem *Minimum Description Length Principle* (Barron et al. 1998) basiert. Es könnte jedoch argumentiert werden, dass Verständlichkeit eine bessere Bewertungsgrundlage liefern würde. Geringere Komplexität bedeutet nicht immer bessere Verständlichkeit. In einer Versuchsreihe bevorzugten Ärzte zum Beispiel tiefere Bäume gegenüber flacheren, da die komplexeren Modelle mehr Informationen über den Zustand von Patienten lieferten (Freitas 2014). Da Verständlichkeit jedoch ein subjektives Kriterium ist, das stark von der jeweiligen Problemstellung abhängt, eignet sich die Komplexität der Modelle im Kontext dieses Beitrags besser als Maßstab. Die Quantifizierung von Verständlichkeit als Metrik ist heute noch ein Gebiet, auf dem akuter Forschungsbedarf besteht.

Tab. 10.1 enthält die Ergebnisse der Versuche beispielhaft für eine der betrachteten Substanzen. Die Spalte *Genauigkeit* gibt den Anteil der im Test-Set richtig klassifizierten Datensätze an. Die Spalte *Tiefe* enthält die Anzahl der Ebenen des Baumes, während die Spalte *Blätter* die Anzahl der Knotenpunkte angibt, an denen keine weiteren Aufspaltungen vorgenommen werden. Die Spalte *Erster Prädiktor* gibt Auskunft über das Attribut, das für die erste Aufspaltung des Baumes ausgewählt wurde. Kreuzvalidierung wurde bereits während der Bildung der Modelle eingesetzt, weshalb die dabei gemessenen Genauigkeiten nicht für die finale Evaluation verwendet wurden.

Insgesamt gab es keine großen Unterschiede bei den Genauigkeiten. Auch bei der Auswahl des Attributs für die erste Abzweigung führte der Einsatz verschiedener Algorithmen meistens zu den gleichen Resultaten. Dass die Ergebnisse sich relativ ähnlich sind, könnte unter anderem daran liegen, dass verhältnismäßig viel Arbeit in die Vorbereitung der Daten und die Auswahl der Attribute geflossen ist.

Tab. 10.2 zeigt die Kennzahlen für die gleichen Bäume, diesmal aber unter Berücksichtigung aller Attribute und ohne Veränderung der Standardeinstellungen in den Softwareplattformen. Es wurde also beispielsweise die Baumtiefe nicht be-

Tab. 10.1 Klassifikation der ersten Kategorie – Datenvorbereitung und Parameter-Finetuning

Tool	Algorithmus	Genauigkeit	Komplexität		Erster Prädiktor
			Tiefe	Blätter	
a. Data-Mining-Anwendungen					
IBM SPSS Modeler	C5.0	79,84 %	4	7	Age
	CART	76,92 %	4	7	Age
	CHAID	76,92 %	4	23	Age
KNIME	C4.5	77,98 %	4	6	Age
RapidMiner	C4.5/CART	76,39 %	4	16	SS
	CHAID	73,74 %	3	54	SS
Weka	J48 (C4.5)	77,45 %	5	11	Age
	CART	77,45 %	9	42	Age
b. Programmiersprachen					
Python	CART	77,45 %	6	53	Age
R	CART	77,45 %	6	13	Age
	C5.0	79,84 %	4	5	O-Score

Tab. 10.2 Klassifikation der zweiten Kategorie – unveränderte Standardkonfigurationen

Tool	Algorithmus	Genauigkeit	Δ	Komplexität			
				Tiefe	Δ	Blätter	Δ
a. Data-Mining-Anwendungen							
IBM SPSS Modeler	C5.0	77,45 %	−2,39	14	+10	69	+62
	CART	74,27 %	−3,18	5	+1	13	+6
	CHAID	74,27 %	−2,65	5	+1	24	+1
KNIME	C4.5	69,23 %	−8,75	17	+8	113	+103
RapidMiner	C4.5/CART	71,62 %	−4,77	6	+2	7	−9
	CHAID	72,15 %	−1,59	2	−1	21	−33
Weka	J48 (C4.5)	72,86 %	−1,59	14	+9	86	+75
	CART	72,86 %	−1,59	6	−3	17	−25
b. Programmiersprachen							
Python	CART	68,70 %	−8,75	16	+12	> 200	> +200
R	CART	75,33 %	−2,12	6	0	12	+1
	C5.0	74,27 %	−5,57	13	+9	75	+70

grenzt und kein Boosting verwendet. Dies entspricht einer Konfiguration, wie sie von Domänenexperten ohne Data-Science-Expertise zu erwarten wäre. Die Deltas geben die Veränderung gegenüber den Äquivalenten der ersten Kategorie an.

Zu beobachten ist, dass die Genauigkeit leidet, wenn alle Attribute und die Standardkonfigurationen verwendet werden. Insbesondere bei den Bäumen in KNIME und Python ist der Effekt deutlich. Außerdem erreichten die Entscheidungsbäume diesmal wesentlich höhere Genauigkeiten bei der Klassifikation der Trainingsdaten als bei den Testdaten, was bedeutet, dass das Problem der Überanpassung vorliegt. Die Komplexität steigt in den meisten Fällen drastisch an, besonders bei den beiden C5.0-Bäumen, dem C4.5 in KNIME, dem J48 in Weka und dem CART in Python. Bei den RapidMiner-Bäumen und dem CART in Weka nimmt sie jedoch ab.

10.4 Vorstellung einer wissensbasierten Komplexitätsreduzierung für Entscheidungsbäume

Während der bisherige Teil der Arbeit etablierte Methodiken und Softwarelösungen zeigte, soll nun beispielhaft ein gänzlich neues Konzept vorgestellt werden, wie die Anwendbarkeit von SSDS gesteigert werden kann. Bisher gelten die von den (komplexen) Algorithmen erstellten Modelle als unveränderlich und eine erwünschte Modifikation erfordert eine Neuerstellung dieser. Eine präzise Modellanpassung erfordert jedoch, wie bereits diskutiert, ein sehr hohes Maß an methodischer Erfahrung. Daher soll eine Methode vorgestellt werden, die es Domänenanwendern ohne hohe Data-Science-Expertise ermöglicht, die Komplexität von Entscheidungsbaummodellen zu reduzieren.

Wie im vorherigen Abschnitt diskutiert, beeinflußt die Modellgröße (d. h. die Anzahl an Blättern und Knoten) signifikant die Verständlichkeit des Entscheidungsbaumes. So werden kleinere Bäume tendenziell von Anwendern als zu simpel wahrgenommen, um das vorliegende Problem in seiner Gänze zu umfassen, wohingegen Anwender die Analyse größerer Bäume aufgrund des dafür benötigten zeitlichen Aufwandes scheuen (Freitas 2014). Während der erste Fall nur durch eine erneute Modellerstellung mit veränderten Parametern zu lösen ist, existieren für den letzteren Fall zwei etablierte Pruning-Strategien:

1. **Pre-Pruning:** Hierbei wird während der Baumgenerierung die Knotenaufteilung unterbunden.
2. **Post-Pruning:** Diese Verfahren werden nach der Entscheidungsbaumgenerierung angewendet und entfernt Elemente des Baums (Fürnkranz 1997).

Beide Strategien verwenden Metriken basierend auf dem „Informationsgewinn" der jeweiligen Knoten, wodurch statistisch nicht ausreichend relevante Elemente entfernt werden. Die jeweilige Relevanz für die Domänenexperten wird dabei nicht berücksichtigt.

Um dieses Problem zu adressieren, soll die wissensbasierte Komplexitätsreduzierung für Entscheidungsbäume eingeführt werden. Knoten und/oder Blätter werden hierbei durch unterschiedliche Filterarten aus dem Modell entfernt, wobei die Filter vollständig automatisiert aus dem Entscheidungsbaum gewonnen werden können. Der Anwender bestimmt dabei durch sein Domänenwissen verschiedene Filterkonstellationen, probiert diese iterativ aus und reduziert schlußendlich die Entscheidungsbaumkomplexität auf sein gewünschtes Maß. Der für diesen Abschnitt verwendete Begriff des Filters steht in keiner Verbindung mit dem Filter zur Attributselektion, sondern beschreibt einen neuen Mechanismus, um das Modell (nachträglich) anzupassen.

Der Ansatz kann auch als Ergänzung zu den bestehenden, etablierten Prunning-Methoden dienen. So wäre es denkbar, dass Filter während des Pre-Prunings die Knotenaufteilung verhindern und somit die Komplexität direkt basierend des Anwenderwissens verringern. Der Pre-Pruning-Ansatz soll in dieser Arbeit jedoch nicht weiter diskutiert und die Methodik als Post-Pruning-Stragie beschrieben werden.

10.4.1 Komplexitätsreduktion in Entscheidungsbäumen

Kanten sowie Knoten sind die Komponenten, durch deren Entfernung eine Komplexitätsreduktion der Entscheidungsbaummodelle möglich ist, beispielhaft illustriert in Abb. 10.8. Sobald ein Anwender einen oder mehrere Filter auswählt, wird der Baum von oben nach unten traversiert. An jedem Knoten wird über alle Kanten iteriert und jeweils entschieden, ob diese durch das Auslösen einer Filterbedingung entfernt werden sollen. Als Argument wird dem Filter hierbei ein Tripel aus Attribut, Kantenwert und Vergleichsoperator übermittelt. Werden alle Kanten eines Knotens entfernt, so ist der Knoten selbst obsolet geworden.

Als Filter können unzählige Verfahren diskutiert werden. In einer ersten Umsetzung wären etwa drei einfache, intuitive Filterarten, gelistet in Tab. 10.3, denkbar.

10.4.2 Substitutionen

Das Entfernen von Elementen aus Entscheidungsbäumen führt zu Inkonsistenzen, womit eine Klassifikation sämtlicher Datensätze nicht mehr möglich ist.

Abb. 10.7 veranschaulicht dies, indem beispielhaft die Kante „= a" entfernt wird. Möchte der Anwender nun eine Klassifikation vornehmen, mit einem Datensatz dessen Attributwert „a" entspricht, dann wäre der Entscheidungsbaum nicht in der Lage zu klassifizieren.

Gefilterte beziehungsweise verloren gegangene „Entscheidungen" müssen ersetzt werden, um die Konsistenz des Entscheidungsbaums zu erhalten. Hierfür müssen künstliche Blätter – genannt Substitution – eingeführt werden. Abb. 10.8 zeigt ein Beispiel für das Entfernen einer Kante (a) sowie eines Knotens (b).

Substitutionen agieren als „normale" Blätter und geben ebenfalls ein Klassifikationsergebnis zurück. Zur Bestimmung des Ergebnisses, kann die Daten-Splittung (Distribution) am Knoten (oder dem Eltern-Knoten wenn der aktuelle entfernt wird) verwendet werden. Tab. 10.4 zeigt drei Methoden, wie das Klassifikationsergebnis berechnet werden kann.

Tab. 10.3 Einfache und intuitive Filter

Filterart	Entfernt	Beschreibung	Beispiel
Vergleich	Kanten	Führt einen Vergleich an Kanten durch. Das Attribut, auf den der Filter angewendet werden soll, Prüfwert sowie Vergleichsoperator sind vom Anwender zu spezifizieren. Je nach Datentyp sollte der Vergleichsoperator (automatisch) angepasst werden. So wäre ein „>=" bei numerischen Werten kein Problem, wohingegen dies bei Zeichenketten nur bedingt ausführbar wäre.	(„Alter", „<", „39")
Attribut entfernen	Knoten	Entfernt alle Knoten, die ein vom Anwender spezifiziertes Attribut enthalten.	(„Alter")
Kante entfernen	Kanten	Anwender spezifizieren gezielt bestimmte Kanten, welche entfernt werden sollen.	(„Alter", „>=", „40")

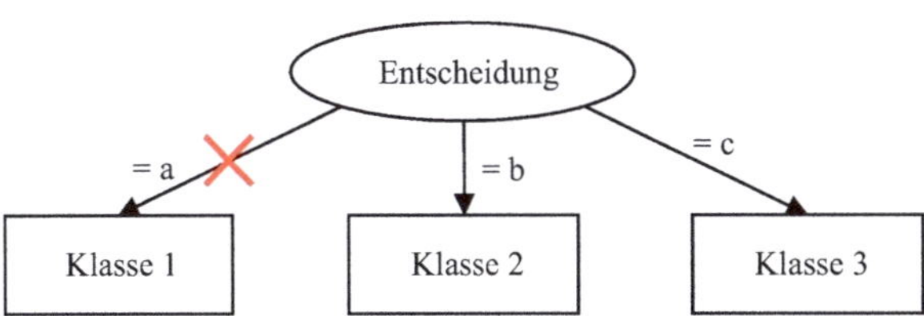

Abb. 10.7 Exemplarisches Entfernen einer Kante im Entscheidungsbaum

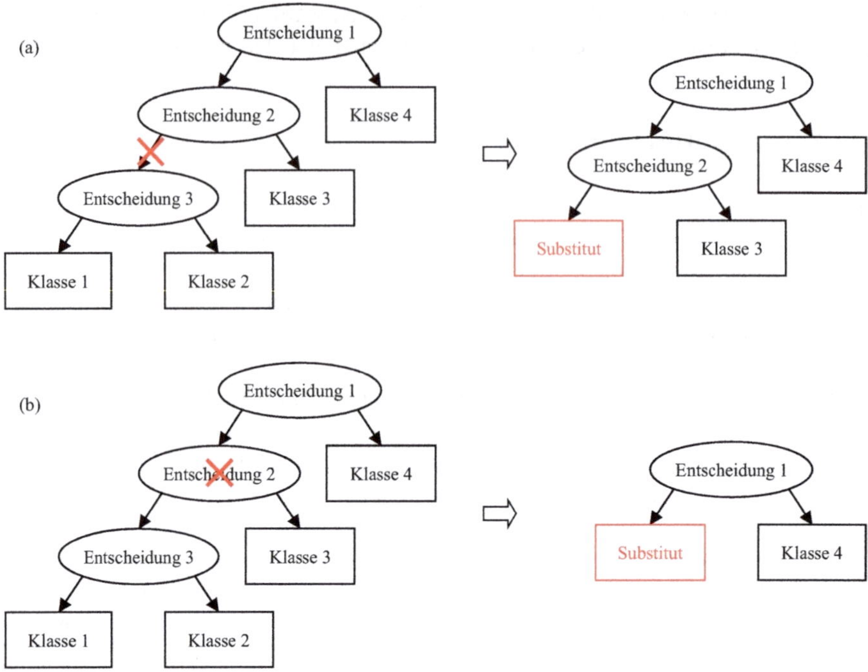

Abb. 10.8 Entfernen und Substituieren einer Kante (**a**) und eines Knotens (**b**)

Tab. 10.4 Berechnen der Substitutionsklasse

Methode	Beschreibung
Maximum	Wähle die Klasse mit der höchsten Datenmenge der aktuellen Kante des Knotens.
Maximum aller Kanten	Wähle die Klasse mit der höchsten Datenmenge aller Kanten des Knotens.
Mehrheit	Berechne an jeder Kante die Klasse mit der höchsten Datenmenge. Wähle dann als Ergebnis jene Klasse, welche bei der Iteration über alle Kanten am häufigsten gewählt wurde.

Um den Entscheidungsbaum noch weiter zu vereinfachen, kann, sobald alle Kanten eines Knoten ein identisches Ergebnis erzielen, der Knoten mit einer Substitution dieser Klasse ersetzt werden.

10.4.3 Automatisiertes Erzeugen der Filter

Um die Komplexitätsreduzierung so einfach wie möglich zu gestalten, sollten Domänenexperten Vorschläge für mögliche Filter erhalten, welche von der Applikation generiert werden. Der Entscheidungsbaum selbst kann hierfür verwendet werden, um die in Tab. 10.3 gelisteten Filter automatisiert zu erstellen:

- *Vergleich:* Kanten mit „=", „<=", oder „>=" als Vergleichsoperator sind trivial und der dazugehörige Wert kann direkt für die Filtererstellung verwendet werden. Kanten mit „<" oder „>" als Vergleichsoperator verfügen über keinen direkten Wert. Um hieraus einen Filter zu erstellen, wird aus dem Gesamt-Datensatz der nächst größere beziehungsweise kleinere Wert basierend des Kantenwerts gesucht.
- *Attribut entfernen:* Knoten im Entscheidungsbaum repräsentieren Attribute des Datensatzes, wodurch einmalig für jedes im Baum vorhandene Attribut ein Filter erstellt werden kann.
- *Kanten entfernen:* Für jede Kante im Baum ist ein Filter erstellbar.

Das skizzierte Verfahren ermöglicht es, Entscheidungsbäume unter Verwendung von Domänenexpertise interaktiv zu filtern; sowohl um für die Anwendung irrelevante Strukturen zu entfernen, als auch um die Komplexität des Modells zu reduzieren.

10.5 Fazit

Die vorgestellte Versuchsreihe diente vor allem der Beantwortung der Frage, inwiefern Entscheidungsbaum-Algorithmen von Domänenexperten mit geringer Expertise im Bereich Data Science eingesetzt werden können. Da Entscheidungsbäume nach dem bisherigen Forschungsstand als eine der am leichtesten verständlichen Arten von prädiktiven Modellen gelten, wurden sie als eine Art Untergrenze für SSDS verwendet. Wenn SSDS mit dieser grafisch darstellbaren und logisch nachvollziehbaren Form von Algorithmen nicht möglich ist, dann ist zu erwarten, dass es mit komplexeren Formen wie Ensemble-Modellen oder neuronalen Netzen noch schwieriger wird.

Die in RapidMiner gebildeten Bäume erzielten vor allem dann gute Genauigkeiten, wenn die in dieser Software integrierten Methoden zur Auswahl von Attributen angewandt wurden. Es ist jedoch fraglich, ob von Domänenexperten erwartet werden kann, dass sie Wissen über die verschiedenen Auswahlmethoden und verschachtelten Unterprozesse in RapidMiner besitzen. Die Genauigkeiten sanken in der zweiten Kategorie, allerdings in den meisten Fällen auch die Komplexität. Der geführte Auto-Model-Prozess ist derweil eine echte Alternative für SSDS-Anwender, die eine etwas geringere Flexibilität bei der Konfiguration von Modellen in Kauf nehmen können. Auch er kann jedoch nur funktionieren, wenn die verwendeten Daten bis zu einem gewissen Grad vorbereitet wurden.

Die CART- und CHAID-Modelle im IBM SPSS Modeler wurden in Kategorie 2 nur unwesentlich komplexer, und die Genauigkeiten aller drei Algorithmen wurden in Kategorie 2 nur wenig beeinträchtigt. Dies scheint den IBM SPSS Modeler – bezogen auf die untersuchten Algorithmen – zu der am besten für SSDS geeigneten Plattform zu machen – jedoch mit dem Manko, dass er im Gegensatz zu den anderen Plattformen keine einfache Möglichkeit für Kreuzvalidierung bietet, wodurch das Testen verschiedener Konfigurationen problematisch werden kann. Außerdem bieten KNIME, RapidMiner und Weka integrierte Erklärungen zu den einzelnen Parametern und Operatoren, wogegen beim IBM SPSS Modeler das Benutzerhandbuch zu Rate gezogen werden muss.

KNIME-Entscheidungsbäume lieferten in Kategorie 1 gute Ergebnisse, verloren aber die meiste Qualität in Kategorie 2. Dies deutet darauf hin, dass die Plattform eher eine Option für erfahrene Data-Mining-Experten ist.

Weka hebt sich von den anderen Plattformen unter anderem dadurch ab, dass verschiedene grafische Benutzeroberflächen geboten werden. Insbesondere der Explorer ist gut für SSDS geeignet, da der Data-Mining-Prozess in ihm auf kompakte Weise spezifiziert werden kann. Die Genauigkeit war in Kategorie 2 relativ robust, besonders der CART wurde von allen Algorithmen am wenigsten beeinträchtigt. Die Komplexität des J48 (C4.5) stieg dort jedoch stark an.

Python erwies sich als gut geeignetes Werkzeug zur Vorbereitung der Daten. Wie im Vorfeld vermutet, wird jedoch ein gewisses Maß an Datenkompetenz und Informatikkenntnissen benötigt.

Die in R gebildeten Bäume erzielten sowohl in Kategorie 1 als auch in Kategorie 2 gute Genauigkeiten. Der CART wurde zudem in der zweiten Kategorie nicht wesentlich komplexer. Bemerkenswert ist auch, wie wenige Zeilen Code nötig waren, um diese Ergebnisse zu erzielen. Dies liegt allerdings zum Teil an der intensiven Datenvorbereitung in Python. Trotzdem scheint R für SSDS-Nutzer mit grundlegenden Programmierkenntnissen besser geeignet als Python.

Insgesamt sind die Entscheidungsbäume der ersten Kategorie klar besser als ihre Gegenstücke aus der zweiten Kategorie. Die Ergebnisse weisen darauf hin, dass ohne vorherige Auswahl von Attributen und Veränderung der Standardkonfiguration ebenfalls Ergebnisse erzielt werden können, die in einigen Kontexten annehmbar sind, diese durch mehr Datenkompetenz jedoch in aller Regel wesentlich verbessert werden können. Außerdem resultiert eine weniger komplexe Vorbereitung der Modelle in vielen Fällen in komplexeren Modellen, was wiederum die Interpretation erschweren kann.

Die umfangreiche Vorbereitung der genutzten Daten unterstreicht ebenfalls, wie wichtig Statistikkenntnisse im Allgemeinen sowie Wissen über die verwendeten Algorithmen und Attributauswahlverfahren sind, um eine Sammlung von Daten in ein Format zu bringen, das für effektive und aussagekräftige Data Science genutzt werden kann. Dies ist insbesondere der Fall, wenn eine der beiden Arten von Fehlern (*falsch positive* oder *falsch negative* Ergebnisse) schwerer wiegt als die andere. Letztendlich hängt die Etablierbarkeit von SSDS deswegen auch von den betrachteten Daten ab. Je mehr diese transformiert und aus unterschiedlichen Quellen integriert werden müssen, desto weniger Self-Service ist möglich und desto mehr Datenexpertise wird für Analysen benötigt.

Besonders die Datenvorbereitung und die Attributauswahl erfordert immer noch ein großes Maß an Datenkompetenz und ist noch nicht für SSDS geeignet. Mithilfe der grafischen Benutzeroberflächen der etablierten Plattformen und insbesondere der automatischen Modellierungskapazitäten im IBM SPSS Modeler und in RapidMiner kann der Schritt der Modellierung jedoch heute auch schon von Domänenexperten durchgeführt werden.

SSDS könnte sich flächendeckender etablieren, wenn die Verständlichkeit der verwendeten Techniken eine höhere Priorität erhält. Während traditionell vor allem Vorhersagegenauigkeit und Komplexität als Kennzahlen für die Qualität von Machine-Learning-Modellen dienten, wird nun auch öfter darauf hingewiesen, dass der menschliche Faktor oft ein ausschlaggebenderes Bottleneck ist als die Menge der Daten und die zur Verfügung stehende Rechenleistung. Deswegen werden verstärkt Kennzahlen zur Messung der Nachvollziehbarkeit der Modelle und der durch sie entstandenen Arbeitsersparnis gefordert. Ein möglicher Ansatz zur Erhöhung der Verständlichkeit wären Algorithmen, die in Zusammenarbeit von Experten aus den Bereichen Data Science und kognitiven Neurowissenschaften entwickelt werden (Domingos 2012).

Synergien zwischen Kompetenzen auf verschiedenen Gebieten könnten auch die zukünftige Entwicklung von Data Science nachhaltig prägen. Ein Bereich mit Wachstumspotenzial ist beispielsweise *Embedded Analytics*. Mit zunehmender Integrierung von Data-Mining-Techniken in Suchmaschinen, Sensorsysteme und soziale Netzwerke ist zu erwarten, dass auch hier eine Kooperation von Experten verschiedener Fachrichtungen, bei denen sich Datenkompetenzen und Domänenwissen gegenseitig ergänzen, an Bedeutung gewinnen wird. Auch in der Softwareentwicklung ist der Einsatz von Data Science denkbar. Auf Machine Learning basierende Auswertungen von bei der Ausführung von Programmen generierten Daten könnten zu einer zunehmenden Automatisierung der Suche nach Bugs führen. Und auch die ethischen und rechtlichen Fragen, welche die zunehmenden Möglichkeiten zum Sammeln und Auswerten personenbezogener Daten aufwerfen, sind nur in Zusammenarbeit mit Experten aus Bereichen wie Soziologie und Rechtswissenschaften zu klären (Han et al. 2012).

Auch der Prozess der Informationsgewinnung an sich könnte von mehr Kooperation profitieren. Domänenexperten können unter anderem bei der Datenvorbereitung eine wichtige Rolle einnehmen. In vielen Fällen können sie Anomalien in den Daten besser erklären. Sie verfügen zum Beispiel häufig über Wissen in Bezug auf Konventionen wie die Notierung von fehlenden Gewichtsmessungen als -1 kg oder von kategorischen Werten als Zahlen. Auch eventuelle Wechselbeziehungen und Abhängigkeiten zwischen Variablen sind ihnen oft bekannt. Eine Zusammenarbeit von Domänen- und Datenexperten, bei der beispielsweise Variablen paarweise grafisch dargestellt, Ausreißer identifiziert und fehlende Werte behandelt werden, kann so oft zu besseren Analysen führen (Witten et al. 2017).

Domänenwissen kann auch bei der Wahl des eingesetzten Algorithmus hilfreich sein. Ist bekannt, durch welche Eigenschaften Datensätze ähnlich oder unterschiedlich werden, sind instanzenbasierte Methoden wie k-Nearest-Neighbors eine gute Form der Repräsentation. Wenn probabilistische Abhängigkeiten vorliegen, sind grafische Modelle wie Entscheidungsbäume gut geeignet. Wenn Bedingungen für das Auftreten verschiedener Klassen bekannt sind, stellen Regelwerke eine passende Alternative dar. Auch für die Auswahl oder Ableitung von Attributen kann Domänenwissen eine Rolle spielen, da beispielsweise auf Abhängigkeiten zwischen Attributen mehr Rücksicht genommen werden kann.

Nicht nur im Kontext von SSDM ist es eine verbreitete Empfehlung, zuerst simplere Algorithmen wie Naïve Bayes und k-Nearest-Neighbors anzuwenden, und auf komplexere Methoden wie logistische Regression und Support Vector Machines erst zurückzugreifen, wenn sich die einfacheren Wege als ungeeignet erweisen. Simplere Modelle sind nicht nur leichter zu verstehen, sondern bieten meist auch weniger Möglichkeiten für Fehler bei der Konfiguration. Beachtet werden sollte bei der Wahl von Algorithmen allerdings auch die Menge der verfügbaren Daten. Naïve Bayes und Support Vector Machines können teilweise auch gute Ergebnisse liefern, wenn nur wenige Datensätze vorhanden sind. Ist jedoch viel Trainingsmaterial vorhanden, kann der Einsatz von k-Nearest-Neighbors oder neuronalen Netzwerken zu besseren Modellen führen (Domingos 2012).

Weiterhin sind die SSDS-Anwendungen in Betracht zu ziehen und müssen ebenfalls einem Wandel obliegen. Ursprünglich wurden diese auf die Bedürfnisse von Data-Science-Spezialisten zugeschnitten und ein Umbau, damit jene Applikationen auch von Domänenanwendern ohne Data-Science-Kenntnisse genutzt werden können, gestaltet sich schwierig (Schuff et al. 2018; Witten et al. 2017). Hierbei kann die hier vorgestellte wissensbasierte Komplexitätsreduktion helfen, welche dem Anwender das Integrieren seines Domänwissens in die Modelle erlaubt. Am Beispiel des Entscheidungsbaums könnten Filter verwendet werden, welche die komplexen Modelle – im Gegensatz zu bestehenden auf Metriken basierenden Verfahren – für den Anwender nachvollziehbar reduzieren. Die Filter wählt der Anwender anhand des Domänenwissen aus, wobei diese entweder manuell eingeben oder wie in dieser Arbeit diskutiert automatisch aus dem Entscheidungsbaum generiert werden.

Die beste Lösung für SSDS scheint deswegen zurzeit weiterhin auf Kooperationen zwischen Experten im Bereich analytischer Informationssysteme, die vor allem für die Datenvorbereitung zuständig sind, und Endanwendern aus funktionalen Abteilungen, welche die fachliche Relevanz sicherstellen und teilweise die Modelle bilden und mit implementieren können, zu beruhen.

Literatur

Alpar P, Schulz M (2016) Self-service business intelligence. Bus Inf Syst Eng 58:151–155

Banker S (2018) The citizen data scientist. https://www.forbes.com/sites/stevebanker/2018/01/19/the-citizen-data-scientist. Zugegriffen am 11.01.2019

Barron A, Rissanen J, Yu B (1998) The minimum description length principle in coding and modeling. IEEE Trans Inform Theory 44:2743–2760

Berthold M, Cebron N, Dill F, Gabriel T, Kotter T, Meinl T, Wiswedel B (2009) KNIME – the Konstanz information miner – version 2.0 and beyond. ACM SIGKDD Explor Newsl 11:26–31

Breiman L, Friedman J, Olshen R, Stone C (1984) Classification and regression trees. Chapman & Hall, New York

Chen M, Mao S, Liu Y (2014) Big data: a survey. Mob Netw Appl 19:171–209

Domingos P (2012) A few useful things to know about machine learning. Commun ACM 55:78–87

Fehrman E, Mirkes E, Muhammad A, Egan V, Gorban A (2017) The five factor model of personality and evaluation of drug consumption risk. In: Palumbo F, Montanari A, Vichi M (Hrsg) Studies in classification, data analysis, and knowledge organization. Springer, Berlin

Freitas A (2014) Comprehensible classification models. ACM SIGKDD Explor Newsl 15:1–10

Fürnkranz J (1997) Pruning algorithms for rule learning. Mach Learn 27(2):139–172

Gesellschaft für Informatik e.V (2018) Data literacy und data science education: digitale Kompetenzen in der Hochschulausbildung. Gesellschaft für Informatik e. V, Berlin

Gibbs P, Hiroshi S (1997) What is Occam's Razor? https://www.desy.de/pub/www/projects/Physics/General/occam.html. Zugegriffen am 04.01.2021

Guyon I, Elisseeff A (2003) An introduction to variable and feature selection. J Mach Learn Res 3:1157–1182

Halper F (2017) TDWI self-service analytics maturity model guide. The Data Warehouse Institute, Renton

Han J, Kamber M, Pei J (2012) Data mining: concepts and techniques. Elsevier, Waltham

Hayes-Roth F (1985) Rule-based systems. Commun ACM 28:921–932

Hyafil L, Rivest R (1976) Constructing optimal binary decision trees is NP-complete. Inf Process Lett 5:15–17

IBM (2017) IBM SPSS Modeler Subscription. https://www01.ibm.com/common/ssi/ShowDoc.wss?docURL=/common/ssi/rep_ca/2/897/ENU S217-442/index.html&request_locale=en. Zugegriffen am 11.01.2019

Kass G (1980) An exploratory technique for investigating large quantities of categorical data. Appl Stat 29:119–127

Kohavi R (1995) IJCAI '95: Proceedings of the 14th international joint conference on Artificial intelligence, S 1137–1143

Kohavi R, John G (1997) Wrappers for feature subset selection. Artif Intell 97:273–324

Merz C (1996) Dynamical selection of learning algorithms. In: Fisher D, Lenz HJ (Hrsg) Learning from data, Lecture notes in statistics, Bd 112. Springer, New York

Miller G (1956) The magical number seven, plus or minus two: some limits on our capacity for processing information. Psychol Rev 63:81–97

Provost F, Fawcett T (2013) Data science and its relationship to big data and data driven decision making. Big Data 1:51–66

Quinlan J (1986) Induction of decision trees. In: Machine learning. Kluwer Academic Publishers, Boston, S 81–106

Quinlan J (1993) C4.5: programs for machine learning. Morgan Kaufman, San Mateo

Quinlan J (2017) C5.0: an informal tutorial. http://rulequest.com/see5-unix.html. Zugegriffen am 11.01.2019

RapidMiner (2018) RapidMiner. https://rapidminer.com. Zugegriffen am 11.01.2019

Schuff D, Corral K, St. Louis R, Schymik G (2018) Enabling self-service BI: a methodology and a case study for a model management warehouse. Inf Syst Front 20:275–288

Schulz M, Neuhaus U, Kaufmann J, Badura D, Kerzel U, Welter F, Prothmann M, Kühnel S, Passlick J, Rissler R, Badewitz W, Dann D, Gröschel A, Kloker S, Alekozai EM, Felderer M, Lanquillon C, Brauner D, Gölzer P, Binder H, Rohde H, Gehrke N (2020) DASC-PM v1.0 – Ein Vorgehensmodell für Data-Science-Projekte. NORDAKADEMIE, valantic Business Analytics

Viaene S (2013) Data scientists aren't domain experts. IEEE IT Prof 15:12–17

Wallace B, Dahabreh I, Trikalinos TA, Lau J, Trow P, Schmid CH (2012) Closing the gap between methodologists and end-users: R as a computational back-end. J Stat Softw 49:1–15

Witten I, Frank E, Hall M, Pal C (2017) Data mining: practical machine learning tools and techniques, 4. Aufl. Morgan Kaufmann, Cambridge, MA

Einfluss von Covid-19 auf Wertschöpfungsketten – Fallbeispiel Verkehrsdaten

11

Henry Goecke und Jan Marten Wendt

Zusammenfassung

Für Volkswirtschaften weltweit war und ist die größte Herausforderung im Jahr 2020 die Ausbreitung der Infektionskrankheit COVID-19. Dies gilt vor allem medizinisch, gesellschaftlich, aber auch ökonomisch. Bei den ökonomischen Effekten rückt das virusbedingte Zusammenbrechen der Wertschöpfungsketten häufig in den Mittelpunkt der Diskussion. Dieses Phänomen ist oft beschrieben, jedoch fehlt meist eine empirische Einordnung. Mit Hilfe von Echtzeitverkehrsdaten des Landes Nordrhein-Westfalen (NRW) wird ein Beitrag geleistet, einen Teil dieser Lücke zu schließen. Hierzu wurden in der ersten Infektionswelle ab Ende März 2020 minütlich Verkehrsdaten aus ganz NRW im Hinblick auf die LKW-Menge auf den Autobahnen mitgeschrieben und ausgewertet. Auf Basis dieser Analyse wird versucht, eine Orientierung zu geben, wie stark die Wertschöpfungsketten durch die COVID-19-Krise beeinflusst worden sind, wo die ökonomische Aktivität aktuell steht und inwieweit Echtzeitverkehrsdaten von LKW-Mengen bei dieser Art von Analyse hilfreich sein können.

Schlüsselwörter

Corona-Krise · Echtzeitdaten · Konjunktur · Ökonomische Analyse · Verkehrsdaten

---

Vollständig neuer Original-Beitrag

H. Goecke (✉) · J. M. Wendt
Institut der deutschen Wirtschaft, Köln, Deutschland
E-Mail: goecke@iwkoeln.de; wendt@iwkoeln.de

© Der/die Autor(en), exklusiv lizenziert durch Springer Fachmedien Wiesbaden GmbH, ein Teil von Springer Nature 2021
S. D'Onofrio, A. Meier (Hrsg.), *Big Data Analytics*, Edition HMD,
https://doi.org/10.1007/978-3-658-32236-6_11

11.1 Die Corona-Pandemie und ökonomische Analysen

Das Jahr 2020 stand weltweit im Lichte der Corona-Pandemie. Kein anderes Ereignis war bisher, weder in dem Jahr 2020 Jahr noch im gesamten aktuellen Jahrtausend, einschneidender als diese Pandemie. Mit den ersten aufgetretenen Infektionen im Dezember 2019 in China nahm die Pandemie im Folgenden ihren weltumfassenden Verlauf. Bis zum Sommer 2020 wurden weltweit über 11,5 Millionen Menschen positiv auf das Coronavirus getestet, von denen über eine halbe Million Menschen verstarben – jeweils etwa ein Viertel der Infizierten und der Todesfälle lassen sich den Vereinigten Staaten von Amerika zuschreiben (WHO 2020, Stand 08.07.2020). Die temporären Einschränkungen und Erfahrung mit Ausgangsperren, Lockdowns, der Schließung von Unternehmen sowie öffentlichen Einrichtungen sind weltweit zur Normalität geworden. Neben starken gesellschaftlichen und politischen Auswirkungen geht die Corona-Pandemie insbesondere mit einem historischen Einbruch der ökonomischen Aktivität einher. Die Weltbank ging in ihrer Juni-Prognose von einem Rückgang des weltweiten Bruttoinlandsproduktes von über fünf Prozent im Jahr 2020 aus (Weltbank 2020).

Auch Deutschland konnte sich der weltweiten Dynamik des Coronavirus nicht entziehen[1]: Bis zum Sommer 2020 wurden insgesamt knapp 200000 Deutsche positiv auf das Virus getestet, von denen etwas mehr als 9000 Personen verstorben sind (RKI 2020a, Stand 08.07.2020). Die ersten dokumentierten Fälle traten in Deutschland im Februar auf, infolgedessen es ein starkes Wachstum der Infektionen bis Ende März und Anfang April gab. In dieser Zeit wurden während der ersten Infektionswelle die meisten täglichen Neuerkrankungen dokumentiert (RKI 2020b). Um der Pandemie entgegenzuwirken, wurden zahlreiche Einschränkungen bis hin zum sogenannten Lockdown am 23. März 2020 eingeführt. In der zeitlichen Folge dieser Maßnahmen gingen die dokumentierten Erkrankungen in Deutschland wieder zurück (RKI 2020b). Die Einschränkungen der persönlichen Bewegungs- und Handlungsfreiheit und die Schließungen von Unternehmen sowie öffentlicher Einrichtungen wurden erst ab Ende April sukzessive wieder gelockert.

Die genannten Einschränkungen haben weitreichende ökonomische Auswirkungen, die in Deutschland weiterhin stark präsent sind. Hierbei kann nahezu jede beliebige ökonomische Kennzahl der deutschen Volkswirtschaft betrachtet werden, der massive negative Effekt der Pandemie ist klar zu sehen: die Arbeitslosigkeit steigt, die Auftragseingänge sind branchenweit eingebrochen, der Absatz der Autoindustrie kam nahezu völlig zum Erliegen und der Außenhandel ist massiv eingebrochen. Diese Liste der ökonomischen Indikatoren, die sich im Zuge der Corona-Krise massiv verschlechtert haben, lässt sich beliebig erweitern. Allerdings sind für eine volkswirtschaftliche Analyse bei weitem noch nicht alle Daten verfügbar. Insbesondere mit Blick auf die Aktualität der Daten zeigt sich in Krisenzeiten ein großer Mangel. Empirische ökonomische Analysen basieren häufig auf Zeitreihenmodellen, die mit Daten der amtlichen Statistik geschätzt werden. Vielfach liegen

---

[1] Im Folgenden wird der Zeitraum von Frühjahr bis Sommer 2020 betrachtet, da sich die Datenanalyse auf die erste Infektionswelle in Deutschland bezieht.

wichtige Größen jedoch erst mit Verzögerung vor – beispielsweise wird der Wert des Bruttoinlandsproduktes für das letzte Quartal etwa 30 Tage nach Ende des Quartals veröffentlicht. Diese Verzögerung in der Datenverfügbarkeit ist ein großes Problem bei empirischen volkswirtschaftlichen Analysen. Insbesondere ist es für eine zielführende, passgenaue und zeitnahe ökonomische Politikberatung von substanzieller Bedeutung, den aktuellen Stand der ökonomischen Lage zu kennen oder zumindest verlässlich approximieren zu können. Dies gilt generell, jedoch in Krisenzeiten, in denen sich die ökonomische Gesamtlage einer Volkswirtschaft schnell ändern kann, ganz besonders. In Krisenzeiten sind aus volkswirtschaftlicher Sicht insbesondere die sogenannten Wendepunkte der Konjunktur von besonderer Bedeutung. Dies ist in einer Krise der Zeitpunkt, ab dem eine Ökonomie nach einem Kriseneinbruch wieder mehr wirtschaftliche Aktivität aufnimmt und sich damit das gesamte ökonomische System an einem relevanten Wendepunkt befindet. Für eine zeitnahe Identifikation von Wendepunkten ist die Verfügbarkeit von aktuellen Daten ebenfalls essenziell.

Daher gilt, dass für eine Einschätzung der aktuellen Entwicklung und insbesondere für die Identifikation von Wendepunkten der ökonomischen Aktivität die Verfügbarkeit aktueller Daten für volkswirtschaftliche Analysen von besonders hoher Relevanz ist. Im folgenden Beitrag wird die Möglichkeit aufgezeigt, wie Echtzeitdaten des LKW-Verkehrs für eine Einschätzung der aktuellen ökonomischen Lage genutzt werden können. Bei dem im Folgenden vorgestellten Beitrag ändert sich die Analysemethode der Daten nicht – es wird weiterhin eine Zeitreihenanalyse umgesetzt. Der Beitrag der Ausarbeitung liegt darin zu evaluieren, ob Daten, die bisher eher nicht in volkswirtschaftlichen Analysen verwendet werden, die jedoch in Echtzeit vorliegen (und damit die Datenlücke im Sinne der zeitnahen Verfügbarkeit schließen können), grundsätzlich zur Beantwortung von volkswirtschaftlichen Fragen genutzt werden können, da diese einen Informationsgehalt von ökonomischen Größen tragen.

Hierzu wird zunächst die Bedeutung von volkswirtschaftlichen Größen und den Wertschöpfungsketten in Deutschland erörtert. Anschließend wird aufgezeigt, dass Daten über LKW-Verkehrsmengen für ökonomische Fragestellungen genutzt werden können. Mit diesem Wissen werden Echtzeitdaten der LKW-Verkehrsmenge in NRW ausgewertet. Das Kapitel endet mit der Darstellung der Ergebnisse und einem Ausblick.

11.2 Die Bedeutung von Wertschöpfungsketten in der deutschen Volkswirtschaft

Auf der makroökonomischen Ebene wird die ökonomische Lage und Aktivität häufig über die Volkswirtschaftliche Gesamtrechnung (VGR) bestimmt und in dem Aggregat des Bruttoinlandsproduktes erfasst. Das Bruttoinlandsprodukt erfasst die gesamte Menge an Gütern und Dienstleistungen, die in einem Zeitraum erstellt wurden. Der historisch herausragende negative Effekt sowie die schnelle Auswirkung der Corona-Pandemie in Deutschland zeigt sich aktuell noch nicht in den Zahlen des Bruttoinlandsproduktes, da bisher nur die Daten für das erste Quartal 2020 vorliegen (Stand 20.07.2020). Der Corona-Effekt ist bisher insbesondere in den Prognosen des Bruttoinlandsproduktes zu erkennen, die im Laufe des Jahres 2020 massiv nach unten gingen (siehe Abb. 11.1). Noch Mitte März kamen die veröffentlichten Prognosen auf Werte, die für das Jahr 2020 nur einen kleinen Rückgang des Bruttoninlandsproduktes im Vergleich zum Vorjahr vorhersagten. Zu diesem Zeitpunkt war die Pandemie bereits in Deutschland angekommen, aber deren ökonomische Auswirkung noch nicht antizipiert. Im Zuge des weiteren Verlaufes der Pandemie wurden die ökonomischen Auswirkungen jedoch immer deutlicher, insbesondere durch den Lockdown im März 2020. Im Zeitverlauf gingen die Prognosen des Bruttoinlandsproduktes zurück und erreichten in der Spitze nahezu zweistellige Negativwerte. Die meisten Prognosen gingen von einem Rückgang des Bruttoinlandsproduktes im Jahr 2020 im Vergleich zum Jahr 2019 von etwa sieben Prozent aus – als Vergleich: im Zuge der Finanzkrise ging das Bruttoinlandsprodukt im Jahr 2009 um 5,6 Prozent zurück (Destatis 2020a).

Für das Zustandekommen des deutschen Bruttoinlandsproduktes sind für Deutschland Wertschöpfungsketten von zentraler Bedeutung. Wertschöpfungsketten sind dadurch charakterisiert, dass über den gesamten Beschaffungs-, Produktions- und Vertriebsprozess zahlreiche Unternehmen miteinander kooperieren und zusammenarbeiten (für eine detaillierte Darstellung siehe Porter 1985). Insbesondere bei der Produktion von Gütern bedeutet dies, dass Vorleistungsgüter vom Zu-

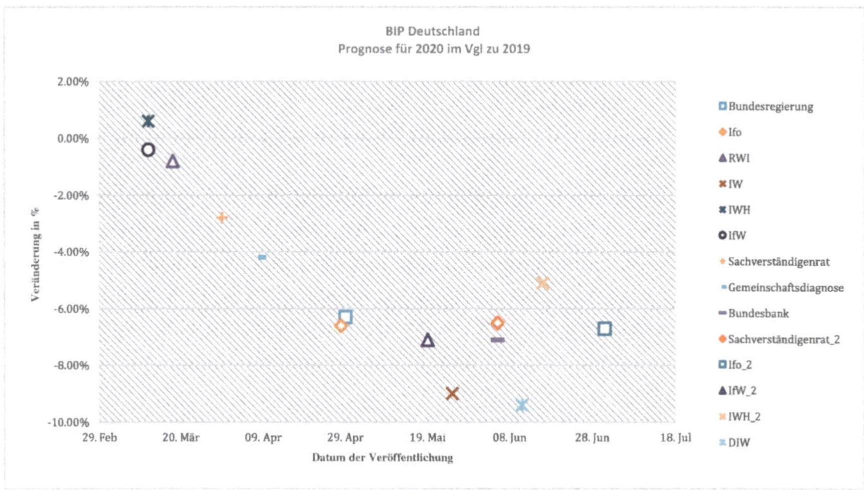

Abb. 11.1 Prognosen des realen Bruttoinlandsproduktes in Deutschland. (Quellen: Bundesministerium für Wirtschaft und Energie (2020); *ifo* – Leibniz-Institut für Wirtschaftsforschung an der Universität München (2020a); ifo (2020b); *RWI* – Leibniz-Institut für Wirtschaftsforschung (2020); *IW* – Institut der deutschen Wirtschaft (2020); *IWH* – Leibniz-Institut für Wirtschaftsforschung Halle (2020a); Leibniz-Institut für Wirtschaftsforschung Halle (2020b); *IfW* – Institut für Weltwirtschaft (2020a); *IfW* (2020b); Sachverständigenrat (2020a); Sachverständigenrat (2020b); Deutsche Bundesbank (2020); *DIW* – Deutsches Institut für Wirtschaftsforschung (2020); eigene Zusammenfassung)

lieferer an den Produzenten des Gutes geliefert werden müssen und anschließend das finale Produkt ausgeliefert werden muss. Deutschland ist neben seinem Industriefokus auch durch eine starke Außenhandelsorientierung charakterisiert. Für beide Aspekte spielen LKW-Fahrten eine bedeutende Rolle, womit sich die Erwartung verbindet, dass insbesondere in Deutschland Daten über LKW-Fahrten einen hohen Informationsgehalt für die ökonomische Aktivität und ihre Veränderung aufweisen.

Mit Blick auf die Außenhandelsorientierung lagen die deutschen Exporte beispielsweise im Jahr 2019 bei 1328 Milliarden Euro und die deutschen Importe bei 1105 Milliarden Euro (Destatis 2020b) – bei einem nominalen Bruttoinlandsprodukt im gleichen Jahr von 3435 Milliarden Euro (Destatis 2020c). Der Wert der Vorleistungsimporte, also der Produkte, die nach dem Import in die Produktion weiterer Güter und Dienstleistungen eingehen, belief sich im Jahr 2019 auf gut 600 Milliarden Euro und damit auf über die Hälfte aller Importe (Kolev und Obst 2020). Die Verteilung der geografischen Verortung der wichtigsten Lieferanten dieser Vorleistungsimporte zeigt, dass die europäische Union mit über 60 Prozent den größten Anteil ausmacht. Werden zudem zusätzlich die Anteile von Großbritannien und der Schweiz berücksichtigt, ergibt sich ein Wert von etwa 70 Prozent der deutschen Vorleistungen, die grundsätzlich auf dem Verkehrsweg des LKW nach Deutschland transportiert werden könnten (Kolev und Obst 2020) (Abb. 11.2).

Diese naheliegende hohe Bedeutung des LKW-Verkehrs für die deutsche Produktion und deren Wertschöpfungsketten belegt die Statistik zum Güterverkehr in Deutschland: Der Anteil des Verkehrsbereichs LKW an dem gesamten Güterverkehr lag im Jahr 2018 bei knapp 85 Prozent und war in den Jahren davor auf einem ähnlich hohem Niveau (BMVI 2019). Ein Blick auf den Außenhandel bestätigt die

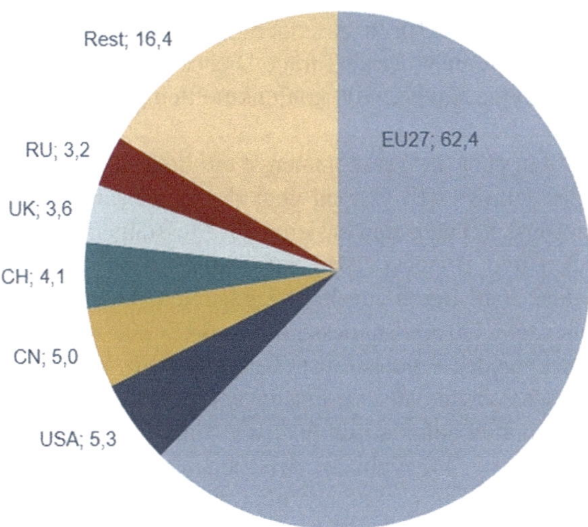

Abb. 11.2 Wichtigste Lieferanten von Vorprodukten. Anteil an den deutschen Vorleistungsimporten in Prozent, 2019 (in Anlehnung an Kolev und Obst 2020)

Bedeutung ebenfalls. Im Jahr 2018 wurden die meisten Exporte über die Straße getätigt (Destatis 2020d). Der Anteil lag mit 55 Prozent aller Exporte, gemessen an deren Wert, weit vor dem Verkehrsweg des Seeverkehrs (23 Prozent) und des Luftverkehrs (13 Prozent). Damit wird ein Großteil der produzierten Güter, unabhängig davon, an welcher Stelle der Wertschöpfungskette im Sinne der Differenzierung von Vorleistungsprodukt oder Endprodukt, über den Verkehrsweg der Straße transportiert.

11.3 Zusammenhang LKW-Daten und Industrieproduktion am Beispiel von Nordrhein-Westfalen

Die tatsächliche Nutzbarkeit von LKW-Daten für die Analyse der ökonomischen Lage lässt sich final jedoch nur empirisch evaluieren. Wie erörtert, sind Wertschöpfungsketten das Fundament der ökonomischen Aktivität in Deutschland. Die makroökonomisch relevanteste Größe zur Messung der ökonomischen Aktivität und ihrer Veränderung in den jeweiligen Zeitpunkten ist, wie dargelegt, das Bruttoinlandsprodukt. Das Bruttoinlandsprodukt wird jedoch nur quartalsweise erhoben, wodurch sich ein Abgleich mit den kurzfristig zur Verfügung stehenden LKW-Verkehrsdaten nicht sonderlich anbietet. Stellt die nur quartalsweise Verfügbarkeit des Bruttoinlandsproduktes ein Problem dar, wird in der ökonomischen Analyse häufig die Industrieproduktion verwendet, weil Daten zur Industrieproduktion monatlich ausgewiesen werden. Die Industrieproduktion hat in Deutschland zwar nur einen Anteil von etwa 30 Prozent an der gesamtwirtschaftlichen Aktivität, jedoch in dem Zeitraum von 1991 bis 2020 mit 0,84 eine höhere Korrelation mit der gesamtwirtschaftlichen Aktivität als die Dienstleistungen, die für etwa 70 Prozent der gesamtwirtschaftlichen Aktivität stehen und eine geringere Korrelation von 0,76 aufweisen (Goecke et al. 2020). Insbesondere ist die Industrie Taktgeber der deutschen Konjunktur – und nicht der eher träge Dienstleistungssektor – und damit besonders relevant für eine Analyse von konjunkturellen Wendepunkten (Beyfuß und Grömling 1999).

Historische Daten über die Verkehrsmenge auf deutschen Straßen von 2003 bis einschließlich des Jahres 2018 können über die Bundesanstalt für Straßenwesen (BASt) bezogen werden. Die Daten basieren auf Messungen, die an Zählstellen auf Bundesfernstraßen und Bundesstraßen automatisch erhoben wurden. Insgesamt können für das Jahr 2018 Daten von 1914 Zählstellen abgerufen werden (1124 auf Bundesfernstraßen und 790 auf Bundesstraßen) (BASt 2020). Für die folgende Analyse werden Daten von den Bundesfernstraßen in Nordrhein-Westfalen (NRW) verwendet, da für diese Echtzeitdaten vorliegen (vgl. Abschn. 11.4).

Die Zählstellen halten automatisch fest, wie viele Fahrzeuge diese passiert haben. Es besteht weiter die Möglichkeit, zwischen verschiedenen Fahrzeugtypen zu unterscheiden (für genaue Informationen über die Klassifizierung von Fahrzeugen siehe BASt 2015). Die Anzahl der Fahrzeuge, die als LKW klassifiziert werden, gehen in die Analyse ein. Für die empirische Überprüfung des Informationsgehaltes der LKW-Menge mit Blick auf die ökonomische Aktivität werden die LKW-Daten

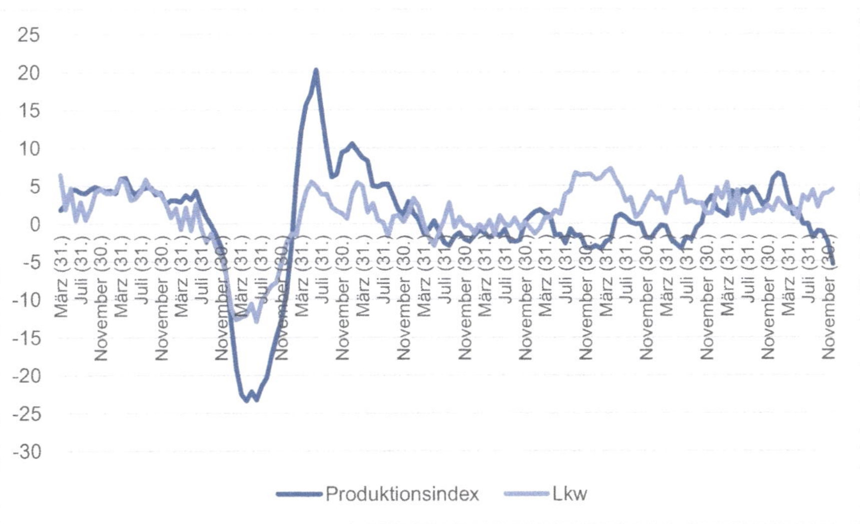

Abb. 11.3 LKW-Verkehrsmenge und Industrieproduktion in NRW. Jeweils Veränderung der Dreimonatsdurchschnitte im Vergleich zum Vorjahr. (Quelle: Statistisches Landesamt für Nordrhein-Westfalen (IT.NRW), BASt, eigene Berechnungen)

der ausgewählten Zählstellen auf Monate aggregiert und hinsichtlich ihrer Korrelation mit der Industrieproduktion untersucht.

Die beiden monatlichen Größen der LKW-Verkehrsmenge und der Industrieproduktion in NRW sind in Abb. 11.3 als jährliche Veränderungsraten dargestellt. Beide Reihen haben einen starken Gleichlauf und weisen über den betrachteten Beobachtungszeitraum von März 2005 bis Dezember 2018 eine hohe Korrelation von 0,7 auf. Damit ist ein hoher Informationsgehalt der LKW-Verkehrsmenge für die Industrieproduktion gegeben. Sollte sich an diesem Zusammenhang in der Corona-Krise nicht grundsätzlich etwas geändert haben, würden die Echtzeitdaten der LKW-Verkehrsmenge über den aktuellen Stand der ökonomischen Entwicklung eine gute Indikatorik darstellen.

11.4 Echtzeitverkehrsdaten für NRW

Um den Einfluss von COVID-19 auf die Wertschöpfungsketten bestimmen zu können, werden, wie erörtert, aktuelle Daten über das LKW-Aufkommen benötigt. Die Notwendigkeit bei einer Analyse der Corona-Krise Daten bis zum aktuellen Rand zu verwenden, ergibt sich aus den schnellen und massiven Änderungen, die sich auf die wirtschaftliche Aktivität direkt oder indirekt auswirken. Aus ökonomischer Sicht sind hier insbesondere der sogenannte Lockdown ab der 13. Kalenderwoche und die schrittweisen Lockerungen ab der 17. Kalenderwoche interessant (Für eine genauere Auflistung der Pandemie-Maßnahmen siehe Tab. 11.1).

Tab. 11.1 Auszug der bundesweiten Corona-Maßnahmen und Lockerungen in der ersten Infektionswelle in Deutschland. (Quelle: Tagesschau 2020)

Kalenderwoche	Maßnahme
11.	Verbot von Großveranstaltungen (10. März)
11.	Schließung von Schulen und Kitas (13. März)
12.	Schließung der Landesgrenzen und Geschäfte (16. März)
13.	Lockdown: Kontaktverbot, Schließung von Restaurants (23. März)
17.	Erste Geschäfte öffnen (20. April)
18.	Öffnung von Gottesdiensten, Zoos, Spielplätzen, Museen (30. April)
19.	Öffnung aller Geschäfte, Erweiterung der Notbetreuung in Schulen und Kitas (6. Mai)
19. ff.	Weitere Lockerungen

Die BASt liefert zwar historische Daten ab 2003, jedoch sind die neusten Zählungen, die seitens der BASt für die deutschen Bundesfernstraßen veröffentlicht wurden, aus dem Jahr 2018 und erfüllen somit die Anforderung an die Aktualität nicht. Diese Lücke zum aktuellen Rand wird mit den Echtzeitfahrstreifendaten des Landesbetriebs Straßenbau NRW geschlossen. Der Landesbetrieb Straßenbau NRW erhebt für die BASt die Verkehrsdaten für die Bundesfernstraßen in NRW und veröffentlicht Echtzeitdaten seiner Zählstellen auf der MDM-Plattform[2]. Die Echtzeitdaten umfassen die Zählungen von PKW und LKW von rund 6000 Fahrstreifen auf Bundesautobahnen und Bundesstraßen in NRW.

Prinzipiell kann zwischen dem Datenbezug auf der einen Seite und der Erstellung der Zeitreihen auf der anderen Seite unterschieden werden. Die BASt-Daten stehen als historische Zeitreihe unter www.bast.de bereit und wurden als zip-Archive heruntergeladen. Die Echtzeitdaten werden seitens des Anbieters minütlich aktualisiert und können auf der MDM-Plattform per Pull-Anfrage über das HTTPS-Protokoll im strukturierten Datex II Format bezogen werden. Um die Echtzeitdaten kontinuierlich und automatisiert mitzuschreiben, wurde ein Python-Skript programmiert. Dieses Skript schickt alle zehn Sekunden eine HTTP GET-Anfrage an die Plattform, um die Fehlertoleranz hinsichtlich fehlschlagender Anfragen beziehungsweise Antworten zu erhöhen. Über den *If-Modified-Since* P-Header bei der GET-Anfrage kann eingeschränkt werden, dass ausschließlich neue Daten geliefert werden sollen, falls diese innerhalb der Minute nicht vorher schon erfolgreich bezogen wurden. Die Daten wurden seit dem Ende der 12. Kalenderwoche 2020 kontinuierlich minütlich mitgeschrieben. Insgesamt wurden von der 13. bis zur 26. Kalenderwoche circa 1,8 Terabyte an Daten automatisiert über die Schnittstelle bezogen.

Nachdem neue Daten vom Python-Skript als XML-Datei im Datex II Format heruntergeladen wurden, müssen diese extrahiert werden. Dazu wird die XML-Datei mit dem *lxml.etree* Python-Modul geparst und mittels XPath-Ausdrücken die benötigten Daten abgefragt. Zu den benötigten Daten zählen die Identifikationsnummern der Fahrstreifen, der Messzeitpunkt und die gemessene Anzahl der LKW an den jeweiligen Fahrstreifen. Da die Daten auf Basis von Fahrstreifen zur Verfügung stehen, und nicht wie bei der BASt auf Fahrbahnebene, müssen die Daten

---

[2] https://service.mdm-portal.de

zunächst aufbereitet werden. Eine Bundesautobahn oder Bundesstraße besteht stets aus zwei Fahrbahnen – eine für jede Richtung. Eine Fahrbahn wiederum kann sich aus einem oder mehreren Fahrstreifen zusammensetzen. Um die Vergleichbarkeit der Datensätze herzustellen, müssen die Echtzeitdaten zunächst auf Fahrbahnebene aggregiert – sprich die Fahrstreifen zu Fahrbahnen zusammengefasst werden. Die Identifikationsnummer der Fahrstreifen setzt sich aus der Zählstelle, der Fahrbahn und dem Fahrstreifen zusammen. Das Python-Skript identifiziert anhand der Identifikationsnummer die Zählstelle sowie die Fahrbahn und aggregiert den Datensatz dementsprechend.

Ein weiteres Problem ist, dass beide Datensätze zwar identische Fahrbahnmesspunkte besitzen, jedoch weist jeder Datensatz originäre Fahrbahnmesspunkte aus, die im jeweils anderen Datensatz fehlen. Daraus ergibt sich die Notwendigkeit, in einem weiteren Schritt die Autobahnzählstellen beider Datensätze einander zuzuordnen, um deren Schnittmenge identifizieren und eine einheitliche Zählstellenkombination als Datengrundlage verwenden zu können. Dazu wurde eine manuelle Analyse und Zuordnung der Fahrbahnen über deren Geokoordinaten durchgeführt. Falls die geographischen Lagen der Fahrbahnmesspunkte voneinander abweichen, wird mit dem Geoinformationssystem QGIS geprüft, ob beide Fahrbahnmesspunkte trotzdem dieselbe Verkehrsmenge erheben. Abb. 11.4 zeigt ein solches Beispiel, bei dem die Koordinaten der Zählstellen unterschiedlich sind. Die BASt-Zählstellen enthalten stets die Daten für beide Fahrbahnen und befinden sich aus diesem Grund geographisch zwischen beiden Fahrbahnen. Es fällt auf, dass vom Landesbetrieb Straßenbau NRW nur Daten für eine der zwei Fahrbahnen vorliegen. Da sich zwi-

Abb. 11.4 BASt-Zählstelle 5651 (grün) und Landesbetrieb Straßenbau NRW Zählstelle fs. MQ_4n_27_HFB_SW (violett)

schen beiden Messpunkten keine Auf- beziehungsweise Abfahrten befinden, kommt eine Zuordnung zwischen den Fahrbahnen beider Datensätze zustande. Die BASt-Daten der gegenüberliegenden Fahrbahn werden verworfen, da kein Pendant im Datensatz des Landesbetriebs Straßenbau NRW vorliegt.

Insgesamt konnten so 63 Fahrbahnen auf den Autobahnen in NRW einander zugeordnet werden, welche sich auf 33 verschiedene Zählstellen aufteilen. Die geographische Verortung der Zählstellen ist in Abb. 11.5 dargestellt. Das Verkehrsaufkommen, das an den ausgewählten Fahrbahnen dieser Zählstellen gemessen wurde, geht in die Analyse ein.

Das Python-Skript kann nun in einem letzten Schritt den Datensatz hinsichtlich der identifizierten Fahrbahnen filtern und abschließend in einer SQL-Datenbank persistieren. Abb. 11.6 zeigt den Ablauf des aufgezeigten Workflows anhand einer dynamischen Sicht. Dieses Modell wurde unter Verwendung der Unified Modeling Language (UML) in der Version 2.5.1 erstellt.

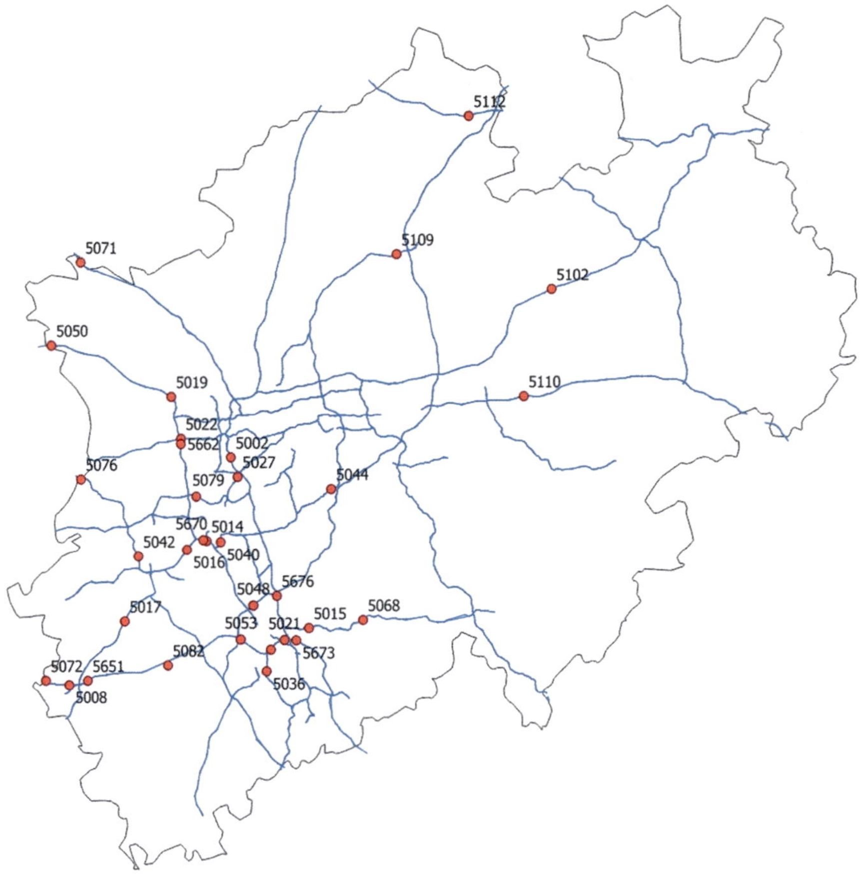

Abb. 11.5 Lage der verwendeten BASt-Zählstellen in NRW. (Quelle: BASt, eigene Darstellung)

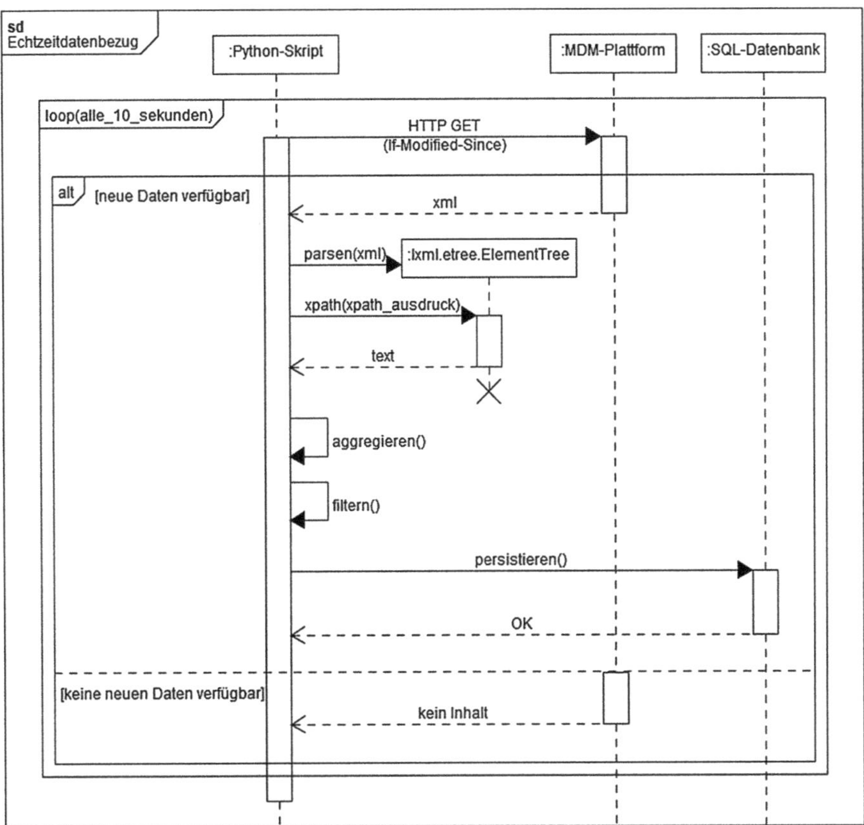

Abb. 11.6 Dynamische Sichtweise auf den Echtzeitdatenbezug-Workflow (eigene Darstellung)

Nachdem bisher der Datenbezug behandelt wurde, wird als nächstes die Erstellung der Zeitreihen betrachtet. Ein weiteres Python-Skript fragt zunächst die Echtzeitdaten für den benötigten Zeitraum von der 13. bis zur 26. Kalenderwoche aus der Datenbank ab und lädt die entsprechenden historischen BASt-Daten aus den entpackten Archiven. Die Daten aller sieben Wochentage über alle 24 Stunden eines Tages werden hierzu verwendet. Ein wichtiger Faktor, der die Vergleichbarkeit beider Datensätze beeinflusst, sind Ausfälle der Echtzeitschnittstelle der MDM-Plattform. Da es sich um Echtzeitdaten handelt, die nur innerhalb eines einminütigen Intervalls bezogen werden können und rückwirkend nicht zur Verfügung stehen, führt beispielsweise eine Nicht-Erreichbarkeit der Schnittstelle oder ein Zertifikatsproblem der Plattform zu fehlenden Werten in der Zeitreihe. Um fehlende Werte zu identifizieren, iteriert das Python-Skript über alle Minuten des Intervalls von Montag den 23.03.2020 um 00:00 Uhr (13. Kalenderwoche) bis einschließlich zum Sonntag den 28.06.2020 um 23:59 Uhr (26. Kalenderwoche) und prüft, ob ein Datenpunkt vorliegt. Falls dies nicht der Fall ist, wird dieser Ausfall in einem relativen Format bestehend aus der Kalenderwoche, dem Wochentag, der Stunde und der

Minute gespeichert. Dies ist deshalb notwendig, da der Referenzzeitraum zu den Echtzeitdaten aus dem Jahr 2020 der BASt-Datensatz aus dem Jahr 2018 ist. Ein fehlender Datenpunkt im Jahr 2020 muss am gleichen Tag in der gleichen Referenzkalenderwoche im Jahr 2018 verworfen werden, um eine einheitliche Datengrundlage zu gewährleisten, sodass nicht mit den absoluten Einheiten Tag und Monat gearbeitet werden kann. Die identifizierten fehlenden Datenpunkte im Jahr 2020 schließt das Python-Skript dann im BASt-Datensatz von 2018 aus.

Des Weiteren bereinigt das Python-Skript beide Datensätze in einem weiteren Schritt um die möglichen unterschiedlichen Lagen von gesetzlichen Feiertagen in den Kalenderwochen der beiden Jahre. Dazu wurde zunächst eine Liste mit den Feiertagen der jeweiligen Jahre erstellt und in Form eines relativen Formats dafür genutzt, sowohl den Datensatz für 2018 als auch den Datensatz für 2020 zu bereinigen. Abschließend wurden die LKW-Daten aus beiden Jahren vom Python-Skript auf Wochenbasis aggregiert.

11.5 Ergebnisse der Fallstudie und Ableitungen

Die jeweiligen Wochenwerte im Jahr 2020 wurden mit den entsprechenden Kalenderwochen aus dem Jahr 2018 verglichen. Die erste vollständig vorliegende Woche im Jahr 2020 ist die 13. Kalenderwoche (23. bis 29. März). Dies war die Woche, in der in Deutschland der Lockdown begann. Im Vergleich zum Jahr 2018 zeigt sich direkt ein massiver Einbruch des LKW-Aufkommens von etwa 15 Prozent (siehe Abb. 11.7). Dieser Rückgang verstärkte sich in der folgenden, der 14. Kalenderwoche, noch einmal etwas auf etwa 25 Prozent. Anschließend verringerte sich der

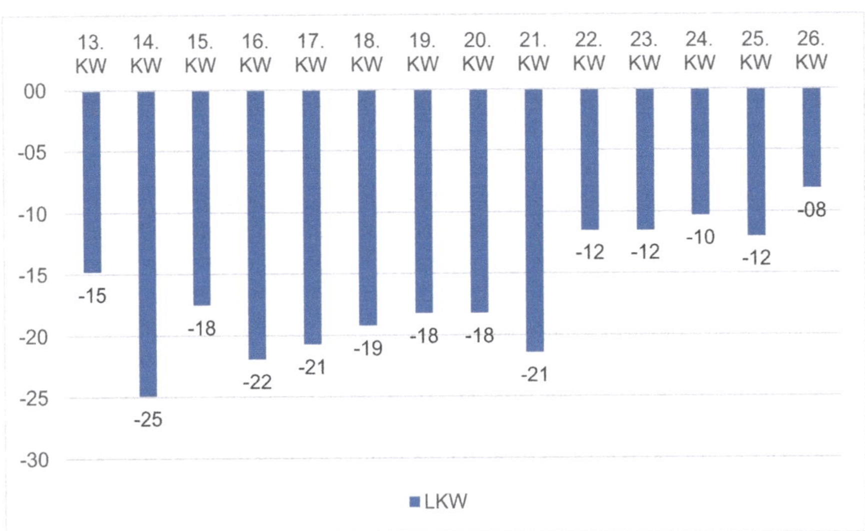

Abb. 11.7 LKW-Verkehrsmenge in NRW während der Corona-Krise. (Quelle: MDM-Portal, eigene Berechnungen)

Rückgang nahezu sukzessive von Woche zu Woche auf einen Wert im Vergleich zu 2018 von knapp acht Prozent in der 26. Kalenderwoche. Damit ist der Zeitraum ab Beginn der Corona-Krise inklusive des Lockdowns und der sukzessiven Lockerungen in der ersten Infektionswelle in den Daten abgebildet. Die Analyse auf die Kalenderwochen nach der 26. Kalenderwoche zu erweitern ist möglich, allerdings sollte dann der Beginn der Sommerferien in unterschiedlichen Kalenderwochen in den Jahren 2018 und 2020 berücksichtigt werden.

Insgesamt deuten die Daten über die LKW-Verkehrsmenge in NRW daraufhin, dass die Corona-Krise im März erste Auswirkungen auf die ökonomische Aktivität in NRW hatte (die 13. Kalenderwoche war die letzte vollständige Woche im März). Der größte negative Effekt scheint sich im April und Mai eingestellt zu haben (14. bis 22. Kalenderwoche). Für den Monat Juni deuten die LKW-Daten auf eine im Vormonatsvergleich gemessene Erholung der wirtschaftlichen Aktivität hin. Das Niveau der LKW-Verkehrsmenge im Monat Juni war jedoch noch weit unter den Werten aus dem Jahr 2018. Den ersten leichten Rückgang der ökonomischen Aktivität, gemessen an der Industrieproduktion, im März, einen massiven Einbruch im April und erste Erholungen Ende Mai zeigen auch die statistischen Daten (Landesdatenbank NRW 2020).

Grundsätzlich hängt die mögliche Verwendung von Echtzeitdaten von der Datenverfügbarkeit und der Datenqualität dieser ab. Dies bedeutet, dass die Daten überhaupt zur Verfügung stehen müssen. Mit Blick auf die Echtzeitverkehrsdaten der LKW-Menge ist Deutschland aktuell noch weit entfernt, die Daten für alle 16 Bundesländer bereitzustellen. Bisher bieten nur einzelne Bundesländer ihre Echtzeitdaten über das MDM-Portal an. Es wäre wünschenswert, dass diese Daten von allen Bundesländern bereitgestellt werden. Hiermit würde sich dann auch die Möglichkeit ergeben, Analysen mit Blick auf die gesamte deutsche Volkswirtschaft zu erstellen. Gleichzeitig könnten mit bundesweiten Daten regionale Unterschiede im Einfluss von Krisen auf die LKW-Mengen und die Produktion statistisch analysiert werden. Dies würde eine genauere und zeitnahe Politikberatung sowohl auf bundesweiter als auch auf regionaler Ebene ermöglichen. Mit Blick auf die internationalen Verflechtungen der Wertschöpfungsketten wären europaweit frei verfügbare Echtzeitdaten über die LKW-Menge wünschenswert. Mit diesen Daten könnten genauere Analysen der ökonomischen Auswirkungen von, wie in diesem Fallbeispiel, Pandemien erstellt werden. Dies würde in einem nächsten Schritt passgenauere und damit wirkungsmächtigere politische Reaktionen auf eine Pandemie ermöglichen.

Wenn es eine Zugriffsmöglichkeit auf die Daten der LKW-Mengen gibt, ist die Datenqualität von besonderer Bedeutung für die Analysemöglichkeiten. Hier ist insbesondere der Ausfall von Datenübertragung im Blick zu behalten, um die Datenlücken möglichst klein zu halten. Bei Verkehrsdaten auf Tagesbasis ist bei einem intertemporalen Vergleich zudem für (regionale) Feiertage und Ferien und deren Verschiebung zwischen den Jahren zu kontrollieren. Eine weitere Schwierigkeit bei Verkehrsdaten mit Blick auf die Datenqualität ist das Aufkommen von Baustellen. Diese können, beispielsweise durch eine Verkehrsumleitung, zur Folge haben, dass die gemessenen Daten nicht dem tatsächlichen Fahrzeugaufkommen entsprechen.

Insbesondere bei großen Datenmengen, die auf einer Vielzahl von Messstellen und Messzeitpunkten basieren, ist eine Korrektur schwierig.

Literatur

BASt – Bundesanstalt für Straßenwesen (2015) Datensatzbeschreibung für richtungsbezogene Verkehrsmengendaten. https://www.bast.de/BASt_2017/DE/Verkehrstechnik/Fachthemen/v2-verkehrszaehlung/pdf-dateien/datensatzbeschreibung-Stundendaten.pdf?__blob=publication-File&v=4. Zugegriffen am 18.06.2020

BASt – Bundesanstalt für Straßenwesen (2020) Automatische Zählstellen 2018. https://www.bast.de/BASt_2017/DE/Verkehrstechnik/Fachthemen/v2-verkehrszaehlung/Aktuell/zaehl_aktuell_node.html. Zugegriffen am 14.07.2020

Beyfuß J, Grömling M (1999) Konjunkturelle Schwankungsanfälligkeit der deutschen Wirtschaft und der europäische Konjunkturverbund. IW-Trends 26(1):5–20

BMVI – Bundesministerium für Verkehr und digitale Infrastruktur (2019) Verkehr in Zahlen 2019/2020. https://www.bmvi.de/SharedDocs/DE/Publikationen/G/verkehr-in-zahlen-2019-pdf.pdf?__blob=publicationFile. Zugegriffen am 14.07.2020

Bundesministerium für Wirtschaft und Energie (2020) Schlaglichter der Wirtschaftspolitik, Mai 2020, Monatsbericht

Destatis (2020a) Dashboard VGR. Bruttoinlandsprodukt. https://service.destatis.de/DE/vgr_dashboard/bip.html. Zugegriffen am 20.07.2020

Destatis (2020b) Außenhandel. Gesamtentwicklung des deutschen Außenhandels ab 1950. https://www.destatis.de/DE/Themen/Wirtschaft/Aussenhandel/Tabellen/gesamtentwicklung-aussenhandel.pdf?__blob=publicationFile. Zugegriffen am 14.07.2020

Destatis (2020c) Volkswirtschaftliche Gesamtrechnungen. Bruttoinlandsprodukt (BIP). https://www.destatis.de/DE/Themen/Wirtschaft/Volkswirtschaftliche-Gesamtrechnungen-Inlandsprodukt/Tabellen/bip-bubbles.html. Zugegriffen am 14.07.2020

Destatis (2020d) Fachserie 7 – Außenhandel. https://destatis.de/DE/Service/Bibliothek/_publikationen-fachserienliste-7.html. Zugegriffen am 14.07.2020

Deutsche Bundesbank (2020) Perspektiven der deutschen Wirtschaft für die Jahre 2020 bis 2022, Monatsbericht Juni 2020

DIW (2020) Grundlinien der Wirtschaftsentwicklung im Sommer 2020, DIW Wochenbericht 24/2020

Gemeinschaftsdiagnose (2020) Wirtschaft unter Schock – Finanzpolitik hält dagegen, Gemeinschaftsdiagnose#1-2020, Frühjahr 2020

Goecke H, Grömling M, Wendt J (2020) LKW-Verkehrsdaten in der Konjunkturanalyse – eine Anwendung für die bayerische Wirtschaft, forthcoming. IW-Trends 47(3):79–92

ifo Institut (2020a) ifo Konjunkturprognose Frühjahr 2020 Update: Wirtschaftsleistung bricht während der Corona-Schließungen um 16 % ein. https://www.ifo.de/ifo-konjunkturprognose/20200428. Zugegriffen am 17.07.2020

ifo Institut (2020b) ifo Konjunkturprognose Sommer 2020: Deutsche Wirtschaft – es geht wieder aufwärts. ifo Schnelldienst Sonderausgabe Juli. https://www.ifo.de/DocDL/sd-2020-07-2020-Sonderausgabe-Juli.pdf. Zugegriffen am 17.07.2020

Institut der deutschen Wirtschaft (2020) Gewaltiger Einbruch und nur allmähliche Erholung – IW-Konjunkturprognose Frühsommer 2020, IW-Report 25/2020

Institut für Weltwirtschaft (2020a) Konjunktur im Euroraum im Frühjahr 2020, Kieler Konjunkturberichte, Nr. 64

Institut für Weltwirtschaft (2020b) Weltwirtschaft und deutsche Konjunktur: Interimsprognose im Frühjahr 2020, Kiel Policy Brief, 19. Mai 2020

Kolev G, Obst T (2020) Die Abhängigkeit der deutschen Wirtschaft von internationalen Liefer-
      ketten. Institut der deutschen Wirtschaft. https://www.iwkoeln.de/fileadmin/user_upload/Stu-
      dien/Report/PDF/2020/IW-Report_2020_Lieferketten.pdf. Zugegriffen am 14.07.2020
Landesdatenbank NRW (2020) Produktionsindex im Verarbeitenden Gewerbe. https://www.landes-
      datenbank.nrw.de/ldbnrw/online/data?operation=previous&levelindex=0&step=0&titel=Sta-
      tistik+%28Tabellen%29&levelid=1595600902108&acceptscookies=false.   Zugegriffen   am
      16.07.2020
Leibniz-Institut für Wirtschaftsforschung Halle (2020a) Wirtschaft im Bann der Corona-Epidemie.
      Konjunktur aktuell 8(1):2–22
Leibniz-Institut für Wirtschaftsforschung Halle (2020b) Wirtschaft stellt sich auf Leben mit dem
      Virus ein. Konjunktur aktuell 8(2):26–62
Porter M (1985) Competitive advantage. Creating and sustaining superior performance. The Free
      Press, New York
RKI – Robert Koch Institut (2020a) COVID-19: Fallzahlen in Deutschland und weltweit. https://
      www.rki.de/DE/Content/InfAZ/N/Neuartiges_Coronavirus/Fallzahlen.html.   Zugegriffen   am
      08.07.2020
RKI – Robert Koch Institut (2020b) COVID-19: COVID-19-Fälle der letzten 7 Tage/100.000 Ein-
      wohner. https://experience.arcgis.com/experience/478220a4c454480e823b17327b2bf1d4. Zu-
      gegriffen am 30.06.2020
RWI – Leibniz-Institut für Wirtschaftsforschung (2020) Die wirtschaftliche Entwicklung im Aus-
      land und im Inland zur Jahreswende 2019/2020, rwi Konjunkturberichte
Sachverständigenrat (2020a) Die Gesamtwirtschaftliche Lage angesichts der Corona-Pandemie,
      Sondergutachten vom 22. März 2020
Sachverständigenrat (2020b) Konjunkturprognose 2020 und 2021. https://www.sachverstaen-
      digenrat-wirtschaft.de/fileadmin/dateiablage/Konjunkturprognosen/2020/KJ2020_Gesamtaus-
      gabe.pdf. Zugegriffen am 23.06.2020
Tagesschau (2020). https://www.tagesschau.de/thema/coronavirus/. Zugegriffen am 14.07.2020
Weltbank (2020) Global economic prospects. https://www.worldbank.org/en/publication/global-
      economic-prospects. Zugegriffen am 17.07.2020
WHO – World Health Organization (2020) WHO Coronavirus Disease (COVID-19) Dashboard.
      https://covid19.who.int/. Zugegriffen am 08.07.2020

Intelligente Bots für die Trendforschung – Eine explorative Studie

12

Christian Mühlroth, Laura Kölbl, Fabian Wiser, Michael Grottke und Carolin Durst

Zusammenfassung

Das zielgerichtete Management von Innovationen hat in Zeiten globaler und dynamischer Märkte einen maßgeblichen Einfluss auf die Wettbewerbsfähigkeit von Unternehmen. Insbesondere die frühe Phase des Innovationsprozesses zielt darauf ab, Innovationschancen im Rahmen des Umfeldscannings frühzeitig zu erkennen. Hierfür stehen immer stärker wachsende Datenmengen zur Verfügung, aus denen relevante Informationen jedoch erst extrahiert werden müssen. Dieser Beitrag präsentiert die Ergebnisse einer Studie zu den Herausforderungen an ein erfolgreiches Innovationsmanagement und stellt ein Umfeldscanningsystem vor, welches die Effektivität und die Effizienz des Innovationsmanagements mithilfe

Vollständig überarbeiteter und erweiterter Beitrag basierend auf Kölbl L, Mühlroth C, Wiser F, Grottke M, Durst C (2019). Big Data im Innovationsmanagement: Wie Machine Learning die Suche nach Trends und Technologien revolutioniert. HMD – Praxis der Wirtschaftsinformatik 56(5): 900–913.

C. Mühlroth (✉) · L. Kölbl
Lehrstuhl für Statistik und Ökonometrie, Friedrich-Alexander-Universität Erlangen-Nürnberg, Nürnberg, Deutschland
E-Mail: christian.muehlroth@fau.de; laura.koelbl@fau.de

F. Wiser
ISO-Gruppe, Nürnberg, Deutschland

M. Grottke
Lehrstuhl für Statistik und Ökonometrie, Friedrich-Alexander-Universität Erlangen-Nürnberg, Nürnberg, Deutschland

GfK SE, Global Data Science, Nürnberg, Deutschland
E-Mail: michael.grottke@gfk.com

C. Durst
Hochschule Ansbach, Campus Rothenburg, Rothenburg o. d. Tauber, Deutschland

S. D'Onofrio, A. Meier (Hrsg.), *Big Data Analytics*, Edition HMD,
https://doi.org/10.1007/978-3-658-32236-6_12

257

von künstlicher Intelligenz steigert. Durch das dreistufige Verfahren, bestehend aus Themenerkennung, Trenderkennung und Trendbeobachtung, kann das Umfeldscanning in hohem Maße automatisiert werden. In der anschließenden Fallstudie wird anhand von drei Praxisbeispielen gezeigt, wie mithilfe des Systems die Trends von Morgen erkannt werden können. Zum Schluss wird das datenbasierte Umfeldscanningsystem als Chance für Unternehmen jeder Größe diskutiert.

Keywords

Innovationsmanagement · Künstliche Intelligenz · Maschinelles Lernen · Technologie-Vorausschau · Trend-Scouting · Umfeldscanning · Vorausschau

12.1 Umfeldscanningsysteme im Unternehmenskontext

Unternehmen jeder Größe stehen in Zeiten dynamischer und globalisierter Märkte zunehmend vor der Herausforderung, aufkommende Trends und Technologien frühzeitig zu erkennen und in konkrete Wettbewerbsvorteile zu überführen (Rohrbeck und Bade 2012). Vor dem Hintergrund sich schnell verändernder Kundenanforderungen, beschleunigter technologischer Entwicklungen und neuer Wertschöpfungs- und Geschäftsmodelle ist ein rein reaktives Verhalten allerdings oft nicht mehr ausreichend. Unternehmen sind daher zunehmend gefordert, relevante Veränderungen in ihrem Umfeld bereits frühzeitig wahrzunehmen und proaktiv innovative Antworten auf die veränderte Situation zu entwickeln. Ein modernes Innovationsmanagement setzt deshalb bereits frühzeitig an und verknüpft das Umfeldscanning mit der Entwicklung von Innovationsfeldern („Where to play?") als Vorstufe zur zielgerichteten Entwicklung von Innovationen („How to win?") und dem Management des gesamten Innovationsportfolios („How to execute?"); siehe Abb. 12.1.

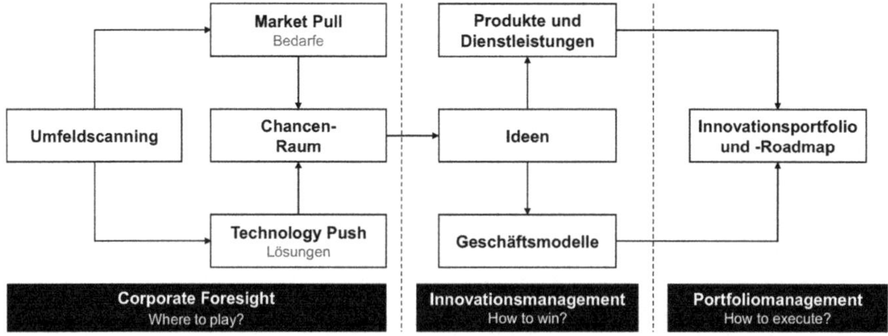

Abb. 12.1 Integriertes Innovationsmanagement in Anlehnung an Durst und Durst (2016)

Für die Beobachtung ihres Umfelds nehmen Unternehmen aktuell einen hohen zeitlichen und finanziellen Aufwand in Kauf, da ein Großteil der Aktivitäten noch nicht automatisiert stattfindet. Zudem entscheidet in der Praxis häufig weiterhin das Bauchgefühl über die Relevanz von Entwicklungen im Unternehmensumfeld (Keller und von der Gracht 2014; Mühlroth und Grottke 2018). Aufgrund der überwältigenden und stets wachsenden Datenmenge und den damit verbundenen Kosten für ihre Analyse werden diese Aktivitäten mitunter vernachlässigt oder im äußersten Fall gar nicht durchgeführt (Lucas und Goh 2009). Das birgt die Gefahr, dass Unternehmen relevante Trends oder technologische Entwicklungen übersehen und infolgedessen durch besser vorbereitete Wettbewerber oder Startups verdrängt werden.

Um dieser Herausforderung zu begegnen, wurden bisher verschiedene Algorithmen und Verfahren entwickelt, die jedoch ebenfalls vergleichsweise hohe Investitionen in personelle Ressourcen benötigen (Mühlroth und Grottke 2020). Der vorliegende Beitrag widmet sich daher der Frage, wie Methoden der künstlichen Intelligenz (KI) eingesetzt werden können, um bestehende Aktivitäten im Umfeldscanning sinnvoll zu unterstützen. Er ist in die nachfolgenden Abschnitte aufgeteilt:

Der zweite Abschnitt beschäftigt sich mit der Anforderungserhebung für ein Umfeldscanningsystem. Hierzu werden relevante Umfeldscanningaktivitäten in den Innovationsmanagementabteilungen dreier Unternehmen untersucht, wobei das Activity-Theory-Framework als theoretisches Rahmenwerk für explorativ-holistische Studien zum Einsatz kommt (Engeström 1987; Gregor 2006).

Der dritte Abschnitt beschreibt das Konzept und die Implementierung des Umfeldscanningsystems. Als Ausgangsbasis werden Suchfelder definiert, die den Rahmen für die quantitative Analyse vorgeben. Diese Suchfelder werden anschließend auf Grundlage wissenschaftlicher Zeitschriftenartikel, Patente sowie News-, Webseiten- und Blogartikel durch eine neuartige Kombination existierender Methoden aus dem Bereich des unüberwachten maschinellen Lernens („unsupervised machine learning") analysiert.

Im vierten Abschnitt wird das entwickelte Vorgehen anhand von drei konkreten Anwendungsfällen aus der Praxis präsentiert. Schließlich werden im fünften Abschnitt die Ergebnisse hinsichtlich ihrer Übertragbarkeit auf das Innovationsmanagement von Unternehmen diskutiert und einige Limitationen angeführt.

12.2 Aktuelle Herausforderungen im Umfeldscanning

Um Anforderungen an das Umfeldscanningsystem ableiten zu können, wurden relevante Umfeldscanningaktivitäten in den Innovationsmanagementabteilungen eines Automobilzulieferers, eines Molkereiunternehmens sowie einer Gesellschaft für Innovation und Wissenstransfer mithilfe der Activity Theory (Engeström 1987) untersucht. Die Herangehensweise und die Ergebnisse dieser Untersuchung werden in diesem Abschnitt beschrieben. Hierzu wird zunächst eine Einführung in die Activity Theory gegeben, woran sich eine Vorstellung der bei der qualitativen Erhebung betrachteten Unternehmen anschließt. Schließlich werden die Ergebnisse dargestellt.

Abb. 12.2 Aktivitätssystem in Anlehnung an Engeström (1987)

12.2.1 Activity Theory

Da es sich bei Innovationsmanagementabteilungen um soziotechnische Systeme handelt, also um Systeme, die menschliche, organisatorische und technische Komponenten in einem komplexen Zusammenspiel beinhalten (Whitworth et al. 2008), wird die Activity Theory als Rahmenwerk für diese explorative Fallstudie angewandt.

Activity Theory basiert auf Konzepten der russischen Philosophie und Psychologie. Bis heute hat sich vor allem das Aktivitätssystem von Engeström (1987) gemäß Abb. 12.2 in der Untersuchung von Mensch-Computer-Interaktion und computerunterstützter Gruppenarbeit durchgesetzt. Mithilfe des strukturierten Rahmenwerks der Activity Theory ist es möglich, komplexe Interaktionssysteme zu untergliedern, vorhandene Aktivitäten im Hinblick auf gemeinsame Ziele einzuordnen und etwaige Konflikte („contradictions") durch Beobachtungen und Interviews herauszuarbeiten. Beispielsweise wurde die Activity Theory bereits erfolgreich bei empirischen Untersuchungen in den Bereichen soziale Medien (Forsgren und Byström 2018), Gesundheitswesen (Wiser et al. 2018) und E-Learning (Liaw et al. 2007) eingesetzt.

12.2.2 Die Unternehmen

Die explorative Studie wurde bei drei Unternehmen durchgeführt: Der LEONI AG, der DMK Group und der Bayern Innovativ GmbH.

Die LEONI AG weist eine bis ins 16. Jahrhundert zurückreichende Unternehmensgeschichte auf. Das Traditionsunternehmen gilt heute mit einem Umsatz von 4,9 Milliarden Euro und 95.000 Mitarbeitern als einer der Global Player im Bereich Kabel und Bordnetzsysteme für die Automobilindustrie.

Die DMK Group ist mit einer Mitarbeiterzahl von 7700 und einem Umsatz von 5,8 Milliarden Euro einer der größten Molkereikonzerne auf dem deutschen Markt. Das Produktportfolio der DMK Group geht von Milch über Joghurt und Käsezubereitungen bis hin zu Babynahrung und Gesundheitsprodukten.

Die Bayern Innovativ GmbH ist eine 1995 gegründete Gesellschaft für Innovation und Wissenstransfer. Ihre Aufgabe ist es, als Impulsgeber, Beschleuniger von Innovationen und Träger verschiedener Förderprogramme insbesondere kleine und mittelständische Unternehmen in der Entwicklung neuer Innovationen zu unterstützen.

Die drei Unternehmen wurden aufgrund ihrer unterschiedlichen Themenschwerpunkte im Umfeldscanning ausgewählt: So halten sowohl der Automobilzulieferer als auch die Gesellschaft für Innovation und Wissenstransfer insbesondere nach neuen Technologietrends Ausschau, während das Molkereiunternehmen hauptsächlich auf der Suche nach Konsumententrends ist.

Die Geschäfts- und Tätigkeitsfelder aller drei Unternehmen unterliegen einem kontinuierlichen Wandel, welcher mitunter auf die Megatrends Digitalisierung und Globalisierung zurückzuführen ist. Es ist für alle drei Unternehmen daher von größter Bedeutung, Marktbedürfnisse zügig zu erkennen und sich entsprechend anzupassen. Hierzu führen die Unternehmen in ihren Innovationsabteilungen ein Umfeldscanning durch; das heißt, dass sowohl kontinuierlich als auch ad-hoc (auf Anfrage) nach inkrementellen und disruptiven Veränderungen im Unternehmensumfeld Ausschau gehalten wird.

12.2.3 Die Aktivitäten im Umfeldscanning

Das Umfeldscanning aller drei Unternehmen hat die übergeordneten Ziele, Marktchancen frühzeitig zu erkennen und Wissen zu generieren, um so Entscheidungsgrundlagen für die Geschäftsführung und betroffene Geschäftsbereiche abzuleiten. Zur Identifikation der Aktivitäten wurden offene, nicht-teilnehmende Beobachtungen sowie Interviews durchgeführt und die gewonnenen Erkenntnisse anschließend induktiv codiert. Die Ergebnisse dieser Erhebung sind in Tab. 12.1 dargestellt.

Die erhobenen Aktivitäten im Umfeldscanning können in drei Gruppen eingeteilt werden:

1. *Aggregation von Informationen*: Hierzu führen alle drei Unternehmen eine sogenannte „Desktop Research" durch. Dabei wird im Internet nach speziellen Themen gesucht: So greift die LEONI AG vorwiegend auf technische Informationsquellen wie Patentdatenbanken und wissenschaftliche Zeitschriftenartikel zurück, da ihr Produktportfolio durch neue technologische Erkenntnisse erweitert werden soll. Für die DMK Group sind hingegen Verbraucherdatenbanken und soziale Medien von großer Bedeutung, da sie sich an aufkommende Konsumententrends anpassen muss. Außerdem nimmt die DMK Group den Dienst einer Agentur mit einem weltweiten Netzwerk an Scouts in Anspruch, die für das Unternehmen relevante Inspirationen im Bereich Milchprodukte liefert. Die

Tab. 12.1 Die Aktivitäten im Umfeldscanning der drei Unternehmen (eigene Darstellung)

Kategorie	Erhobene Informationen
Regeln	Themenfokus Datenschutzgrundverordnung Bildrechte Zugriffsbeschränkungen für Webseiten
Stakeholder	Managementebene Betroffene Geschäftsabteilung
Arbeitsteilung	Scouts und Innovationsmanager finden und bewerten Trends Unternehmensstrategie und weitere Abteilungen werden informiert Externe Scouting-Agentur liefert Trendinput (DMK)
Akteure	Scouts Innovationsmanager
Ziele	Marktchancen erkennen Wissen generieren Entscheidungsgrundlage liefern
Werkzeuge	*1. Aggregation von Informationen:* • Suchmaschinen und Suchbegriffanalyse • Persönlicher Austausch • Wissenschaftliche Artikel, Patente (LEONI, Bayern Innovativ) • Verbraucherdatenbanken, soziale Medien, externer Input (DMK, Bayern Innovativ) *2. Dokumentation und Evaluierung der Informationen:* • Textverarbeitungssoftware • Präsentationsprogramm *3. Verbreitung der Informationen:* • Präsentation • E-Mail, Newsletter • Digitale Trendradare und Innovationsplattform
Ergebnis	Trendreports (regelmäßig und ad-hoc)

Bayern Innovativ GmbH bedient sich neben den bereits genannten Datenquellen zusätzlich öffentlicher Datenbanken, wie zum Beispiel Portalen zu nationalen und europäischen Ausschreibungen, um zusätzliche Einblicke in die Finanzierungsströme von Forschungs- und Entwicklungsvorhaben zu erhalten.

2. *Dokumentation und Evaluierung der Informationen*: Nachdem die Informationen über das Umfeld zusammengetragen wurden, müssen sie von den Scouts und Innovationsmanagern dokumentiert und evaluiert werden. Hier wird vor allem auf die Kompetenz der Mitarbeiter gesetzt, die Informationen klar zu strukturieren und relevante Trends abzuleiten.

3. *Verbreitung der Informationen*: Schließlich werden die Trends und daraus resultierende Handlungsempfehlungen sowohl regelmäßig als auch ad-hoc an die Geschäftsführung und betroffene Geschäftsbereiche kommuniziert. An dieser Stelle setzen alle drei Unternehmen auf Präsentationsfolien und digitale Tools wie beispielsweise die ITONICS Trendradar Plattform.

12.2.4 Herausforderungen im Umfeldscanning

Auf Grundlage der erhobenen Aktivitäten wurden anschließend in persönlichen Interviews sechs Herausforderungen identifiziert, die im Konflikt mit den Zielen und dem angestrebten Ergebnis des Umfeldscannings stehen:

1. *Hoher manueller Aufwand*: Für die Suche nach und die Dokumentation von Trends bedarf es eines hohen manuellen Aufwands. Zum Beispiel werden Informationen aus dem Internet zusammengetragen und mittels einer Textverarbeitungssoftware dokumentiert. Im Anschluss müssen diese Informationen jedoch wieder in ein Präsentationsformat übertragen werden, um sie adressatengerecht an Stakeholder weiterleiten zu können.
2. *Zu große Datenmengen*: Der manuelle Aufwand wird durch die stetig wachsende Menge an zu analysierenden Daten laufend signifikant erhöht. Darüber hinaus steigt auch die Anzahl der zu beobachtenden Quellen ständig an, beispielsweise durch das Entstehen neuer Weblogs oder das Aufkommen zusätzlich zu beobachtender Wettbewerber.
3. *Unregelmäßige Durchführung*: Die zuvor genannten Herausforderungen und die damit verbundenen hohen Investitionen in personelle Ressourcen tragen dazu bei, dass das Umfeldscanning oftmals ereignisbezogen durchgeführt wird, statt es als kontinuierlichen Prozess in laufende Strategie- und Innovationsprozesse zu integrieren. Dies erhöht jedoch das vermeidbare Risiko, wichtige Veränderungen zu spät zu erkennen und damit einflussreichen Trends hinterherzulaufen.
4. *Subjektivität bei der Trendsuche*: Das Knowhow der Mitarbeiter bestimmt zu einem großen Teil den Erfolg des Umfeldscannings. Nur aufgrund ihrer Erfahrung in einem Themengebiet und einer möglichst objektiven Qualifizierung von Informationen können Rückschlüsse über unternehmensrelevante Trends gezogen werden. Erfolgt das Umfeldscanning zu subjektiv oder hat das hierfür eingesetzte Personal zu geringe Fachkenntnisse (z. B. in einem neuen Themengebiet), so kann dies Qualität und Aussagekraft der Ergebnisse beeinträchtigen.
5. *Zugriffsberechtigungen für bestimmte Internetseiten*: Für den Besuch bestimmter Internetseiten über das Firmennetzwerk, wie beispielsweise Facebook oder Instagram, müssen oft Ausnahmegenehmigungen bei der IT-Administration des Unternehmens eingeholt werden. Darüber hinaus sind potenziell interessante Quellen, wie zum Beispiel Websites chinesischer Firmen oder Nachrichtenagenturen, nur eingeschränkt oder gar nicht erreichbar. Bei der Nachverfolgung und detaillierten Recherche von Trends ist dies stellenweise hinderlich oder zumindest lästig.
6. *Limitierung auf bestimmte Themen*: Aufgrund des hohen manuellen Aufwands, der Subjektivität und der nötigen Interpretationsarbeit kann nur auf eine begrenzte Anzahl an bereits bekannten und zuvor bestimmten Themen eingegangen werden.

Diesen Herausforderungen könnte durch ein Umfeldscanningsystem begegnet werden, welches automatisiert das Unternehmensumfeld auf Trends hin untersucht. Ein solches wird im Folgenden vorgestellt.

12.3 Konzept zum Einsatz von künstlicher Intelligenz im Umfeldscanning

Das in diesem Beitrag vorgestellte Umfeldscanningsystem kombiniert ausgewählte Werkzeuge der KI derart miteinander, dass die Effektivität und die Effizienz des Innovationsmanagements wesentlich gesteigert werden können. Hierfür werden Verfahren des unüberwachten maschinellen Lernens eingesetzt. Bei dieser Art des maschinellen Lernens werden keine Informationen zum gewünschten Ergebnis (wie bspw. eine bekannte Klassifikation) vorgegeben, sodass der Algorithmus bestimmte Muster oder ein statistisches Modell selbstständig aus den Daten lernt.

Als Datengrundlage für das System können wissenschaftliche Zeitschriftenartikel, Patentdaten sowie Webnews-, Weblog- und Webseiten-Texte genutzt werden. Diese Daten können mithilfe von Programmierschnittstellen („application programming interfaces", APIs) in regelmäßigen Abständen automatisiert gesammelt und in einer zentralen Datenbank („data lake") gespeichert werden, sodass die Analysen stets auf aktuellen Informationen basieren. Die Daten werden direkt in das Umfeldscanningsystem geladen, welches sie mit gängigen Techniken zur Datenvorverarbeitung aufbereitet. Speziell für den Bereich des Text Mining sind hier Techniken zur Lemmatisierung, Stoppwort-Listen und Bag-of-Words-Modelle zur Vektorisierung der gesammelten Daten zentrale Verfahren. Dadurch werden während der Datenaufbereitung irrelevante Informationen ohne manuelles Eingreifen herausgefiltert und relevante Informationen automatisch aggregiert. Diese aufbereiteten Daten verwendet das Tool dann für die weiteren Analyseschritte. Dem Anwender des Systems bleibt es hierbei selbst überlassen, ob er sich einen Überblick über das Themengebiet und aktuelle Trends verschaffen oder diese über die Zeit beobachten möchte.

Abb. 12.3 fasst die drei Schritte Themenerkennung, Trenderkennung und Trendbeobachtung zusammen, und die nachfolgenden Abschnitte beschreiben deren Arbeitsweisen im Detail.

12.3.1 Themenerkennung

Die Ausgangsbasis für die Themenerkennung ist ein relevantes Suchfeld. Dieses wird durch mindestens einen Suchbegriff beschrieben (z. B. „healthcare robotics"); mehrere Suchbegriffe können mit den booleschen Operatoren „AND" oder „OR" miteinander verknüpft und verschachtelt werden. Mithilfe der Suchbegriffe werden dazu passende Dokumente aus einer zentralen Datenbank gesammelt und zu einem sogenannten „Dokumentenkorpus" zusammengestellt.

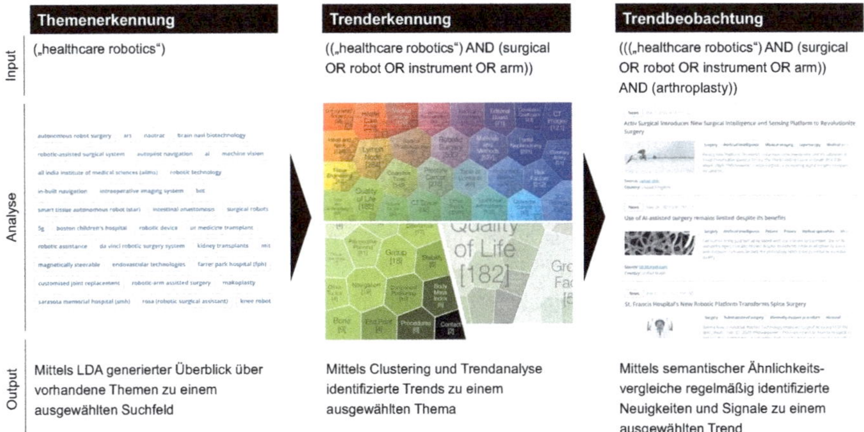

Abb. 12.3 KI-gestützter Ansatz zur Erkennung und Beobachtung von Trends (eigene Darstellung)

Zur Themenerkennung wird das Wahrscheinlichkeitsmodell Latent Dirichlet Allocation (LDA) auf den Dokumentenkorpus angewandt (Blei et al. 2003). Die Menge aller Wörter bildet dabei das Vokabular des Korpus. Ein Thema wird als eine Wahrscheinlichkeitsverteilung über das Vokabular definiert. Hinsichtlich des Dokumenten-generierenden Prozesses wird angenommen, dass jedes in einem Dokument vorkommende Wort aus einem der Themen gezogen wird, wobei jedes Dokument eine Mischung aus verschiedenen Themen darstellt. Das Thema eines Wortes wird wiederum durch einen Zug aus der für das jeweilige Dokument gültigen Wahrscheinlichkeitsverteilung über die Themen bestimmt. Dies bildet in vereinfachter Weise den Prozess des Schreibens eines Dokumentes mathematisch nach. Aus diesen Annahmen werden Rückschlüsse über die im Korpus vorhandenen Themen gezogen: Da die Dokumente zur Verfügung stehen, lassen sich auf Basis der Annahmen zur Dokumentengenerierung die in den Dokumenten verborgenen („latenten") Themen näherungsweise extrahieren. Dies geschieht auf Basis der Häufigkeiten der Wörter in den Dokumenten. Im Ergebnis entsteht eine Liste von abstrakten latenten Themen. Die optimale Anzahl der Themen wird durch Maximierung der sogenannten „Themen-Kohärenz" automatisch ermittelt (Mühlroth und Grottke 2020).

12.3.2 Trenderkennung

Zur Trenderkennung innerhalb eines ausgewählten Themas werden erneut Daten mit einer erweiterten Suchanfrage gesammelt. Im Gegensatz zur LDA aus der vorhergehenden Themenerkennung ist es nun jedoch nicht mehr das Ziel, abstrakte Themen zu identifizieren; vielmehr wird bei der Trenderkennung nach Mustern gesucht, die sich über die Zeit häufen. Erneut werden die Texte der gesammelten Dokumente in Wörter aufgeteilt und deren Häufigkeiten in den Dokumenten gezählt.

Anhand von Ähnlichkeitsmaßen lässt sich darauf basierend die Ähnlichkeit zwischen den Dokumenten quantifizieren. Anschließend werden mithilfe eines mehrstufigen Cluster-Algorithmus inhaltlich ähnliche Dokumente zu kohärenten Clustern (also Mengen thematisch ähnlicher Dokumente) zusammengefasst. Um die Trennschärfe der Cluster zu erhöhen und damit deren Interpretation zu erleichtern, wird die Zugehörigkeit eines Dokuments auf nur ein Cluster begrenzt.

Anschließend wird die zeitliche Verteilung der den Clustern zugeordneten Dokumente mittels linearer Regression auf ihren Trendverlauf hin analysiert. Ein negativer Wert gibt hierbei einen rückläufigen Trend an, wohingegen ein positiver Wert einen ansteigenden Trend signalisiert (Mühlroth und Grottke 2020); ist der Wert nahe oder gleich null, wird der Trend als stationär ausgewiesen, das heißt, es ist keine signifikante quantitative Veränderung über die Zeit feststellbar.

Die resultierenden Cluster und deren errechnete Trendstatistik werden mithilfe simpler und aussagekräftiger Grafiken visualisiert. Hierfür verwenden wir FoamTree-Heatmaps, eine interaktiv-durchsuchbare Variante der Voronoi-Treemaps. In diesen werden Hierarchien und Zugehörigkeiten übersichtlich als genestete Polygone dargestellt, deren hierarchische Anordnung es ermöglicht, die Ergebnisse interaktiv zu durchsuchen. Die Farbgebung der Polygone visualisiert den Trend und nutzt hierfür ein Farbspektrum von blau nach rot: Je bläulicher ein Polygon eingefärbt ist, desto negativer (also abfallender) ist der Trend, er ist also „kälter"; je rötlicher, desto positiver (also ansteigender) ist der jeweilige Trend, er ist also „wärmer". Die Farbe eines Clusters ist demnach ein Indikator dafür, ob ein Trend gerade abklingt oder an Fahrt gewinnt. Nach initialer Durchsicht, Interpretation und Priorisierung werden die relevanten Trends ausgewählt und in einer zentralen Trenddatenbank gespeichert.

12.3.3 Trendbeobachtung

Die gespeicherten Trends dienen nun als Ausgangsbasis für die automatisierte Trendbeobachtung. Dazu werden für jeden Trend in regelmäßigen Abständen die angeschlossenen externen Datenbanken nach neuen Dokumenten durchsucht. Hierzu wird ebenfalls eine Suchanfrage verwendet, die sich nun aus den kombinierten Suchbegriffen des Suchfelds, des Themas sowie des Trends zusammensetzt.

Der Innovationsmanager kann in dem Umfeldscanningsystem einstellen, wann (bspw. Montagvormittag), wie oft (bspw. wöchentlich) und für welches Zeitfenster (bspw. für Daten der letzten 6 Monate) das System die Ergebnisse der Trendbeobachtung meldet. Hierfür werden die neu gesammelten Dokumente ebenfalls vorverarbeitet und vektorisiert; anschließend werden die so entstandenen Dokumentenvektoren mittels semantischer Ähnlichkeitsvergleiche (Kosinus-Ähnlichkeit) mit dem Clusterzentrum des dazugehörigen Trends hinsichtlich ihrer möglichen Zugehörigkeit analysiert. Diejenigen Dokumente, deren Ähnlichkeit über einem manuell definierten Schwellenwert liegt (z. B. 60 %), werden dem Innovationsmanager am nächsten Reporting-Stichtag präsentiert; alle anderen Dokumente werden hingegen aussortiert. Somit wird die Menge der zu sichtenden Ergebnisse eingegrenzt, und der Innovationsmanager erhält kontinuierlich relevante Informationen zur Entwicklung der beobachteten Trends.

12.4 Drei praxisnahe Szenarien

Nachfolgend wird anhand von drei Fallbeispielen gezeigt, wie der beschriebene Ansatz die Trendforschung und das Innovationsmanagement in der Praxis unterstützen kann.

12.4.1 Robotik im Gesundheitswesen

Für die LEONI AG als Technologiekonzern und Zulieferer unter anderem auch für die medizinische Industrie wurde beispielhaft das Suchfeld „Robotik im Gesundheitswesen" ausgewählt. Im ersten Schritt wurde zur Themenerkennung LDA eingesetzt, um einen Überblick über das Suchfeld zu erhalten. Hierfür wurden insgesamt 4010 Patente der europäischen Patentdatenbank (EPO) aus den Jahren 2017 und 2018 sowie aus dem Januar 2019 analysiert. Tab. 12.2 listet die Top-Themen mit ihren assoziierten Wörtern auf.

Das erste Thema handelt von dem Einsatz von Robotern im Operationssaal (OP). Sogenannte OP-Roboter ermöglichen menschlichen Chirurgen eine höhere Präzision und einen größeren Bewegungsspielraum. Dies ist eng verknüpft mit dem vierten Thema: Bei minimalinvasiven Operationstechniken sind nur noch kleine Einschnitte am Körper des Patienten nötig, die für den Einsatz von OP-Robotern aufgrund deren hoher Präzision bereits ausreichen. Roboter kommen im Gesundheitswesen ebenfalls bei der Rehabilitation von Patienten zum Einsatz: Indem sie diese bei Bewegungsabläufen unterstützen, können sie ihnen dabei helfen, nach einer Verletzung das Laufen wieder zu erlernen. Das Thema „Roboterarme" beschäftigt sich mit Verfahren, die verschiedene Aufgaben im OP oder bei der Patientenfürsorge übernehmen können. Ebenso können Roboter dabei helfen, Vitalzeichen eines Patienten zu überwachen und Diagnosen zu stellen.

Für den nächsten Schritt der Trenderkennung wurde das Thema „Robotergestützte Chirurgie" exemplarisch ausgewählt. Das Ziel der Trenderkennung war es, neue Anwendungsgebiete für bereits vorhandene technologische Kompetenzen zu suchen, um Impulse für eine mögliche Geschäftsfelderweiterung herauszuarbeiten.

Tab. 12.2 Top-Themen zu „Robotik im Gesundheitswesen" (eigene Darstellung)

Thema	Assoziierte Wörter
Robotergestützte Chirurgie	surgical, robot arm, instrument
Rehabilitation von Patienten	rehabilitation, patient, robot, train, walk
Roboterarme	mechanical, connect, arm, drive, robot
Minimalinvasive Operationstechniken	body, cavity, robot, hole, medical
Patientenüberwachung, Krankheitserkennung	robot, intelligent, detection, information, sensor

Zunächst wurden erneut Daten zu dem ausgewählten Thema benötigt. Hierfür wurden die identifizierten assoziierten Wörter des Themas zu einer weiteren Suchanfrage verknüpft und die dazugehörigen Daten gesammelt. Die in Abb. 12.4 dargestellte FoamTree-Heatmap illustriert die anschließend gefundenen Cluster, bestehend aus 7024 wissenschaftlichen Artikeln aus der wissenschaftlichen Zeitschriftendatenbank Elsevier.

Vor dem Hintergrund eines recht jungen Geschäftsfelds rund um Patientenpositionierungssysteme hat sich bei der explorativen Analyse der moderat ansteigende Trend des Clusters „Total Hip Arthroplasty" als interessant herausgestellt, da dieser Anwendungsbereich durch bislang bestehende Produkte und Lösungen nicht adressiert wird, obwohl die technischen Möglichkeiten bereits vorhanden sind. Das Cluster weist eine gelbe Färbung auf, das heißt gemäß der Farbcodierung (aus Abschn. 12.3.2) einen relativ schnell ansteigenden Trend. Per „Zoom-In" zeigen sich in Abb. 12.5 die in dem Cluster enthaltenen Sub-Cluster.

Bei Durchsicht der Dokumente der einzelnen Sub-Cluster, insbesondere des Bereichs „Navigation", fiel eine vor Kurzem veröffentliche Studie auf, die sich mit der Patientenpositionierung bei Anwendungen mit besonders hohen Anforderungen an die Starrheit des positionierten Patienten während der gesamten Behandlung befasst („rigid patient positioning in total hip arthroplasty"). Gemäß der inhaltlichen Einschätzung des Technologie-Experten stellt dies einen von dem Unternehmen bisher nicht betrachteten Anwendungsfall dar, welcher jedoch im Sinne der Geschäftsentwicklung näher analysiert werden soll. Zur weiteren Bearbeitung wurde der erkannte Trend in einer zentralen Trenddatenbank abgespeichert und der entsprechenden Entwicklungs- und Fachabteilung mitgeteilt. Zur zukünftigen Beobachtung dieses Trends wurde ein zweiwöchentlicher Beobachtungsrhythmus eingestellt. Somit werden regelmäßig neue Daten zu dem gespeicherten Trend „Total Hip Arthroplasty" gesammelt und neue, relevante Dokumente angezeigt.

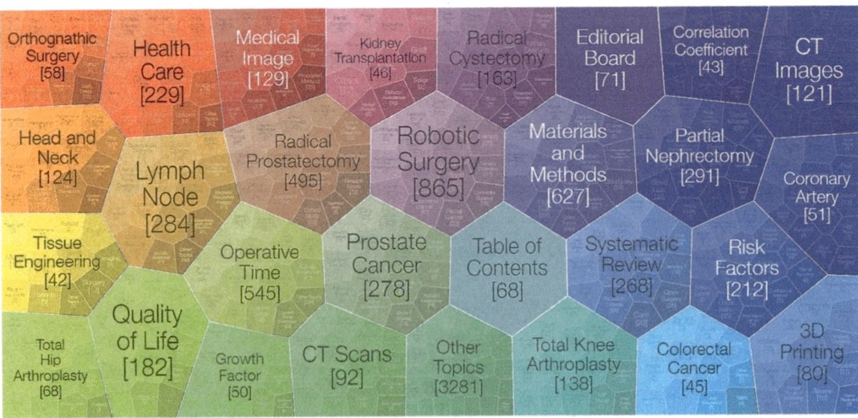

Abb. 12.4 Hierarchische FoamTree-Heatmap zum Thema „Robotergestützte Chirurgie" (eigene Darstellung)

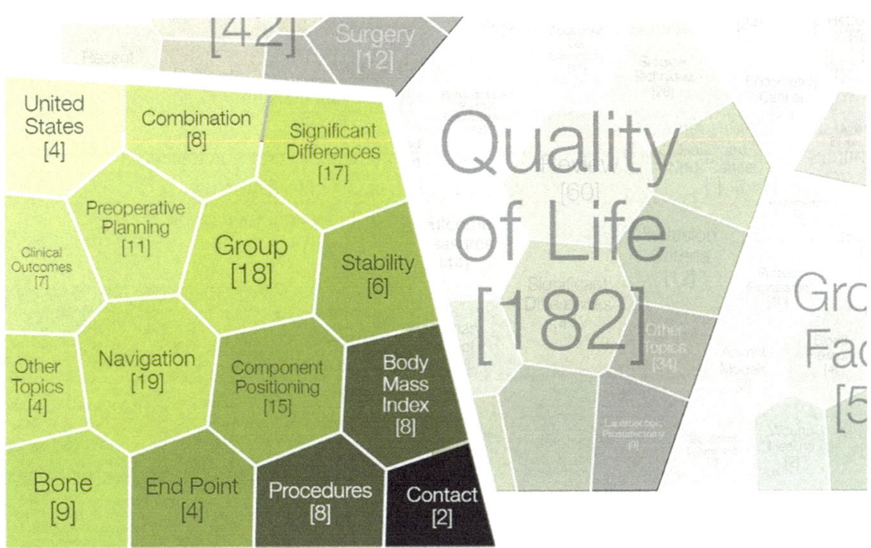

Abb. 12.5 Sub-Cluster des Clusters „Total Hip Arthroplasty" (eigene Darstellung)

12.4.2 Ernährungstrends

Die zweite Fallstudie wurde gemeinsam mit der DMK Group durchgeführt. Als führender Lebensmittelkonzern ist das Unternehmen im Rahmen seines Innovationsmanagements äußerst interessiert an Trends im Bereich der Ernährung. Veränderungen in diesem Suchfeld sind meist regional zu beobachten und zudem oft schnelllebig. Für diese Fallstudie wurden News- und Blogartikel von webhose.io analysiert, da die darin veröffentlichten Informationen eine weitaus höhere Umschlagsgeschwindigkeit im Vergleich zu wissenschaftlichen Publikationen und Patenten zeigen. Hierzu wurden zum Stichtag 19.01.2019 alle News- und Blogartikel der letzten 30 Tage zu dem Suchfeld „Ernährungstrends" gesammelt. Dieser Datensatz enthält 2485 Texte. Tab. 12.3 listet die aus ihnen extrahierten Top-Themen auf.

Als aktuelle Themen zeigen sich vegane Ernährung und allgemein eine gesunde Ernährungsweise. Außerdem findet sich die Verwendung von Nahrungsergänzungsmitteln als eigenes Thema wieder. Diese enthalten Nähr- und Wirkstoffe, die sich positiv auf die körperliche und geistige Fitness auswirken sollen. Interessant ist auch die als „Kreta-Diät" oder „Mittelmeerdiät" bezeichnete Ernährungsform, die sich an diejenige der Menschen im Mittelmeerraum anlehnt: Sie zeichnet sich unter anderem durch einen Fokus auf frisches Obst und Gemüse, qualitativ hochwertige Fette aus Fisch und Olivenöl sowie eine Reduzierung des Verzehrs von rotem Fleisch und Milchprodukten aus (Boucher 2017). Das letzte Thema basiert auf Texten mit Restaurant-Empfehlungen.

Für die weiterführende Trenderkennung wurde das Thema „Vegane Ernährung" ausgewählt. Hierzu wurden 5322 News- und Blogartikel gesammelt und analysiert; Abb. 12.6 zeigt die entstandene FoamTree-Heatmap. Das Ziel dieser Analyse war

Tab. 12.3 Top-Themen zu „Ernährungstrends" (eigene Darstellung)

Thema	Assoziierte Wörter
Vegane Ernährung	food, trend, vegan, consum
Gesunde Ernährungsweise	diet, eat, food, health
Nahrungsergänzungsmittel	food, supplement, beverage, nutraceut
„Mittelmeerdiät"	diet, food, eat, mediterranean diet
Restaurants	restaurant, dish, london, food, cook

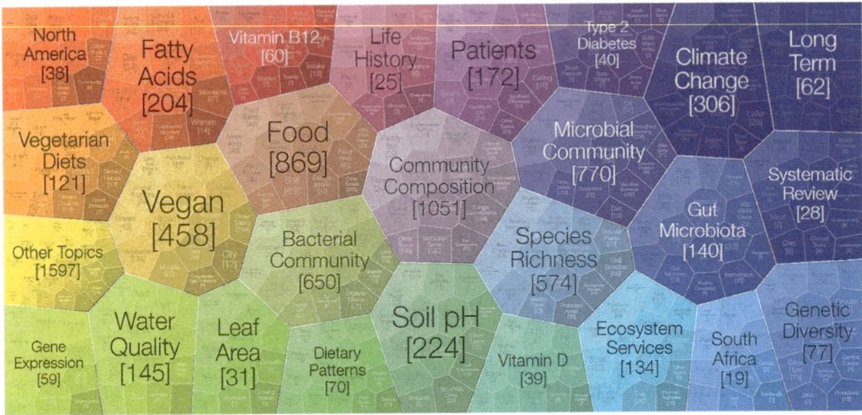

Abb. 12.6 Hierarchische FoamTree-Heatmap zum Thema „Vegane Ernährung" (eigene Darstellung)

es, im Rahmen des derzeit ansteigenden gesellschaftlichen Trends rund um vegane Ernährung eine Markt- und Risikoanalyse durchzuführen, um gegebenenfalls eigene Produkte und deren Wertbeitrag zu einer gesunden Ernährung zielgerichteter positionieren und vermarkten zu können.

Nach Durchsicht der entstandenen Cluster hat sich insbesondere das tiefrot eingefärbte und somit stark ansteigende Cluster „Vitamin B_{12}" als Kandidat für eine genauere Analyse qualifiziert. Abb. 12.7 zeigt die darunterliegenden Sub-Cluster.

Nach einer ersten Betrachtung der darin enthaltenen Dokumente rückte das Sub-Cluster „Vitamin B_{12} Deficiency" in den Fokus der Aufmerksamkeit. Die unterschiedlichen Formen von Vitamin B_{12} (wie z. B. Methylcobalamin und Adenosylcobalamin) sind laut gängigen Forschungserkenntnissen insbesondere in Milchprodukten und Fleisch enthalten (Pawlak et al. 2013); bei einer veganen Ernährung ist eine Mangelerscheinung also durchaus möglich. Die diesem Sub-Cluster zugeordneten Dokumente enthalten neben der Feststellung dieses Problems auch Hinweise auf vegane Substitute mit hohem Vitamin-B_{12}-Gehalt, darunter zum Beispiel Meeresalgen. Diese Erkenntnis könnte die Positionierung und Vermarktung firmeneigener Produkte unterstützen, mit besonderem Hinweis auf die gesunde Vitamin-B_{12}-Aufnahme im Rahmen einer ausgewogenen Ernährung.

Wie auch in der vorherigen Fallstudie wurde dieser Trend an die zuständige Fachabteilung weitergeleitet und in einer zentralen Trenddatenbank für die kontinu-

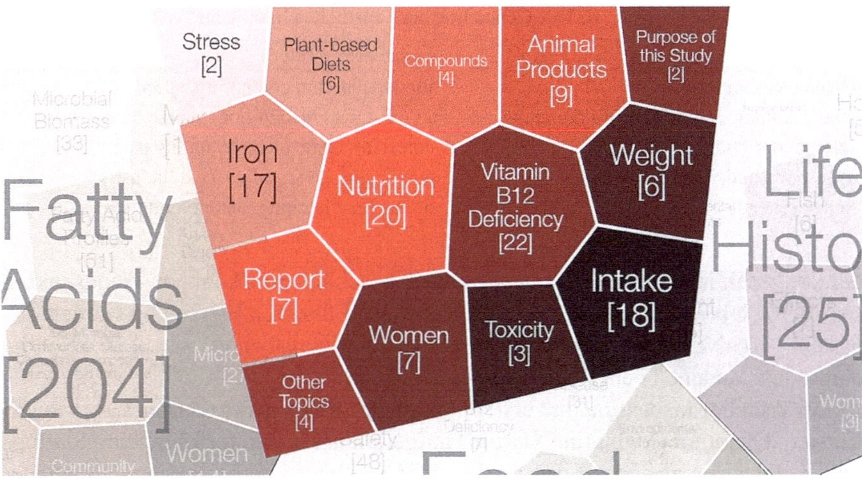

Abb. 12.7 Sub-Cluster des Clusters „Vitamin B$_{12}$" (eigene Darstellung)

ierliche Trendbeobachtung gespeichert. Darüber hinaus wurde zur weiteren Beobachtung des Trends „Vitamin B$_{12}$" ein vierwöchiges Benachrichtigungsintervall konfiguriert, in dem regelmäßig neue Daten gesammelt, ausgewertet und anschließend automatisch vom Umfeldscanningsystem präsentiert werden.

12.4.3 Nächste Generation der künstlichen Intelligenz

Die Bayern Innovativ GmbH beobachtet als Gesellschaft für Innovation und Wissenstransfer ein breites Spektrum an gesellschaftlichen und technologischen Trends. Eines der zentralen Suchfelder mit zunehmender politischer Aufmerksamkeit ist die KI. Zur Analyse aktueller Themen in diesem Suchfeld wurden ebenfalls News- und Blogartikel von webhose.io analysiert. Zum Stichtag 12.06.2019 wurden hierfür 7271 Artikel der vergangenen 30 Tage zu dem Suchfeld „künstliche Intelligenz" gesammelt und ausgewertet. Tab. 12.4 zeigt die identifizierten Top-Themen.

Das Thema Quantencomputer adressiert eine neue Generation von Prozessoren, deren Arbeitsweise auf den Gesetzen der Quantenmechanik basiert. Als mögliche Schlüsseltechnologie für das 21. Jahrhundert versprechen Quantencomputer vor allem um ein Vielfaches schnellere Berechnungen. Ebenso sind aussichtsreiche Anwendungsgebiete der KI wie beispielsweise Überwachung durch Gesichtserkennungs-Algorithmen und Hochgeschwindigkeits-Systeme wie das Internet der Dinge und Edge Computing stark vertreten. Weiterhin finden sich vermehrt Artikel über Ansätze zur Automatisierung und Effizienzsteigerung in globalen Transport- und Wertschöpfungsketten. KI-Systeme, die unter Einsatz von neuronalen Netzen und Deep Learning ohne zuvor annotierte Datensätze selbstständig (also unüberwacht) lernen können, sind in dem Datensatz ebenfalls stark im Fokus.

Zur Trenderkennung wurde das Thema „Quantencomputer" ausgewählt. Forscher vermuten, dass vor allem Quantencomputer den Fortschritt der KI innerhalb

Tab. 12.4 Top-Themen zu „Nächste Generation der künstlichen Intelligenz" (eigene Darstellung)

Thema	Assoziierte Wörter
Quantencomputer	qubits, quantum computing, speed, ai
Überwachung durch Gesichtserkennung	police, facial recognition, people, surveillance
Internet der Dinge und Edge Computing	smart, iot, edge, blockchain, big data
Transport- und Wertschöpfungskette	supply chain, car, safety, cost, industry
Selbstlernende KI-Systeme	ai, machine learning, autonomous, neural, deep

kürzester Zeit in bisher ungeahntem Ausmaß beschleunigen könnten. Trends in diesem Bereich besitzen daher eine große Relevanz. Für deren Erkennung wurden insgesamt 1705 News- und Blogartikel von webhose.io analysiert. Abb. 12.8 zeigt die daraus entstandene FoamTree-Heatmap.

Bei visueller Inspektion und erster inhaltlicher Analyse der Cluster-Label ist das Cluster „Quantum Computing Startup" aufgefallen. Da sich (erfolgreiche) Startups oft an einer spezifischen Ausprägung des Dreiklangs Bedarf-Lösung-Geschäftsmodell orientieren, erschien eine tiefergehende Analyse dieses Clusters vielversprechend, um zukünftige Entwicklungen von Quantencomputern und deren Auswirkung auf die nächste Generation der KI besser abschätzen zu können. In Abb. 12.9 wird dieses Cluster in den Fokus genommen.

Die Analyse der in dem Sub-Cluster enthaltenen Dokumente zeigt ein interessantes Bild: Während sich ein Großteil der Dokumente nicht eindeutig einem Sub-Cluster zuordnen lässt, bezieht sich die Mehrzahl der erhaltenen Sub-Cluster auf junge Unternehmen wie beispielsweise Q-ctrl aus Australien, Zapata und Rigetti aus den USA oder Xanadu aus Kanada. Diese Unternehmen entwickeln die Quantencomputer-Technologie an der Schnittstelle zum maschinellen Lernen und stehen aktuell stark im Fokus von Investoren. Da auch hier ein Trendanstieg zu erkennen ist, wurden die Startups in eine zentrale Datenbank zur weiteren Beobachtung übernommen. Damit neue Startups im Zusammenhang mit dem Thema „Quan-

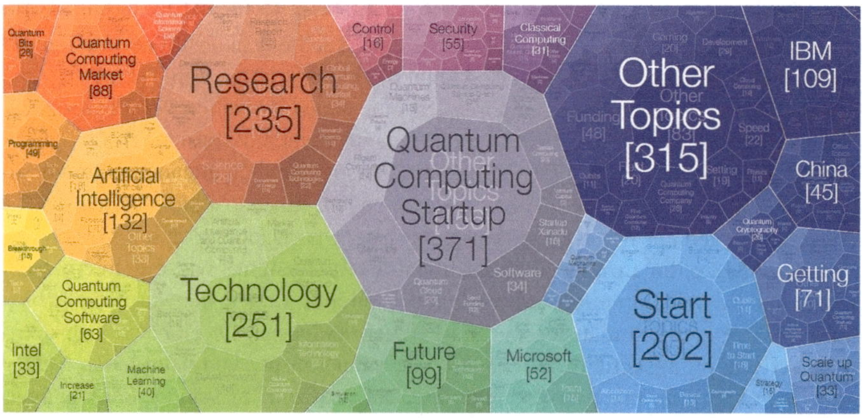

Abb. 12.8 Hierarchische FoamTree-Heatmap zum Thema „Quantencomputer" (eigene Darstellung)

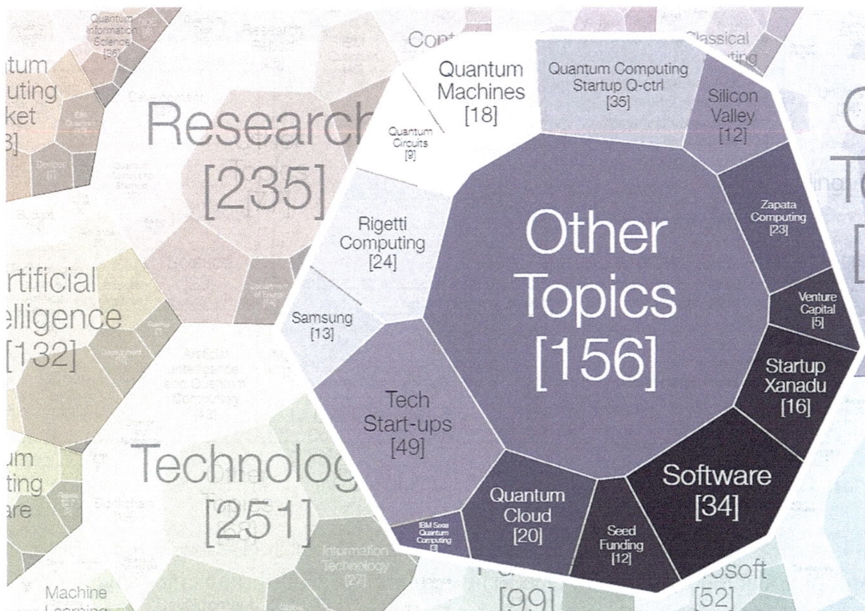

Abb. 12.9 Sub-Cluster des Clusters „Quantum Computing Startups" (eigene Darstellung)

tencomputer" auch zukünftig frühzeitig erkannt werden, wurde zur Beobachtung ein zweimonatlicher Benachrichtigungsrhythmus eingestellt.

12.5 KI-gestütztes Umfeldscanning als Chance für Unternehmen

Die in Abschn. 12.2.4 genannten Herausforderungen können durch ein automatisiertes Umfeldscanningsystem bewältigt werden: Mit der Einführung eines Ansatzes, mit dessen Hilfe automatisiert nach unternehmensrelevanten Trends in wissenschaftlichen Zeitschriften und Patentdatenbanken, auf News- und Blogwebseiten sowie in sozialen Medien gesucht werden kann, ließe sich der manuelle Aufwand deutlich reduzieren. Außerdem werden dadurch quantitative und objektive Ergebnisse erzielt und somit subjektive Faktoren bei der Trendsuche reduziert. Zudem kann ein breiteres Themenspektrum untersucht werden, und es ist möglich, Webseiten, die auf den lokalen Rechnern der Innovationsmanager unternehmensbedingt gesperrt wären, durch den Einsatz zentraler Webcrawler mit in Betracht zu ziehen. Die Anzahl der zu beobachtenden Suchfelder ist hierbei potenziell unbegrenzt; somit kann in der Praxis beispielsweise für jedes Suchfeld ein dedizierter „KI-Bot" mit individuellen Zielen, Daten und einem eigenem Ausführungsrhythmus wie in Abb. 12.10 illustriert konfiguriert und implementiert werden. Die Einsatzgebiete erstrecken sich neben der Trenderkennung (Trend-Scouting) auch über die Bereiche Technologie-Scouting, Startup-Scouting, Wettbewerbs-Scouting (Competitive In-

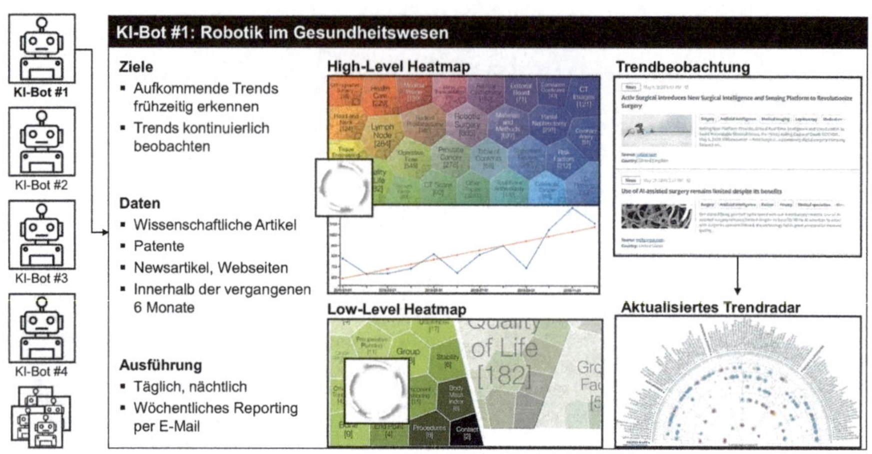

Abb. 12.10 Konzept zum Einsatz einer Vielzahl individueller KI-Bots (eigene Darstellung)

telligence) und Risikoerkennung sowie jeweils auch auf die Beobachtung derartiger Informationen über die Zeit. Durch die erfolgreiche Einführung eines solchen Systems haben die Innovationsmanager im Umkehrschluss mehr Zeit, um das Innovationsmanagement bei anderen Geschäftsabteilungen besser zu positionieren und mit diesen an detaillierteren Strategie- und Umsetzungsplänen zu arbeiten.

Das Umfeldscanningsystem ist an individuelle Bedürfnisse anpassbar, und es kann leicht auf andere Sprachen (z. B. Deutsch) sowie zusätzliche Datenquellen adaptiert werden. Außerdem erlauben die einfachen Indikatoren im Zusammenspiel mit interaktiven grafischen Darstellungen eine nutzerfreundliche Bedienung, wodurch sich das System auch von Mitarbeitern ohne einschlägige Expertenkenntnisse effektiv nutzen lässt.

Insbesondere kleine und mittlere Unternehmen haben oft nicht die finanziellen und personellen Ressourcen, um tiefgreifende Trendforschung zu betreiben. Das birgt die Gefahr, dass relevante Veränderungen im Unternehmensumfeld zu spät wahrgenommen werden und eine angemessene Reaktion darauf nicht oder nur mit erhöhtem Risiko gefunden werden kann. Die Erfahrung mit dem hohen Automatisierungsgrad des vorgestellten Ansatzes hat gezeigt, dass die Unternehmen keine speziell geschulten Mitarbeiter oder komplexe Infrastrukturen benötigen, sondern durch das Cloud-basierte System einen einfachen Zugang zu dieser neuen Technologie erhalten.

Allerdings ist der Einbezug der Mitarbeiter an verschiedenen Stellen weiterhin notwendig: Sowohl das Anlegen der Suchfelder als auch die Bewertung, Priorisierung und Auswahl der Themen und Trends erfolgt manuell. Zudem werden in dem vorgestellten Ansatz lediglich die Texte der gesammelten Dokumente analysiert; eine Auswertung der Meta-Daten (wie z. B. Autoren od. Regionen) fehlt. Zukünftige Forschungsarbeiten sollten sich daher mit der Frage beschäftigen, wie diese Aufgaben stärker automatisiert und weitere Techniken der KI (wie z. B. „named entity recognition" zur Identifikation der Autoren) gewinnbringend eingesetzt werden können. Zudem ist eine grundsätzliche Offenheit gegenüber neuen Arbeitsweisen in der Trendforschung sowie im Innovationsmanagement wichtig. Während eine wohldosierte Skepsis und ein Hinterfragen der Analyseergebnisse sinnvoll und förderlich ist, würde eine fehlende Bereitschaft zur Veränderung der eigenen Arbeitsweise die Nutzung des hier vorgestellten Ansatzes wesentlich erschweren.

Ein höherer Automatisierungsgrad im Umfeldscanning bietet Unternehmen jeder Größe somit die Chance, mit modernen KI-Methoden diese Aufgabe, ohne größere zusätzliche Investitionen, in ihren Arbeitsablauf zu integrieren. Auf diese Weise werden die Trends von Morgen frühzeitig erkannt, und den Unternehmen bleibt mehr Zeit, adäquate Antworten darauf zu entwickeln.

Förderhinweis Dieses Forschungs- und Entwicklungsprojekt wurde mit Mitteln des Bundesministeriums für Bildung und Forschung (BMBF) in der Fördermaßnahme „Technikbasierte Dienstleistungssysteme" (02K16C190) gefördert und vom Projektträger Karlsruhe (PTKA) betreut. Die Verantwortung für den Inhalt dieser Veröffentlichung liegt bei den Autoren.

Literatur

Blei DM, Ng AY, Jordan MI (2003) Latent Dirichlet allocation. J Mach Learn Res 3:993–1022

Boucher JL (2017) Mediterranean eating pattern. Diabetes Spectr 30(2):72–76

Durst C, Durst M (2016) Integriertes Innovationsmanagement – Vom Umfeldscanning zur Roadmap. In: Abele T (Hrsg.) Die frühe Phase des Innovationsprozesses. Neue, praxiserprobte Methoden und Ansätze, XVIII. Springer Gabler, Wiesbaden, S 217–233

Durst C, Volek A, Greif F, Brügmann H, Durst M (2011) Zukunftsforschung 2.0 im Unternehmen. HMD – Praxis der Wirtschaftsinformatik 48(6):74–82

Engeström Y (1987) Learning by expanding. Cambridge University Press, Helsinki

Forsgren E, Byström K (2018) Multiple social media in the workplace: contradictions and congruencies. Inf Syst J 28(3):442–464

Gregor S (2006) The nature of theory in information systems. MIS Q 30(3):611–642

Keller J, Gracht HA (2014) The influence of information and communication technology (ICT) on future foresight processes: results from a Delphi survey. Technol Forecast Soc Chang 85:81–92

Liaw SS, Huang HM, Chen GD (2007) An activity-theoretical approach to investigate learners' factors toward e-learning systems. Comput Hum Behav 23(4):1906–1920

Lucas HC, Goh JM (2009) Disruptive technology: how Kodak missed the digital photography revolution. J Strateg Inf Syst 18(1):46–55

Mühlroth C, Grottke M (2018) A systematic literature review of mining weak signals and trends for corporate foresight. J Bus Econ 88(5):643–687

Mühlroth C, Grottke M (2020) Artificial Intelligence in innovation: how to spot emerging trends and technologies. IEEE Trans Eng Manag, 27. Mai 2020. https://doi.org/10.1109/TEM.2020.2989214

Pawlak R, Parott SJ, Raj S, Cullum-Dugan D, Lucus D (2013) How prevalent is vitamin B_{12} deficiency among vegetarians? Nutr Rev 71(2):110–117

Rohrbeck R, Bade M (2012) Environmental scanning, futures research, strategic foresight and organizational future orientation: a review, integration, and future research directions. XXIII ISPIM Annual Conference, Barcelona, Spanien, S 1–14

Whitworth B, Banuls V, Sylla C, Mahinda E (2008) Expanding the criteria for evaluating sociotechnical software. IEEE Trans Syst Man Cybern 38(4):777–790

Wiser F, Durst C, Wickramasinghe N (2018) Activity theory: a comparison of HCI theories for the analysis of healthcare technology. In: Theories to inform superior health informatics research and practice. Springer, Cham, S 235–249

Glossar

Activity Theory Die Aktivitätstheorie oder Activity Theory umfasst ein Framework, welches das gesamte Arbeits- und Aktivitätssystem inklusive Teambildung, Organisation, Ziele, Arbeitspsychologie etc. einbezieht.

Analytics Beim Analytics geht es um das Analysieren und Interpretieren umfassender, oft heterogener Datenbestände, um Muster aufzudecken und Entscheidungsunterlagen für betriebliche oder gesellschaftliche Fragestellungen zu gewinnen.

Anomalie-Erkennung Unter Anomalie-Erkennung versteht man die Identifizierung von Objekten oder Ereignissen, die im Vergleich zu vorhandenen Datenmengen und Mustern abweichende Merkmale aufweisen und Anlass zur Besorgnis geben.

Assoziationsanalyse Sie dient dem Aufdecken von Mustern oder Zusammenhängen in Datenbeständen nach dem Schema ‚Wenn, dann …' und beruht auf einer Prämisse (Wenn A …) und einer Folgerung (… dann B).

Big Data Unter Big Data versteht man Datenbestände, die mindestens die folgenden drei charakteristischen V's aufweisen: umfangreicher Datenbestand im Tera- bis Zettabytebereich (Volume), Vielfalt von strukturierten, semi-strukturierten und unstrukturierten Datentypen (Variety) sowie hohe Geschwindigkeit in der Verarbeitung von Data Streams (Velocity).

Blog Ein Blog oder Weblog (eine Zusammensetzung der Begriffe Web und Logbuch) ist ein häufig nachgeführtes Journal, dessen Einträge in chronologisch absteigender Form angezeigt werden.

Chatbot Chatbots sind Dialogsysteme, die sich mit einem Nutzer in natürlicher Sprache über Text- oder Sprachnachrichten unterhalten und eigenständig einfache Aufgaben ausführen können.

Clusteranalyse Anhand von adäquaten Distanzmaßen werden Datenobjekte in homogene Cluster (Gruppen ähnlicher Objekte) überführt, um Beziehungsstrukturen aufzudecken.

Computer Vision Rechnergestützte Bildverarbeitungssysteme der Computer Vision erlauben, Objekte auf Bildern oder Videos zu erkennen und ihre Beziehungen untereinander aufzuschlüsseln.

Data Engineering Data Engineering bedeutet das Sammeln, Aufbereiten und Validieren von Datenbeständen, die strukturiert, semi-strukturiert oder unstrukturiert vorliegen, um Zusammenhänge offenzulegen.

Data Mining Data Mining bedeutet das Schürfen oder Graben nach wertvoller Information in Datenbeständen respektive im Data Warehouse. Dazu werden Algorithmen verwendet, um noch nicht bekannte Muster in den Daten zu extrahieren und darzustellen.

Data Pipeline Unter einer Data Pipeline versteht man einen Prozess von Aktionen, um rohe Daten aus unterschiedlichen Datenquellen mit Filteroperationen in einheitliche Datenformate für die Analyse bereitzustellen.

Data Science Data Science ist ein interdisziplinäres Fachgebiet zur Datenanalyse meist umfangreicher und heterogener Daten (Big Data). Dabei gelangen Methoden aus angewandter Mathematik, Statistik, Data Mining wie Soft Computing zur Anwendung, um Muster in den Daten zu erkennen und Handlungsempfehlungen abzuleiten.

Data Stream Ein Datenstrom ist ein kontinuierlicher Fluss von digitalen Daten, wobei die Datenrate (Datensätze pro Zeiteinheit) variieren kann. Die Daten eines Data Streams sind zeitlich geordnet, neben Audio- und Video-Daten werden auch Messreihen darunter aufgefasst.

Data Warehouse Ein Data Warehouse ist ein mehrdimensionales Datenbanksystem zur Entscheidungsunterstützung, das unterschiedliche Analyseoperationen auf dem Datenwürfel zulässt.

Datenbanksystem Ein Datenbanksystem besteht aus einer Speicherungs- und einer Verwaltungskomponente. Mit der Speicherungskomponente werden Daten und Beziehungen abgelegt, die Verwaltungskomponente stellt verschiedene Funktionen zur Pflege der Daten zur Verfügung.

Datenmanagement Unter Datenmanagement fasst man alle betrieblichen, organisatorischen und technischen Funktionen der Datenarchitektur, der Datenadministration und der Datentechnik zusammen, die der unternehmensweiten Datenhaltung, Datenpflege, Datennutzung sowie dem Analytics dienen.

Datenmodell Ein Datenmodell beschreibt auf strukturierte und formale Art die für ein Informationssystem notwendigen Daten und Datenbeziehungen.

Datenschutz Unter Datenschutz versteht man den Schutz der (personenbezogenen) Daten vor unbefugtem Zugriff und Gebrauch.

Datensicherheit Bei der Datensicherheit geht es um technische Vorkehrungen gegen Verfälschung, Zerstörung oder Verlust von Datenbeständen.

Deep Learning Deep Learning oder mehrschichtiges Lernen ist eine Methode des maschinellen Lernens beruhend auf Neuronalen Netzen.

Digital Analytics Digital Analytics umfasst die Auswertung digitaler Daten aus einem Click-Stream, um das Nutzerverhalten analysieren und interpretieren zu können.

Digitale Transformation Unter digitaler Transformation versteht man den Veränderungsprozess, der auf digitalen Geschäftsmodellen und digitalen Wertschöpfungsketten beruht und mit Hilfe von Informations- und Kommunikationstechnologien vorangetrieben wird.

Electronic Business Electronic Business bedeutet die Anbahnung, Vereinbarung und Abwicklung elektronischer Geschäfte auf einer Website zur Erzielung einer Wertschöpfung.

Entscheidungsbaum Entscheidungsbäume bestehen aus Knoten und Blättern, wobei die Knoten logischen Regeln entsprechen und die Blätter eine (Teil-)Antwort auf das Entscheidungsproblem liefern.

Hard Computing Hard Computing beruht auf der binären Logik mit den beiden Wahrheitswerten wahr (1) und falsch (0). Die entsprechenden Methoden basieren auf exakten Fakten, mathematischen oder statistischen Analysen sowie auf Berechnungen oder Auswertungen mittels Data Mining.

Klassifikation Unter Klassifikation versteht man die systematische Einteilung von Datenobjekte in abstrakte Klassen (Konzepte, Kategorien). Diese Zuordnung erfolgt aufgrund übereinstimmender Merkmale der Datenobjekte.

Künstliche Intelligenz Als Teilgebiet der Informatik beschäftigt sich die Künstliche Intelligenz, Entscheidungsstrukturen des Menschen nachzubilden und mit der Hilfe von Algorithmen nachvollziehbare Handlungsoptionen zu generieren.

Image Mining Unter Image Mining versteht man Data-Mining-Verfahren, wobei der Input Bildern oder Videos entspricht. Entsprechend sollen aus Bildern Erkenntnisse und Zusammenhänge extrahiert werden, zum Beispiel für Entscheidungsunterstützung, Qualitätskontrolle oder Handlungsoptionen.

Information Retrieval Das Fachgebiet Information Retrieval beschäftigt sich mit der systematischen Suche, Analyse und Interpretation von strukturierten und unstrukturierten Texten in Datenbeständen, als Teilgebiet der Computerlinguistik.

Innovationsmanagement Innovationsmanagement richtet sich auf die Suche und Bewertung von Ideen und deren Umsetzung in erfolgreiche Produkte und Dienstleistungen aus.

Key Performance Indicator Key Performance Indicators sind betriebswirtschaftliche Kennzahlen, um die Erreichung eines strategischen Ziels eine Organisation zu messen.

Knowledge Discovery in Databases Der Prozess Knowledge Discovery in Databases hat zum Ziel, aufgrund eines Geschäftsmodells die wichtigsten Kennzahlen zu extrahieren, zu bewerten und für wichtige Entscheide des Unternehmens respektive der Organisation zu nutzen.

Marketing-Mix Für die Erreichung der gesamten Marketingziele werden Entscheidungen in den Bereichen Preis-, Produkt-, Platzierungs- und Promotionspolitik (Price, Product, Place, Promotion) aufeinander abgestimmt.

Maschinelles Lernen Mit maschinellem Lernen soll Wissen aus Datenbeständen generiert werden, indem Muster und Beziehungen der Daten durch Algorithmen extrahiert, untersucht und in Handlungsoptionen (Lerntransfer) aufgezeigt werden.

Natural Language Processing Die Computerlinguistik untersucht, wie natürliche Sprache mit der Hilfe von Rechnern analysiert werden kann. Dabei geht es um Spracherkennung, Überführung digitaler Daten in Worte und Sätze sowie um syntaktische und semantische Datenanalyse.

Neuronale Netze Neuronale Netze oder Künstliche Neuronale Netze bestehen aus einem Netzwerk von Verarbeitungseinheiten (künstliche Neuronen, dem menschlichen Gehirn nachempfunden) und deren Verknüpfung untereinander. Eingegebene Datenbestände werden gewichtet, mit Schwellwerten verglichen und zu Entscheidungen verdichtet.

Objekterkennung Unter Objekterkennung versteht man Verfahren, die anhand von Trainingsdaten visuelle Strukturen und Eigenschaften von Objekten erlernen und anschließend auf bisher unbekannte Eingabebilder anwenden, um mögliche Muster zu erkennen.

Programmable Web Hier wird das Web als Datenpool und programmierbare Plattform betrachtet, auf der Nutzer mittels Programmierschnittstellen Daten extrahieren, analysieren und nutzen.

Real Time Analytics Real Time Analytics zeichnet sich durch die Ausführung einer analytischen Aufgabe in Echtzeit aus.

Recommender System Empfehlungssysteme oder Recommender Systems ermöglichen den Anwendern von elektronischen Shopsystemen, Produkte oder Dienstleistungen vorzuschlagen. Aufgrund von Benutzerprofilen (Kundenprofilen) und mit der Hilfe von Filtermethoden (Content-based Filtering oder Collaborative Filtering) werden die Bedürfnisse und Vorlieben der Anwender ermittelt und Angebote unterbreitet.

Regression Regression ist ein Verfahren, mit dem versucht wird, eine abhängige Variable durch eine oder mehrere unabhängige Variablen zu erklären.

Robotik Robotik ist eine wissenschaftliche Disziplin, die sich mit der mechanischen Gestaltung, digitalen Regelung und Steuerung von Automaten beschäftigt, um unterschiedliche Verrichtungen automatisiert vornehmen zu können.

Soft Computing Soft Computing bedient sich der unscharfen Logik, bei welcher neben den Wahrheitswerten wahr (1) und falsch (0) alle Werte zwischen 0 und 1 zugelassen sind. Damit lassen sich missverständliche, unbestimmte, ungenaue, unsichere oder vage Daten auswerten und interpretieren.

Textanalyse Bei der rechnergestützten Textanalyse geht es darum, mit der Hilfe der Computerlinguistik den Aufbau eines Textes zu beschreiben, den Inhalt zu interpretieren und die Aussagen zu deuten.

Umfeldscanning Dieses Scanning bedeutet die Suche nach und Erkennung von relevanten Signalen, Trends oder Technologien im Unternehmensumfeld.

Web Analytics Web Analytics umfasst Definition, Messung, Auswertung und Analyse digitaler Webkennzahlen zur Erfolgssicherung.

Wertschöpfungskette Eine Wertschöpfungskette (Value Chain) umfasst den gesamten Beschaffungs-, Produktions- und Vertriebsprozess kooperierender Unternehmen oder Organisationen, um einen Mehrwert für unterschiedliche Anspruchsgruppen zu generieren.

Stichwortverzeichnis

Ihr Bonus als Käufer dieses Buches

Als Käufer dieses Buches können Sie kostenlos das eBook zum Buch nutzen.
Sie können es dauerhaft in Ihrem persönlichen, digitalen Bücherregal
auf **springer.com** speichern oder auf Ihren PC/Tablet/eReader downloaden.

Gehen Sie bitte wie folgt vor:

1. Gehen Sie zu **springer.com/shop** und suchen Sie das vorliegende Buch
   (am schnellsten über die Eingabe der eISBN).
2. Legen Sie es in den Warenkorb und klicken Sie dann auf:
   zum Einkaufswagen/zur Kasse.
3. Geben Sie den untenstehenden Coupon ein. In der Bestellübersicht wird
   damit das eBook mit 0 Euro ausgewiesen, ist also kostenlos für Sie.
4. Gehen Sie weiter **zur Kasse** und schließen den Vorgang ab.
5. Sie können das eBook nun downloaden und auf einem Gerät Ihrer Wahl lesen.
   Das eBook bleibt dauerhaft in Ihrem digitalen Bücherregal gespeichert.

EBOOK INSIDE

eISBN	978-3-658-32236-6
Ihr persönlicher Coupon	YpRqcK7fmZYrHTJ

Sollte der Coupon fehlen oder nicht funktionieren, senden Sie uns bitte
eine E-Mail mit dem Betreff: **eBook inside** an **customerservice@springer.com**.